智慧校园建设系列丛书

高校“智慧校园”建设与实践
——以中国地质大学(武汉)信息化建设为例

GAOXIAO “ZHIHUI XIAOYUAN” JIANSHE YU SHIJIAN
——YI ZHONGGUO DIZHI DAXUE (WUHAN) XINXIHUA JIANSHE WEILI

吕国斌　主　编
李　琪　王权于　副主编

图书在版编目(CIP)数据

高校“智慧校园”建设与实践:以中国地质大学(武汉)信息化建设为例/吕国斌主编;李琪,王权于副主编.—武汉:中国地质大学出版社,2023.3(2024.7 重印)

(智慧校园建设系列丛书)

ISBN 978-7-5625-5474-5

Ⅰ.①高… Ⅱ.①吕…②李…③王… Ⅲ.①中国地质大学-信息化建设-研究 Ⅳ.①P5-40

中国国家版本馆 CIP 数据核字(2023)第 029650 号

高校“智慧校园”建设与实践
——以中国地质大学(武汉)信息化建设为例

吕国斌 主编
李 琪 王权于 副主编

责任编辑:韩 骑 选题策划:张晓红 韩 骑 责任校对:徐蕾蕾

出版发行:中国地质大学出版社(武汉市洪山区鲁磨路 388 号) 邮编:430074
电 话:(027)67883511 传 真:(027)67883580 E-mail:cbb@cug.edu.cn
经 销:全国新华书店 http://cugp.cug.edu.cn

开本:787 毫米×1 092 毫米 1/16 字数:534 千字 印张:22.5
版次:2023 年 3 月第 1 版 印次:2024 年 7 月第 2 次印刷
印刷:湖北睿智印务有限公司

ISBN 978-7-5625-5474-5 定价:68.00 元

《高校“智慧校园”建设与实践
——以中国地质大学（武汉）信息化建设为例》
编委会

前 言

当前教育数字化转型逐渐进入深水区，提质增效、融合创新、赋能发展成为高校智慧校园建设的主弦律。同时，高校信息化面临一个更加复杂的问题：如何“激活”校园数据，如何让校园环境、校园生活、校园学习、校园研究、校园管理变得开放、联接、协同、智慧和高效，也就是如何建设以及建成什么样的智慧校园。智慧校园建设碰上了前所未有的机遇。习近平总书记强调没有网络安全就没有国家安全，没有信息化就没有现代化。《中华人民共和国国民经济和社会发展第十四个五年规划和2035年远景目标纲要》提出加快数字化发展，建设数字中国，《教育部2022年工作要点》提出实施国家教育数字化战略行动，党的二十大第一次将推进教育数字化写入报告。

时代和国家对信息化工作提出了要求和期待，机遇与挑战并存。同时也要清醒地认识到，在师生用网需求、信息服务需求与用网体验需求日益增长之际，信息化工作依然面临诸多困难：人才队伍短缺，顶层设计与实际需求不适应，统筹与协调机制、建设与激励机制、质量与绩效评估机制等不健全，网络安全形势严峻。2023年2月，教育部怀进鹏部长在世界数字教育大会上指出，数字变革为我们创新路径、重塑形态、推动发展提供了新的重大机遇，也带来了新的挑战，国家教育数字化战略行动提出联接为先、内容为本、合作为要，即Connection、Content、Cooperation的“3C”理念，以及应用为王、服务至上、简洁高效、安全运行的原则，为信息化工作者开展智慧校园建设提供了根本指南。

智慧校园建设具有校本个性化、区域集约化、服务普惠化、互联网开放化与融合化等多样态综合发展特征，智慧校园发展没有标准模式和路径。近几年来，中国地质大学（武汉）不断加大投入，开展智慧校园建设的全面探索和实践，取得了一些工作经验，形成了一些工作特色。中国科学院院士、中国地质大学（武汉）校长王焰新要大家回答好“信息化是为了谁的信息化”“信息化是谁的信息化”“信息化是怎么样的信息化”这三个信息化基本问题，信息化工作办公室提出围绕学校“十四五”信息化“六个体系”建设规划，凝练“以师生为中心，以数据为基础，以服务为核心，以管理为根本”的信息化建设理念，强化部门在信息化建设和运行中的主体责任，明确信息化不是为了信息化而信息化。业务部门是信息化建设的主体，信息化工作办公室是技术支撑和保障主体；分管校领导王林清副书记主抓机制建设，建立了“一个专项、一个团队、一套方案、一抓到底”的工作机制，“1＋1＋N（业务部门＋信息部门＋相关部门）”的责任落实机制，“双线协同、两办联动、主事会商、定期调度”的工作协调机制；学校在信息化建设方面，围绕“一门、两网、三库、四端、五场景、X应用”的智慧校园体系，进一步加强建设目标、建设内容的统筹和建设质量的监管。

本书包含绪论、中国地质大学（武汉）信息化建设愿景、数字校园与智慧校园、高校信息化管理体系建设、“一站式”服务体系建设、高校数据资产体系建设、高校智能感知体系建设与实践、高校智慧教育体系建设的思考与实践、高校信息化评价体系探索、高校信息化保障体系建设、校园信息化基础设施建设实践、中国地质大学（武汉）数字驾驶舱建设实践，共12章，编者试图从理论到实践阐述中国地质大学（武汉）智慧校园建设的经验和特色，尽可能地为大家提供借鉴和参考。

本书由吕国斌、李琪、王权于负责策划和组织。吕国斌负责第1、2、3、4、10章的撰写，参与其他部分章节撰写，以及统稿、校正工作；李琪主要负责第7、12章的撰写，参与其他部分章节撰写；王权于、陈冠宇主要负责第8、11章的撰写，参与其他部分章节撰写；刘静怡负责第6章撰写；胡君负责第5章撰写；曹国宏负责第9章撰写；宋焘参与第7、12章的撰写；马峥参与第7章的撰写；闫飞、严烨、吴杰、袁婷、何玲、杨丽、许志坚、杨拓参与部分内容撰写和校正工作。本书的撰写得到了学校办公室和信息化工作办公室许多同志的关心和帮助，中国地质大学出版社对本书的出版给予了大力支持，借此机会向本书编辑出版的全体同志表示衷心的感谢！

由于认知上的差距以及水平、能力有限，时间仓促，书中难免存在考虑不周的地方，请大家不吝批评指正。

编委会

2023年3月

目　录

1 绪 论

高校信息化建设是高校利用计算机技术、网络技术、大数据技术、人工智能技术等一系列现代化、智能化技术，通过对信息资源的深度开发和广泛利用，促进教学模式与手段的变革、管理制度与流程的优化、科研设施与方法的提升，为不断提高教育教学、科学研究、合作交流、管理服务、发展决策的效率和水平所开展的系统性工作。它是高校主动适应信息化发展趋势、提高管理决策水平与办学水平的重要环节，是实现高校治理水平现代化的重要手段，是国家教育现代化的关键支撑和基本保障。高校信息化建设工作围绕信息资源汇聚、信息网络搭建、信息技术应用推广、信息化人才培养、信息化政策法规落实和标准规范制订等方面进行系统推进。信息技术对高等教育的作用，正如美国高等教育信息化协会主席戴安娜·亚伯林格博士曾指出，信息技术在高等教育领域的创新应用不仅可以提高高等教育的效能，更为重要和深远的影响在于其对整个高等教育生态的重塑(吴英娟，2018)。随着中国教育信息化 2.0 时代的到来，高校信息化建设因其复杂的体系与重要的地位受到了持续和广泛关注。

《教育部关于加强新时代教育管理信息化工作的通知》明确指出，教育管理信息化作为教育信息化的重要组成部分，是以信息系统、数据资源、基础设施为基本要素，利用信息技术转变管理理念、创新管理方式、提高管理效率，支撑教育决策、管理和服务，推进教育治理现代化的进程；深化教育领域"放管服"改革，以数据为驱动力，利用新一代信息技术提升教育管理数字化、网络化、智能化水平，推动教育决策由经验驱动向数据驱动转变、教育管理由单向管理向协同治理转变、教育服务由被动响应向主动服务转变，以信息化支撑教育治理体系和治理能力现代化。

2022 年 6 月 23 日，《国务院关于加强数字政府建设的指导意见》的文件就主动顺应经济社会数字化转型趋势，充分释放数字化发展红利，全面开创数字政府建设新局面做出部署，要求全面推动政府数字化转型，构建"数字政府"，加快建设"数字中国"。高校作为国家人才培养基地，走在数字化转型的前面是时代赋予的使命。

1.1 高校信息化建设的重要性

习近平总书记曾在全国高校思想政治工作会议上强调：高等教育发展水平是一个国家发展水平和发展潜力的重要标志；没有信息化就没有现代化。教育信息化是国家信息化建设的重要组成部分和战略重点，具有基础性、战略性、全局性地位，将深刻变革教育理念和教学模式，肩负着支撑和引领教育现代化的历史使命，也就是说没有教育信息化就没有教育现代化。

"加快数字化发展,建设数字中国"是近五年来各级政府工作的重要内容。加强信息化建设,加快构筑与学校发展相适应的信息化体系,是高等学校改革与发展的一项十分紧迫的战略任务。

1.1.1 主动适应信息社会的需要

加强高校信息化建设是高等学校主动适应信息社会的需要。信息社会信息传播的总量以不断增长的速率呈直线上涨的趋势,人类的知识正以前所未有的速度增长、集成、传播和转化。在人类生活受信息技术影响而发生巨大变革的今天,作为集人才培养、科学研究、社会服务、文化传承与创新、国际交流与合作多项职能于一身的高等学校,其人才培养过程本身就是知识信息的传播和运动,科学研究活动是知识信息的创造与加工,社会服务则是知识信息的共享与应用。因此,高等学校要真正步入经济、社会发展的中心舞台,引领人类社会未来的发展方向,就必须加快知识信息的创造、加工、传播和应用,为经济发展和社会进步服务(尹志国,1999)。

1.1.2 提高管理决策水平的需要

加强高校信息化建设是高等学校提高管理决策水平的需要。20 世纪 50 年代,美国学者西蒙就提出了管理依赖于信息和决策的概念。20 世纪 70 年代末 80 年代初,美国学者约翰·波特、弗里斯特·霍顿等又提出了信息资源管理理论。他们认为,管理思想的发展过程,就是从科学管理到信息资源管理的思想演变过程,是管理重心从产品管理到人本管理再到信息资源管理的变化过程,如今的管理已从工业时代的旧范式发展为信息时代的新范式。在人类社会活动过程中,信息流调节着人流与物流的数量和方向,行使着组织、计划、指令、协调和控制等职能。有效的信息沟通已成为联系组织成员、实现共同目标的手段。可见,信息在管理活动中具有举足轻重的地位和作用。因此,作为知识创新和知识传播主体的高等学校,就必须要把信息管理作为促进学校发展的重要手段和战略环节,将信息发展目标与学校发展目标有机结合起来,借助于信息技术,提高信息交流效率,充分调动广大教职工参与学校管理、决策的积极性(尹志国,1999)。

1.1.3 提高办学水平的需要

加强高校信息化建设是高等学校提高办学水平的需要。"知识经济"时代实际上是现代科技与经济社会互动发展的时代。信息经济的发展和社会生活的信息化,迫切需要高等教育的信息化,要求高等学校培养出的学生,既要具有新技术需要的一切技能,更要具备获取知识和信息的能力,使学生能够通过开发和利用自己的智能,学会先发展自己。信息技术的发展则为这一培养目标的实现提供了强有力的技术支撑。在世界经济日趋一体化的今天,知识信息的共享和创新已成为一个国家获得竞争优势的关键,而创新系统的平衡运作又依赖于知识信息流的流动性。这就要求作为国家创新体系概念框架中关键要素的高等学校,必须将信息化建设作为一种迎合性措施,来确保学校知识信息流动渠道的畅通,使信息技术所提供的强大的信息处理能力与人的发明创新能力得到有机结合,从而不断提高高校的人才培养质量和技术创新能力(尹志国,1999)。

1.1.4 推动教育公平发展、服务社会的需要

加强高校信息化建设是高校推动教育公平发展、服务社会的需要。教育公平已经成为构建和谐社会的重要因素之一,它包括教育机会公平、教育过程公平和教育结果公平。一是教育信息化推进了教育资源共享。高校间、高校和社会间教育资源共享,促进了教育资源价值最大化。利用网络技术打破时间和空间的界限,让学生在任何一个能连接网络的地方进行网络课堂学习,打破优质教学资源被少数学校垄断的局面,使所有受教育者能得到同等享受优质教育资源的机会。二是教育信息化促进教育渠道的多元化。教育信息化为学习者提供了多样化、多元化的教育渠道,为师生之间的交流提供了更加便捷的平台,教育信息化使师生教学形式在传统的人与人的基础上进行了拓展。教育信息化,使学习者可以根据自身的兴趣爱好选择需要的内容,为学习者提供了更多选择的空间,有利于实现个性化学习和个性化教学。三是教育信息化加强师生之间的交流。传统的教学课堂时间有限,给学生发问和回答问题的时间也有限,而这一部分的时间通常会被性格活跃、学习基础好的学生"霸占",长此以往,在某种程度上会打击性格内向、学习基础较差的学生的学习积极性。教育信息化加强了学生之间、师生之间的交往和联系,为学习基础较差的学生提供了与教师交流的平台,教师也可以借助信息化平台针对学生的薄弱环节进行针对性的指导,促进教学质量的提高。

目前更多的高校公开课、高校课程网站让教育的公平化成为可能。即便相隔千里,学生也能看到名校的公开课,看到医学院老师精心绘制的心脏图谱。即便错过了课堂,学生还能通过网络课堂进行学习,摆脱了以往教育的时间和空间限制。

1.2 高校信息化建设的历程

高校信息化建设是利用先进的现代化信息技术实现高校内各项资源整合和资源共享,利用互联网技术和通信技术将各项资源形成一个庞大的信息化空间,利用互联网技术实现教学、管理、办公、服务、教学资源等各项资源共享的时间和空间的延伸,从而提高高校教学质量、科研水平、工作和管理效率,提升服务水平。高校信息化建设是将信息化技术应用到高校建设中,让国家高等学校教育享受信息技术发展带来的红利,信息技术是不断发展的,因此,我国高校信息化建设也将是一个动态的、复杂的、系统的建设工程。

高校信息化建设主要分为3个部分:软件和硬件的环境建设、高等学校教学资源建设、高等学校信息化机制建设。高校信息化建设的最终目的是运用信息技术手段提高人才培养质量,加强高校办学水平,最终实现高校核心竞争力提升的目标。

近30年来,大概每10年就会发生一次校园信息化革命。高校的信息化建设也随着整个大环境迅速发展,经历了网络化、数字化、智慧化3个发展阶段。

1.2.1 校园网络化建设

校园网络化建设阶段:1990—2005年。自我国第一个接入因特网的网络建设开始,到高

校建成主干覆盖教学、科研、办公楼群的校园网络。建设背景如下。

我国第一个接入因特网的网络于1990年开建,1993年12月主干网络工程完工的中关村地区教育与科研示范网络(NCFC),是国家计划委员会组织的世界银行贷款项目,采用高速光缆和路由器实现了北京大学、清华大学和中国科学院3个单位间的网络互连。1994年1月,美国国家科学基金会同意NCFC正式接入因特网的要求。高校的教育信息化建设起步于20世纪90年代,首先是建立网络实验室,开展网络化实验教学;其次是将部分单机业务系统改造为网络业务系统,实现部门内部数据共享。使用最多的局域网络有Ethernet、3Com、Novell等。

1990年美国投入数十亿美元开展高性能计算和通信(CHP&C)研究,1992年美国提出建立"国家信息基础设施(NII)",1993年美国又提出建立"信息高速公路(information superhighway)",世界多国都相应地提出建设自己国家的信息高速公路。1994年6月7日,我国27名中国科学院院士联名向国家建议"九五"期间建立中国教育科研网,同年9月获国家批准,正式开启了我国校园网络化建设进程。校园网络化的第一步是建立校园网络,从邮件和文件传输开始,实现与国际互联网络的信息互通;第二步是建立校园主页,实现国内外高校间的相互了解;第三步是建立跨部门的业务系统,实现较大范围的数据共享和业务自动化;第四步是建立覆盖教学、科研、办公的校园网络,实现校园业务系统的网络化。校园网络属于园区网络,当时常见的园区网络技术有FastEthernet、FDDI/CDDI、ATM等。

这个时期高校信息化建设的主要特点是:

(1)对信息化建设的认识不一,处于起步阶段。20世纪90年代,国家加大力度推进信息化建设,整体发展势头良好,政务办公、企业管理和生产自动化建设和应用水平显著提高。高校一方面对信息化的需求不迫切,另一方面整体运行经费紧张,加上市场经济的冲击,高校信息化建设的动力不足、建设水平明显滞后。

(2)教育教学资源信息化缺乏整体规划,资源匮乏。教学信息化是教育信息化的核心内容,教育教学资源信息化建设是实现教学信息化的基础和前提。1990年以前,我国高校的教育教学资源几乎都是实物和纸介质形式,无法实现数字资源的共享。1990年后,幻灯片和视频资源陆续出现,电化教学蓬勃开展,但教学资源严重匮乏,资源的使用效率低。

(3)信息资源统筹管理的格局初步形成。信息化建设是一个战略性和全局性的问题,各高校根据信息化建设的需要,纷纷成立了专门的网络中心和信息中心,或者专门成立信息化办公室,负责学校的网络化进程。在教学资源建设方面,大部分高校成立电教中心。信息化的基础设施建设已经大规模开始,教育应用仍停留在传统模式阶段。

1.2.2 校园数字化建设

校园数字化建设阶段:2005—2015年。高校校园网络主干覆盖教学、科研、办公楼群,校园网络(有线、无线)全面覆盖(各高校的时间有所差异),线上课程资源建设得到普遍重视。建设背景如下。

2000年前后,数字校园的概念进入我国,清华大学蒋东兴教授的《数字校园初露端倪》一文,初步诠释了数字校园的概念与组成部分,提出构建数字校园的支撑系统主要包括校园一卡通、数字图书馆、虚拟实验室、目录服务与协同工作，并以清华大学为实例介绍了数字校园建设的情况。之后，许多学者都在探索校园数字化建设的规划、架构、内容和相关技术，各高校也在不断开展数字化校园建设实践，在逐步推进校园网络和信息数字化建设的基础上，建立有助于教学、教研和校园管理的应用系统，实现校园管理以及教学的数字化，从而提高学校的管理水平和工作效率。在教学与教学资源数字化方面，国家以远程教育作为突破口进行试点工作。1997 年 9 月，中国共产党第十五次全国代表大会就落实科教兴国战略，全面推进教育的改革和发展，提高全民族的素质和创新能力提出了《面向 21 世纪教育振兴行动计划》，实施"现代远程教育工程"，形成开放式教育网络，构建终身学习体系。2000 年左右，数字校园的概念进入我国，教育部办公厅 2000 年颁布的文件《关于支持若干所高等学校建设网络教育学院 开展现代远程教育试点工作的几点意见》，将建设高校网络教育学院列为重点。由此开始，教育部颁布了一系列信息化建设政策，逐渐覆盖远程教育、校园网建设、资源的共建共享、教师教育信息化、教育信息化投入、信息技术教学应用、信息技术课程等。2005 年后，校园数字化建设才开始走上正轨。

这个时期高校信息化建设的主要特点是：

(1)高校信息化基础设施初步完善。校园网络全面覆盖，网络安全性和稳定性得到大幅提高，校内校外教学服务支持保障能力大幅提升。

(2)线上教学资源不断丰富。大规模开放在线课程(MOOC)、精课、共享课程建设全面推进，学习资源不断丰富，支持泛在学习、终身学习的远程教育网络环境建成。

(3)高校管理信息化水平大幅提高。管理信息化和办公自动化得到进一步的普及，教学、管理、办公、服务、教学资源等方面的全面数字化积极推进，信息技术与教育教学开始逐步融合，相关的人才培养得到重视，信息化建设相关标准与关键技术也取得明显进展。各高校不断开展网络信息资源的合理利用、教育教学资源的优化配置、资源组合优势发挥等方面的实践与探索，避免各种形式的重复和浪费。

1.2.3 校园智慧化建设

校园智慧化建设阶段：2016 年，自高校校园网络(有线、无线)全面覆盖，信息化建设开始建立有统一的数据共享平台和综合信息服务平台，能为师生提供个性化智能服务。因信息化建设的起点不一，各高校进入智慧校园建设阶段的时间差异性较大。建设背景如下。

智慧校园一词较早出现在 2010 年浙江大学"信息化'十二五'规划"中，提出建设一个"令人激动"的"智慧校园"：无处不在的网络学习、融合创新的网络科研、透明高效的校务治理、丰富多彩的校园文化、方便周到的校园生活。但各高校校园数字化工作参差不齐，到 2016 年 6 月，教育部印发《教育信息化"十三五"规划》，设定了教育信息化建设详细的发展目标及主要任务，进一步加紧推进"互联网＋教育""智慧校园"建设。2018 年 4 月教育部印发《教育信息化 2.0 行动计划》，强调教育与教育技术的融合与创新；2018 年 6 月国家标准化管理委员会发布国家标准《智慧校园总体框架》(GB/T 36342—2018)，明确规范了如何部署智慧校园的总体架构，构建智慧教学资源、智慧教学环境、智慧教学管理系统以及信息安全体系。

智慧校园的 3 个核心特征：一是为广大师生提供一个全面的智能感知环境和综合信息服

务平台,提供基于角色的个性化定制服务;二是将基于计算机网络的信息服务融入学校的各个应用与服务领域,实现互联和协作;三是通过智能感知环境和综合信息服务平台,为学校与外部世界提供一个相互交流和相互感知的接口。"智慧校园"的基石是数字校园的建设与发展,也就意味着"智慧校园":首先,要有一个统一的基础设施平台,要拥有有线与无线双网覆盖的网络环境;其次,要有统一的数据共享平台和综合信息服务平台。

这个时期高校信息化建设的主要特点是:

(1)基于云技术的高校新一代数据中心大规模构建。各高校将所有信息资源、网络、存储、服务器等集中到数据中心,通过云信息技术将其定义为一个个虚拟的服务,最后通过"租赁"的方式提供给用户,实现统一的运维管理。云技术可以使云资源得到合理利用,运维成本大大降低,数据共享更加方便,其强大功能带给高校信息化全新的变革,同时推动了高校新一代数据中心的建设。

(2)高校业务加速由信息技术驱动到数据技术驱动的快速跨越。高校各类基于公共数据库的信息化系统都已基本建成,教师、学生、科研工作者都可以通过这些平台实现各类个人数据的收集和共享,这些数据也为个人的教学、科研、学习、生活提供了丰富的信息支撑,基于数据的各类办事服务、个性化服务和综合决策服务不断开展,师生体验不断提升,学校信息化保障能力不断加强。

(3)物联网技术改变了高校管理模式。物联网技术广泛应用到学校的教学设施管理、校园安全管理、师生生活服务等诸多方面,促进了智慧教室、平安校园、一卡通、学生管理、后勤保障等管理和应用水平的提高。

1.2.4 国家对教育信息化的部署和整体进展情况

1997年,国务院首次召开全国信息化工作会议;2000年10月国家把信息化提到了国家战略的高度;2006年3月发布《2006—2020年国家信息化发展战略》,将加快教育科研信息化步伐作为推进社会信息化战略重点的一部分,要求提升基础教育、高等教育和职业教育信息化水平;2010年7月发布《国家中长期教育改革和发展规划纲要(2010—2020年)》,要求加快教育信息基础设施建设,加强优质教育资源开发与应用,构建国家教育管理信息系统;2012年3月,教育部发布了《教育信息化十年发展规划(2011—2020年)》,对我国高校信息化十年的发展规划了更具方向性的目标、思路、任务和措施。2013年9月23日,北京大学首批MOOC在edX平台开课,面向全球免费开放,首批4门课程开课后即受到国内外学生的追捧。这是中国内地高校首次在全球网络公开课平台开课,也是在线课程在我国高校课堂的首次应用。随后,清华大学正式推出大规模开放在线课程平台"学堂在线",成为全球首个中文版MOOC平台。清华大学、北京大学、上海交通大学、复旦大学等国内顶尖高校也纷纷加入此平台。2016年6月,教育部印发《教育信息化"十三五"规划》,设定了教育信息化建设详细的发展目标及主要任务。

我国教育信息化的真正起步在"九五"时期,决定在全国实施750门多媒体课件开发计划、1000个校园网建设试点计划,100个计算机教育示范区试点计划等;在"十五"和"十一五"期间推动"校校通计划""班班通计划""计算机教育普及计划""金教工程"等;"十二五"推进

“三通两平台”建设;“十三五”进一步加紧推进“互联网+教育”“智慧校园”建设。2018年以来发布的相关文件如下。

2018年4月教育部印发《教育信息化2.0行动计划》,在文件中强调教育与教育技术的融合与创新,正式提出教育信息化的升级方案。要实现从专用资源向大资源转变;从提升学生信息技术应用能力向提升信息技术素养转变;从应用融合发展,向创新融合发展转变。

2018年6月国家标准化管理委员会发布国家标准《智慧校园总体框架》(GB/T 36342—2018),明确规范了如何部署智慧校园的总体架构、构建智慧教学资源、智慧教学环境、智慧教学管理系统以及信息安全体系。

2019年2月中共中央、国务院印发《中国教育现代化2035》,中共中央办公厅、国务院办公厅印发《加快推进教育现代化实施方案(2018—2022年)》,文件中强调教育现代化的推进过程、持续发展和中国教育与世界接轨。

2021年3月教育部发布《教育部关于加强新时代教育管理信息化工作的通知》。文件要求以习近平新时代中国特色社会主义思想为指导,全面贯彻落实全国教育大会精神,深化教育领域“放管服”改革,以数据为驱动力,利用新一代信息技术提升教育管理数字化、网络化、智能化水平,推动教育决策由经验驱动向数据驱动转变、教育管理由单向管理向协同治理转变、教育服务由被动响应向主动服务转变,以信息化支撑教育治理体系和治理能力现代化。到2025年,高校一体化办学水平大幅提升,数据孤岛得以打通,数据效能充分发挥,“一网通办”深入普及,现代化的教育管理与监测体系基本形成,教育决策科学化、管理精准化、服务个性化水平全面提升。

2021年3月教育部印发《高等学校数字校园建设规范(试行)》。它的目的是扎实推进教育信息化2.0行动计划,积极发展“互联网+教育”,推动信息技术与教育教学深度融合,提升高等学校信息化建设与应用水平,支撑教育高质量发展。文件明确了高等学校数字校园建设的总体要求,提出要围绕立德树人根本任务,结合业务需求,充分利用信息技术特别是智能技术,实现高等学校在信息化条件下育人方式的创新性探索、网络安全的体系化建设、信息资源的智能化联通、校园环境的数字化改造、用户信息素养的适应性发展以及核心业务的数字化转型。

目前,绝大多数高校已经实现了办公系统、学生信息管理系统、教学教务管理、科研管理、校园一卡通、数字化教学、数字图书馆等的信息化。从管理角度来讲,各职能部门的业务管理信息化第一轮建设已经完成,系统间的数据共享取得基本成效;从教育教学信息化来讲,绝大部分高校都在进行信息技术与教育教学的深度融合的探索,智慧教室环境基本普及,教学平台普遍建立,教学资源有一定积累,翻转课堂教学、线上线下结合教学等模式得到大力推广。“十四五”高校教育信息化的目标正在朝推动教育决策由经验驱动向数据驱动转变、教育管理由单向管理向协同治理转变、教育服务由被动响应向主动服务转变,以信息化支撑教育治理体系和治理能力现代化的方向努力,朝坚持信息技术与教育教学深度融合,积极发展“互联网+教育”,构建网络化、数字化、智能化、个性化、终身化的教育体系的方向前进。高校信息化已经经历了网络化和数字化校园两个时代,正在由数字校园向智慧校园迈进。

1.3 中国地质大学(武汉)信息化建设思考

中国地质大学(武汉)(以下简称“地大”)于1995年开始筹建校园网络,正式成立网络中心;2000年学校电教中心CAI研究室并入网络中心并更名为网络与教育技术中心;2001年与远程与继续教育学院(2001—2007年为网络教育学院)合署办公;2018年5月与远程与继续教育学院脱钩正式成立网络与信息中心;2021年7月,网络与信息中心更名为信息化工作办公室,单位属性由直属单位变为职能部门。

1.3.1 建设历程

中国地质大学(武汉)信息化建设和全国高校信息化建设历程基本一致,是从网络化、数字化到智慧化的过程,只是时间段略有不同。

第一阶段(1995—2015年)——网络化,校园网络全面覆盖,业务系统全面实现了网络化改造。

第二阶段(2016—2020年)——数字化,实现了统一身份认证和基础数据的共享,业务部门第一轮信息化建设完成。

第三阶段(2021年起)——智慧化,开展全面的数据治理,“一站式”服务大厅“网上厅”正式启用,“一个底座、两个大厅、三个门户、四个中心”的信息化框架初步形成。“一个底座、两个大厅、三个门户、四个中心”信息化框架,即一个以三库(数据标准库、业务专题库、全局决策库)三中心(个人数据中心、部门资源中心、学校决策中心)为核心的智慧数据底座,线上线下两个师生服务大厅,三种访问校园资源的途径(信息门户、移动门户和可视化门户),四种分级展现资源的中心(数据中心、服务中心、课程中心和决策中心)。

1.3.2 建设成效

一是建立了技术先进、架构合理、全校覆盖、有线和无线有机融合的校园网络。两校区(南望山校区、未来城校区)所有教学、实验、科研、办公楼群有线无线网络全覆盖,楼宇间万兆互联,桌面100/1000M接入,学生宿舍无线全覆盖,两校区采用“三主一备”高速互联,自有校园出口带宽12Gbps,实现了与运营商5G(第五代移动通信技术)网络双域专网的融合。

二是建立了数据中台,50余个业务系统数据全量入湖,形成了全量数据汇聚的数据中心和数据资产体系,建立了以“三库三中心”为核心的数据底座,提供统一的数据交换、数据共享、数据服务。

三是建立了覆盖食堂消费、图书借阅、就医挂号、车辆通勤的校园一卡通系统,食堂消费全部实现了移动聚合支付。

四是建立有各类智慧教室326间,可通过有线和无线方式接入校园网络,实现互联网教学。

五是“一站式”服务的“网上厅”启用,入驻服务148项,推出24项自助服务,电子签章应用13项,微服务平台快速搭建微应用23项、微服务58个,部门业务信息化第一轮建设完成。

初步形成了“一个底座、两个大厅、三个门户、四个中心”的信息化框架，为师生提供了全方位校园服务和体验。

六是建立月扫季巡年演的网络安全主动防御机制和全天候值守、一日三巡主动服务运维机制，主动发现网络安全隐患和运行故障，90%的故障得到及时排查。

1.3.3 经验与教训

1. 八大问题

学校信息化工作主要存在八大问题。

一是顶层设计，与建成“地球科学领域国际知名研究型大学”的战略目标契合度不够，与学校人才培养目标结合不紧密。前期的信息化建设只考虑硬件条件和部门业务管理，智慧教室建设与智慧教室的使用脱节，信息化的建设目标对推动学校治理能力的提升和教育教学的融合及对学科发展的支撑不具体、不明确，规划还不系统、不完善，措施还不到位。

二是管理体制，与“学校治理体系和治理能力现代化”的目标契合度不够。前期学校希望网络与信息中心统筹和推进全校的信息化建设，权责不符，工作难度大，部门协同难、师生办事难的根本性问题难以有效解决。

三是数据共享，达不到“消除数据孤岛”的目标。前期学校信息化建设“各自为政”，没有统筹的管理职责和全局性的技术思路，各二级单位的本位主义思想未打破，数据治理的思路也不清晰，学校数据标准不完善，数源归一未厘清，数据流程未打通，人为数据孤岛现象仍然存在，数据重复填报，数据共享阻力大、难度高。

四是师生服务，与“以师生为中心”的服务理念契合度不够。师生为本的共识未形成，部门业务条块壁垒未打破，本位主义思想存在，办事服务集中难，师生办事满校园跑，服务人为分散、体验差，跨部门的办事服务流程整合更难。

五是安全用网，与“没有网络安全就没有国家安全”的思想契合度不够。用网安全意识普遍不强，系统漏洞、弱密码问题突出，安全整改落实难度大、推进慢。

六是队伍建设，队伍偏弱，人员偏少。网络运维和信息化建设队伍不足20人，队伍结构不合理，年轻人少；知识结构不合理，熟练掌握算法理论的人员多，熟练掌握应用编程的人员少；从学校到熟练掌握，接触过企业的具体应用需求、参与过应用开发的人员只有2～3位，实际经验不足；网络运维和信息化建设队伍需承担近2万多台设备运行维护，全校师生的技术咨询，20余个公共服务和服务监测平台运行管理，学校50多个业务系统的数据对接、治理等工作，人少任务重，既缺架构师又缺工程师，还缺管理者，建设任务特别是推广应用目标到位难、落地难。

七是激励措施，相应机制还须探索。人才和资金是国内各高校在信息化工作方面都面临的难题，师生需要信息化，社会需要信息化，高校发展需要信息化。有人没钱干不成，有钱没人干不了。个人发展机制受限，信息化建设需要付出极大的精力和热情，学校的职称晋升和工资待遇难以吸引有能力的人才专心从事信息化工作；奖励激励机制制定落实难，信息化建设大部分是繁琐、重复、高强度的工作，难以确定奖励和激励的标准，更别谈落实，可能一个方案一个思路能为学校节约百万元至千万元,也可能使得数千万"交了学费";用人机制缺乏灵活性,无法与企业进行人才竞争;考核约束机制难落地,信息化在有些地方是锦上添花,并非不可或缺,但在长远战略上地位却极其重要,这些只能考验"一把手"的眼光,这就是为什么说信息化是"一把手"工程的主要原因。

八是信息化工作还未化被动为主动。高校普遍存在一个错误的认知:学校信息化做的好不好是信息化部门工作做的好不好的问题,忽视了学校、业务部门"一把手"的责任和作用,忽视了业务部门业务信息化程度才是学校信息化水平高低的体现,导致信息化部门工作被动。同时,由于师生的用网需求不断激增、网络规模不断扩大、应用系统不断增加,信息化部门经常处于建设任务重、头绪多、协调多、疲于奔命的状态,缺少学习提高的时间。

2. 六项体会

信息化是一项艰巨的工作,钱、人、思想、理念、机制缺一不可,各高校从事信息化工作同志们都有深深的体会,在争取、说服、无奈、抗争中挣扎前进。2020 年的新型冠状病毒感染事件以及防控常态化,引爆信息化需求,推着信息化工作者加速前进,信息化工作的阻力大大减小。信息化建设工作中的一些经验、教训形成了如下六项体会:一是没钱不行;二是有钱没人也不行;三是有钱有人缺思想仍然不行;四是靠企业听汇报没见实效亦不行;五是没合适体制和协同推进机制也不行;六是有系统没服务理念,有数据没师生体验想行也不行。

1.3.4 机遇与挑战

1. 机遇

习近平总书记指出没有网络安全就没有国家安全,没有信息化就没有现代化。国家政策要求、学校发展需要、新技术涌现等,令师生对信息化的需求从来没有像今天这样如此迫切,这给中国地质大学(武汉)信息化工作带来了机遇和挑战。

一是信息化战略地位不断提升,信息化列入国家"新基建",《中国教育现代化 2035》明确了"建设智能化校园"的目标。

二是大数据、人工智能、5G 等技术和平台日益成熟,在智慧校园中的应用越来越广泛,建设智能化校园成为可能。

三是学校"双一流"建设对深化教育教学改革、实现治理体系和治理能力现代化提出了更高要求,更加离不开信息化的支撑。

四是学校正处于第二步战略发展期,在科学管理、人才培养、科学研究、师生服务等方面需要提质增效和高质量发展,信息化支撑是关键。

五是师生使用互联网产品的技术更加娴熟,对新技术、新应用的渴望比以往任何时候更加强烈,对高质量服务更加期待。

六是学校自 2019 年秋季开始实行多校区一体化办学,两校区的教学科研工作、师生的办事服务、学术会议、工作交流等刚性需求,对学校信息化提出了更高、更迫切要求。

2. 挑战

一是网络安全形势严峻，校园网遭受的攻击量巨大，网络漏洞、信息泄露、弱密码等风险严重，严密的校园网络安全防护体系尚未健全。

二是“数据孤岛”“应用孤岛”“硬件孤岛”问题突出，本位主义思想依然严重，数据和资源共享推进有难度。

三是信息技术更新迭代过快，新技术层出不穷，技术选择成本和风险增高。

四是两校区一体化办学，师生对信息化需求的高速增长，迫切性不断增加，使信息化建设队伍和运维队伍面临严峻的考验。

五是信息化工作逐步进入深水区，信息化建设和运维的专业技术人员奇缺，市场产品和人员实施能力差异巨大，对业务的把控和合作公司的选择难度加大。

六是信息化部门本身的技术能力面临严峻挑战。绝大部分人员从学校到学校，缺乏大型应用项目开发、集成的训练机会和实践经验。快速增长的应用需求，高强度的工作压力和超高工作节奏，留给人员学习成长的时间太少。同时，大量的管理和事务性工作，填满了所有人员的日常，更多的关注集中在师生服务和功能体验上，支持持续发展的系统技术架构难以准确把控，只能被动接受第三方公司引导。

1.3.5 对策与策略

1. 对策

1)健全体制机制

(1)加强党对网络安全和信息化工作的全面领导。深入学习贯彻习近平总书记网络强国重要思想和有关精神，增强建设网络强校的决心和信心；落实各级“一把手”责任，统筹部署和推进信息化建设。

(2)加强信息化项目的统筹管理。信息化、涉网实验室/机房建设项目，采取申报、论证、审批、建设、备案、验收全流程监管方式，统一归口信息化工作办公室管理；任何单位未经批准不得自建。

(3)加强信息化经费的统筹管理。从根本上改变学校对信息化项目投资情况、建设情况不清的现状，制订信息化建设项目经费管理办法。

(4)实行网络安全和信息化责任年度考核。考核内容包括二级单位网站建设考评、网络安全事件与漏洞整改、“一数一源”的执行、流程优化、信息报送、舆情管控、“一站式”服务评价、人员调整的数据资产交接、建立信息化工作考评指标体系及管理办法。

(5)完善监督评估机制。构建以用户为中心、师生共同参与的用户评价和反馈机制，积极探索质量监测与效果评估的常态化、实时化、数据化，不断促进和完善学校信息化工作。

2)加强顶层设计

(1)统筹规划、统筹推进建设。统筹基础设施、信息资源、应用系统、网络安全和保障体系建设，整体规划和建设智慧校园。

(2)统一标准,统一归口管理。落实“一数一源”,统一数据标准、共享标准和集成标准,构建学校全量数据资产库,数据资产归口信息化工作办公室管理。

(3)规范流程,规范授权安全。开展面向师生办事服务的流程梳理和再造,简化审核/审批环节,数据实行授权访问。聚焦师生反映强烈的“急难愁盼”问题,重点解决多部门协同和跨校区办理的事项。

(4)创新应用,创新运维服务:加强云计算、大数据、物联网、移动应用、人工智能和5G校园等新技术应用探索,创新主动服务响应运维机制,不断提高数字校园整体运维水平和服务质量。

3)加强数据规范化管理

(1)开展数据确权,消除多头管理。按照“一数一源”的原则,建立数据血缘关系图,落实数据的入库、更新、删除、归档的操作规程。

(2)构建全量数据湖,打通数据孤岛。所有数据按照数据标准进入学校数据中心,经数据中心清洗和标准化后,提供交换共享和开放服务,其他系统可从数据中心获取共享数据,原则上不允许应用系统间直接共享数据。

(3)加强数据使用监控,确保数据安全。严管数据共享范围,防止数据滥用、私用、霸用。建设数据安全防护与监测系统,提供数据加密、脱敏及审计服务,对高危行为和违规操作行为进行监控并报警。

4)建立数据质量保障机制

建立数据质量评价机制,实行基于日常管理的伴随式数据采集和及时纠错,落实数据准确性的责任:①通过“一站式”服务实现“一网通办”,核验数据共享率和准确性;②通过教育统计及数据上报工作,推动数据汇集和多元协同管理;③通过学科评价和绩效评估,推动多源数据的融合;④通过职称评聘和聘期、年度考核,提升数据准确度;⑤通过业务数据的自动归档,提升数据资产库和专题数据库中数据质量。

5)加强保障体系建设

(1)通过机构改革和工作机制的构建,健全信息化工作管理体系。

(2)通过信息化素养培训和专业培养,建立有效的技术保障体系。

(3)通过人工+智能的规范化流程,建立信息服务保障体系。

(4)通过开源节流和多途径筹措加强投入,完善基础设施的支撑保障能力。

(5)通过考核激励措施,建立督办检查机制和考核评价体系。

6)全方位提高师生信息化素养

(1)打造技术精湛、结构合理、精简高效的信息化建设专业核心队伍。队伍能快速接受并熟练使用新技术、新架构,拥有有思想、有干劲,能吃苦、能干活的高素质技术骨干人员。

(2)建立技术过硬、反应快速、保障有力的高素质专业化网信运维队伍。培养有耐心、有韧劲,细心、会交流,学习快、能变通的技术人员。

(3)建立积极主动、乐于奉献、乐于助人的网络信息员/系统管理员队伍。该队伍有一定的技术基础,能在各单位开展技术支持、系统管理和信息报送等工作。

(4)开展广泛的信息化素养培训。采取走出去、请进来,研讨交流和自我学习提高等多种方式，全方位提高师生的信息化素养。

2. 策略

1)以过程监督促进教育教学全面升级

按照教学过程可以重现、教学效果看得见、教学质量能预见的建设思路，加强教学设施建设和设备管理，落实教学过程数据的采集和监督，加强信息技术、教学方法和教学工具使用的培训，大力推进教学创新，推动5G＋互动教学示范建设和应用推广，实现教育教学的全面升级。

2)目标考核促进一网通办全面达成

按照随时可办、一网通办、一次办结的建设思路，理顺流程、汇聚应用、用好服务。建立目标考核机制，采取应上尽上的原则推动各类师生服务汇聚到学校统一的网上服务大厅，所有的线下服务集中到线下服务大厅办理，采取“线上约、网上办，一网通办；南望厅、未来厅，两厅同办”服务方式，将网络端、移动端、实体端三大场景深度融合，形成“一网两厅”统一管理的服务体系，做到校园服务全覆盖、社会服务关联办。

3)为数据赋能促进数据资产全面入库

按照统一的数据标准、丰富的数据资源、完整的数据资产、灵活的数据服务的建设思路，制定数据标准，汇聚全量数据，重视数据集成，管好数据授权，落实好“一数一源”归口管理，确保数据的及时更新、有效共享，构建以“三库三中心”为核心的智慧数据底座架构，形成数据资产，为数据赋能，为人才培养添彩。

4)以资源配置促进治理能力大幅提高

按照治理过程看得到、治理效果可比较、资源配置结构可调整、资源配置效果能预期的建设思路，健全管理制度、补齐设施缺口、强化运行监管、重视绩效评价，以投入产出比来灵活调配资源分配，促进学校治理能力的大幅提高。

5)以学致用促进信息化素养大幅提升

按照信息化技术人人能用、会用、想用、活用的建设思路，进行培训、培训、再培训，落实安全用网机制，促进全校师生信息化素养大幅提升。

3. 已采取的主要措施

1)健全信息化管理新体制

2021年，学校开展机构改革和“三定”工作(定部门职责、定内设机构、定人员编制)，缩减了13个二级单位，减少了3个职能部门和33个管理服务机构科室，网络与信息中心由原来的直属单位变为职能部门，更名为信息化工作办公室，赋予信息化工作统筹管理的职责。单位科室由学校重新进行了审定、职责进行了重新划分，按照AB岗和人岗分离的方式重新设岗，学校审定岗位数和岗位职责，科室主任实行全校聘任，实行跨二级单位流动，避免因人设岗。

2)建立信息化工作新机制

2021年下半年开始启动“双线协同、两办联动、主事会商、定期调度”的信息化工作新机制，即线上线下办事协同进行，学校办公室和信息化工作办公室联动推进，主要事项进行1+1+N的多单位会商研讨，定期(原则上一周一调度，一月一报告)召开工作调度会议。

3)探索信息化绩效管理新模式

在2021年的“三定”工作中，信息化工作办公室专门设立了质量监测部，开展信息化质量监测和绩效管理的探索工作，拟从校园网络运行、网络安全、信息系统、用户服务等方面，对投入人员、设备设施、业务系统、成本等进行全程监督，逐步开展绩效评价。

4)启动信息化建设新征程

学校将“加强党的全面领导”和“提升信息化建设水平”列为学校事业改革发展的“两个保障”，体现了学校对“提升信息化建设水平”的重视。将“信息化建设和管理服务能力提升行动计划”作为学校“十四五”发展规划中的一个建设专项，全面统筹规划、统筹建设。

2 中国地质大学(武汉)信息化建设愿景

中国地质大学(武汉)经过多年的信息化建设,完成了校园网络全覆盖和业务部门业务信息化第一轮的建设,奠定了较好的信息化基础。目前,学校正在推进"六个体系"的建设,希望在不久的将来,全面达成五促进、六智慧、五提高的"565 目标",完成校园数字化转型,建成具有地大特色的"智慧校园",使学校管理服务和治理能力全面提升,人才培养模式改革与创新、科研组织与协作得到全面的信息化支撑。

2.1 总体思路

2.1.1 指导思想

以习近平新时代中国特色社会主义思想为指导,深入贯彻落实"创新、协调、绿色、开放、共享"的发展理念,聚焦立德树人根本任务,根据《中国教育现代化 2035》《教育信息化 2.0 行动计划》《"十四五"国家信息化规划》精神,按照教育部要求做好教育新型基础设施建设,落实《高等学校数字校园建设规范(试行)》,深化实施教育信息化 2.0。围绕管理服务能力显著提升、人才培养质量明显提高、科学研究综合实力显著增强的目标,加快推进学校数字化转型,全面推动学校管理向现代化治理转变、管理服务向主动服务转变、发展决策向数据驱动转变,实现资源有效配置,管理提质增效,服务便捷满意。同时,不断促进信息技术与教育教学、科学研究深度融合,实现人才培养提质发展、科学研究赋能增收。为学校"双一流"建设及学校事业发展提供有力的信息化支撑和保障,把学校建设成全国一流的新一代"智慧校园",有力驱动学校治理体系和治理能力现代化,有力推进学校 AI+智慧教育发展,有力驱动学校科技创新。

2.1.2 基本原则

1. 统一规划、统筹推进

围绕学校"立德树人"根本任务和学校发展战略定位,不断完善网络和信息化建设顶层设计,按照全校一盘棋的工作机制,注重系统性、整体性、协同性,把握技术的先进性和适度超前性,统一规划,加强网络和信息化建设的统筹力度,努力解决信息化发展不平衡不充分的矛盾,发挥信息技术加速器作用,为学校"双一流"建设与高质量发展提供信息化支撑。

2. 流程优化、协调共进

打破部门业务归属壁垒,从提高效率、降低成本、服务师生的角度出发,进行业务流程优化、重组、再造,减少不必要的审核,删除不必要的流程,加强部门工作协同,共同推进学校治理体系和治理能力现代化,为管理服务提质增效打下坚实基础。

3. 数据驱动、融合创新

加快数据治理和落实数据归口管理,推进“一数一源”的清查,打通校园数据流,构建学校数据资产库。推动数据与业务的深度融合,加强数据共享,消除数据孤岛,利用大数据、人工智能、物联网技术构建校情“一张图”、服务“一站式”、人人“一空间”、决策“一大脑”,为管理服务提质增效、人才培养提质发展、科学研究赋能增收,有效发挥数据在学校治理创新中的驱动作用,推进学校决策科学化、智能化。

4. 师生为本、体验为要

树立“以师生为中心”的服务理念,汇聚业务部门的师生服务,加强服务体验设计,构建人人有空间,服务“一站式”、咨询有助手、全面移动支持的便捷环境,充分发挥信息化在两校区一体化办学中的支撑和保障作用,增强师生在智慧校园建设中的获得感、幸福感、安全感。

5. 安全用网、可信可控

健全校园网络“人防、技防、物防、制度防”的安全体系,为师生创造安全、泛在的服务支撑环境。采用“网络设施一日三巡常态化”“网络安全月扫季巡年演常规化”“应急演练和主备设备切换经常化”等措施,对设备和关键系统开展一日三巡,对漏洞开展月扫描检测,每年至少开展一次安全演练;加强分级授权访问管理和行为审计,强化安全隐患的整改落实;通过宣传、培训和讲座,不断培养师生网络安全意识,筑牢安全防护屏障,营造安全的用网环境。

2.1.3 工作目标

通过本行动计划“六个体系”的构建,全面达成五促进、六智慧、五提高的“565 目标”。促进“一网通办”全面达成,促进数据资产全面入库,促进治理能力大幅提高,促进教育教学全面升级,促进信息化素养大幅提升,补短板谋跨越成效明显;智慧教育、智慧管服、智慧监管、智慧评价、智慧环境、智慧治理取得全面突破,智慧校园特色鲜明;有效提高面向师生服务能力、资源配置调配能力、综合评价管理能力、技术队伍保障能力、网信设施支撑能力,校园数字化转型完成,学校管理服务能力全面提升,人才培养模式改革与创新、科研组织与协作得到全面的信息化支撑。

计划到 2025 年,“双线协同、两办联动、主事会商、定期调度”的信息化工作机制更加完善,校园“放管服”改革顺利完成,“以师生为中心”的服务理念全面落实,学校管理服务流程得到全面梳理和优化,“一网通办”的“一站式”服务体系建成,线上办公成为常态,师生服务贴心、周到,管理和服务更加高效、便捷,提质增效明显,智慧管服全面实现;“一数一源”的数据归口管理得到全面落实，“三库三中心”数据资产体系建成，数据治理全面完成，数据孤岛消除，校情、校貌、校史、校况展现充分，数据质量有保障，智慧治理全面达成；5G、物联网、人工智能、数字孪生技术得到全面应用，校园智能感知体系和数字孪生校园建成，智慧监管在“一张图”上全面体现；学校事业发展战略数据库建成，数据应用多面发力，数据效能显著提升，公共资源实现合理调配，绩效评价体系全面构建，智慧评价广泛应用；“三教”(教务、教学、教室)平台有效融合，智慧教室有效利用，师生个人能力画像成型，痕迹管理完善，个人网络空间服务全面启用，“生态文明智慧大脑”初具规模，AI+智慧教育体系形成，智慧教育全面实现；信息化制度更加健全，机制更加完善，校园信息化基础设施不断升级，运行稳定，可信可控，智慧环境全面建成。

计划到2030年，学校数据资源实现全面汇聚，数据资产清晰，校园感知全面深化，绩效评价体系更为完善，公共资源得到合理、及时调配，人工智能与教育教学深度融合，计算、数据与学科、科研深入交汇，信息化支撑保障能力全面提升。

2.2 重点任务

2.2.1 健全“一网通办”的“一站式”服务体系

突出“以师生为中心”的服务理念，深化校园“放管服”改革，全面推进服务“一站式”，推动学校管理流程优化和重组，推动服务汇聚和移动服务，充分发挥信息化在两校区一体化办学中的支撑保障作用，形成与学校事业发展阶段目标相适应的信息化工作体系和现代化治理体系，有效提高面向师生的服务能力。

(1)打破部门壁垒，推动部门业务流程优化、重组。全面开展业务部门流程梳理和优化，开展跨部门业务流程重组，不断推动业务与服务的分离，推进校园师生服务“微”化、集中化，重塑“以师生为中心”的服务体系架构，有效促进管理服务提质增效。

(2)建立“一站式”服务大厅，全面实现“一网通办”。改变师生服务分散办、部门办、线下办的本位主义思想，按照网上办、掌上办、自助办思路和“办、查、看、评”模式，建立线上为主线下为辅的统一的“一站式”服务大厅，加快推进电子签章应用的自助服务，引进社区政务服务，有效节约人力成本，实现师生服务“一网通办”、一次办结，让数据多跑路、师生少跑腿。

(3)打造多端一体化融合门户，大力推进无纸化办公。不断推动移动端与企业微信融合、应用与服务聚合、数据与消息耦合，建立多端一体化管理的融合门户；不断完善涵盖文字、语音等交互方式的信息门户智能问答机器人平台——“智能小D”，为师生解答教学、学习、网络、生活、办事、出国交流等校内常见问题，提高各类服务的智能化水平和师生服务满意度；全面推进办公自动化、无纸化，实现办公文件、函件、会议材料、评审材料等的电子化、无纸化，大力推行网上评审、网上会签、网上审结，减少纸张浪费，提升办公的便捷性和效率。

(4)建立分级分类授权管理机制，实现数据的安全授权与可用。根据岗位职责和部门职能，建立校级领导、二级单位负责人、职能部门管理人员和广大师生四个层次的数据、服务分级管理模式，根据数据服务的分级管理、岗位授权和有限使用机制，确保应用系统、数据的安全和有效利用,确保服务功能的有效发挥。

(5)以信息化赋能校园文化,全方位提升学校形象。不断将信息化元素融入师生校园生活、教学、科研、管理、学习等多方面,创新校园文化建设的途径和方法,丰富校园文化的内容和形式,在校园开放日、迎新、毕业、生活、活动、宣传等过程中体现地大校园文化,传承地大精神,弘扬正能量,传播生态文明知识,优化地大特色校园人文环境,与校园生活、活动信息、地标打卡对接,将生活空间融入个人空间,通过信息化赋能,为校园文化注入生机与活力,提升学校形象,增强综合竞争力和影响力。

2.2.2 打造“三库三中心”的数据资产体系

按照学校数据标准和“一数一源”的原则,全面推进数据“一个湖”建设,落实数据管理责任,建立和不断完善学校数据资产库,健全以“三库三中心”为基础的数据资产体系,有效提高资源配置调配能力,为管理服务提质增效、人才培养提质发展和科学研究赋能增收打下扎实的数据基础。

(1)推进全量数据汇聚,构建数据资产管理体系。不断完善学校数据标准体系,打破部门数据壁垒,建立和健全业务数据、过程数据、视频数据、系统运行数据、审计数据等的汇聚机制,围绕“三库三中心”推动业务系统全量数据进学校数据中心的数据入湖工程,加快数据治理,不断提高数据质量,完善数据资产体系,实现数据资产全生命周期的动态管理。

(2)打破数据孤岛,落实“一数一源”归口管理。建立数据安全和共享机制,打通各业务系统间的数据壁垒,实现数据的授权访问和安全共享;建立和严格落实“一数一源”归口管理的责任机制,根据业务部门业务数据的特点,确定数据的时效、周期、更新等应用要求,强化数据的准确性、及时性、有效性,实行数据的全生命周期管理。

(3)加强校园数据的综合利用,充分发挥数据服务和赋能作用。深入开展数据的分类统计和可视化应用,建立个人、部门、学校三级数据中心,开展教学、科研、学科、团队等多方面的统计、分析、评价,为个人、部门、学校的发展及决策提供数据依据,为校园安全、教学督导、资源配置等提供统筹调度、决策指挥工具;多维度展示校情、校貌、校况、校史,展现学校建校以来教学、科研、设备、财务、师资、人才培养等诸多方面的成果和办学理念,展现师生在促进学校事业发展过程中的精神面貌。

(4)加强业务系统建设,丰富、完善学校数据资产。根据学校信息化的统筹规划,从提高效率、节约成本、提升管理水平等方面不断推动业务部门工作的信息化,不断优化、升级现有的业务系统,采取有效手段不断扩充有效、有用数据来源,进一步丰富和完善校园数据资产,推动部门工作实现业务联动、数据互动、服务主动。

2.2.3 建立“数字孪生校园”的智能感知体系

将校园总体规划与智慧校园规划衔接整合,以“数字孪生校园”为目标,全面推进校情“一张图”建设,逐步形成全面感知、数据融合、服务创新的校园智能化体系,提高网信设施感知能力。

(1)完善感知网络和感知体系建设,建立感知校园。逐步建立覆盖水电能耗、房产设施、安防监控、智慧教室、仪器设备、一卡通消费、网络访问、服务监督、教学科研、学习生活等的全面感知网络和平台,建立数据实时调度机制,以校园智能化管理全面提升管理服务水平,提高统筹决策和指挥调度能力;完善个人数据中心,探索个人能力自我评价,推动个人职业规划的制订和个人全面发展。

(2)探索视景仿真应用途径,建立"数字孪生校园"。运用物联网、大数据、人工智能、虚拟现实、视景仿真等信息技术,建设学校地名地址、房产、构筑物、树木等空间和地理数据标准,探索建立包含孪生野外实践基地、云上地质博物馆等地大特色的孪生校园,将学校物理空间和数字空间有机衔接起来,将实时感知与数字空间融合起来,丰富师生与学校资源、环境的交互方式,实现学校智慧运行,支撑学校智慧教学。

2.2.4 创新具有地大特色的AI+智慧教育体系

以人工智能技术和数字孪生技术为支撑,实现以智慧机器人为全程辅助的AI和实景互动教学,全面推进人人"一空间"建设,构建具有地大特色的AI+智慧教育体系,不断推进教学创新,促进教育教学全面升级,整合校内外资源,创建生态文明教育和人工智能应用标杆院校,有效提高教学资源配置调配能力,为学校新工科、新文科建设,为学校培养战略科学家、一流科技领军人才、创新团队、卓越工程师提供全面的信息化技术和手段支撑。

(1)构建生态文明教育知识库,打造智慧教学平台。结合"5G+生态文明教育示范建设"项目目标,整合校内外资源,逐步建立和完善涉及生态文明的学科专业知识库,打造"生态文明教育智慧大脑",为专业教育提供"智能学伴",为科普教育提供"智能讲师",为云上地质博物馆提供"智能导游"。在"生态文明智慧大脑"的支持下,建立教(智慧教学)、考(在线考试)、管(教务管理)、评(教学评价)、资(教学资源)为一体的互动教学平台,探索线上线下教学过程监督和数字化监管机制,收集教学全过程数据和信息,构建教师的教学空间、学生的学习空间,围绕学校"三全育人""五育并举""三融三跨"等目标,逐步形成线上线下一体化、教学计划个性化、教学管理智能化的人才培养管理模式。

(2)构建数字孪生实验中心,打造虚拟仿真实践平台。以学校秭归、巴东、周口店、北戴河野外实习基地为依托,利用5G、大数据、云计算、数字孪生等信息技术,建立野外实习基地的全信息三维数字孪生模型,构建云端化数字孪生实验中心,打造支持云端化、实时化的虚拟仿真实践平台,实现跨越空间的沉浸式野外实践互动教学。

(3)构建统一的智慧教室调度管理平台,升级完善智慧教室环境。打通教务、教学、教室平台壁垒,实现人员、课程、课堂的一体化管理,升级改造现有的智慧教室,实现课堂的远程听课、远程巡考,试点推进优秀课程的实时录播和两校区线上线下同上一门课的互动教学,不断提升教室的智能化管理水平,完善智慧教室功能。

(4)构建多维评价体系,提升人才培养质量。加强线上线下教学过程设计和监测,打造新型教学/学习空间,实现教学资源、教学过程和学习过程的痕迹管理。利用人工智能技术开展教师的教学能力和学生的学习能力综合分析,实现教学的主动引导和学习推荐,构建多角度教学、学习、教师、学生综合评价体系和有针对性、个性化的人才培养计划。

(5)构建个性化信息门户,打造师生个人终身空间。提升用户体验,优化整合现有的PC

端信息门户和移动端移动门户，实现分级分类授权和两端一体化管理，构建千人千面、终身制的个性化门户，提升校友的归属感和荣誉感。实现与个人数据中心的无缝对接，满足师生定制个人空间的需求。

(6)构建完善生态文明教育科普体系，打造科普教育数字孪生基地。以建设"美丽中国宜居地球"为己任，推动人与自然大讲堂和震旦讲坛从线下走向线下线上相结合的混合云讲坛模式，助力生态文明知识的广泛传播；推动逸夫博物馆的数字化建设，打造无限想象空间的数字云地质博物馆；推动科普图书创作和出版，打造高水平科普人才队伍。

2.2.5 探索公共资源合理配置的绩效评价体系

充分利用云计算、大数据、物联网、人工智能和移动互联网技术，完善各类数据的收集、采集，建立分类评价体系，构建学校事业发展战略数据库，建立校级决策支持平台，全面推进决策"一大脑"建设，实现公共资源的量化管理、绩效评价和动态配置，有效发挥信息化在学校治理创新中的驱动作用，推进学校决策科学化、智能化，有效提升综合评价管理能力。

(1)完善公共资源的数据采集、收集机制，实现公共资源的量化管理。逐步完善水电计量、房产分配、设备共享、资金使用、相关效能等方面的数据采集和收集，加强智慧教室数据的收集、管理、分析与运用，助力学校公共资源的合理调配和绩效评价。

(2)建立学科决策数据库，开展学科评价和质量监测。建立学科专业数据库、基础数据库和发展数据库，实现对学科质量监测、学科发展评估、院校两级发展的分析与评价，为学校、学院事业发展提供对照检查和科学决策依据。

(3)探索并构建分类评价体系，推动全面的绩效管理。从学科、部门、时间、内外等多维度对人力、设备、能耗、财务、房产等，建立岗位考核、能力评价、效果评估、绩效分析等细分评价体系，全面推进绩效管理，有效利用数据，盘活数据资产，充分发挥数据在管理服务的提质增效、人才培养的提质发展、科学研究的赋能增收方面的效能。

(4)建立服务质量监督评价机制，提高师生满意度。配合"我为师生办实事"行动，持续推进业务流程优化与重组，努力提供便捷、高效、智能的办事服务，对师生开放的办事服务质量实行评价全覆盖和过程全监督，评价结果适度公开，用师生满意度来评价服务质量和服务水平。

(5)开展科研能力和科研水平综合评价，建立强强联合、优势互补的科研协作机制。从个人和团队的研究方向、代表著作、代表论文、科研项目、科研获奖、科研经费等维度，探索对相关团队或个人的科研能力和水平的评价体系，指导开展科研协作，为构建优化科研团队、争取大项目大平台提供数据依据。

2.2.6 完善"智慧校园"的支撑保障体系

建好安全稳定、快速高效、资源丰富、可信可靠的校园基础设施，组建一支技术过硬、反应快速、保障有力的运维队伍，全面推进可信"一张网"建设，确保网"安、稳、快"，为师生提供一个"好用""有用""有保障"的网络和信息化支撑环境，提升网信设施支撑能力和技术队伍保障能力。

(1)创新校园网络环境,完善网络基础设施。推进5G网络与校园网的深度融合,构建无边界的校园网络环境,创新5G校园网络应用新模式;推进IPv6网络的建设和应用,实现校园网络IPv6全面支持;升级主干网络,更新改造老旧网络设施,优化网络结构,避免单点故障,实现核心网络主干网速100Gbps、楼栋网速10Gbps、桌面网速1000Mbps,出口带宽不少于20Gbps,显著提升网络的稳定性和连通能力。

(2)打造"两地三中心"数据中心机房,建立统一的云资源平台。建立和完善南望山校区和未来城校区的数据中心机房,构建主备模式的双数据中心,实现两校区数据互为备份,确保校园业务系统和数据安全;强化云资源的管理和运维能力,建立资源可管可控能灵活调度的统一云资源平台,提高资源利用率。

(3)健全主动安全防御的机制,打造智慧安全防护体系。按照网络安全等级保护工作要求,不断健全"人防、技防、物防、制度防"的安全体系,实现网络安全防护由被动向主动的转变;进一步健全"月扫季巡年演"的主动安全防御机制,定期开展主动安全检查和整改督查,减少网络安全风险;进一步完善技防措施,构建网络安全态势感知体系,提高安全监测和风险发现能力;不断开展安全技能培训,建立一支专业或兼职网络安全保障队伍,不断提高安全防护能力和风险排查能力。

(4)健全主动运维服务响应机制,提高服务保障能力。进一步健全"网络设施一日三巡常态化""应急演练和主备设备切换经常化"的主动服务响应机制,以主动发现问题、解决问题为出发点,做好人、技、物筹备,努力做到网络稳定可靠、故障及时恢复、服务及时周到、保障精准到位。

(5)开展多种形式的培训和竞赛,不断提高师生员工的信息化素养。将网络安全和信息化素养培训纳入到学校年度干部培训计划,采用"走出去、请进来"的方案,分层分类开展基本知识和技术技能培训;不断开展信息化工作先进单位/个人等的评比,不断开展网络安全大赛、微服务设计大赛、大数据应用大赛、微课程大赛等。通过多种形式、方式、手段,提高师生员工对信息化的认识,培养使用信息化手段、技术的自觉性,加快向全方位教育数字化的方向发展。

3 数字校园与智慧校园

《高等学校数字校园建设规范(试行)》对高校数字校园的体系架构作出了明确的定义。中国地质大学(武汉)根据该规范开展了有重点、有特色的"智慧校园"建设实践。

3.1 数字校园与智慧校园的区别

数字校园概念是在互联网基础上发展的教育信息化产物,智慧校园概念是在物联网基础上发展的教育信息化产物。人们普遍认为,智慧校园是数字校园深入到一定程度的结果,智慧教育概念更具有中国化的特点。

3.1.1 数字校园的来源与特点

数字校园的概念要追溯到1990年,美国克莱蒙特大学的教授凯尼斯·格林主持的一项名为"信息化校园计划"大型科研项目,首次提出了数字化校园的概念,打开了信息技术进入校园并用于学校管理的大门。1998年1月31日,美国前副总统戈尔在美国加利福尼亚科学中心发表了题为"数字地球:21世纪认识地球的方式"演讲之后,"数字地球""数字城市""数字校园"等概念随互联网的深入发展应用越来越为人们所熟悉。

其实,数字校园就是学校教学、管理的信息化,它随着信息技术发展的不同阶段也被赋予了不同层次、不同深度的内涵。发展到今天,数字校园的最高境界是基于互联网,统一于一个应用平台的校园信息化平台。

数字校园是基于互联网的信息化典范,其设计理念是将校园内的各种信息数字化、集成化、平台化,通过其集成的数字化平台增进了师生间的交流,改变了教师的授课方式及学生的学习方式,加强了学校的管理,提升了学校的办学水平。

3.1.2 智慧校园的来源与特点

2009年1月,国际商业机器公司(IBM)总裁兼首席执行官彭明盛在奥巴马就任美国总统的第一次美国工商业领袖圆桌会上提出了"智慧地球"的新理念,其方案主要是在六大领域建立智慧行动方案:智慧电力、智慧医疗、智慧城市、智慧交通、智慧供应链、智慧银行。在我国,国务院前总理温家宝2009年8月在无锡视察时提出要迅速建立中国的传感信息中心或"感知中国"中心。

2010年,浙江大学在其信息化"十二五"规划中提出了一个令人激动的"智慧校园"计划,其规划蓝图是:无处不在的网络学习、融合创新的网络科研、透明高效的校务治理、丰富多彩的校园文化、方便周到的校园生活。南京邮电大学也作了一个"智慧校园"规划。它的核心特征在三个层面反映:一是为广大师生提供一个全面的智能感知环境和综合信息服务平台,提供基于角色的个性化定制服务;二是将基于计算机网络的信息服务融入学校的各个应用服务领域,实现互联和协作;三是通过智能感知环境和综合信息服务平台,为学校与外界社会提供一个互相交流和互相感知的接口。

由此可知,智慧校园的核心特征是"智能化","智能化"是指由现代通信与信息技术、计算机网络技术、行业技术、智能控制技术汇集而成的针对某一个方面的应用。从感觉到记忆再到思维这一过程称为智慧,智慧的结果产生了行为和语言,将行为和语言的表达过程称为能力,两者合称智能。智能一般具有感知能力、记忆和思维能力、学习和自适应能力、行为决策能力这四个方面的能力。智能化的物联网是信息技术革命第三次浪潮"质"变的产物。计算机科学界当初在讨论人工智能的时候以及在讨论第五代智能化计算机的时候的确没有想到"智能化"是以网络的形式出现。"智能化"催生了物联网,伴随物联网出现了"智慧地球""智慧城市"和"智慧校园"。其实智慧校园是数字校园发展的更高级别,是智能化、智慧化的数字校园。

3.1.3 智慧校园与数字校园的区别

数字校园概念是教育信息化的产物,智慧校园概念是中国化的教育信息化深入到一定程度的产物。美国提出的智慧地球与数字地球概念的区别,人们常从信息技术的内涵来引申说明。

数字地球的"数字"是通过国际互联网进行全球性的信息交流,核心内容是"数字化",交流的对象是人。而"智慧地球"是通过全球的物联网实现信息交流,核心内容是"智能化",交流的对象已经不仅仅是人,更多的是"物"。"智能化"是信息技术经过"数字化"充分地发展,产生了质的变化而形成的,因此"智慧"与"数字"有质的区别(陈乐和夏荔,2019)。

据此认为:数字校园是建立在以互联网为基础的校园信息化,对教学、科研、管理、技术服务、生活服务等校园信息的收集、处理、整合、存储、传输和应用,强调统一的信息编码及单点登录的授权服务,核心内容是解决"信息孤岛"。智慧校园则是以互联网+物联网为基础的校园信息化,通过云技术、大数据、人工智能等新技术的深入应用,将教学、科研、管理和校园生活进行充分融合,形成校园工作、学习和生活一体化的智慧校园环境,核心内容是推进"智能化"。

数字校园是互联网时代的产物,互联网是物联网的基础,物联网是互联网的延伸,没有互联网的基础,物联网无从产生,因此智慧校园是建立在数字校园基础上的,是致力于解决校园信息化问题的。

发展到今天,数字校园的最高水平是基于互联网下的、统一于一个应用平台下的校园信息化平台,即全校师生员工作为"数字校园"的用户都只有一个登录点,这一个登录点既可以进入教务管理系统查阅课表安排,也能进入学生管理系统完成学生考勤,甚至可以进入财务管理系统查看工资情况。总之,用户不再经受因不同的管理系统多次登录的繁琐操作,这就是当下不少软件开发公司推出所谓解决"信息孤岛"的数字校园。客观地说,这种意义上的数字校园对学校教学及管理的信息化的确功不可没。数字校园强调统一的信息编码及通过单点登录提供系统授权后的服务，而智慧校园是在数字校园基础之上将服务延伸及扩展到物，提供人与物、物与物信息互通互联的智能化服务。数字校园是相对稳定的校园信息化建设，而智慧校园是不断发展的持续扩大的校园信息化建设外延，这两个概念既不冲突也不矛盾。高等学校在数字校园建设中，技术发展带来的智慧校园持续更新的状态，是数字校园建设过程中不变的发展愿景(杜婧，2021)。可以说智慧校园是数字校园发展到一定阶段的产物，是数字校园发展的一个新阶段。

3.1.4 智慧校园的特征

根据物联网的特点不难看出智慧校园有以下特征。

(1)数字化和网络化是基础。数字校园建立在网络化的基础上，没有校园内的互联网就无法体现数字校园的优势，难以完成校园信息在虚拟空间的交流。同样，智慧校园更加需要有网络基础，必须以数字校园为基础，一方面，利用数字校园提供的统一数字化编码；另一方面，采用数字校园的单点登录。这些都是智慧校园所必须具备的基础条件。

(2)集成化和智能化是核心。互联网时代的数字校园目标是信息的互通互联，信息交互的主体只是人，而物联网时代的智慧校园信息交互的主体由单一的人延伸到了“物”，比如校园内的建筑物、教学仪器仪表、桌椅板凳、图书杂志、学校的设备等，智慧校园中的人与校园内的“物”有机地集成，构成了一个智能化整体，其核心内容除了反映出集成化的特征外，更主要的是赋予了这些“物”以智能化。

(3)智慧化的云计算是灵魂。互联网解决了信息互连互通的问题，传感网解决了广义的“物”对周围环境的感知问题，关键问题是无数“感知”信息通过互连的网络交汇后要作出正确的决策判断，达到一个对“感知”信息的正确反映，并指挥执行机构去执行。这就相当于需要人类大脑的智慧处理中心或数据中心去对无数“感知”信息进行计算处理，归纳判断出那些“感知”信息集中体现的问题，从而向执行机构发出指令。因此，智慧校园的灵魂是“智慧化”，而“智慧化”没有云计算是无法完成的。

伴随着物联网产生的智慧校园与互联网时代的数字校园既有联系，也有差别。数字校园是智慧校园的基础，智慧校园是数字校园的延伸，两者都是学校校园的信息化方案。所不同的是：数字校园是基于互联网上人的信息交流互动，强调统一的信息编码及通过单点登录提供系统授权后的服务；而智慧校园是在数字校园基础之上将服务延伸及扩展到物，提供人与物、物与物信息互通互联的智能化服务。

3.2 数字校园体系架构

《高等学校数字校园建设规范(试行)》明确指出：高等学校数字校园是物理校园的数字化转型和扩展，数字校园应基于校园的具体业务进行流程梳理和实体校园数字化，以提升校园整体的运行效率，使教学、科研、管理、服务等活动顺利开展。数字校园的总体结构如图3-1所示。

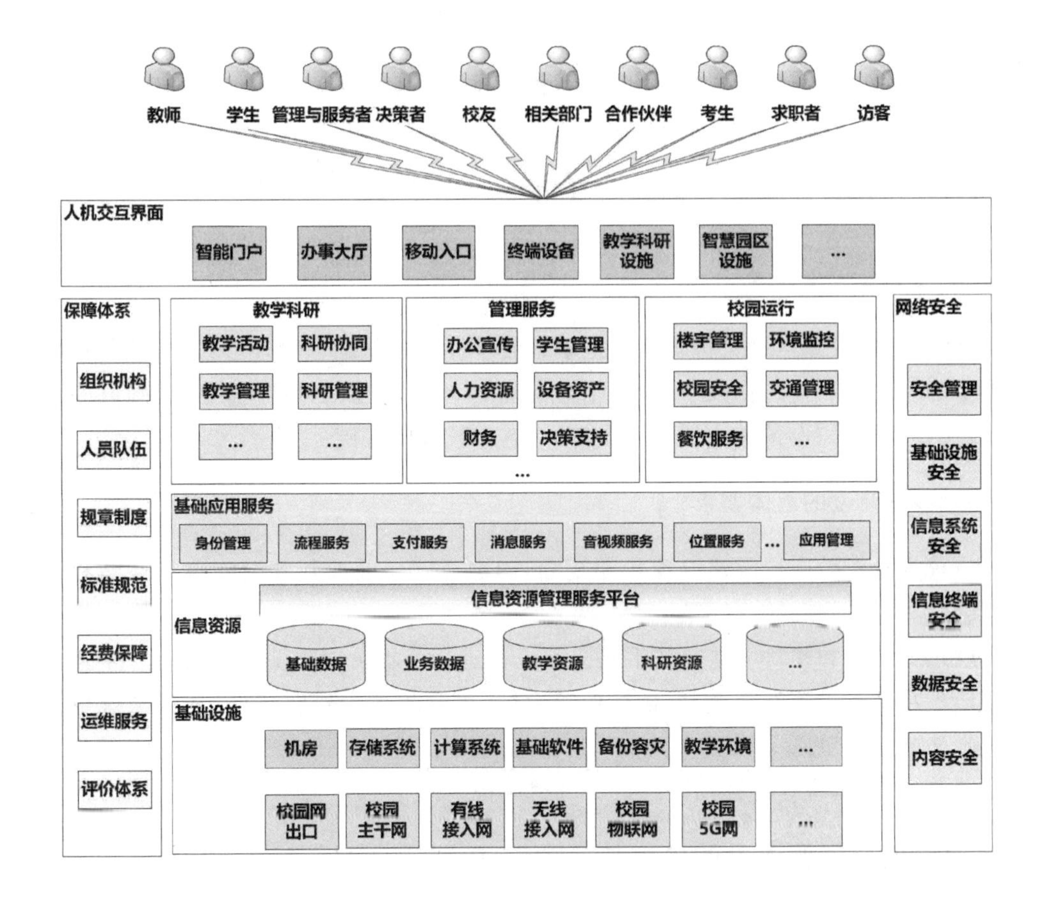

图 3-1　高等学校数字校园总体结构

数字校园建设的主要内容有 6 个部分。

基础设施：主要包括校园网络、数据中心、教学环境等，是数字校园的物理基础。

信息资源：包括以结构化数据为主的基础数据和业务数据，以非结构化数据为主的数字化教学资源、科研资源、文化资源等，是数字校园的核心资源。

信息素养：是数字校园各类用户应具备的运用信息与技术的素养和能力，是充分发挥数字校园功能，获取数字校园服务的基本要求。

应用服务：包括学校统一提供的基础应用服务，各类教学科研、管理服务、校园运行等业务系统与应用，数字校园各类人机交互界面等，为学校各种业务活动提供信息化支持。

网络安全：包括网络基础设施安全、信息系统安全、信息终端安全、数据安全、内容安全及安全管理等，为数字校园提供安全保障。

保障体系：包括组织机构、人员队伍、规章制度、标准规范、经费保障、运维服务和评价体系等，是保障数字校园建设和运行的基本条件。

3.3 数字校园建设的内容与要求

3.3.1 基础设施建设的内容与要求

1. 基础设施的建设内容

高等学校数字校园信息化基础设施是承载数字校园的基础和物理形式，一般包括校园网络、数据中心、校园卡、信息化教学环境、信息化育人环境、虚拟空间环境等，基础设施为各类信息化应用提供技术、设备和物理环境支持，是数字校园的基础。

2. 基础设施建设的总体要求

(1)应根据学校数字校园建设现状和规划，确定适度超前的基础设施建设性能和容量等指标。

(2)应选择主流和相对成熟的技术路线和设备进行基础设施建设。

(3)应重视基础设施安全，安全指标应符合《高等学校数字校园建设规范(试行)》第9章"9.2 基础设施安全"的要求。

(4)同等条件下，应优先选用国产自主可控设备。

3.3.2 信息资源建设的内容与要求

1. 信息资源建设的内容

信息资源是高等学校信息化过程中产生、使用和积累的各种结构化、半结构化和非结构化数据的统称。信息资源在高等学校数字校园建设中起到关键作用。高等学校在数字校园建设中，应将信息资源建设放在关键位置，逐步形成内容完善、数据准确、组织有序、广泛关联、更新及时、安全可靠、服务优质的全域信息资源库，为学校发展、师生用户以及社会公众提供优质信息服务。

高等学校信息资源主要包括以结构化数据为主的基础数据和业务数据，以半结构化数据为主的基础设施运行数据，以及以非结构化数据为主的数字化教学资源、科研资源、文化资源和管理服务资源。

2. 信息资源建设的总体要求

(1)高等学校应对学校信息资源建设内容、标准规范、建设方案、技术平台等进行总体规划设计。

(2)信息资源的收集、存储、管理和使用应符合国家相关法律法规及相关管理规定的要求。

(3)高等学校信息化工作中应强调信息资源标准，应参照已有的信息资源国家标准和行业标准，如《信息技术　学习、教育和培训　高等学校管理信息》(GB/T 29808—2013)、《信息

技术 学习、教育和培训 教育管理基础代码》(GB/T 33782－2017)、《信息技术 学习、教育和培训 教育管理数据元素 第1部分:设计与管理规范》(GB/T 36351.1—2018)、《信息技术 学习、教育和培训 教育管理数据元素 第2部分:公共数据元素》(GB/T 36351.2—2018等),制定各类信息资源的学校标准,用于指导和规范信息资源的建设、管理和使用;并将相关的标准规范落实到具体的工作流程、业务规范和技术平台中,确保标准规范得到执行。

(4)高等学校应重视信息资源的隐私保护、版权保护和安全保障。

(5)高等学校应加强数据治理,不断提高信息资源质量,提升信息资源价值。

(6)高等学校应采取切实措施,推进和鼓励信息资源的共享和创新应用,充分发挥信息资源的价值。

3.3.3 信息素养培养的内容和要求

信息素养是个体恰当利用信息技术来获取、整合、管理和评价信息,理解、建构和创造新知识,发现、分析和解决问题的意识、能力、思维及修养。信息素养培育是高等学校培养高素质、创新型人才的重要内容。高等学校数字校园是复杂的人机结合系统,提升高等学校用户的信息素养有助于提升高等学校数字校园的建设和运行水平。

1. 信息素养培养的内容

1)信息意识

(1)具有对信息真伪性、实用性、及时性辨别的意识。

(2)根据信息价值合理分配自己的注意力。

(3)具有利用信息技术解决自身学习生活中出现问题的意识。

(4)具有发现并挖掘信息技术及信息在教学、学习、工作和生活中的作用与价值的意识。

(5)具有积极利用信息、信息技术对教学和学习进行优化与创新,实现个人可持续发展的意识。

(6)能够意识到信息技术在教学和学习中应用的限制性条件。

(7)具有勇于面对、积极克服信息化教学和学习中的困难的意识。

(8)具有积极学习新的信息技术,以提升自身信息认知水平的意识。

2)信息知识

(1)了解信息科学与技术的相关概念与基本理论知识。

(2)了解当前信息技术的发展进程、应用现状及发展趋势。

(3)了解信息安全和信息产权的基础知识。

(4)掌握学科领域中信息化教学、学习、科研等相关设备、系统、软件的使用方法。

(5)了解寻求信息专家(如图书馆员、信息化技术支持人员等)指导的渠道。

3)信息应用能力

(1)能够选择合适的查询工具和检索策略获取所需信息,并甄别检索结果的全面性、准确性和学术价值。

(2)能够结合自身需求,有效组织、加工和整合信息,解决教学、学习、工作和生活中的问题。

(3)能够使用信息工具将获取的信息和数据进行分类、组织和保存,建立个人资源库。

(4)能够评价、筛选信息,并将选择的信息进行分析归纳、抽象概括,融入自身的知识体系中。

(5)能够根据教学和学习需求,合理选择并灵活调整教学和学习策略。

(6)具备创新创造能力,能够发现和提炼新的教学模式、学习方式和研究问题。

(7)能够基于现实条件,积极创造、改进、发布和完善信息。

(8)能够合理选择在不同场合或环境中交流与分享信息的方式。

(9)具备良好的表达能力,能够准确表达和交流信息。

4)信息伦理与安全

(1)尊重知识,崇尚创新,认同信息劳动的价值。

(2)不浏览和传播虚假消息及有害信息。

(3)信息利用及生产过程中,尊重和保护知识产权,遵守学术规范,杜绝学术不端。

(4)信息利用及生产过程中,注意保护个人和他人隐私信息。

(5)掌握信息安全技能,防范计算机病毒和黑客等攻击。

(6)对重要信息数据进行定期备份。

2. 信息素养培养的总体要求

高等学校应积极开展信息素养培养,融合线上与线下教育方式,不断拓展教育内容,开展以学分课程为主、嵌入式教学和培训讲座为辅的形式多样的信息素养教育活动,帮助用户不断提升利用信息及信息技术开展学习、研究和工作的能力。

1)教师信息素养培养

(1)将教师的信息素养提升纳入师资队伍基本能力建设,并列入继续教育范围,保证教职员工信息素养提升的常态化与持续性。

(2)推进教学、科研、管理、服务中常用的信息技术工具设备的培训。

(3)培训并鼓励教师利用信息技术探索教学改革、辅助科研创新。

(4)加强信息素养教育的师资队伍建设,满足高等学校相应学科的需求。

2)学生信息素养教育

(1)推进学生信息素养教育的普及与深化,系统性、有针对性地提升学生的综合信息素养水平。

(2)鼓励教师积极开展信息素养嵌入式教学,促进信息素养知识与专业课或通识课教学内容有机融合,提升学生的专业素质。信息素养课程教师与专业课或通识课教师密切合作,协同完成课程教学。

3.3.4 应用服务建设的内容和要求

1. 应用服务建设的内容

高等学校数字校园的应用服务建设应遵循应用驱动、数据融合的原则,围绕高等学校改革与发展目标,支撑高等学校的人才培养、教学科研、管理服务、交流合作、文化传承等业务,为师生校园生活提供智能化服务。

应用服务从下到上可分为三层：下层基础应用服务为全校各类业务应用提供校级基础服务；中层业务应用应能支撑校内各单位的业务活动；上层人机交互界面将流程、数据和信息进行集成与融合，为用户提供简洁友好的信息化服务。决策支持类型的应用也是数字校园建设的范围。

2. 应用服务建设总体要求

(1)应根据学校自身特点和应用需求，统一规划，分步建设安全、稳定、可靠的应用服务。

(2)应覆盖学校教学科研、管理服务和园区运行等主要业务活动。

(3)应适应学校业务发展，重视用户体验，能以用户为中心实现集成、融合与扩展，支持跨领域业务协同，实现应用服务的“一站式”办理。

(4)应遵循相关技术规范和信息标准，充分利用学校相关信息资源构建应用服务。同时应用服务系统作为相应信息资源的源头，也应做好信息资源的积累。

(5)应满足上级部门信息公开、数据报送和数据共享等要求。

(6)在注重事务处理型业务系统建设的同时，应加强事务分析型应用系统建设，充分利用信息资源和数据分析、人工智能等新兴技术，为用户提供更加智能化的服务。

(7)宜支持移动应用，可支持微服务架构及容器技术。

3.3.5 网络安全建设的内容和要求

高校网络安全工作应遵守《中华人民共和国网络安全法》《中华人民共和国数据安全法》《中华人民共和国个人信息保护法》并符合网络安全等级保护相关的《信息安全技术 网络安全等级保护基本要求》(GB/T 22239—2019)、《信息安全技术 网络安全等级保护测评要求》(GB/T 28448—2019)、《信息安全技术 网络安全等级保护安全设计技术要求》(GB/T 25070—2019)及《信息安全技术 网络安全等级保护实施指南》(GB/T 25058—2019)的要求。

1. 网络安全建设的内容

(1)基础设施安全。基础设施安全主要包括物理环境安全、有线网络安全、无线网络安全、物联网设施安全、校园私有云平台安全等。校园网所有密码加密技术应采用安全的加密算法，加密证书应由授权机构颁发。

(2)信息系统安全。信息系统泛指网站、移动应用、业务平台等软件系统。信息系统上线前应按照《信息安全技术 网络安全等级保护定级指南》(GB/T 22240—2020)要求进行等级保护定级，定级后按照《信息安全技术 网络安全等级保护基本要求》(GB/T 22239—2019)基本要求进行安全防护。

(3)信息终端安全。信息终端泛指一切可以接入网络的计算设备，如个人电脑、移动终端、物联网设备、工控设备等。

(4)数据安全。数字校园相关系统产生的数据量大，且关系到师生的隐私，因此针对数字校园相关系统产生的数据应具备保护措施。

(5)内容安全。建立网络内容发布安全检查机制,宜遵循《信息安全技术 网站内容安全检查产品安全技术要求》(GA/T 1396—2017)相关的要求建立安全管理策略,并根据设定的安全管理策略对违反策略的网站及新媒体进行报警,从而确保网站内容的合规性。

(6)安全管理。建立网络安全风险洞察机制,建立网络安全风险防控机制,建立网络安全风险治理机制。

2. 网络安全建设总体要求

1)基础设施安全的总体要求

(1)基础设施物理环境安全。按照网络安全等级保护相关标准《信息安全技术 网络安全等级保护基本要求》(GB/T 22239—2019)、《信息安全技术 网络安全等级保护测评要求》(GB/T 28448—2019)、《信息安全技术 网络安全等级保护安全设计技术要求》(GB/T25070—2019)、《信息安全技术 网络安全等级保护实施指南》(GB/T 25058—2019)中关于安全物理环境的要求完成物理环境安全的建设。

(2)有线网络安全。具备横纵双向维度的监测和防御机制,确保外部威胁和内部攻击不蔓延;互联网和校园网边界区域应具备网络安全监测和告警能力;核心交换区域应具备流量检测和用户流量分析能力,核心区域应具备网络流量的基础分析能力为大数据、人工智能技术的使用做数据源支持;接入区应具备数据采集或数据采样能力,为数据安全预警做基础数据支持;加强建设网络分区,根据业务服务对象、业务重要性、业务建设阶段等几个维度进行区分;加强网络各个节点的联动性,以网络安全管理为中心加强管理和联动。

(3)无线网络安全。移动互联网接入时应提供认证功能,并支持采用认证服务器认证或国家密码机构批准的密码模块进行认证;应提供措施能够检测非授权无线接入设备和非授权移动终端的接入行为;应能够检测到针对无线接入设备的网络扫描、DDoS 攻击、密码破解、中间人攻击等行为;无线网络应按照网络安全等级保护要求进行入网实名制认证和网络行为审计留存。同时无线网络控制系统应具备和网络安全管理平台或网络安全态势感知系统进行数据互通(包括控制数据和流量数据)的功能,确保数据源的丰富性。

(4)物联网设施安全。物联网的感知节点设备所处的物理环境应不对设备环境进行物理破坏;感知节点设备在工作状态所处物理环境应能正常反映环境状态;感知节点设备在工作状态所处物理环境应不对感知节点设备的正常工作造成影响,如强干扰、电磁屏蔽等;应保证只有授权的感知节点可以接入;能够限制于感知节点和感知网关的通信,以规避陌生地址的攻击行为;应按照《信息安全技术 物联网安全参考模型及通用要求》(GB/T 37044—2018)要求对物联网安全进行部署。

(5)校园私有云平台安全。当远程管理校园网私有云平台中设备时,管理终端和云平台之间应建立双向身份验证机制,虚拟机及平台远程登录,应通过运维堡垒机登录;校园私有云平台应允许各分校、校区、院系或者独立的业务管理机构设置不同虚拟机之间的访问控制策略,应保证当虚拟机迁移时,访问控制策略随其迁移;校园私有云平台应能检测虚拟机之间的资源隔离失效、非授权新建虚拟机或者重新启用虚拟机、恶意代码感染及在虚拟机间蔓延的情况等,并进行告警;校园网私有云平台应针对重要业务系统提供加固的操作系统镜像或操作系统安全加固服务；校园网私有云平台应提供虚拟机镜像、快照完整性校验功能，防止虚拟机镜像被恶意篡改；校园网私有云平台应采取密码技术或其他技术手段防止虚拟机镜像、快照中可能存在的敏感资源被非法访问。

2)信息系统安全的总体要求

(1)主机安全。对登录操作系统和数据库系统的用户进行身份标识和鉴别；启动访问控制功能，依据安全策略控制用户对资源的访问；限制默认账户的访问权限，重命名系统默认账户，修改这些账户默认口令；及时删除多余、过期的账户，避免共享账户存在；操作系统遵循最小安装的原则，仅安装需要的组件和应用程序，并保持系统补丁及时得到更新；安装防恶意代码软件，并及时更新防恶意代码软件版本和恶意代码库；校外对校内网络设备、主机、数据库和业务系统进行访问应采用链路加密技术或响应安全设备，如虚拟专用网络(virtual private network，VPN)加密技术、专用的点对点加密设备等。

(2)系统及应用安全。对信息系统登录用户进行身份标识和鉴别，应具备限制非法登录次数功能和自动退出机制；提供访问控制功能控制用户组/用户对信息系统功能和用户数据的访问，由授权主题配置访问控制策略，并严格限制默认用户访问权限；采用约定通信方式的方法保证通信过程中数据的完整性；提供数据有效性校验功能和数据有效性保证；确保系统和平台交互的友好性及使用的便捷性；对重要信息进行备份和恢复；校园网内、校园网内外之间文件传输，采用安全协议进行通信。安全区域之间、业务系统之间的数据交互，采用密码技术进行加密传输；校园网所有密码加密技术采用安全的加密算法，加密证书由授权机构颁发。

3)信息终端的总体要求

所有终端接入网络须进行认证管理，确保终端安全落实责任；具备通用操作系统的终端，如个人电脑、移动终端等，安装病毒防护和查杀工具，定期更新系统补丁和查杀病毒；物联网设备和工控设备等专用设备，需进行定期安全检测和评估，及时维护和更新软件版本，降低安全威胁风险；采用技术手段限制移动存储设备在重要终端与服务器内的使用，先使用抗恶意代码工具对移动存储设备进行病毒查杀；内部重要数据及文件处理终端，采用 DLP 数据防泄漏系统对重要文件及数据进行加密，对重要文件的处理、传输进行管控。

4)数据安全的总体要求

重要数据在传输和存储过程中的完整性应采用校验技术或密码技术保证，包括但不限于鉴别数据、重要业务数据、重要审计数据、重要配置数据、重要视频数据和重要个人信息等；重要数据在传输和存储过程中的保密性应采用密码技术保证，包括但不限于鉴别数据、重要业务数据和重要个人信息等；高等学校应提供重要数据的本地数据备份与恢复功能；应提供异地实时备份功能，利用通信网络将重要数据实时备份至备份场地；应提供重要数据处理系统的热冗余，保证系统的高可用性；高等学校个人信息的收集、存储、使用、共享、转让、公开披露等环节的相关行为应符合《信息安全技术 个人信息安全规范》(GB/T 35273—2020)的要求；高等学校应仅采集和保存业务必需的用户个人信息，应禁止未授权访问和非法使用学校领导、员工、老师、学生等人的个人信息。涉及接触个人信息的第三方公司应与学校签署安全保密协议；校园网私有云平台应确保所有数据和个人信息等存储于中国境内，如需出境应遵循国家相关规定；未经学校正式授权，云服务商或第三方不具有云上数据的使用、扩散权限；虚拟机迁移过程中应使用校验码或密码技术确保重要数据的完整性,并在检测到完整性受到破坏时采取必要的恢复措施;高校应具有密钥管理系统,保证实现数据的加解密过程,密钥应符合国家密码管理局相关标准;每个校区、院系或者独立的业务管理机构都应在云下本地保存其相关业务数据的备份;校园网私有云平台应提供查询数据及备份存储位置的能力;云服务商提供的存储服务应保证数据存在若干个可用的副本,各副本之间的内容应保持一致。

5)内容安全的总体要求

高等学校可采用网站内容检查产品,通过数据采集和分析,对网页中的文字、图片、文档、音视频、暗链接和错误链接中包含的信息进行检测、记录和分析,发现违规内容及时进行整改。

6)安全管理的总体要求

(1)网络安全风险洞察机制。对网络流量、网络设备日志、安全设备日志、数据中心日志进行数据化整合,通过大数据技术进行关联分析,通过统计、交叉、关联等形式挖掘数据价值。洞察安全风险,具备安全事件预测预警功能,具备研判网络安全风险发展趋势能力,警惕发生概率小而影响大的“黑天鹅”事件,防范发生概率大且影响大的“灰犀牛”事件。

(2)网络安全风险防控机制。网络安全重在预防,加强网络安全风险分析研判和预测,避免发生网络安全事件。一旦发生网络安全事件,应有并启动网络安全应急处置预案,能够及时有效控制网络安全事件并保证风险不累积、不扩散、不升级。构建网络安全态势感知平台,强化网络安全风险的预测预判预警预防,实现网络安全防御前置;构建多层深度智能化动态网络安全保障与防御体系,保障网络安全风险防护与应急处置;建设网络舆情咨询专家队伍和网络舆情应急处置数据库。

(3)网络安全风险治理机制。加强网络安全顶层设计,实现网络安全、内容管理和技术防护的全覆盖、无死角、无短板、无缝衔接,构建网络安全风险治理的整体框架;构建覆盖学校、院系部门、科室、个人的四级网络安全管理和协同机制,形成统筹协调有力、部门协同高效,上下联动顺畅的网络安全工作机制,网络安全责任制及绩效考核办法得到有效落实;建成专职网络安全管理和技术队伍,培养提升教职工网络新媒体素养和信息素养,学生网络安全队伍参与,实现社会网络安全力量协同,网络安全竞赛、教育培训、网络安全应急演练实现常态化;加大《网络安全法》《数据安全法》《个人信息保护法》《信息安全技术网络安全等级保护基本要求》等网络安全法规、条例、标准的宣传,有效落实有关工作要求。

3.3.6 保障体系建设的内容和要求

1.保障体系建设的内容

保障体系建设,包括组织机构、人员队伍、规章制度(管理)、标准规范(技术)、经费保障、运维服务、综合评价等方面内容,通过保障体系的建设,为高等学校信息化工作创造良好的环境。

2. 保障体系建设总体要求

(1)应有明确的组织机构及运行机制。

(2)应制订学校统一、完备的规章制度。

(3)应有稳定、专业的技术队伍。

(4)应有统一、规范、科学,具有强制性的技术标准。

(5)应有稳定的经费投入,有规范的经费管理办法。

(6)应有持续、稳定的运维服务。

(7)应有科学完善的评价标准与体系。

3.4 高校"智慧校园"建设关键技术及应用

《高等学校数字校园建设规范(试行)》鼓励有条件的高校充分利用云计算、大数据、物联网、移动互联网、人工智能等技术进行数字校园建设各方面的智慧应用。在各项新技术与教育深度融合的背景下,教育形态不断重塑,知识的获取和传授方式以及教和学的关系正在发生深刻变革,教育信息化正迎来重大历史发展机遇,学校已逐步从数字化校园时代迈向智慧校园时代。

"智慧校园"建设中的关键应用技术主要包括:云计算、大数据、物联网、移动互联网、人工智能、数字孪生、微服务等,这里主要介绍软技术。

3.4.1 云计算技术及应用

近年来,云计算和虚拟化的概念作为新一代的信息技术手段,被应用到了越来越多的领域。云计算平台的核心是使用虚拟化等云计算技术将物理设备抽象成逻辑资源,让一台服务器变为多台相互隔离的虚拟服务器,使硬件变成可以动态管理的"资源池",实现信息资源的有效整合,进行集中管理、按需供给、管家式的服务和共享,提高资源利用率,简化系统管理。

云计算主要包括基础设施即服务(IaaS)、平台即服务(PaaS)、软件即服务(SaaS)三种服务模型。云计算架构如图3-2所示。

云计算具备以下特点。

(1)技术虚拟化。即利用虚拟化技术将一台服务器分成多台服务器,且可以服务于一个或多个客户。

(2)灵活扩展性及灵活定制。云计算具备多个节点,当一个节点出问题时可以将其暂时抛弃,这个节点上的数据会转移到其他节点,避免了数据的大量丢失;云计算过程中用户可以根据自己的需求定制自己需要的应用功能,避免不必要的资源浪费。

(3)性价比高。云计算对用户的电脑配置要求很低,用户的电脑作为一个数据显示窗口,其计算、管理和存储都是在云端服务器中进行。

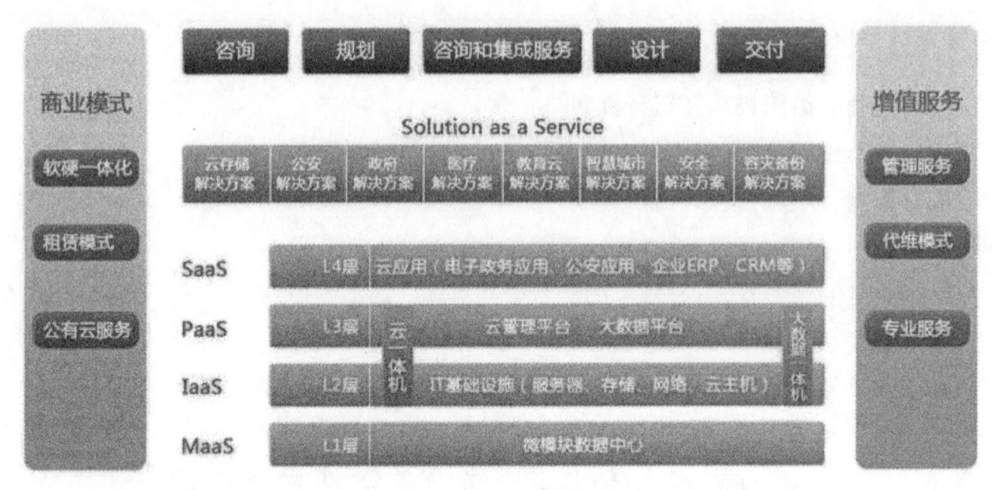

图 3-2 云计算架构

云计算技术在高校数据中心的建设上得到了快速发展，主要经历了物理数据中心、虚拟化数据中心、私有云、混合云几个发展阶段。结合实际的应用需求，产生了越来越多的应用方向。

1. 基础设施云建设

随着云技术的成熟发展，数据中心开始采用云计算技术来构建各自的私有基础设施云，通过虚拟化技术对物理设备进行整合分割，虚拟为多个独立的虚拟化设备，形成独立的基础设施资源池，进行统一分配、统一管理、统一运行。使高校各业务部门彻底告别传统烟囱式的系统建设与管理方式，承载教育系统的物理机资源、异构虚拟化资源上云后得到统一资源调度与管理，实现集约型信息化基础架构。

2. 科研云平台建设

基础设施云主要解决了高校业务系统的资源整合，集中管理。科研云平台主要是面向各学科、科研团队的需要进行的科学计算，将硬件系统，包括服务器、存储系统以及网络系统构建为高性能计算平台，为需要进行科学计算的用户分配相应的系统资源和平台服务，支撑科学计算。

3. 应用云建设

应用云是软件云的一部分，在数据中心建设中处于上层建设内容，主要体现在基于云计算的应用系统的建设。以软件虚拟化的模式建立高校 SaaS 平台，如云盘，在云存储基础上，部署虚拟的网盘系统，系统通过虚拟化的方式，可以建立具有独立管理的域，并向域授权管理员和分配存储资源，用户可享受由高校统一提供的软件云服务。

4. 共享资源云建设

共享资源云也是一种应用云架构，通过云计算架构，实现高校资源的共享。高校拥有宝贵的资源库，通过建立资源云，可以实现资源的共享，用户通过终端可以随时随地、方便快捷地获取所需要的教育资源。

3.4.2　大数据技术及应用

数据是信息时代最重要、最有价值的资源之一。大数据是指所涉及的资料量规模巨大到无法通过主流软件工具，在合理时间内达到撷取、管理、处理，并整理成为帮助企业经营决策的资讯。在快速发展的信息时代，大数据由于具备海量性、复杂性、多样性、高速增长性等特点，已成为一种重要的信息资产。

高校信息化建设过程中产生和汇聚了海量的数据，如人员基本信息、资产信息、教学管理、课程信息、科研信息、上网行为信息、图像采集信息等，包括结构化、半结构化、非结构化类型数据，这些数据存在数据量大、结构复杂、产生频率快的特点，需要使用大数据技术对这些多源异构的数据进行汇聚和处理，展现数据的真正价值。

大数据平台统一管理、集中存储学校的各种数据和资源，为信息资源管理服务平台提供数据存储和计算服务，为上层业务应用提供支撑，主要包括数据采集、治理、存储、计算、可视化整套流程功能。

大数据具有5个主要的技术特点，总结为5V特征。

(1)Volume(大体量)：即可从数百TB到数十数百PB、甚至EB的规模。

(2)Variety(多样性)：即大数据包括各种格式和形态的数据。

(3)Velocity(时效性)：即很多大数据需要在一定的时间限度下得到及时处理。

(4)Veracity(准确性)：即处理的结果要保证一定的准确性。

(5)Value(大价值)：即大数据包含很多深度的价值，大数据分析挖掘和利用将带来巨大的商业价值。

大数据技术在教育领域的深入应用，结合人工智能等技术，成为推动高校数据管理、精确治理、教学模式改革、绩效评估等重要工作的技术支撑。

3.4.3　人工智能技术及应用

人工智能是让机器模仿人类的行为、部分思考方式，利用演绎和推理解决实际的问题，使得机器能够模仿人去完成一些智能的工作。大数据技术是基于海量数据进行分析从而展现出数据的一些规律、现象、原理等，而人工智能是在大数据的基础上更进一步，基于大数据的支持和采集，通过深度学习、机器学习算法等技术手段对数据进行深度挖掘分析，根据分析结果作出一些判断和行为。大数据为人工智能的实现提供数据资源，人工智能则更有效、更深层次地分析整合大数据，两者的融合发展是信息化发展的趋势。

人工智能的核心技术主要包括机器学习、知识图谱、自然语言处理、人机交互、计算机视觉、生物特征识别、虚拟现实/增强现实。人工智能的应用主要就是采用这些核心技术对大数据进行建模。基础层是计算能力和数据资源，技术层是算法、模型和技术研究，应用层是人工智能和各行各业领域的结合应用(图3-3)。

人工智能的特征：①通过计算和数据，为人类提供服务；②对外界环境进行感知，与人交

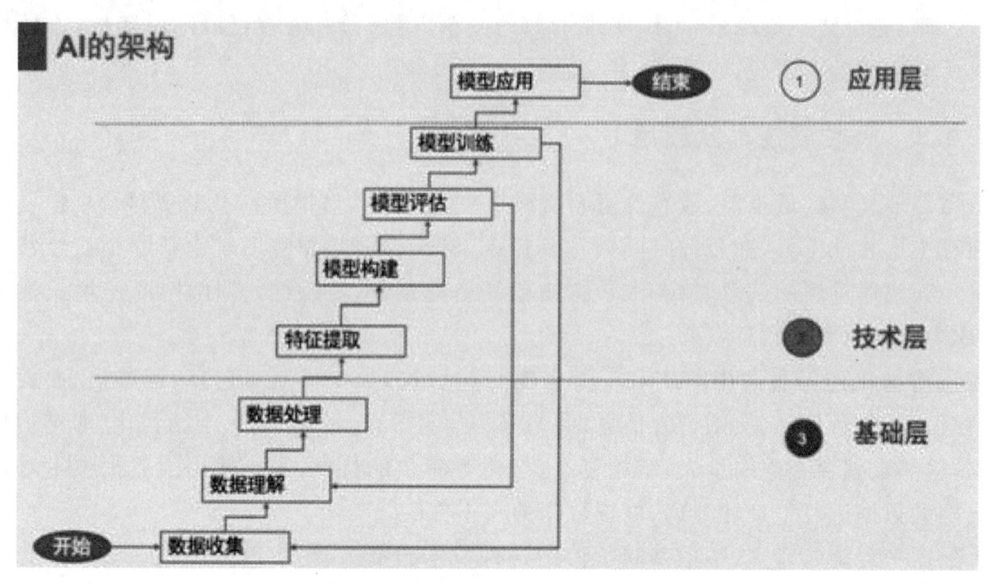

图 3-3　人工智能功能架构(引自知乎@吴建明 wujianming)

互互补;③拥有适应和学习特性,可以演化迭代。

在高校信息化建设中,人工智能平台及工具可以提供机器学习、算法服务、模型管理等核心能力,提供人工智能算法的开发、训练、部署、运行和管理能力。人工智能的应用可以提高高校信息化服务的效率,促进高校教育的改革,还可以服务于师生的科学研究工作。它主要有以下典型应用场景。

(1)学生画像。对学生的管理是从入学到毕业的一个动态过程,其中产生了大量的过程数据,也有大量的智能服务元素,为人工智能应用提供了广阔的发展空间。例如,宿舍分配、贫困生认定等工作优化智能解决方案;学业分析、心理评估等预测学生的发展状况;学业预警、消费预警、失联预警等保障学生的健康成长。

(2)学科画像。通过数据挖掘、自然语言处理等大数据、人工智能技术对学科数据进行应用分析。辅助高校完成学科数据统一管理、学科自查、学科基本评估指标发展动态监测,进行及时对标分析、学科评估、预测科研热点、资源调配等学科建设工作,为高校学科建设提供全流程、全方位的信息咨询服务与战略性决策支持。

(3)决策中心。运用人工智能技术对学校各项数据进行深入挖掘分析并展现,通过“数据”辅助领导科学决策,从而提升高校治理能力并满足学校改革发展的目标。建立“用数据说话、用数据决策、用数据管理、用数据创新”的管理机制,实现基于数据的科学决策。

(4)平安校园。在校园安全管理上,通过智能监控、人脸识别、智能门禁、智能报警等人工智能技术,及时发现可疑人员和可疑行为,构建安全的校园学习生活环境,保障师生的人身和财产安全。

(5)智慧教学。在学校常态化教学运行过程中,实现智慧教学平台与已有教学资源工具的融合,实现教学数据和教学资源的汇聚、AI 处理与共享。打破传统教学方式,为广大师生提供个性化、“一站式”、线上线下相结合的综合教学服务,统一、高效地解决教学管理者和师生在教、学、管、评、考中的实际需求，支撑高校建设全方位、全过程、全覆盖的立体化、科学化、现代化教学服务体系。

(6)科研平台。提供Caffe、Tensorflow、Pytorch等主流AI框架，支持机器学习、深度学习等人工智能学习方式。提供可视化训练平台，支持可视化人工智能训练过程和训练脚本等自定义开发环境，为教学和科研工作提供基础支撑。

3.4.4 知识图谱技术及应用

知识图谱是人工智能中的核心技术之一，知识图谱本质上是结构化的语义知识库，是对现实世界的一种语义化的表示形式。把实体表示成节点，实体的属性、实体间的关系表示成边，构成一个网状的图结构。这种结构化的形式人类可识别，对机器也很友好，方便机器理解。通俗地讲，知识图谱就是把所有不同种类的信息连接在一起而得到的一个关系网络，提供了从"关系"的角度去分析问题的能力。

知识图谱有丰富的语义关系，概念、属性、关系等这些语义关系可以很好地应用到NLP(natural language processing)相关任务上，例如分词、短语理解、文本理解等任务。通过知识图谱可以让机器更好地去理解自然语言，进一步地更好地理解用户的意图、文本的含义。在分词、语义理解、文本挖掘等基本NLP任务中，大量应用到用户画像、搜索、推荐、智能问答等系统级应用场景。知识图谱的技术架构(图3-4)主要分为数据采集、信息抽取、知识融合、知识加工、知识更新。

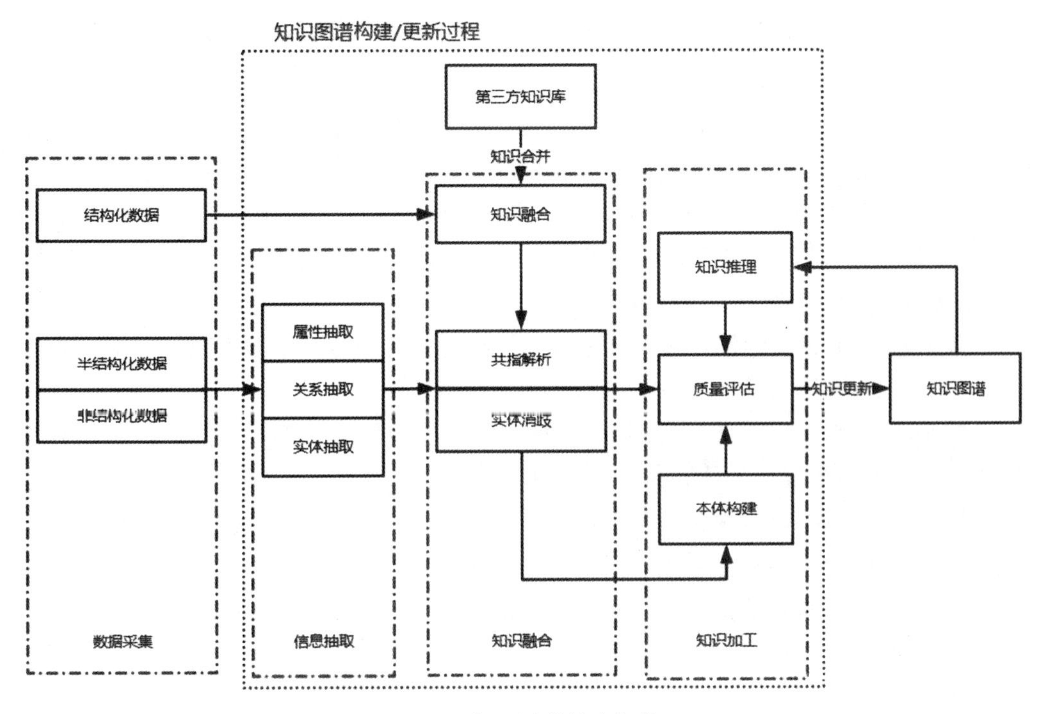

图3-4 知识图谱技术架构

教育与知识具有天然的联系，因为教育从本质上来说就是知识的创生、传递、接收和加工过程。在教育领域,对于教育知识图谱的认知,应从知识建模、资源管理、知识导航、学习认知、知识库等多维视角出发。构建教育知识图谱的关键技术,主要集中在知识本体构建技术、命名实体识别技术、实体关系挖掘技术、知识融合技术等方面。因此,从"人工智能+"视域来看,教育知识图谱在教育大数据智能化处理、教学资源语义化聚合、智慧教学优化、学习者画像模型构建、适应性学习诊断、个性化学习推荐、智能教育机器人等方面具有广阔的应用前景。它主要有以下典型应用场景。

(1)学科知识图谱。以学科知识为核心,建立各个学科的知识点概念建立层级关系,知识点与知识点之间的关联关系,不同知识点之间的前后序关系,知识点所属课程之间的关联,构成学科知识图谱。利用这个图谱,可以把知识点间的关系,课程之间的关联,通过可视化的形式展示给学生,用来帮助学生制定学习培养方案,构建知识体系,查阅知识要点,发现知识点之间的关联,有系统地进行学习。

(2)学情知识图谱。通过用户的学习记录,建立教学资源与用户之间的管理,知识点与用户之间的关联,更加精准地刻画学生知识的掌握情况,资源的应用情况,实现用户精准的学情研判、学习规划、资源个性化推荐。

(3)问答机器人。提供教学资料的关联,业务问题和解决方案关联,做知识引导,建立智能答疑、智能客服等应用,有效减轻简单重复问题咨询给老师带来的负担,更便捷地解决师生的问题需求。

3.4.5 数字孪生技术及应用

数字孪生(digital twin),也被称为数字映射、数字镜像,通俗来说,就是在设备或系统的基础上,构建一个虚拟的"数字孪生体"。

数字孪生是充分利用物理模型、传感器更新、运行历史等数据,集成多学科、多物理量、多尺度、多概率的仿真过程,在虚拟空间中完成映射,从而反映相对应的实体装备的全生命周期过程。构建数字孪生镜像需要 IOT(Internet of things)、建模、仿真等基础支撑技术通过平台化的架构进行融合,搭建从物理世界到孪生空间的信息交互闭环。整体来看,一个完整的数字孪生系统应包含以下四个实体层级(图 3-5)。

(1)数据采集与控制实体,主要涵盖感知、控制、标识等技术,承担孪生体与物理对象间上行感知数据的采集和下行控制指令的执行。

(2)数字孪生核心实体,依托通用支撑技术,实现模型构建与融合、数据集成、仿真分析、系统扩展等功能,是生成孪生体并拓展应用的主要载体。

(3)用户实体,主要以可视化技术和虚拟现实技术为主,承担人机交互的职能。

(4)跨域实体,承担各实体层级之间的数据互通和安全保障职能。

数字孪生的最大特点就是对实体对象的动态仿真,具有全生命周期、实时、双向的特性。

(1)全生命周期。数字孪生可以贯穿产品的设计、开发、制造、服务、维护的整个周期。

(2)实时(准实时)。数字孪生体可以和本体之间建立全面的实时(准实时)联系,映射两者的实时状态。

(3)双向。本体和数字孪生体之间的数据流动是可以双向的,并不是只能本体向孪生体

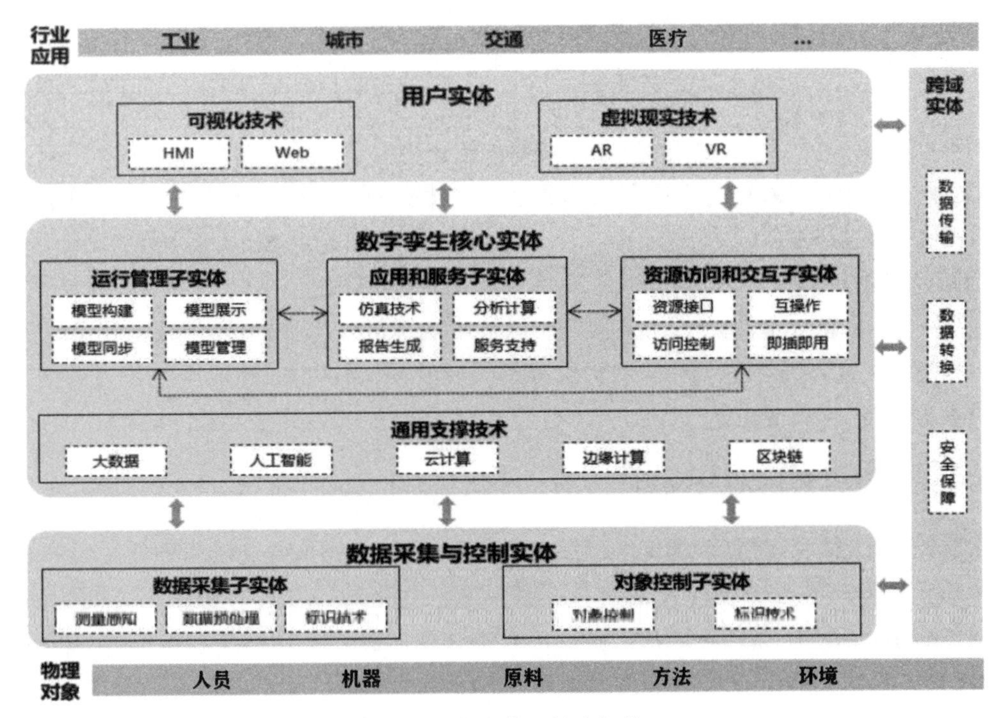

图 3-5　数字孪生技术架构

输出数据，孪生体也可以向本体反馈数据。

高校在教育和科研方面，充分利用了数字孪生技术，特别是在一些野外实践或实操实训等实践环节，充分利用数字孪生技术构建虚拟实践场景，并通过虚拟现实设备身临其境的体验实践过程。

3.4.6　VR/AR 技术及应用

虚拟现实（VR）/增强现实（AR）是人工智能的核心技术之一，结合数字孪生技术，在一定范围内生成与真实环境在视觉、听觉、触感等方面高度近似的数字化环境。用户借助必要的装备与数字化环境中的对象进行交互，相互影响，获得近似真实环境的感受和体验，通过显示设备、跟踪定位设备、触力觉交互设备、数据获取设备、专用芯片等实现。

VR/AR 从技术特征角度，按照不同处理阶段，可以分为获取与建模技术、分析与利用技术、交换与分发技术、展示与交互技术以及技术标准与评价体系五个方面。

结合数据孪生等人工智能技术，支撑沉浸式实景讲堂、野外实习孪生教学中心、云讲堂、智慧博物馆、教学场景等应用平台的搭建。主要应用场景如下。

（1）虚拟沉浸式课堂。虚拟沉浸式课堂教学的典型特点是：教师在现场，但由于知识较为复杂，教师需要借助于头盔或者眼镜等穿戴设备，与现场学生一起共同浏览虚拟场景或实践现场的视频信号（虚拟场景或现场场景内容师生是共享的，并保持同步），通过场景同步，教师可以直观深入地教授学生知识。

（2）虚拟仿真体验平台。虚拟仿真体验平台是主要面向实验教学提供虚拟仿真功能，面向实践教学提供数字孪生互动体验的虚拟技术平台，可以身临其境的操作虚拟仪器，操作结果可以通过仪表显示或身体感受反馈给用户，来判断操作是否正确，操作结果是否满意。

(3)野外实践教学中心。以中国地质大学(武汉)巴东野外试验场为依托，在广泛收集涉及实习区域的地理、地质、人文等资料的基础上，充分利用5G、大数据、云计算、数字孪生等信息技术，建立野外实习基地的全信息三维数字孪生模型，辅以VR/AR技术，实现跨越空间的沉浸式野外实践教学。

(4)云地质博物馆。依托中国地质大学(武汉)地质博物馆，充分利用5G、大数据、云计算、数字孪生等信息技术，基于中国移动5G智慧博物馆信息化平台，建立云上智慧地质博物馆，为学校师生、中小学生和社会大众提供沉浸式地球、资源、生态、环境等生态文明专业知识和科普教育服务。

3.4.7 微服务技术及应用

微服务，即去耦合，将复杂系统解耦成一个个微应用，去完成各个场景的业务闭环。微服务是依托云计算技术、微服务架构思想等新技术发展而来的一种新的软件开发技术，是面向服务的体系结构(SOA)架构样式的一种变体。微服务主要通过Docker容器技术实现，Docker是PaaS提供商dotCloud开源的一个基于LXC(Linux container)的高级容器引擎，让开发者可以打包他们的应用以及依赖包到一个可移植的容器中，然后发布到任何具有Linux或Windows操作系统的机器上，Docker容器没有自己操作系统的开销，因此比传统虚拟机更小、更轻，和微服务架构思想中的更小、更轻便服务完美匹配。

微服务的特点就是"微"。一般而言，微服务包括两个概念：一类是服务的事项本身是微小的，但能够基于信息化手段提供更贴近用户的服务体验；另一类是将大型或繁琐的服务事项微小化，以精简的流程手续服务师生。微服务的核心就是"微"。与以往的建设理念不一样，它的理念不是求全求大，而是求微求灵活。以具体的，甚至很微小的服务需求为本，为不同平台与系统搭建沟通桥梁。

微服务主要有以下特点。

(1)复杂度可控。在将应用分解的同时，规避了原本复杂度无止境积累的问题。每一个微服务专注于单一功能，并通过定义良好的接口清晰表述服务边界。

(2)独立部署。由于微服务具备独立的运行进程，所以每个微服务也可以独立部署。当某个微服务发生变更时无须编译、部署整个应用。

(3)技术选择灵活。服务架构下，技术选择是去中心化的。每个团队可以根据自身服务的需求和行业发展的现状，自由选择最适合的技术栈。

(4)容错性优。当某一组件发生故障时，在单一进程的传统架构下，故障很有可能在进程内扩散，形成应用全局性的不可用。在微服务架构下，故障会被隔离在单个服务中。

(5)可扩展性好。单块架构应用也可以实现横向扩展，可以将整个应用完整的复制到不同的节点。

微服务在高校的应用涵盖范围很广，特别是在高校的"一站式"服务大厅建设中，微应用可以根据业务层面需求自由组合，在服务设计上，将原本单一的应用按照功能边界分解成一系列独立专注的微服务，每个微服务对应传统的一个组件，可以单独编译、部署和扩展。微服务一些典型的应用场景有一会一码、证明材料打印、访客预约、场地预约等，在一些不断衍生出来的新型服务类业务，尤其是跨部门、跨系统类的业务上，发挥了很重要的作用。

3.5　中国地质大学(武汉)智慧校园体系架构设计

中国地质大学(武汉)智慧校园体系架构，与教育部发布的《高等学校数字校园建设规范(试行)》的数字校园体系架构的区别在于增加了校园感知体系内容，将业务系统进行集成和优化融合形成六大体系，常规的数字校园三大平台进一步升级成融合分级授权的统一身份认证、融合门户、数据管理服务平台，AI应用成为主要特征，如图3-6所示。充分体现智慧校园的三个特征：数字化和网络化是基础、集成化和智能化是核心、云计算是灵魂。

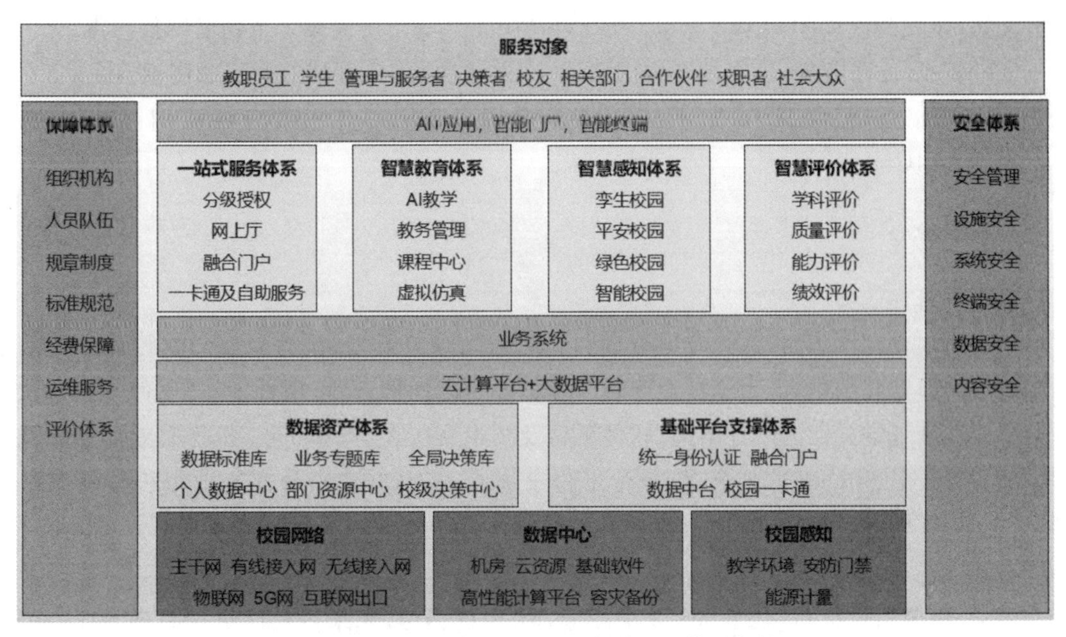

图3-6　中国地质大学(武汉)智慧校园体系架构

3.6　中国地质大学(武汉)智慧校园建设目标及进展

3.6.1　基础设施

1. 校园网络

1)建设目标

建立有线无线无缝衔接、覆盖全面、运行安全稳定的校园网络平台，实现与运营商5G网络有机融合，成为全面支持学校事业发展、充分满足师生用网需求、内外高速高效联接的信息通道。至 2030 年,主干网络速率不低于 100Gbps,桌面接入速率不低于 1Gbps,出口带宽不低于 30Gbps。

2)建设进展

主干网:采用大对数光缆构成多冗余链路的光纤主干网络,采用双冗余结构,核心设备间交换带宽 100Gbps,楼栋联接带宽 10Gbps,数据中心联接带宽 100Gbps。

有线接入网:楼内采用光缆垂直布线,楼层间 10Gbps 互联;楼层内采用铜缆水平布线,桌面接入带宽 1Gbps。

无线接入网:无线接入网络按区域单独组网。2.4GHz 和 5GHz 频段优化组合,2.4GHz 频段间隔发放以减少信号干扰,适当放大 2.4GHz 频道的射频信号,以扩大覆盖范围;5GHz 频段信号收缩覆盖房间内。

物联网:采用 GPON(Gigabit passive optical networking)的组网方案,楼宇内采用 1∶8 的分光比,千兆到终端的 ONU(optical network unit),每个房间设 1 个物联网信息点。

5G 网:至 2021 年底,已实现与中国联通、中国移动的 5G 双域专网互联测试。

互连网出口:至 2022 年 8 月,总计自有带宽 12Gbps,其中教育科研网 2Gbps,联通 6Gbps,电信 4Gbps。

2. 数据中心

1)建设目标

采用模块化技术思路,建立布局合理、技术先进、绿色低碳、算力规模与学校教学科研发展相适应的新型数据中心,为学校数字转型发展提供高性能、高可用性、高通用性、高扩展性、高安全性和高可维护性的硬件架构、软件平台及技术支持。至 2030 年,机房有效面积不低于 $1000m^2$,冷池数量不少于 12 个,机柜位不少于 300 个;私有云平台部署虚拟机数量不低于 2000 个、存储容量不少于 50PB;高性能计算节点不低于 1000 个,计算能力大于 10Pflops。

2)建设进展

机房:南望山校区机房 $260m^2$,2 个冷池,64 个机柜位;未来城校区机房总面积 $1200m^2$,已建 5 个冷池,150 个机柜位。

云资源:物理服务器总数 34 台,CPU 物理核心总数 1008 核,内存总容量 10 112GB;集中式存储总量 1037TB,分布式对象存储容量 1187TB;核心交换能力 100Gbps,服务器接入速率 40Gbps。

基础软件:资源云管理平台、数据中心一体化监管平台、虚拟化平台、Oracle 数据库。

数据库一体机:3 套 ODA(Oracle database appliance)一体机及 2 台超融合集群的数据库。

容灾备份:数据备份系统一套,系统容灾备份一套,采用两校区间异地容灾备份方式,实现对数据和虚拟机系统的备份和有效恢复。对业务系统要求另行进行备份。

高性能计算平台:计算节点 76 个,CPU 核数 3682 个,内存总量 19.21TB,存储容量 360TB,现有注册用户 208 个。

3. 校园感知

1)建设目标

利用物联网技术,不断拓展校园教学环境、校园管理、校园服务、智能监测等设施设备的互联,为智慧校园提供全面的交互和感知能力。至 2030 年,智慧教室全面覆盖,校园安防监控全面覆盖公共场馆、区域,能源计量到房间到设施,人工智能技术在教学环境、校园管理、校园服务、智能监测等方面得到深化应用,智能化水平位于高校前列。

2)建设进展

教学环境:学校有各类智慧教室 326 间,以应用型智慧教室为主,可开展直播录播的教室 34 间,实现了智慧教室的集中管理和网上听课督导。

安防门禁:校园公共场所全部实现了监测监控,校园出入实现预约管控,重要区域对黑名单人员进行人脸识别,校园车辆实现预约登记,办公楼宇和学生宿舍布设门禁。

能源计量:未来城校区的水电气等能源计量到每一个房间,南望山校区的水电气计量到二级单位,部分计量到房间。

3.6.2 基础支撑平台

1. 建设目标

建立起支撑全校信息化的身份认证、数据管理、服务入口的统一基础平台,为消火数据孤岛、实现全面数据共享提供支持和保障。

2. 建设进展

统一身份认证:全校 64 个系统实现了与统一身份认证平台的对接。

融合门户:在统一信息门户的基础上,加强了用户的分级分类授权管理,实现了 PC 端及移动端的融合和消息的初步集成。

数据管理服务平台(数据中台):在数据交换共享平台的基础上,实现了数据的全量汇聚、“一数一源”的归口管理,形成了“三库三中心”的数据资产体系,建立了一套数据服务机制。

校园一卡通系统:支持学校食堂消费、医院挂号付费、校园通勤车辆刷卡乘车、图书馆图书借阅、校园出入与门禁刷卡。

3.6.3 数据资产体系构建

1. 建设目标

不断梳理学校数据流程,完善学校信息标准,规范信息化工作流程,落实“一数一源”归口管理,实现全量数据汇聚,形成以“三库三中心”为核心的学校数据资产标准体系。

2. 建设进展

制订了学校数据标准、数据资产编码标准、数据库分类标准、"一数一源"工作规程,已完成 14 个部门 65 个业务系统的数据核查、治理工作,实现全量数据入湖入仓。

基础数据:形成了包含学校概况、学生管理、教学管理、教职工管理、科研管理、财务管理、资产与设备管理、办公管理、健康管理、公共服务管理、外事管理、档案管理 12 个标准数据集,提供 1.2 万个标准数据项。

业务数据:已完成与 18 个业务部门、62 个业务系统的结构化数据、半结构化数据、非结构化数据的汇集,入湖数据 2.6 亿条,入仓数据 2.3 亿条。数据中台共发布数据清单 561 个,提供 1.2 万个数据项、API(application programming interface)接口 243 个、ETL(extract transform load)数据抽取 296 个,为 8 个部门 33 个业务系统提供业务数据服务。

运行数据:实现网络访问日志、VPN 访问日志、防火墙日志、漏洞扫描日志、堡垒机日志、系统日志等八类运行数据资产的集中存储管理。

教学资源:建立了统一的课程中心,整合了校内精品课程、MOOC 课程等线上教学资源和智慧教育直录播视频,汇集优质教学视频资源 2TB。

科研资源:汇聚科学研究中所采集、整理、测试的过程性数据,野外观测数据,天体衍生数据,标本观测数据,样本测试数据,遥感数据等,共计超过 10PB。其中,美国行星数据系统(PDS)数据量约 2PB,嫦娥工程探测数据超过 11TB。

文献数据:学校图书馆和档案馆收藏的用于教学科研的数字图书、期刊、档案以及音视频资源近 2PB。

文化资源:融媒体中心正在整合学校宣传文稿、媒体视频、图片资源。

3.6.4 云计算平台和大数据平台构建

1. 建设目标

按照集约化原则,建立规模可灵活扩展、资源可灵活调配、成本可大幅节约、需求可方便满足的云计算平台,实现全校云计算资源的统筹建设、集中管理、有偿使用、统一运维。

2. 建设进展

云计算平台:现有物理服务器总数 34 台;CPU 物理核心总数 1008 核,CPU 平均使用率 24.60%;物理内存总容量 10 112GB,已用 6735GB,平均占用率 66.6%;物理集中存储总量 1037TB,物理分布式对象存储容量 1187TB;当前虚拟机总数 822 台,在线运行虚拟机 663 台。支持的主流操作系统有 Redhat、Centos、Windows 等,支持的主流数据库有 Oracle、Mysql、SQL Server 等,虚拟化产品为 VMware。划分三个域进行管理:科研域、教学与服务域、测试域。

大数据平台:作为云计算平台的一部分纳入统一管理。大数据平台采用 Hadoop 分布式文件系统,节点数 16 个,其中 2 个登录管理节点服务器、3 个控制节点服务器、10 个数据节点服务器、1 个 GPU 节点服务器,CPU 总核心数量 640 颗,数据存储裸容量 678TB,节点间采用

1 台 100G 的 EDRIB 交换机互联。提供 HDFS、YARN、Storm、Spark、Flink、HBase 等大数据组件服务，主要有数据集成、数据治理、数据存储、数据计算、数据分析、应用开发等功能。

3.6.5 业务系统建设

1. 建设目标

通过两轮建设，部门业务流程进一步优化，实现信息化全覆盖、部门业务与部门服务分离，业务部门负责业务流程的优化和业务数据的采集，师生服务统一集中提供；不断完善教学环境、校园管理、校园服务、智能监测等方面的智慧应用，实现应用创新。

2. 建设进展

截至 2022 年 9 月 1 日，全校备案信息系统共计 188 个，涉及 24 个管理服务部门、17 个学院共 41 个二级单位。其中学院备案系统总数 49 个，管理服务部门备案系统 139 个。

(1)信息系统分类。按照管理方式、服务类型和具体用途，全校信息系统分为公共服务系统、业务管理系统、教学系统、科研系统和运维系统。公共服务系统指的是由学校统一建设的，多部门管理与使用，面向全校师生提供服务的基础支撑平台。业务管理系统指的是以单一部门业务为核心，由各自部门负责管理的面向特定人员类型的管理系统。教学系统和科研系统指的是以某项特定教学和科研场景为依托的信息系统。运维系统指的是日常工作中为管理和维护 IT 资源而建设的信息系统。各类系统占比情况见表 3-1。

表 3-1 各类系统数量及占比情况

类型	数量	占比/%
公共服务系统	31	16.49
教学系统	16	8.52
科研系统	12	6.38
业务管理系统	111	59.04
运维系统	18	9.57

(2)信息系统与公共服务平台对接情况。所有报备信息系统中有 44 个完成与学校数据中心的对接。67 个系统实现了与统一身份的认证对接，见表 3-2。

表 3-2 对接数据中心数量及占比

类型	对接数据中心数量	占比/%
公共服务系统	17	38.64
教学系统	1	2.27
业务管理系统	25	56.82
运维系统	1	2.27

学校在用的部分业务系统见表3-3。

表3-3 学校在用的部分业务系统

类型	信息系统
安全保卫	单兵执法记录仪系统
	安防监控系统
	交通门禁系统
教学教务	课程学习平台
	雨课堂
	教学质量综合评价与分析系统
	创新实践管理系统
	教务系统
	教学基本状态数据库
财务资产	凭证影像化系统
	财政票据电子化系统
	网上报账平台
	网上审批系统
	采购与招标信息管理系统
	资产综合管理系统
	会计凭证电子化系统
	财务数据查询系统
	采购与招标信息网
后勤保障	管家婆分销 ERP230 用户系统
	饮食服务中心物流系统
	能源管理系统
	后勤人力资源管理信息系统
	绿云酒店信息化平台软件
	标准化考场系统
	网络报修系统
	宿舍管理系统
	房产管理系统
科研管理	科研管理系统

续表 3-3

类型	信息系统
期刊出版	《地球科学》编辑部虚拟网盘
	《宝石和宝石学杂志(中英文)》中英文网站
	地球科学在线
	《安全与环境工程》稿件采编平台网站
	采编系统网站
	网上投审稿系统
	《地质科技通报》网站
人力资源	人事信息管理系统
	中国地质大学(武汉)"国际青年学者地大论坛"报名系统
	中国地质大学(武汉)人才信息系统
实验设备	实验室安全巡检平台
	中国地质大学(武汉)大型仪器共享平台
	中国地质大学(武汉)化学品管理平台
	实验室综合管理系统
	材料管理系统
	实验技术研究项目管理系统
图书档案	图书馆云平台
	档案远程业务服务系统
	博物馆票务系统
	机构知识库
	图书资料备份软件
	档案应用系统
	综合档案管理系统
	图书管理系统
	中国地质大学(武汉)查新平台

续表 3-3

类型	信息系统
公共服务	中国地质大学(武汉)融合门户
	地大云盘
	校园一卡通平台
	站群系统
	信息化项目管理系统
	网上厅
	"一站式"数据治理与服务平台
	IT 运维监控平台
	机房管理 DCIM 系统平台
	校园一张图
	地大视讯网络会议系统
	网络与 IT 资产管理系统
	网络安全态势感知系统
	大数据公共服务平台
	地大云平台
	高性能计算公共服务平台
研究生管理	研究生管理信息系统
虚拟仿真	周口店数字地质填图教学平台
	中国地质大学(武汉)虚拟实训管理系统
	矿产资源形成与开发虚拟仿真实验教学中心
	三维实景矿山及岩矿石虚拟展示互动平台
	构造与油气资源教育部重点实验室平台
	开放式虚拟仿真实验教学管理平台
	月壤组成和性质分析虚拟仿真实验
	三维地质建模与分析虚拟仿真实验
	程序语言设计实验平台
	国土安全虚拟仿真教学实验
	测绘虚拟实验教学平台
	海上钻井平台火灾扑救与应急逃生虚拟仿真实验
	新奥法隧道施工工法虚拟仿真实验
	纳米晶体生长及形貌演变过程的微观观测虚拟仿真实验

3.6.6　"一站式"服务体系构建

1. 建设目标

在实现部门业务与部门服务分离的基础上，不断优化业务流程，完善跨部门业务协同，按照"应上尽上""一网通办""一次办好"的原则，统一集中提供师生服务，最终建成真正意义上的与业务部门无直接关系、可独立监督评价的师生"一站式"服务体系。

2. 建设进展

网上厅：已开通包括综合事务、公共服务、国际交流、科研事务、人事事务、后勤安保、资源服务、本科生服务、研究生服务、信息化服务、后勤安保等 11 大类 148 项师生服务。

线下厅：正在建设。

自助服务（含电子证照）：已开通本科生、研究生、教职工 30 余项电子证照打印，一卡通充值/补办、财务报账、生活缴费等 24 小时服务。

融合门户：初步完成了原有的信息门户和移动微门户整合，实现了网上厅、办公平台、校园资讯、一张图、数据中心、课程中心、业务应用等内容融合。

3.6.7　智慧教育体系构建

1. 建设目标

建立本研一体化智慧教学公共平台，推动本研人才培养一体化管理，建立全学科、全专业的课程知识库，支持"智能学伴""智能讲师""智能导游"等智慧应用，全面助力个性化学习和终身学习。

2. 建设进展

一体化教学平台：教务管理平台、教学平台、教室管理平台实现了互联互通，274 间智慧教室实现了集中运维管控和远程巡课听课，两校区 30 个教室开通录直播，实现了超星泛雅、长江雨课堂、智慧树、爱课程、教育部国家智慧教育公共服务平台等在线教学平台的集成，建立了统一的课程中心和教学空间，"一站式"完成授课和学习任务，一张课表对接多个系统。

课程中心：统一的课程中心和教学空间实现了对所有课程的线上管理。

本研一体化：正式列入《中共中国地质大学（武汉）委员会关于进一步深化改革的意见》。

知识库：基于 5G＋生态文明教育示范建设项目的课程知识库探索建设已经启动，并列入学校"十四五"信息化规划建设内容。

3.6.8　智慧感知体系构建

1. 建设目标

在校园感知网络的基础上，利用人工智能技术，将教学环境、校园管理、校园服务、智能监测等方面的感知数据，充分应用到孪生校园、平安校园、绿色校园等的智慧应用中，不断提高智慧校园的智慧管理水平。

2. 建设进展

孪生校园：云览校园实现了对两校区的视景导游，部分区域延伸至室内，房产资源实现了可视化管理。

平安校园：建立了校园安防监控平台，实现了对监控区域内的黑名单智能识别。

绿色校园：学校在水电气能耗监测方面实现了全覆盖，80%的区域实现了到房到设施的精准计量，2021 年学校启动碳中和规划编制，该规划成为我国第一个高校碳中和规划项目，学校因此获评“武汉市碳中和先锋示范创建单位”和湖北省节水标杆高校。

3.6.9　智慧评价体系构建

1. 建设目标

在不断丰富的校园数据基础上，按照《深化新时代教育评价改革总体方案》要求，坚持问题导向，坚持科学有效，改进结果评价，强化过程评价，探索增值评价，健全综合评价，积极开展教学、科研、学科、人、财、物等不同角度的水平评价、能力评价、绩效评价，为学校事业发展决策提供数据支撑依据。

2. 建设进展

学校在推进分类评价、学科评估、“双一流”建设成效评价和质量监测评价等方面开展了一系列研究和探索，2021 年开始学科发展状态监测与分析平台的建设，初步建立了由 7 个一级指标、22 个二级指标和 109 个指标项组成的学科发展评价指标体系，从学校、一级学科、教学科研单位三个不同层级动态监测学科现状，对各教学科研单位、各一级学科的工作成效进行定量与定性评价，对学院发展绩效、学科绩效进行评价；2022 年起，全力探索并推动对信息化设备设施、系统进行“量化监测”“绩效评价”“运行公开”“全生命周期管理”，探索建立信息化资产监督评价机制，构建绩效评价指标体系。同时积极完善评价结果运用，综合发挥导向、鉴定、诊断、调控和改进作用，实施网络与信息化考核激励，将信息化建设和网络安全纳入各单位的年度工作要点，列入年度重要工作任务，与年度工作同计划、同考核，实行网络安全责任一票否决；定期、不定期开展二级单位中英文网站建设考评，根据评分排名，对考评优秀单位予以表彰，对考评排名靠后及整改不到位的单位予以通报；定期、不定期开展常态化网络安全专项治理工作评优等。

3.6.10 安全体系建设

1. 建设目标

按照“三化六防”的网络安全要求，建立安全稳定的校园网络环境和有力保障的工作机制，提供有效的安全运维服务和安全有效的数据服务。

2. 建设进展

(1)安全管理。建立了24小时的安全值守工作机制和“月扫季巡年演”的主动安全响应机制，开展从单位领导到网信员、系统管理员、安全管理员等多层次，以及专家讲座、培训班、专项活动等多方式的网络安全素养培训，强化安全风险隐患的及时排查和整改落实。

(2)数据安全。一是建立了《数据管理办法》《信息系统建设与运行管理办法》，以及《数据资源管理办法》《数据标准管理办法》《数据质量管理办法》《数据共享管理细则》《数据安全管理办法》《“三库三中心”管理规范》《数据安全审计细则》等一系列文件和制度规范。二是开展了数据安全的分类分级。对学校12个业务数据域进行安全分类分级，共分为12类3个级别，实现数据资源的精细化管理和保护。根据业务特性对学校的数据进行分类，分为学校概况、学生、教职工、教学、科研、财务、资产与设备、办公、外事、档案、健康、公共服务12个业务域，根据数据内容的重要性、敏感度和造成的影响程度进行共享安全等级划分，划分为“无条件共享类”“有条件共享类”和“不予共享类”三个等级。三是部署了数据库安全综合治理平台。对数据资产进行细致地梳理，确定其数据存储在哪里，敏感数据分布在哪里，有哪些类型的数据，这些数据哪些人有权限可操作。同时，对数据进行清晰的分级分类指导，实现对不同类型和不同级别的数据的针对性管控措施。四是安装了数据库安全审计系统。对所有访问数据库的行为进行分析，通过对敏感的操作行为进行规则定义，如果触发规则立即进行告警或者阻断，并把所有的行为分析数据记录到数据库审计系统中，到达实时监控、实时告警、高危阻断的目的。

数据防火墙、数据脱敏、数据水印和数据库状态监测的设计方案已经完成，准备启动建设。

3.6.11 保障体系建设

信息化保障体系包含管理保障、技术保障、服务保障三大类。相应的保障措施涉及机构设置、职责分工、工作机制、人员队伍、经费投入、规章制度、评价激励等。

详细内容将在第4章的“4.3 中国地质大学(武汉)信息化管理体系探索”和第10章的“10.3 高校信息化支撑保障体系建设的关键要素”中进行介绍。

3.6.12 信息素养培养

1. 干部信息化素养培养

学校将干部信息化素养培训纳入年度干部培训计划,每年安排不少于两个单元时间的培训学习,科级以上干部和全体网信员参加,由党委组织部统筹组织落实。

2022年初至8月底,学校组织了3次干部信息化素养培训学习。第一次是配合教育部教育系统护网行动,邀请华中科技大学网络空间安全学院、国家网安基地创新与实践中心主任韩兰胜教授开展网络安全专题讲座。第二次是组织网络安全和信息化工作领导小组成员、各二级单位信息化工作分管领导参加网络安全和信息化素养提升专题培训会,并集中观看华东师范大学信息化办公室主任沈可富主讲的信息化素养培训视频——《数字化转型背景下的教学模式改革》。第三次是组织在中国教育干部网络学院上进行"媒介素养与舆情应对能力提升直播培训"的专题网络培训,共有153人参加,历时20天。

2. 网络安全培训与宣传

学校将网络安全纳入到干部信息化素养培训内容,每年度开展培训不少于两次。

分管信息化校领导、信息化分管部门领导和技术人员每年都要参加教育部组织的网络安全培训,并获得相关技术证书。

依托"开学迎新""国家安全教育日""网络安全宣传周"等组织开展校园网络安全宣传活动,向师生发放《网络安全意识口袋秘籍》,特别针对弱口令、邮件安全、公共安全、社会工程学等方面加强宣传教育工作。

3. 业务系统使用培训

在业务系统的建设过程中,对业务部门人员开展多种方式的信息化素养培训。一是业务系统建设之初需要对建设的业务系统进行论证,信息化部门派人参加,业务部门全体人员参加;二是在业务系统实施前要对业务需求进行全员确认,让全体业务人员对部门需求有全局性了解;三是在系统验收前,建设方要按合同要求开展人员使用培训。

4　高校信息化管理体系建设

在学校信息化建设的过程中不断探索和学习，借鉴企业信息化管理体系，我们尝试构建一个简单的高校信息化管理体系，并在校园信息化建设实践中不断优化和提升。

4.1　高校信息化管理体系

企业信息化管理体系是在企业质量管理体系的基础上建立的，高校信息化管理体系也可以参照这种方法来构建。

4.1.1　企业信息化管理体系的构建

1. 管理体系

管理体系（management system），是组织用于建立方针、目标以及实现这些目标的过程的相互关联和相互作用的一组要素。一个组织的管理体系可包括若干个不同的管理体系，如质量管理体系 ISO 9001、环境管理体系 ISO 14001、职业健康和安全管理体系 ISO 45001、信息安全管理体系 BS 7799/ISO 27001、汽车供应行业的质量管理体系 IATF 16949、电信行业的质量管理体系 TL 9001、食品安全管理体系 HACCP 等，是企业组织制度和企业管理制度的总称。

2. 企业信息化管理体系

企业信息化管理体系是以企业信息化建设和相关活动为依据，在以提高信息化实施成功率为目的的基础上建立的标准化管理体系。从宏观的角度对企业的信息化建设做全面的掌控，它主要由与信息化相关的制度、方法、结构、资源、文件和活动所组织而成的有机整体。

企业实现信息化，必须在相关技术的基础上建立，信息技术可以为企业的信息化提供技术支持，但不能支撑企业信息化的有效进行。过分依赖技术支撑，可能成为企业信息化建设的瓶颈。信息化管理体系的提出，就是从全局的高度来管理企业信息化建设，有效解决相关瓶颈问题，是企业降低经营成本、扩大生产规模、增强信息获取能力和提高管理效率的重要手段。

3. 企业信息化管理体系的主要内容

根据质量管理体系的相关规定，可以将企业信息化管理体系的管理内容分为：职责管理、资源管理、信息系统实施、管理体系测量和改进等四个相互依存、相互制约的部分。

职责管理:主要包括三个方面的管理,一是明确企业决策层的职责,主要包括制定、实施信息化建设的方针和政策,提高员工的综合素质。二是明确各部门之间的职责,建设企业信息化文化,传达企业信息化建设的重要性,形成共识,保证信息化建设的有序进行。三是负责管理企业内部的评审工作和体系策划。企业策划包括体系文件,如程序文件、手册、与信息化建设相关的文件。其中手册是企业信息化建设中的纲领性文件,它可全方位地制订企业的信息化建设的方针和政策,识别企业信息化建设中的一切要素和过程,并开展有效的控制活动;程序文件是为手册所提及的各项控制活动提供可行的操作安排,主要是对项目管理进行记录和制订项目管理的规范。体系文件是企业开展信息化建设工作的重要依据。

资源管理:主要包括人力、软件、硬件、工作环境、资金和数据信息,并为资源的获取、利用和保持提供有效的方案,特别强调了人力资源和信息资源的作用。资源管理是保障信息化建设所需的资源及对资源有效利用的重要手段。

信息系统实施:企业建立信息化管理体系主要是以实施信息系统为目标,并对信息系统的维护和运行进行管理。其中融入了一些软件工程项目管理方法,如流程的诊断和优化、改革管理模式、实行知识管理等。

管理体系测量和改进:一是企业通过内部审核来达到有效控制该体系运行的目的,使评价体系具有时效性和适宜性。采取信息化绩效评价方式,可促进企业运用正确的方式和合理的依据来评价信息化的绩效,并熟练地掌握信息化的生产模式,从而明确信息化管理体系的价值。二是运用测量和改进的方法帮助企业走出 IT 黑洞,强化警惕意识,制订一套应急措施。当出现问题时可及时纠正,改进信息化实施方案,从根本上加强企业信息化建设的持续性,使企业的经济效益得到保障。

4.1.2 高校信息化管理体系的构建

借鉴企业信息化管理体系,可对高校信息化管理体系作一个描述性定义:以教学、科研、管理、服务等相关活动为对象,以实现人才培养提质发展、科学研究赋能增收、公共资源有效配置、校园管理提质增效,以师生服务便捷满意为目标,为顺利、有效推进信息化工作而建立的标准化管理体系。

根据高校的管理特点和运行机制,对高校信息化管理体系起作用的主要内容包括:组织机构、职责分工、制度规范、工作机制、项目管理、运维服务、监督评价、考核激励。

(1)组织机构:确定信息化工作部门的设置和部门属性。

(2)职责分工:确定信息化部门的职能定位、科室划分、人员岗位,以及信息化协作部门之间的合理分工。

(3)制度规范:制订学校信息化纲领性文件、相关制度和工作规范。

(4)工作机制:明确部门间、部门内部的工作协调方式或工作的推进方式。

(5)项目管理:确定信息化建设项目管理方式和流程。

(6)运维服务:确定信息化系统或设施设备或相关工作的运维方式。

(7)监督评价:确定信息化项目建设质量监测和运行绩效评价方式。

(8)考核激励:确定保障信息化建设项目实施质量和系统运行绩效的考核方式与激励措施。

4.2　高校信息化管理体系建设现状

在信息化管理体系上,高校都在努力创造条件、改善环境、充实人员队伍、创新模式,但制度不全、职责不清、机制不畅、监督不力、奖惩不明等情况较大范围的存在。

1. 组织机构设置

教育部部属高校信息化部门机构设置情况大体如下。

15%左右为两个部门,一个为管理职能部门,多数称信息化办公室;另一个为技术部门,多数称网络中心或网络信息中心。

85%左右为单一部门,其中20%左右为管理职能部门,身兼管理部门与技术部门职责;有30%左右的高校兼管教育技术工作。

地方高校的信息化部门几乎都是技术部门,70%左右的地方高校教育技术工作也归属同一部门管理,也有少数高校图书馆纳入信息化部门管理。多数被称为网络中心或信息中心或现代教育技术中心。

2. 职责分工

信息化部门作为管理职能部门的主要职责是负责信息化发展规划、考核、督促与推进,以及信息化项目的立项和预算。

信息化部门作为技术部门的主要职责是负责网络和信息化的建设与运行维护,部分高校的信息化部门还负有学校教学资源建设、教室管理和教育技术的推广应用职责。

实际上,高校信息化建设和运行维护中多头管理、分散建设、各自为政的现象十分严重,职责不清,流程不畅,推诿扯皮,互不买账的状况不时出现。虽然近几年有所改善,但积重难返,需要较长时间消化。

3. 制度规范建设

几乎所有高校都有与《网络安全和信息化工作管理办法》《数据管理办法》《信息化建设项目管理办法》《网络安全应急预案》《主页建设与管理办法》等类似的5个文件,围绕设备设施、建设工作、经费、数据、安全、运行维护等也建立有很多相关制度和工作规范。

总体上来说,各高校都不太注重制度规范建设,信息化建设走在制度规范建设之前,同时制度规范的落实难度也较大。这一点上,高校与企业、政府信息化的建设方式有显著区别。

4. 工作机制的建立

各高校信息化建设的工作机制都有各自特色,如周例会机制、月调度机制、“一把手”负责制、信息化目标考核、信息化项目评优等。

整体上来讲，有再多的工作机制不如“一把手”负责制，把信息化提到“一把手”工程的位置并由“一把手”亲自抓的高校，就没有搞不好的信息化。否则，只有信息化分管领导负责的工作范围内的信息化做得好些，超出这个范围的工作推进难。

5. 项目管理

所有高校基本实现了信息化建设项目的审计管理。

80%左右的地方高校实现了信息化建设项目的统一归口管理，60%左右的教育部部属高校实现了信息化建设项目的统一归口信息化部门管理。

30%左右的高校建立有严格的全生命周期的信息化项目管理机制与系统，实行从项目的申报、立项论证、招标采购、项目启动、中期检查、项目验收、运行维护、绩效评价、项目下架的全过程管理。

6. 运维服务

高校校园网络的运行维护绝大多数都是采用混合运维方式，即自主运维+外包运维。

关键设备和系统采用自主运维方式。

外包运维又有驻场运维、定期巡检和远程运维几种形式。日常性和事务性工作以驻场运维为主，设备设施以定期巡检为主，软件系统运维以远程运维为主，定制开发的软件系统多为驻场运维。

外包服务公司业务水平参差不齐，主要受外包经费和管理水平的限制。

7. 监督评价

目前尝试对信息化项目建设质量和运行绩效进行评价的高校很少，负责学校信息化重要设备和系统的评测与分析有以下几个方面。

(1)信息化评测研究：对开展信息化涉及的主要设备和系统的功能、性能、安全等方面的评测指标和评测方法的研究，对信息化设备与系统运行状态和运行效果评价指标及评测方法的研究。

(2)实施信息化设备和系统运行前测试评估：制订信息化设备和系统质量管理流程规范；开展信息化设备和系统上线运行前评测和验收评测。

(3)实施信息化设备、系统运行状态分析和使用效果评估：进行信息化设备和系统运行状态的评测分析，以及信息化设备和系统的使用情况、使用满意度和使用效益等的评估分析。

(4)研究建立学校信息化技术标准和规范：参加或负责学校技术标准、管理规范和工作流程规范的研究、制定及实施工作。

中国地质大学(武汉)信息化工作办公室设立有质量监测部，主要职责如下：①建立网络与信息化工作的质量监测和用户评价体系；②校园网络弱电工程方案审核和建设质量监督管理；③校园网络弱电工程验收和质量评价；④网络设备运行质量监测和评价；⑤学校信息化项目运行质量监测与评价；⑥用户服务和技术保障质量监测与评价。

信息化项目建设在许多学校受各自为政和信息化水平的影响，项目的建设水平和质量高低不一，开展项目督促监测难度大。高校信息化还处在建设的初、中期阶段，对项目的绩效考核还提不到日常议程上来。

8. 考核激励

信息化建设项目的考核相对容易，系统运行绩效的评价与考核较难。纵观全国高校信息化的考核和激励，考核多停留在形式上，激励多停留在口头和纸张上。因此，高校信息化人才难求、难留。

4.3 中国地质大学(武汉)信息化管理体系探索

4.3.1 建立和完善制度规范

学校按照国家网络与信息安全的相关法律法规、政策、标准规范，以及教育部制订发布的各类教育信息化管理制度和网络安全标准规范，学校制订并发布6个校级文件，建立了一系列部门级文件规范和内控制度，并根据发展的需要及时完善制度文件内容。

(1)校级文件，包括《网络安全和信息化工作管理办法》《网络安全事件应急预案》《数据管理办法》《信息系统建设与运行管理办法》《电子印章管理办法》《网站建设运行管理办法》。

(2)部门级制度规范，包括《信息化项目管理实施细则》《校园网域名与IP地址管理办法》《校园网络基础设施建设与管理办法》《新建修缮房屋工程中计算机网络建设管理办法》《信息化工作办公室项目实施管理办法》《中国地质大学(武汉)高性能计算校级公共服务平台管理办法》《中国地质大学(武汉)统一身份认证系统建设管理办法》《中国地质大学(武汉)网站建设及管理规范》《中国地质大学(武汉)会议网站建设管理办法》《数据资源管理办法》《数据标准管理办法》《数据质量管理办法》《数据共享管理细则》《数据安全管理办法》《"三库三中心"管理规范》《数据安全审计细则》。

(3)部门内部管理制度，包括《信息化工作办公室"三重一大"决策制度实施细则》《信息化工作办公室主任办公会议议事规则》《信息化工作办公室劳动纪律管理规定》《信息化工作办公室信息报送与信息发布管理规定》《信息化工作办公室办公设备、低值易耗用品采购管理制度》《信息化工作办公室业务工作例会管理暂行办法》《信息化工作办公室印章管理规定》《信息化工作办公室档案归档及档案管理办法》《信息化工作办公室消防安全管理规定(试行)》《信息化工作办公室聘用人员聘用和管理实施办法》《信息化工作办公室网络安全监测和预警通报管理制度》《信息化项目分散采购实施细则》《信息化工作办公室临时用工劳务费发放规定》《信息化工作办公室聘用人员薪酬福利管理办法(试行)》《信息化工作办公室驻场服务交接班管理规定》《信息化工作办公室运维服务现场服务行为管理规定》《信息化工作办公室接入类网络项目移交管理办法》《信息化工作办公室项目实施管理办法》《信息化工作办公室假期安全事件应急处置预案》。

4.3.2 明确责任分工

学校明确网络安全和信息化建设工作领导小组(简称网信领导小组)统一领导、网络安全和信息化工作领导小组办公室(简称网信办)统筹协调与动员、信息化工作办公室统筹推进的信息化建设和运行模式,部门内采取“一把手”负责、分管领导执行、网信员技术支持、系统管理员运维的四级运行机制。

1. 网信领导小组与网信办

2015年学校成立了网信领导小组,由党委书记、校长担任双组长,成员由分管信息化、教学、科研、后勤、财务的相关校领导,及相关职能部门主要负责人和马克思主义学院分党委书记组成。网信领导小组统一领导全校网络安全和信息化工作,审定学校网络安全和信息化工作发展战略、重大政策和专项规划;审定网络安全和信息化工作有关文件规范和技术标准等;研究学校网络安全和信息化工作中的有关重大事项。

网信领导小组下设网信办,网信办由学校办公室、党委宣传部、信息化工作办公室组成,信息化分管校领导任主任,学校办公室、党委宣传部、信息化工作办公室3个单位的主要负责人任副主任,统筹协调、督促检查学校网络安全和信息化建设相关工作。

2. 信息化工作办公室

信息化工作办公室负责学校信息化建设规划和设计,统筹和协调推进学校信息化建设,督促和检查信息化工作进展;负责学校网络安全、信息化保密安全、信息化项目和经费的统一归口管理。主要职责如下:①负责学校信息化建设规划和设计;②制订信息化标准和相关制度规范;③负责校园网络信息安全工作;④负责学校网络信息基础设施建设、管理、运行维护和质量评价;⑤负责校级公共信息化平台建设、管理和运行维护;⑥统筹和协调推进学校信息化建设,督促和检查信息化工作进展。

3. 二级单位与四级运行管理模式

二级单位实行网络安全和信息化工作四级管理模式。二级单位主要负责人是网络安全和信息化建设第一责任人,单位信息化分管领导具体负责本单位网络安全和信息化工作。单位网络安全和信息化工作专员(简称网信员),负责单位各类新媒体平台及网站的规划建设、升级改造、日常维护,保障系统安全稳定运行;系统管理员做好系统维护、漏洞整改、运行管理等工作。

4.3.3 建立工作机制

为保证信息化工作的有效推进,学校建立和采取的主要工作机制有以下几点。

1.“双线协同、两办联动、主事会商、定期调度”机制

建立了学校级“双线协同、两办联动、主事会商、定期调度”的网络安全和信息化建设工作机制，由学校办公室和信息化工作办公室联动推进全校的网络安全和信息化建设工作。必要时多部门联动，如学校在推进网上办事大厅建设时，采取了学校办公室、党委组织部、人力资源部和信息化工作办公室联合推进模式，一次就推动了近100项办事服务入驻网上办事大厅。

2. 调度会与“安全与保障联勤机制会”

根据信息化建设的需要，分管校领导亲自参加并主持信息化工作调度会，解决信息化工作中的问题。

学校将信息化工作作为学校事业发展的基础保障，许多方面的信息化工作与安全保卫和后勤服务部门密切相关，学校通过“安全与保障联勤机制会”来统筹、协调校园人员出入、请假报备、宿舍管理、后勤服务、线上课程、网络保障等一系列工作，减少了矛盾，提高了工作效率。

3. 主动运维与主动安全机制

网络保障是学校最重要的保障工作之一，24小时值守成为常态。为此，学校建立了“一日三巡”的主动运维机制，每天对校园所有的网络设备、主要信息系统、学校网站等至少进行3次的线上巡检，发现问题及时报告、及时处置，将80%网络故障处置在师生报修前；建立了“月扫季巡年演”的主动安全机制，及时发现网络上主机系统和业务系统的安全问题，及时督促整改。

4. 常态化巡检机制

为全面了解校园信息化基础设备设施和信息系统等信息资产的运行状态，有效预防、及早发现和快速排除隐患、异常及故障，从而减少突发故障、降低运维难度、节省运维费用，保证信息化资产安全稳定运行，提高资产运转正常率和使用效率，提升师生满意度。在常态化的主动运维与主动安全机制的基础上，探索建立信息化资产的常态化巡检机制，同步开展定期巡检、例行巡检和特殊时期巡检等工作，做到日常巡检和监督检查相结合，状态巡检与质量巡检相结合，逐步达到电信级运营效果和运营质量。

4.3.4 全生命周期的信息化项目管理

1. 信息化项目管理范围

信息化项目，涵盖所有以计算机软硬件、通信设备与技术、互联网、物联网等为基础，而高校信息化项目主要指应用于本校业务发展和公共服务等的信息化项目。主要包括以下几种类型：

（1）基础硬件类，指学校信息化发展运行所必需的硬件设施，包括服务器、存储设备、交换机、无线访问接入点（AP）、网络防火墙、数据库一体机等。

（2）应用软件类，指在日常教学和管理中所使用的较为成熟的商业软件，包括操作系统、中间件、数据库、科研教学专用软件及办公软件等。

(3)信息系统类,指需要高度定制开发以满足日常业务需要的软件系统,包含各部门业务管理系统和全校公共服务系统两类。

(4)实施工程类,通常指以信息化应用为目的的基础网络和综合布线施工,包括光纤通信、机房布线和接入系统等。

(5)运维服务类,指由专业厂商所提供的,为满足信息化建设及使用的第三方服务,包括设备维保、系统维护、数据加工、安全检测等。

信息化项目建设往往会形成有形资产或无形资产,而有的大型项目往往会包含多种不同类型的资产,不同属性的资产对应的交付、付款、维护职责都不同,因此采用合理的项目管理方式就显得尤为重要。

2. 项目管理责任分工

为更好地对信息化项目全过程进行严格审核与监控,实行全生命周期管理,提高资金使用绩效,确保项目建设质量。学校出台了《信息系统建设与运行管理办法》和《信息化项目管理实施细则》等相关文件,明确要求信息化项目与网络安全“同步设计、同步建设、同步使用”,确保学校信息化能“统一规划,统一标准,分工运维,消除孤岛”。

学校网络安全和信息化工作领导小组负责信息系统等信息化项目的建设计划的审定。网络安全和信息化工作领导小组办公室负责信息化项目立项组织、发布,以及信息化项目建设的监督和检查。信息化工作办公室按照信息化项目与网络安全“同步设计、同步建设、同步使用”原则,全程参与信息化项目的立项审核、过程监督与项目验收,负责确认系统的技术要求和验收规范,对项目建设过程、系统安全和运行管理予以监督。各部门负责信息化项目的需求调研、建设实施、日常运行、安全维护,确保系统除满足自身业务需求外,还须遵循学校相关信息化标准,满足学校数据交换、数据共享及安全的要求。

3. 项目管理流程细则

信息化项目的申报由网信办统筹与组织,信息化工作办公室负责具体执行、项目与经费的归口管理。

完善项目管理办法和经费管理办法是开展项目管理的重要保障,明确了规章制度和管理流程,可减少项目建设的盲目性和随意性,提高资金使用效率。信息化项目的全周期管理分为申报立项、招标采购、项目实施、项目验收、运行维护五个部分。

1)申报立项

(1)申报原则。信息化项目的申报必须坚持三个原则。一是必须紧密围绕学校的根本使命和办学方向,以满足师生需求,通过信息化项目建设提高学校的管理服务能力和教学科研水平。二是必须符合学校信息化发展规划和顶层设计,按照中长远设计的方向,持续发力、久久为功,克服困难将目标一个一个实现。三是必须结合学校的规章制度和基础平台来建设,严格按照“一空间、一个湖、一站式、一张图、一大脑”的定位来设计项目需求。

(2)项目申报与要求。项目申报材料以项目立项方案形式提交。立项方案至少包含四个方面的内容:背景意义与现有基础、建设目标与技术方案、效益分析与预算、实施计划与组织。

(3)立项论证。由网信办组织校内外专家对项目立项方案进行论证,以校内专家论证为主。立项论证内容包括:①对项目立项的意义与基础进行必要性评判;②对项目目标的定位和技术方案的准确性、可行性进行判别;③对项目建设的效益和预算的合理性进行判别;④对项目实施的组织和方案的合理性进行判别。

2)招标采购

项目立项通过后,需要将立项方案进一步细化完善,形成项目建设方案,原则上项目建设方案需要聘请专家进一步论证。项目建设方案论证由网信办组织校内外专家进行,专家中至少有一名信息化工作办公室人员、一名学校纪委办公室人员参加,50 万元以上的信息化项目至少有一名校外专家参加。论证的主要内容为项目建设的技术可行性和预算的合理性。

所有信息化项目的技术指标由信息化工作办公室审核同意后,方可进入招标流程,进行招标采购。按照学校招投标采购管理办法,所有的信息化项目纳入学校公开招标采购范畴,走招标采购流程,由学校招标采购办公室统一审核,20 万以内项目可以采用比价采购,20 万以上项目一律委托招投标公司公开招标。

3)项目实施

信息化项目的建设管理主要采取督促检查的方式进行,由网信办组织,信息化工作办公室执行落实。

原则上重大项目的实施,需要召开项目启动会议,确定项目参与单位的职责分工和协调方案,明确负责人和联络人。对项目建设周期较长(超过半年)项目,开展项目建设中期检查,督促实施进度,协调实施内容,解决实施中遇到的困难。

信息系统建设项目需要申请云资源(虚拟机、域名等),对系统进行登记备案。

4)项目验收

信息化项目验收由网信办组织校内外专家进行,专家中至少有一名信息化工作办公室人员、一名学校纪委办公室人员参加,50 万元以上的信息化项目至少有一名校外专家参加。

(1)验收内容。验收的主要内容为:项目建设提交的验收文档资料是否完备,是否符合验收要求;是否完成合同约定的建设内容和建设功能;设备或系统运行正常与否,是否符合合同约定的技术性能要求。

(2)验收文档资料要求。对硬件设备设施建设项目验收应准备的材料包括:《招标及招标文件》(含技术参数),《采购合同及供货清单》(含配置参数),《到货验收意见及设备到货清单》,《产品说明书》(含产品检测报告或产品合格证明),《用户操作和维护手册》,《厂家维保/质保证明》,《项目验收报告及验收意见》(含试运行情况说明、用户报告),《售后服务承诺书》。信息系统类建设项目验收应准备的资料包括:《招标及投标文件》(含技术需求),《用户手册》(管理手册、使用手册),《用户需求说明书》(应含业务流程、数据流程,软件系统平台购置可不提供源代码),《详细设计说明书》或《部署、开发说明书》(应含系统部署、数据字典、数据表说明、数据交换与数据服务接口说明),《测试报告》,《验收报告及验收意见》(含试运行情况说明、用户报告),源代码和安装包(提供光盘或 U 盘,软件系统平台购置可不提供源代码),《售后服务承诺书》,《安全检测报告及反馈》(网络与信息中心检测,并将结果反馈给承建单位,直到漏洞完全修复为止)。

5)运行维护

按照业务工作要求开展日常运行、系统维护、安全防护、数据更新,以及系统/数据安全备份。

根据业务需要,开展常态化巡查检查。

学校对所有信息化项目建设的设备设施或系统开展信息化绩效评价。

符合学校设备、系统报废的项目,需要从信息资产中申请报废,退出信息化资产绩效评价体系。

4.3.5 探索监督评价机制

根据学校绩效管理改革和信息化“十四五”规划要求,在质量监督评价方面推动对信息化设备设施、系统进行“量化监测”“绩效评价”“运行公开”和“全生命周期管理”,结合学校实际情况,探索建立信息化资产监督评价机制,构建绩效评价指标体系。

绩效评价通常分为定性评价和定量评价,学校参考绩效评价的常用评价方式,拟采取定性和定量评价相结合的方式,以定量评价为主。在评价指标的确定上充分考虑了客观性、整体性、指导性、科学性、发展性原则,结合专家的经验和智慧,确定各项指标,主要从资产运行质量、师生使用效果和信息化综合绩效三个方面,对信息化资产进行监督评价。

1. 资产运行质量评价

资产运行质量评价主要是对信息化资产的资源利用、运行维护、运行管理、运行公开、运行安全等方面进行监测和评价。

主要评价指标有:CPU使用率、内存使用率、磁盘使用率、缓存占用内存比例、进程数、可靠性、故障率、平均故障响应时间、平均故障修复时间、日常维护次数、日常维护费用、资产管理规范度、资产管理人员、资产监管率、备案登记率、资产在线率、互联互通数、数据公开程度、安全漏洞通报次数、安全漏洞整改比例、备份次数、备份保存时长等定量指标和数据共享质量等定性指标。

2. 师生使用效果评价

师生使用效果评价主要是对资产功能的使用效果和师生服务的使用效果进行监测和评价。主要评价指标有:师生活跃度、服务咨询比例、师生报修比例、师生投诉率等定量指标和功能目标匹配度、可扩展性、系统应用率、推进网上办事程度、提升办事效率情况、师生满意度等定性指标。

3. 信息化综合绩效评价

信息化综合绩效评价主要是对信息化经济成本、社会效益和生态效益进行监测和评价。主要评价指标有:成本控制有效性、改善师生学习工作生活条件和绿色校园建设贡献等定性指标。

评价本身不是目的,而是手段,绩效评价工作是一项长期、动态的工作,更是系统性的工作，随着监督评价工作的深入开展，真正实现“以评促建，评建结合”，推动高校数字校园的规范建设和运行。

4.3.6 启动考核激励机制建设

网络安全列入各二级单位年度工作要点，与年度工作同计划同考核，实行安全工作一票否决制；对二级单位网站建设进行年度考评；“三查一行动”网络安全专项治理行动列入年度常态化工作，并进行年度评优。

目前正在探索从信息化资产运行质量、使用效果和成本效益等方面开展绩效评价，并根据绩效评价结果对单位和个人进行适当激励。

5 “一站式”服务体系建设

在国家数字政府建设过程中,不断以政务服务改革推进政务服务由“网上办理”到“一窗受理”“一网通办”,由“异地可办”向“跨省通办”推进。高校作为国家人才培养基地,在校园师生服务中,更应该向政府政务服务改革学习,优先建立校园师生“一站式”服务,解决师生“办事来回跑”等急愁难盼问题。

5.1 “数字政府”与“一站式”服务

2022年6月,《国务院关于加强数字政府建设的指导意见》就主动顺应经济社会数字化转型趋势,充分释放数字化发展红利,全面开创数字政府建设新局面作出部署。文件明确提出“加强数字政府建设是适应新一轮科技革命和产业变革趋势、引领驱动数字经济发展和数字社会建设、营造良好数字生态、加快数字化发展的必然要求,是建设网络强国、数字中国的基础性和先导性工程,是创新政府治理理念和方式、形成数字治理新格局、推进国家治理体系和治理能力现代化的重要举措,对加快转变政府职能,建设法治政府、廉洁政府和服务型政府意义重大。”

5.1.1 “数字中国”与“数字政府”的提出

推动政府数字化转型,构建数字政府,是建设“数字中国”的基础性、先导性工程,是加快建设“数字中国”的必然要求。

2017年,“数字中国”写入党的十九大报告。

2019年,党的十九届四中全会首提“数字政府建设”,要求“推进数字政府建设,加强数据有序共享,依法保护个人信息”。

2020年,党的十九届五中全会再次提到“数字政府建设”,审议通过的《中共中央关于制定国民经济和社会发展第十四个五年规划和二〇三五年远景目标的建议》明确要求,加强数字社会、数字政府建设,提升公共服务、社会治理等数字化智能化水平,并将数字政府作为加快数字化发展的三大支柱之一,进一步突出数字政府的地位。

2021年,全国两会“加强数字政府建设”“提高数字政府建设水平”出现在政府工作报告中,这是党的十八大以来首次将“数字政府”写入政府工作报告,折射出政府数字化转型加速。

2021年3月,《中华人民共和国国民经济和社会发展第十四个五年规划和2035年远景目标纲要》对外公布,在“加快数字化发展 建设数字中国”第五篇章,单独设立“提高数字政府建设水平”章节，详细阐述如何将数字技术广泛应用于政府管理服务，推动政府治理流程再造和模式优化，不断提高决策科学性和服务效率。

2022 年 6 月，《国务院关于加强数字政府建设的指导意见》发布，系统阐明新发展阶段加强数字政府建设的战略支点、改革方向，对全面开创数字政府建设新局面作出战略谋划以及系统部署。构建五大体系开创数字政府建设新局面。

5.1.2 提升政务服务的具体措施

早期数字政府建设以提升政务服务为主，但服务内容不断深化、细化。在政策文件层面，2016 年《“十三五”国家信息化规划》《国务院关于加快“互联网＋政务服务”工作的指导意见》等陆续出台；2015 年至 2022 年 8 月，中央及部委至少出台 13 份关于电子政务、在线政务等政务服务方面的文件，可在中华人民共和国中央人民政府网站上用关键词“政务服务”搜索到。相关文件如下：《国务院办公厅关于推动 12345 政务服务便民热线与 110 报警服务台高效对接联动的意见》《国务院关于加快推进政务服务标准化规范化便利化的指导意见》《全国一体化政务服务平台移动端建设指南》《国务院办公厅关于进一步优化地方政务服务便民热线的指导意见》《国务院办公厅关于加快推进政务服务“跨省通办”的指导意见》《国务院办公厅关于建立政务服务“好差评”制度提高政务服务水平的意见》《国务院关于在线政务服务的若干规定》《国务院关于加快推进全国一体化在线政务服务平台建设的指导意见》《进一步深化“互联网＋政务服务”推进政务服务“一网、一门、一次”改革实施方案》《“互联网＋政务服务”技术体系建设指南》《国务院关于加快推进“互联网＋政务服务”工作的指导意见》《2012 年全国政务公开和政务服务工作要点》《推进“互联网＋政务服务”开展信息惠民试点实施方案》《关于开展依托电子政务平台加强县级政府政务公开和政务服务试点工作的意见》。

5.1.3 以“数字政府”为目标的政务服务改革

政府工作报告是以政务服务改革为主，政务服务由“网上办理”到“一窗受理”“一网通办”，由“异地可办”向“跨省通办”推进。

2015 年政府工作报告提出推广电子政务和网上办事；2016 年强调大力推行互联网＋政务服务，实现部门间数据共享，让居民和企业少跑腿、好办事、不添堵，明确提出“互联网＋政务服务”的理念；2017 年提出加快国务院部门和地方政府信息系统互联互通，形成全国统一政务服务平台；2018 年“互联网＋政务服务”首次被写入政府工作报告，提出要使更多事项在网上办理，必须到现场办的也要力争做到“只进一扇门”“最多跑一次”等。

2019 年政府工作报告提出推行网上审批和服务，抓紧建成全国一体化在线政务服务平台，加快实现一网通办、异地可办，使更多事项不见面办理，确需到现场办的要“一窗受理、限时办结”“最多跑一次”。建立政务服务“好差评”制度，服务绩效由企业和群众来评判；2020 年政府工作报告要求深化“放管服”改革，“推动更多服务事项一网通办，做到企业开办全程网上办理”等。

2021 年政府工作报告提出加快数字社会建设步伐，提高数字政府建设水平，营造良好数字生态，建设数字中国。纵深推进“放管服”改革，将行政许可事项全部纳入清单管理。加强数字政府建设,建立健全政务数据共享协调机制,推动电子证照扩大应用领域和全国互通互认,实现更多政务服务事项网上办、掌上办、一次办。企业和群众经常办理的事项,今年要基本实现“跨省通办”。

2022年政府工作报告提出加强数字政府建设,推动政务数据共享,进一步压减各类证明事项,扩大“跨省通办”范围,基本实现电子证照互通互认,便利企业跨区域经营,加快解决群众关切事项的异地办理问题,加强数字中国建设整体布局。建设数字信息基础设施,逐步构建全国一体化大数据中心体系。

5.1.4 “一站式”服务与服务内容

1.“一站式”服务

“一站式”,原意为“在同一个地点可以买到所有想要的东西或做所有想做的事情,指综合性的、全方位的服务,一切全包的”。在行政领域,“一站式”常被理解为“把原需要在几处多次办理的行政手续集中在一处一次办妥的方式”(于根元,1994)。

“一站式”服务为在政府机构、银行、商业等部门实行,是把许多服务项目、流程通过集成的方式整合在一起,减少繁琐的服务过程,以最短的时间提供最优质的服务,使服务过程变得快捷、方便。“一站式”服务主要是简化操作流程,一人受理,内部运作,方便办事,提高效率。推广普及容易、成本低廉,且可实现边际效益最大。实现对政府力量的量化、对前台服务的认定、对服务后台的诉求、对服务质量的回应。

2.政府“一站式”服务的内容

行政服务大厅窗口的职能设置因各地方政府职能部门的需要而异,一般包括如下几个方面的窗口。婚姻、生育、户籍、教育、就业、医疗、司法行政、出入境、纳税、社会救助、交通、文化体育、住房、民族宗教、知识产权、职业资格、消费维权、招商引资等。

政府提供的公共服务大致可分以下四类。

(1)基础性公共服务。人人都可享受的。如供水、供电、供气、基本交通设施、基本通信设施(通信卫星、有线电视网络、电话网、宽带网等),邮电、气象服务等。

(2)社会性公共服务。基本上也是人人可以享受的。如社会保险、环境保护、技能培训等。

(3)经济性公共服务。主要为经济发展服务的。如办政务服务网站、招商引资洽谈会、高新技术交易平台、融资担保、中小企业信贷服务等。

(4)安全性公共服务。如军队、警察、消防、国安等。

传统政务大厅优点:简化了办事程序,提高办事效率,方便办事群众。传统政务大厅缺点:群众需要排队等候,服务质量不高。

政府门户“一站式”服务优点:①时效性良好,政网已经基本实现了稳定的更新和反馈,尤其是政网的新闻类栏目,其更新速度已经可以让人非常满意;②提高了行政审批和公共服务的效率;③个性化较好,这表明多数政网已经认识到了电子政府的不同客户群,并具有了简单的用户分类机制，但其实际提供的个性化服务内容却并不见多。

政府门户“一站式”服务缺点：①服务力与应用力水平很低，至少从现在来看，城市政府网站作为城市电子政务的核心平台，其重要性并没有被充分地关注，其自身的定位和价值亦没有充分地显现。②透明化偏低。

3. 高校“一站式”服务的内容

在政府部门“一站式”政务服务的带动下，高校校务服务正由被动响应向主动服务转变。对高校来说，需要从用户视角进行设计、从用户需求出发，坚持人本化的服务理念。“一站式”服务应面向校内外各类用户，覆盖各主要业务场景，从用户角色维度可分为：教职工、学生、校友和访客(校外及其他人员)。具体内容如下。

(1)教职工办事服务。人事服务、网络服务、出国出境服务、岗位聘用、预约服务(场地场馆、会议、仪器设备共享)、证照服务(在职证明、教师证、收入证明)、用印服务、公有住房、校园出入、车辆登记等，以及部分政府提供的社会自助服务(如火车票购票、水电缴费、天然气圈存等)。

(2)学生事务服务。网络服务(网络账号、邮件开通)、社团活动、预约服务(请假备案、活动场地场馆、图书馆)、证件补办、成绩单出具、在籍证明、选课退课、活动报名等。

(3)校友服务。毕业证明书、中英文成绩办理、学籍档案材料办理、查收查引、科技查新等。

(4)访客服务。查收查引、科技查新等文献服务。

5.2 高校“一站式”服务体系建设现状

我国高校“一站式”服务大厅是政府政务大厅的衍生，有的是向政府取经建立的，有的是在政府的主导下建立的。以浙江大学2013年建立的国内高校首个“一站式”师生服务平台为起点，国内高校纷纷投身于此，近两年更是掀起建设高潮。

2018年11月，浙江省教育厅发布《浙江省教育厅关于推进全省高等学校“最多跑一次”改革的实施意见》，其中明确了改革工作目标和主要任务，各高校要强化“用户”意识，坚持教育管理与服务相结合，转变管理理念，减少审批事项，增加服务项目，提高服务水平，全面推进校务服务事项“最多跑一次”改革，要在一些重点部门和师生关注度高的事项中率先突破，部分基础条件较好的部门要起到示范引领作用。提出到2020年底，基本实现校务服务事项网上办事、掌上办事全覆盖。以学校“小微权力清单”为基础，对教师、学生、家长和社会到学校各部门办事事项进行系统梳理，制订校务服务事项清单，统一规范办事要件，因事制宜、分类施策，对各类办事事项分别提出具体要求，分批公布。进一步简化程序、减少层级，坚持数据共享、业务协同和功能互补，推广集中统一办理、协同办公模式，推动实体校务服务大厅和校务服务网融合发展，突破时空限制，整体提高网上办理水平，实现师生办事线上“一网通办”(一网)，线下“只进一扇门”(一门)，现场办理“最多跑一次”(一次)。

据不完全统计，截至2021年底，全国有超过100所高校对外宣布设立了“一站式”服务中心。北京、天津、江苏、浙江、上海、安徽、山东、湖北、广东、黑龙江等省市设立“一站式”学生服务中心的高校较多。

高校“一站式”服务大厅通过将信息技术与学校管理服务相结合,将学校各个职能部门的管理服务事项重新进行梳理、整合、优化与再造,为高校管理服务带来了新的机遇。与此同时,随着“一站式”服务大厅建设的不断深入,业务个性化需求的出现,高校“一站式”服务大厅在建设中仍然存在以下问题。

(1)信息孤岛现在仍然存在。各部门业务系统分别由不同的厂商建设,系统间数据整合度低,缺乏全局数据标准规范的约束,数据交换、共享困难。前期没有顶层规划,数据接口很难接入统一平台。

(2)各部门间协调难。原有业务系统纳入“一站式”服务大厅存在对接难、效果差的问题。

(3)服务效率和质量仍存在问题,俗称“脸好看,事难办”。办事过程中,重复提交、重复审查、重复证明的现象仍然存在。

(4)移动端体验差。目前很多服务在电脑端转化为移动端时只是做了简单的自适应工作,移动端适应和用户体验差。

5.3 中国地质大学(武汉)“一站式”服务体系建设实践

5.3.1 “一站式”服务体系的设计

1. 建设目标与建设内容

(1)建设目标。坚持“以师生为中心”的服务理念,聚焦广大师生日常办事过程中反映强烈的“急难愁盼”问题,全面深化“放管服”改革,持续加强和改进作风建设,深入推动“一网一门一次”改革,按照“一窗受理、集成服务、一次办结”和“最多跑一次”的目标要求,统筹开展学校“一站式”师生服务大厅建设工作。师生服务大厅由网上办事大厅和实体服务中心两部分组成,通过线上线下互补、人工自助结合的方式,将其建设成为“一站式”综合性管理服务平台,为广大师生提供优质、高效、满意的服务。

(2)建设内容。一是建设“一站式”网上厅,汇聚全校各部门的网上办事服务,提供统一的入口和管理。二是建设线下“一站式”办事大厅,集中各部门办事业务于一个服务大厅。三是建立线下全天24小时自助服务体系,方便师生证照自助办理。四是建立融合门户,提供“一站式”资讯、数据、办公、办事等服务,避免师生在系统之间来回切换。

2. 设计思路

(1)持续深入推进业务流程优化与再造工程。网上办事服务大厅、“一站式”服务,其实质性问题是业务流程优化与再造。网上办事服务大厅是一个展现的窗口和载体,“一站式”服务体现出面向师生的服务理念。而所有办事事项背后的逻辑,恰恰是需要深耕细作的业务流程。面向师生服务的事项,对于师生而言,是不需要知道服务部门的,只需追求办事的顺畅与事项的进展,而服务事项背后的部门对于师生而言是完全透明的。脱离业务或者涉入不深的网上办事服务大厅，只能徒有其表而无实质性服务内容。因此，在项目的建设中将侧重对全校各个部门的业务进行全面梳理、流程优化与深度整合。

业务流程优化与再造需要信息中心与各个业务部门一起，以“访谈式”“讨论式”“模拟化”等方法构建业务场景，邀请师生参与，以“傻瓜式”方法运行每一个步骤。对每一个业务事项背后的业务逻辑、流程去向、数据流通去向进行充分讨论，需要每一个核心业务科室的科长、职员与信息中心技术人员一起，运用业务流程优化与再造的方法，以BPMN2.0标准绘制每一个业务事项的流程图，描述每一个业务事项的语义。业务流程优化与再造方法在业务系统建设中的运用，就是业务与信息化深度融合的落地之举。将使得学校的业务走得更深更实，对网上办事服务大厅、“一站式”服务的设计与实现，都是厚基础、打地基的基本功，需要长期的深入与坚持。

(2)由浅入深、由易向难，逐步扩大深度与广度。“一站式”服务需要面向校内各个部门进行深度开发。第一阶段要消除掉常见的各类申请审批转单，这一类申请、审批、签字等流转的表单优化后在线上运行。这类业务具有“量大面广、高频刚需”的特征，尽可能在签字审批环节上进行优化，减少签字审批环节。充分发挥各级单位综合办公室主任和主要业务科长这一角色的权利，让业务的发起者成为业务的终结者，形成一个从师生到业务科长的闭环逻辑。

第二阶段要全面梳理传统的业务应用管理系统，对系统中面向师生服务的流程进行研究、分析。业务应用管理系统最大的问题是管理与服务边界不清晰，系统仍然是菜单式设计而非流程导航式设计，需要师生用户对系统非常熟悉，带来的效果与体验感与网上办事服务大厅差距很大。因此需要对业务系统进行瘦身，尚未建设系统的要利用现有流程平台进行服务流程的开发，已有系统的要进行业务深层次剥离，把业务聚合到网上办事服务大厅，将需要进行审批证明的放到线下服务大厅。

(3)线上线下、服务结合。现实中，仍会有一些需到现场办理的服务，作为服务的延伸，与线下“一站式”服务大厅的打通融合，是实现“一站到底”的最后一个关键环节。实体办事服务大厅如何能够更好地与网上办事服务大厅衔接好，需要进一步优化设计。实体办事服务大厅人员岗位设置与处室业务分工的重叠性、交叉性和复合性也都需要进行优化设计。

3. 建设原则

坚持线上重点突破、分期实施推进的原则开展建设工作，充分运用信息化手段解决师生办事难、办事慢、办事繁的问题。

(1)重点突破、示范引领。建设过程中，聚焦解决师生反映强烈的“急难愁盼”问题，在关键部门和师生关注度高的校务服务事项中实施重点突破，率先做好入驻网上服务大厅工作。积极推动部分基础条件好、有建设经验的部门率先入驻，发挥示范引领作用。

(2)线上优先、系统推进。大力推动网上服务大厅建设，各职能部门的审批、服务事项优先通过网上办理，实体师生服务中心作为配套的线下平台，完成网上不能实现的业务。同时，系统推进“一站式”师生服务大厅中管理服务事项的“放管服”改革，做好“三单”梳理和“一数一源”数据权责清理工作，强化服务意识，将师生服务大厅建设成为线上线下一体化的“互联网+校务服务”综合性平台。

(3)分期实施、同步推进。按照“先易后难”的原则,统筹规划师生服务大厅建设工作,明确各阶段重点推动的业务流程和办事窗口,分期实施建设。为保障建设效果,在同期建设过程中,做到管理服务流程梳理与业务优化同步推进,软件系统集成与硬件建设同步推进,服务大厅制度建设与服务保障同步推进。

4. 网上办事大厅建设方案

做好数据归口管理和数据治理工作,推动跨校区、跨系统的信息互通、资源共享。按照“应上尽上、能办尽办”的原则,将梳理后的各项服务事项清单转到网上办理,完善网上师生服务大厅各项功能。建设网上办事大厅网站,整合各项网络服务事项,实现多部门联审联办事项的全流程贯通、线上线下师生服务大厅一体化建设。做好网上办事大厅推广应用,进一步提升办事效率和服务质量。

(1)完善数据归口和数据治理。2021 年 7—9 月,完成全校“一数一源”数据权责清理工作,完善组织、人事、角色等信息的数据归口管理。一是充分发挥数据中心和网上办事大厅的功能,实现各信息系统跨部门的互联互通,推动实现多部门联审联办事项的全流程贯通、线上线下一体化建设。二是在遵循“一数一源”的原则下,开展各相关业务的流程搭建,避免重复填报,真正为师生提供快捷化、便利化的办事流程。

(2)服务事项梳理和网上办事大厅网站建设。2021 年 7 月梳理现有信息门户内各项“微服务”应用、各类管理服务信息系统清单,筛选、精简、优化现有网上业务的办事流程,按照访客身份、业务关联性等属性,将分散在各平台和网站的服务事项、文件资料分门别类地整合在网上服务大厅。分类呈现,完成网上服务大厅的网站建设。

(3)服务全流程办理的搭建。2021 年 7 月,同步开始服务事项业务流程的网上搭建。统筹推进服务事项业务流程的网上搭建工作,按照服务事项清单、线上线下服务大厅事项列表、重点突破和示范引领事项清单、多部门联审联办事项清单等,分批次开展建设工作,注意做好责任部门、相关单位的沟通协调,为师生提供适用、实用、好用的服务流程和使用体验。

5. 实体师生服务中心建设方案

在对国内相关高校走访调研的基础上,根据学校现有办事服务大厅的实践经验、校区及办公场所分布等建设基础,结合学校工作实际和广大师生需要,确定实体师生服务中心的主要功能,并制订出具体建设方案。

1)学校建设基础

(1)现有办事服务大厅情况。目前,南望山校区已建有部分办事服务大厅,如人事处人事服务中心、学工处师生服务大厅、后勤保障处水电办事服务大厅、保卫处警卫室及办事大厅、财务处报账大厅、信息化工作办公室一楼自助服务区等,相关责任单位通过办事服务大厅建设,在管理效能和服务水平方面得到有效提升,也为学校建设实体师生服务中心提供了实践经验。考虑到财务的特殊性,现有财务报账大厅及设置保留。

此外,现有办事服务大厅分散在各职能部门,师生在办理跨部门业务时,需要“多次跑动、多处跑动”,增加了办事难度,降低了师生好感度。因此,在建设学校“一站式”师生服务大厅过程中，需要探索整合现有服务大厅各项业务，将符合条件的办事服务事项，分期分批迁移至学校统一的实体师生服务中心，统筹管理、集中审批，实现“一窗受理、集成服务、一次办结”和“最多跑一次”的服务目标。

(2)选址原则及物理空间基础。实体师生服务中心具有涉及部门多、人员聚集等特点。在建设选址上，应遵循交通便利和消防安全的原则，位置相对居中，师生步行可达，相关部门工作人员步行可达；靠近两校区通勤校车停靠点，并有停车场等条件；消防方面应注意消防通道的布局和规划，尽量安排一楼或低楼层，便于进出和紧急疏散。在室内面积上，要有较大的物理空间，便于规划人工服务窗口、自助服务区、等待休息区等区域。

经考察，南望山校区比较符合建设条件的有三处：东区东教楼 AB 座东侧一楼公共空间 $200m^2$、西区图书馆一楼北侧 $560m^2$、东区工会一楼 GO 超市 $126.11m^2$。

2)主要功能及占地面积评估

根据工作实际，学校实体师生服务中心应具备人工服务窗口、两校区文件转接、师生自助服务、上网与休闲服务等主要功能。

(1)人工服务窗口。人工服务窗口聚焦解决网上师生服务大厅不能实现的，需要纸质材料、线下用印等服务要求的业务。在参考兄弟高校服务事项清单的基础上，结合学校实际，大致梳理出师生日常办事需求多的行政审批、证件办理等业务 150 项左右，涉及单位 20 家，需要设置人工服务窗口至少 20 个。

参考调研高校经验，人工服务窗口占地面积包括柜台内办公面积和柜台外办事区域，其中柜台内办公面积不小于 $3m^2$，柜台外办事区域面积不小于 $2.3m^2$，共计 $5.3m^2$。初步估算学校实体师生服务中心的人工服务窗口占地面积约 $200m^2$，最小为 $150m^2$。

(2)总服务台。总服务台包括前台工作人员工位、引导指示牌、取号机等，一是需要安排工作人员值班值守，可参考南望山校区东教楼前台工作人员服务模式；二是需要采购配置相关综合管理系统、叫号系统等软硬件设备。

参考调研高校经验，总服务台占地面积约 $50m^2$，最小为 $30m^2$。

(3)两校区文件转接服务。借鉴宁波大学、浙江工业大学等高校的多校区管理服务经验，在两校区师生服务中心开设“文件投递柜”“代办材料分拣专用柜”，两校区通勤车增设“跨校区专递材料保管箱”，师生投递待办材料后，由师生服务中心总服务台工作人员进行分拣分类、代跑代办。

根据华中科技大学和宁波大学的设置，文件投递柜占地面积约 $30m^2$，最小为 $10m^2$。

(4)师生自助服务。两校区实体师生服务中心建立教务、人事、学工等部门自助打印功能，校园卡自助查询、充值等功能，财务账单的自助投递功能，以及天然气圈存、火车票取票、武汉通充值等自助生活服务功能，目前上述自助服务有些已应用，有些需要进一步加强与驻地政府的沟通协调，为师生服务中心增添便民服务。

华中科技大学 24 小时自助服务功能齐全，除校内各项自助服务之外，还包括火车票取票、武汉通充值等生活自助服务设施，占地总面积在 $150m^2$ 左右，其中校内自助服务设施占地约 $100m^2$。初步估算学校实体师生服务中心，校内各项自助服务占地面积应不小于 $100m^2$，引进社会生活自助服务后的占地面积应不小于 $150m^2$。

(5)上网与休闲服务。为营造舒适温馨的服务环境、提升优质的服务体验,实体师生服务中心需要提供如上网使用的工作台、电源接口、网络接口等基本上网设施,交流互动和休闲等待时使用的桌椅、饮水机等设施。参照调研高校的设计,上网与休息服务占地面积约 $100m^2$,最小为 $50m^2$。

6. 融合门户

围绕“一网通办、一网统管”的建设思路,整合原有的信息门户和移动微门户,推动网上厅、办公平台、校园资讯、一张图、数据中心、课程中心、业务应用等内容融合,实现统一管理、业务集成、内容集成、消息融合等校园全场景服务的个性化特色门户,建成校园师生用户与学校信息化链接的重要枢纽。

5.3.2 业务流程梳理

2021 年 9 月,各二级单位根据职责权限和工作内容,结合“三定”(人事制度改革的定责、定岗、定编)工作,借鉴其他高校经验,全面梳理本单位面向师生服务的各项业务工作。坚持“校内业务网上办是常态、线下办是例外”的原则,结合实际分成“线上办事大厅办理”“线下人工服务窗口办理”“24 小时自助服务办理”三类服务事项,填写《服务事项梳理单》。

同步申请电子印章。电子印章是线上流程管理的关键工具。各单位要坚持“校内使用电子印章是常态、实体印章是例外”的原则,在进行服务事项梳理时,同步申请本单位电子印章。

在收集汇总完全校服务事项清单后,由学校办公室、党委组织部、人力资源部和信息化工作办公室联合成立的“一站式”服务事项梳理专项工作组,赴本科生院、研究生院、科学技术发展院、财务与资产部逐一梳理各单位填报事项,查缺补漏,带着问题对各单位一一走访确认,与各科室负责老师面对面交流。各科室负责老师针对“一站式”梳理服务事项一一核对,确定需要修改的问题,了解梳理中的困难,发现存在推进困难的跨部门业务事项等。截至 2021 年 12 月,完成全校 585 项服务事项的梳理工作,其中“网上服务”306 项,“人工服务”261 项,“24 小时自助服务”18 项。通过分析研判,确定首批 140 项线上服务入驻师生“一站式”服务大厅的网上服务大厅(简称“网上厅”),通过网上约、网上办、一网通办,以及人工自助相结合的方式,为师生提供各类服务。

学校坚持管理服务质量优先、效率优先原则,持续开展服务事项梳理和业务流程优化工作。按照“统筹规划、分步实施;重点突破,示范引领”的建设原则,分批分类将服务事项迁移到师生“一站式”服务大厅办理。落实首问负责制、一次性告知制度、限时办结制度和服务承诺制度,做到权责公布、流程告知、明确时限、解释到位,为广大师生提供优质、高效、满意的服务。

5.3.3 分级分类授权管理机制

以“一站式”服务为基础的高校向移动化、智能化、个性化方向改革。如何根据用户的具体情况,自动推送办事流程提醒,达成不同身份角色,不同院系部门的人看到的是不一样的内容,发展智能呈现的个性化服务平台是高校“一站式”服务大厅建设过程中探索努力的方向。

为此学校“一站式”服务大厅积极探索分级分类授权管理机制。以校区、组织机构、岗位为基础，进行岗位、角色、标签分组管理、分级管理。具体实现身份管理、权限管理以及系统管理三大模块。

1. 身份管理

身份管理包括用户管理、组织机构管理、角色管理、岗位管理、标签管理、密码重置、用户异动统计共 7 个部分。用户管理中还包括用户列表、多身份管理和集成管理，可以查看所有能登录本系统的人员，在主身份中绑定其他身份，查看从公共库同步来的用户数据或将批量导入的新增用户信息同步到用户库；组织机构管理是管理学校的各种组织机构，系统管理员可以添加组织机构的下属组织以及组织里的成员，还可以修改机构的基本信息和成员的信息；角色管理是用来管理学校各机构的系统管理员的，方便配置相应权限；岗位管理包括通用岗位、部门岗位和岗位分配，通用岗位即管理学校每个机构都有的职位人员，部门岗位是根据不同校区拥有的部门不同进行管理的，岗位分配可以精准地给某个人分配机构权限；标签管理是对特定的机构添加标签，便于查看；密码重置即用户可以在此处修改登录密码，系统管理员还可以给用户设置时间期限；用户异动统计，当用户登录时，会统计登录信息，如发现异常即可提示用户是否本人登录，保证账号安全。

2. 权限管理

权限管理包括权限项管理、权限授权（账号、组织、角色、岗位、标签）、用户权限视图几部分；权限项管理是给信息化基础平台所有子系统的功能菜单定义权限，系统管理员可以在此模块将全部子系统的使用权限定义为权限项。权限授权分为账号授权、组织授权、角色授权、岗位授权和标签授权，选择该系统下的组织机构后可以查看此组织账号已有的权限项，并为该账号授予不同权限项的权限，其他授权均是如此。用户权限视图里系统管理员通过选择对应的分类可以查询该分类下某一个内容的全部权限信息。

3. 系统管理

系统管理是面向系统管理员的后台管理模块，包括接口管理、系统配置和系统监控。接口管理是系统管理员对系统接入系统调用的接口进行管理；系统配置包括配置管理、广告管理及 LOGO 配置等系统显示细节的管理操作；系统监控包括用户访问轨迹、系统请求分析、SQL 执行分析、应用访问量分析、用户设备分析、用户地域分布和接口统计分析，用于统计用户登录之后访问情况，根据访问的具体情况分析系统使用性。

5.3.4 “网上厅”建设

1. 建设思路

按照学校校务服务“线上线下一体化，南望厅、未来厅、网上厅，三厅联办”的工作要求，进一步简化办事程序、减少办事层级，推进数据共享、业务协同和功能互补，推广师生事务集中统一办理、协同办公模式,推动"线下厅"和"网上厅"融合发展,突破时空限制,汇集全校线上办事服务,建设"一站式"服务的网上办事大厅,实现"一网通办"目标。

2. 技术方案

中国地质大学(武汉)"网上厅"一期采用东软集团多层系统架构的"一站式"网上办事大厅产品,该平台可通过与统一身份认证平台的集成,完善用户及权限管理体系,实现"一站式"访问;通过数据集成实现用户信息定期与数据中心同步;通过与综合信息门户平台的集成实现用户的便捷使用。面向不同身份的用户,提供一套独立的服务大厅展现平台,用户可以按分类、按拼音排序,按推荐和热门办理自己所需求的服务,用户可以实时监控到自己办事内容的进度和审核结果。

在"网上厅"二期建设中,为解决东软平台流程定义模式化和移动适应不足的问题,增加了微服务平台,更加方便地支持低代码灵活开发。

1)系统总体架构

系统总体构架如图 5-1 所示。

图 5-1　系统总体架构

2)技术路线

(1)页面设计采用 HTML5+CSS3 的响应式网页设计,自动适应屏幕宽度,一次开发,多点应用,全面支持移动化。

(2)采用流行的互联网开发架构,按 J2EE 规范,采用 Java 编程语言和服务器端 Java 技术开发,如 Servlet、Portlet、JNDI、JDBC 和 RMI 等,使得系统具备高并发性、高可靠性和高兼容性的特点,拥有更快的访问速度。

(3)XML(extensible markup language)技术的运用,采用基于 XML 的数据共享技术,将业务系统数据以标准的 XML 数据存储格式进行数据共享,大大提高信息流通的速度和效率。

(4)支持 Web 服务标准，在对远程调用支持的同时确保了系统模型完好的封装性和松散耦合。只要符合定义的调用标准，在授权的范围内就可以远程调用系统功能模块。同时，如果系统功能模块发生升级，只要调用的接口不变，第三方的软件就不需要发生变化。

(5)采用 SOA(service-oriented architecture)方法学的松耦合设计模式，完成系统的分析与设计，利用标准接口，实现系统的可复用性、可扩展性和良好的维护性。通过企业服务总线将服务从应用中剥离，实现 IT 随需而变。采用广泛接受的 XML、Web Service 和 SOAP(simple object access protocol)等标准，遵循国家电子政务标准化指南及相关规范，保证数据集成和系统之间的互联互通的功能实现。采用分布式组件 Web Services 实现业务逻辑；服务的定位采用 JNDI/UDDI 方式，支持分布式服务提供者。

(6)工作流支撑，UniEAP™ Workflow 是东软自主知识产权的工作流工具，UniEAP™ Workflow 是以系统执行服务为中心，通过标准的接口与其他模块或外部系统进行交互。其中在业务流程的构建阶段，通过流程设计器完成业务流程的定义，其输出的结果是工作流的“流程模板”(process definition)，该模板在运行阶段被执行服务所解释。系统运行后，用户通过 Web 客户端，办理和管理业务流程、执行工作流的相关操作；其发生的请求，由工作流执行服务处理。业务流程定制功能提供了向导、自动提示、图形自动规避、自动布局等功能的流程设计器，减少了用户操作；提供节点模板功能，用户可以把通用的节点发布为模板，重复使用。提供流程模板的分类管理，当系统中流程数量繁多时可以将流程模板归类，以便使用时快速找到需要的模板。

流程设计器为定义业务流程提供了多种常用的结构，支持并行、选择、同步子流程、异步子流程、循环、递归、异(与)或等结构；还提供了优先级机制，不仅可设置分支的条件，还可设置分支的优先级，使得流程运行时在多分支且分支条件都满足的情况下，按照各分支定义时的优先级选择最高优先级的分支进行流转。流程设计器支持定义多种业务环节的任务分配策略，如并审、会审、并签、会签、串行等；还支持为任务设置多种类型的办理人，如人员、角色、变量、节点、流程创建者等。流程设计器支持自定义属性，可以为特殊的业务环节增加特殊的属性以满足业务逻辑的需要，例如定义某个业务环节不允许回退、不允许指派他人代办等。

(7)微服务架构，核心思想就是根据业务需求的独立性以及重复使用的频率，对一个大型的、复杂的应用进行分解，使其变为多个小应用，每个小应用只要将自身的功能要求完成即可，这样就能独立进行部署，还能利用 API(application programming interface)等方式实现相互的通信或调用。对于单体式应用，微服务架构可以实施模块化处理，可以将其分解为多个可管理的服务，对于以往单体式应用中的问题可以进行有效解决；微服务架构可以对巨大单一的应用进行分解，使其分解为多个微服务，各服务之间通过 API 服务实现通信；每个微服务可以通过微服务架构独立部署，并且方便扩展。不仅能提供非常灵活的表单制作工具，具有“零代码”的表单设计能力，还能根据业务需求自定义任意样式的表单，用户填写表单时，通用信息可自动填报，避免师生大量重复填报的问题。

3. 应用案例

2021 年 9 月，正逢本科生学生证补办申请上线运行一学期，上线以来总计服务学生 394

次,受到了学生们的广泛好评。以往学生补办学生证需要在学院开具证明,然后到学生工作处现场填表登记信息办理。时间周期长,信息登记繁琐。特别是学期末临近放假,学生需要用学生证购买优惠车票离校回家,心情急切。本科生学生证补办申请上线后,在线表单中个人基本信息自动填报,学生只需要在线选择乘车区间,学院辅导员在线审批,学生工作处负责老师定时定点批量办理。学生最快一周即可领取新的学生证。

每年暑假,都是学生广泛开展志愿活动,锻炼自己,回馈社会的好时机。2021 年 7 月,信息化工作办公室与校团委密切对接志愿者服务应用,迅速搭建“志汇纪”微服务平台,满足志愿者注册、志愿活动申报、志愿活动发布、志愿时长统计等志愿服务统计功能,实现了志愿者角色、志愿活动、志愿者活动信息的在线自主审批、自主管理、自助查询等功能,并实现了与数据中心的对接,人事、科研、教学、研究生、本科生等基础数据自动引入,志愿活动审核进程及活动汇总表自动生成,相关资料以电子化形式永久保存,支持预览、导出或打印等。“志汇纪”微服务平台建成后,大力推进了新时代志愿服务工作,一年来志愿服务类微应用合计使用 28 000余人次,志愿服务活动开展 500 余次,弘扬“奉献、友爱、互助、进步”的志愿精神,向社会传递正能量,将志愿服务推广为社会大众习惯的生活方式。彻底解决了以往学生需要提交纸质申请引起的审核量大、志愿服务种类难以统计、服务时长难以准确计算等困扰。

2022 年 9 月 3 日,学校喜迎 2022 级新生,9000 余名新生开启了他们的梦想之旅。为了保证新生顺利报到入住,信息化工作办公室与校迎新办公室密切对接,快速开发了迎新微服务。迎新微服务可以及时快速收集新生及陪同人员的基本信息及乘坐车辆信息,避免人群聚集;有效导出学生及陪同人员的基本信息及乘坐车辆信息,行踪可追溯,保障了迎新工作的顺利开展。

4. 应用成效

截至 2022 年 9 月 1 日,“网上厅”有学校办公室、党委宣传部、本科生院、研究生院、学术就业指导处、科学技术发展院、人力资源部、信息化工作办公室、审计处、安全保卫部、后勤保障部、未来城校区管理办公室、团委、图书档案与文博部等 16 个单位进驻,提供包括信息化服务、本科生服务、公共服务、科研事务、国际交流、后勤安保、人事事务、研究生服务、资源服务、综合事务十大类、41 个子类共计 148 项“一站式”办理服务(表 5-1)。

“网上厅”目前已为全校师生办理各类事项 20 万件余次,近 2021 年网上各类办事服务使用 8 万余人次。其中,网上服务的“志汇纪”微服务为志愿者提供使用申请 12 673 人次、活动申报 1007 次,数字迎新为新生提供车辆预约服务 4502 人次,网上生源地信用助学贷款申请为贫困学生提供服务 3580 人次,“一会一码”为学校各类会议提供服务 36 次,完成 3680 余人次的参会考核,网上接种预约为全校教职工及社区提供流感疫苗预约服务 800 余人次。信息化工作办公室和本科生院分别成为提供服务次数最多的部门(表 5-2)和服务使用次数(表 5-3)最多的部门。

表 5-1 “网上厅”服务主题分类

主题分类	二级分类	主题分类	二级分类
信息化服务	业务系统	后勤安保	家具申购
	邮箱网络		监控调取
	账号密码		车辆管理
	权限安全		来访登记
	应用融合		场地管理
	站群主页		住宿房屋
	数据共享	人事事务	离退休服务
	项目管理		机构岗位
	日常办公	研究生服务	学位服务
本科生服务	培养环节		学籍服务
	教学服务		项目管理
	考试报名		出国出境
	奖助勤贷	资源服务	档案服务
	教学资源		文献服务
	课程管理	综合事务	学校办用印
	学生成绩		新媒体
	师生服务		学术活动
公共服务	网上共青团		外出请假
科研事务	科研用印		日常办公
	验收		校园活动
国际交流	学术活动		

表 5-2 服务次数最多的 5 个部门

排序	部门名称	服务次数
1	本科生院	4694
2	信息化工作办公室	3011
3	未来城校区管理办公室	513
4	学校办公室	334
5	后勤保障部	214

表 5-3　申请办理量最大的 5 个流程

排序	业务名称	所属部门	服务次数
1	生源地信用助学贷款回执录入	本科生院	3580
2	本科生学生证补办申请	本科生院	843
3	校园邮箱密码重置申请	信息化工作办公室	744
4	未来城校区车辆自动识别信息登记	未来城校区管理办公室	164
5	教职工校园邮箱申请	信息化工作办公室	246

5.3.5　电子证照平台建设

1. 建设思路

中国地质大学(武汉)采用基于 PKI(public key infrastructure)技术体系的为电子证照实现电子签章，面向学校内部有签章、签字业务的单位和个人用户提供统一数字签名及电子签章服务，并通过建设电子证照平台，实现对电子签章的集中管理和使用控制，保证印章监管安全、使用流程可控(图 5-2)。

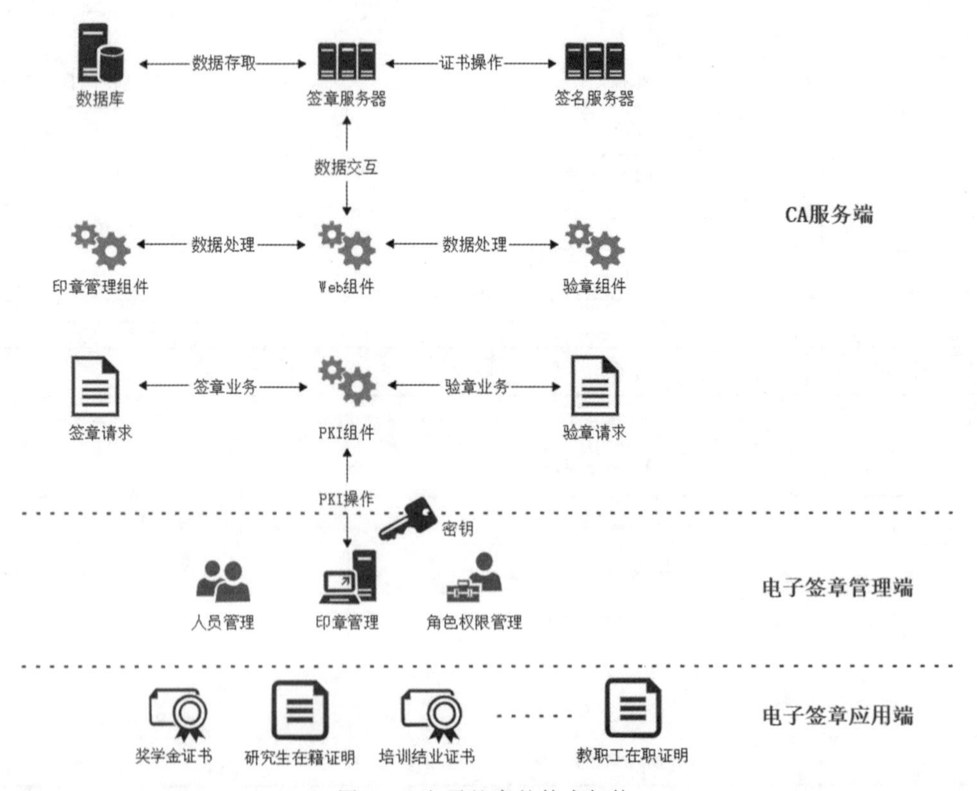

图 5-2　电子签章的技术架构

同时，对接数据中心、信息门户、网上厅和学校其他业务系统，在网上事项审批和学校其他业务系统业务办理过程中启用电子文档签署等功能并对签署后的文档进行留痕。通过电子签章功能应用，实现校园业务真正无纸化、全过程线上办理，达到校园降本增效以及推动校园办公数字化转型的目标。

2. 技术方案

以“网上办、机具办、不见面”为导向，师生可以足不出户、随时随地在电子证照平台查看、下载、分享、使用所拥有的电子证明。电子签章包含三个模块：电子签章应用端、CA（certificate authority）服务端、电子签章管理端。

电子签章应用端主要功能是为用户提供证照。证照模块会显示证照的预览、下载、分享、邮件、收藏。打开下载后的证照（下载后为 pdf 格式），可通过点击证照中的公章，核验证照是否为原件。

CA 服务端主要负责制作数字证书、验证签章和电子文档。此外还有支持设定签章文档类型、制定签章规则等功能。CA 服务端为签章人生成密钥对，并将签章人的信息、CA 的信息以及公钥合并制成数字证书。数字证书内容包括：图章图案信息，签章人姓名、单位、部门、职务、联系方式等信息，CA 证书编号、名称、有效期、CA 公钥信息。制作证书过程中 CA 使用其私钥对图章图案信息、签章人信息、CA 信息进行加密处理，从而可验证签章和电子文档的有效性。

电子签章管理端属于后台控制，主要实现人员管理、印章管理、签章规则管理、角色权限管理以及数据统计等功能。

3. 应用成效

目前电子证照平台（图 5-3）已完成学校办公室、本科生院、研究生院、人力资源部、图书档案与文博部、后勤保障部、未来城校区管理办公室 7 个单位共 31 项证照的应用，2021 年新增业务 20 项。服务数量同比增长 181%。截至 2021 年 12 月底，2021 年总计生成下载证照 27 万余人次。本科生成绩单生成下载高达 261 633 人次，研究生成绩单、研究生在籍证明、应届研究生毕业证明、研究生奖助学金证明共计下载 7224 次，教职工在职证明、专业职称证明、特任系列职称证明下载 1462 次。很好地解决了以往师生开具各类证明需要提交申请、学院负责人签字盖章、再去学校各个行政部门办理过程引起的师生体验感差、办事效率低的矛盾。

5.3.6 “线下厅”建设规划

1. 建设思路

按照学校校务服务线上线下一体化建设的工作要求，进一步简化办事程序、减少办事层级，推进数据共享、业务协同和功能互补，推广师生事务集中统一办理、协同办公模式，推动“线下厅”和“网上厅”融合发展，改造和适当扩展“高科楼”，建立融咨询、办事、交流、临时休息为一体的面积约 850m^2、办事工位约 30 个的线下办事服务大厅，实现师生办事线下“只进一

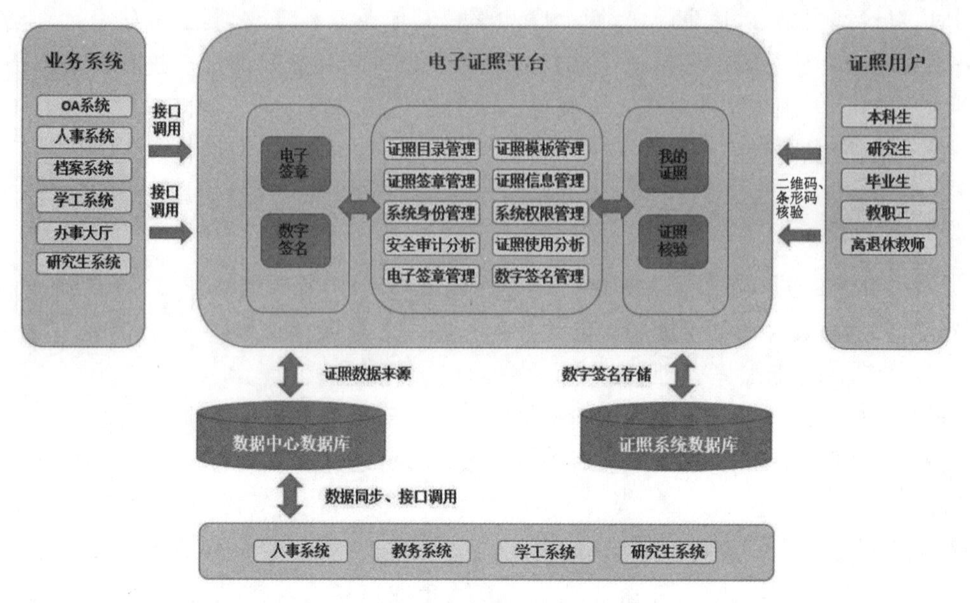

图 5-3　电子证照平台体系架构

扇门”(一门),现场办理“最多跑一次”(一次)的诉求。

2.“线下厅”业务需求

线下办事大厅业务需求主要内容如下。

(1)网上预约需求:能够实现网上有限的预约排队服务,选择预约窗口及事项,支持按照时间段预约;预约完成后可以与实体大厅的排队叫号机对接取号,实现线上线下无缝结合。

(2)智慧引导需求:实现大厅智能引导排队叫号。师生到线下大厅办事时,在智能排队叫号机上选择办事部门以后,排队系统将自动计数排队。大厅智能排队叫号系统需要与多窗口、多部门、多事项进行集成,实现窗口排号与业务流程的关联,实现不同窗口之间的业务流转、业务转办等。

(3)窗口管理需求:通过多屏互助、协助等方式,提高各单位办事窗口办事效率,有效的进行相关信息采集、存储、管理、发布。让办事人感受到现代化、可视化、高效化的服务。

(4)办事指引需求:通过网上预约、现场取号的方式,保证现场办事有序进行。同时,通过系统进行信息收集、整理、发布,对各窗口业务量进行统计、分析,调整窗口结构,提高工作效率。

(5)自助办理需求:线下办事大厅涉及的所有事项在大厅进行全面公开并部署在自助电脑上,方便群众查阅事项信息和开展业务申办。同时结合办事服务的实际情况,将办事服务的办件量、考核等情况进行接入展示。

(6)其他需求:两校区车辆接驳的临时休息区,跨校区的师生交流区。

3. 建设内容

充分利用先进信息手段及辅助设备,全面整合和优化配置大厅办事人、工作人员、服务事项、申报资料、智能硬件、物理空间等资源,有效系统化集成各类信息化系统,高效协同服务流程，为工作人员提高工作效率，以及为办事人提供方便快捷的服务体验，从而打造一个智能化办事服务体验的实体大厅。线下办事大厅是面向师生服务的线下窗口，也是学校线下服务的最集成、最智能、最快速的办事场所，致力于为师生提供精细化、精准化的服务，切实提升师生的办事体验观感。

(1)智慧大厅服务系统：智慧大厅服务系统是通过部署相关的软硬件系统，如预约排队叫号系统、多媒体智能交互系统、自助发件柜系统等，从而使得师生得到智能化的服务体验，实现更加高效、便捷办事的目标，明显增强办事人的获得感。

(2)智慧大厅管理系统：智慧大厅管理系统是在办事大厅的窗口区域部署数字工位管理系统、窗口绩效管理系统、大厅调度管理系统、知识库管理系统等一系列软硬件，从而发挥各系统在窗口的收件、办件等工作的辅助作用，推进窗口顺利、高效地开展工作。

(3)可视化分析展示系统：通过数据可视化展示系统将办事服务相关数据进行展示，便于工作人员和领导及时掌握办事大厅的运行情况。

(4)智慧大厅运行管理平台：通过大厅配置管理、信息发布管理、问卷调查管理、日志管理、系统管理和系统对接，从而实现线下办事大厅的全面配置和业务管控。

4. 总体框架

“线下厅”总体框架如图5-4所示。

项目建设内容涉及信息化架构的五个层次：基础层、数据层、支撑层、应用层、服务层，两个体系：标准规范体系和安全保障体系。

(1)基础层：基础层提供基础资源中的服务器、操作系统、磁盘储存、数据库/信息资源。服务器资源包括储存资源池和计算资源池。

(2)数据层：数据层提供办事大厅运行数据支撑，包括办事数据、事项数据、排队叫号数据、设备数据、知识库数据、满意度数据等。

(3)支撑层：基于智慧大厅运行管理平台，提供大厅配置、区域配置、窗口配置、部门配置、人员配置、设备配置、日志管理、系统管理和系统对接等，为相关系统提供预付卡资金监管技术支撑。

(4)应用层：应用层直接为办事大厅提供应用服务，包括智慧大厅服务系统、智慧大厅管理系统、大厅运行情况展示等，为办事大厅提供应用支撑。

(5)服务层：用户层通过移动终端、办事窗口、自助设备、可视化展示大屏等服务渠道为服务对象提供服务，包括老师学生、工作人员、领导及管理人员等。

5. 建设效果

(1)手续智慧查：办什么事，要什么材料，我能提供哪些材料，缺哪些？一目了然。

(2)事项智慧办：通过网上办事大厅或现场自助终端填表功能，自助在线填写相应资料，到智慧大厅后，通过刷学生证或校园二维码即可办理部分业务，比如打印学生证、成绩单等。

(3)行程智慧看：出门前通过企业微信实时了解办事窗口的办事人员数、等候时间。时间尽在掌握中。

图 5-4 "线下厅"总体框架

(4)办事智慧约:通过网上办事大厅预约办事时间。时间精确到分,让你高效地利用时间。

(5)结果智慧知:办事进度、办事结果,系统自动通过微信、短信等方式推送到群众手机上。可实时了解进度,智慧感知办事进程。增强办事群众体验感,提升满意度。

"线下厅"效果图如图 5-5 所示。

图 5-5 "线下厅"效果图

5.3.7 自助服务系统

1. 建设思路

以“网上办、机具办、自助办”为导向，整合“网上厅”“电子证照平台”的申请、审核服务功能，建立自助服务平台，设立自助服务一体机，为师生提供信息查询、新生注册、证照打印、校园一卡通补办等 24 小时自助服务。

2. 整体部署

自助服务系统主要由自助终端系统、管理端系统、自助服务终端设备三部分组成，主要用于全校师生自助服务的办理、系统管理与运维人员对设备的管理，整体信息平台使用 2 台主机作为服务器。

校园自助服务管理端的功能框图如图 5-6 所示。

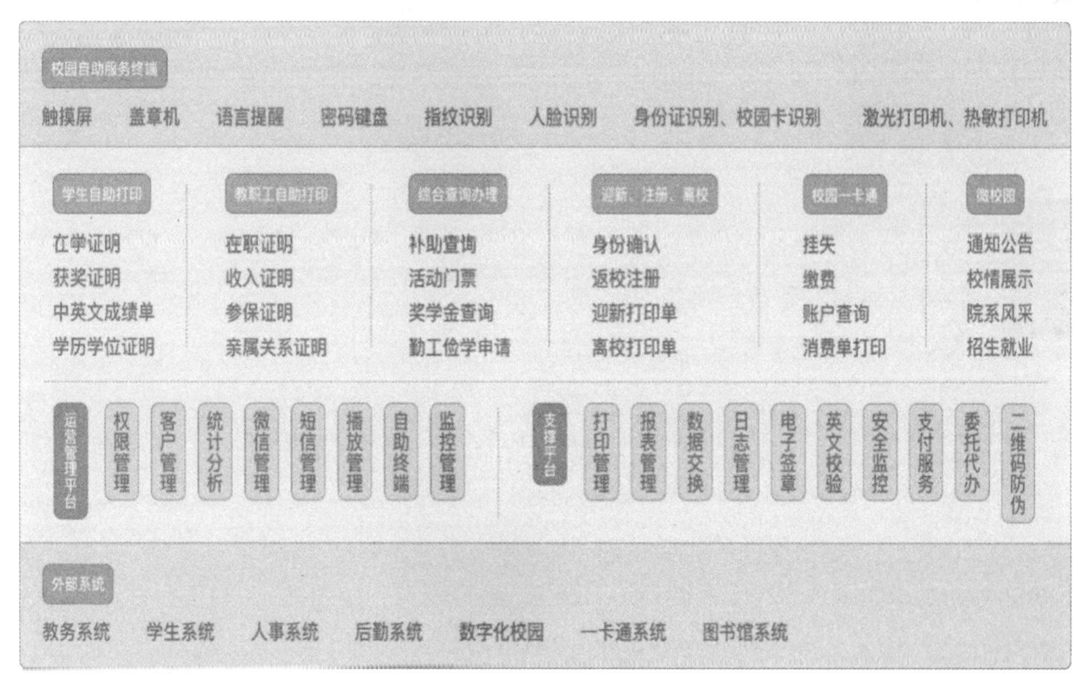

图 5-6 自助服务总体功能框图

系统部署如图 5-7 所示。

3. 应用成效

目前自助服务一体机上已实现学校办公室、学校党校、本科生院、研究生院、人力资源部等 8 个单位 36 项证照的自助打印，师生可持校园一卡通在南望山校区行政楼大厅和未来城校区的教学服务大厅自助打印各类证照。截至 2022 年 10 月，在自助服务一体机上打印各类证照17 914份，补办校园卡 29 458 张，学生成功注册 10.7 万余人次。

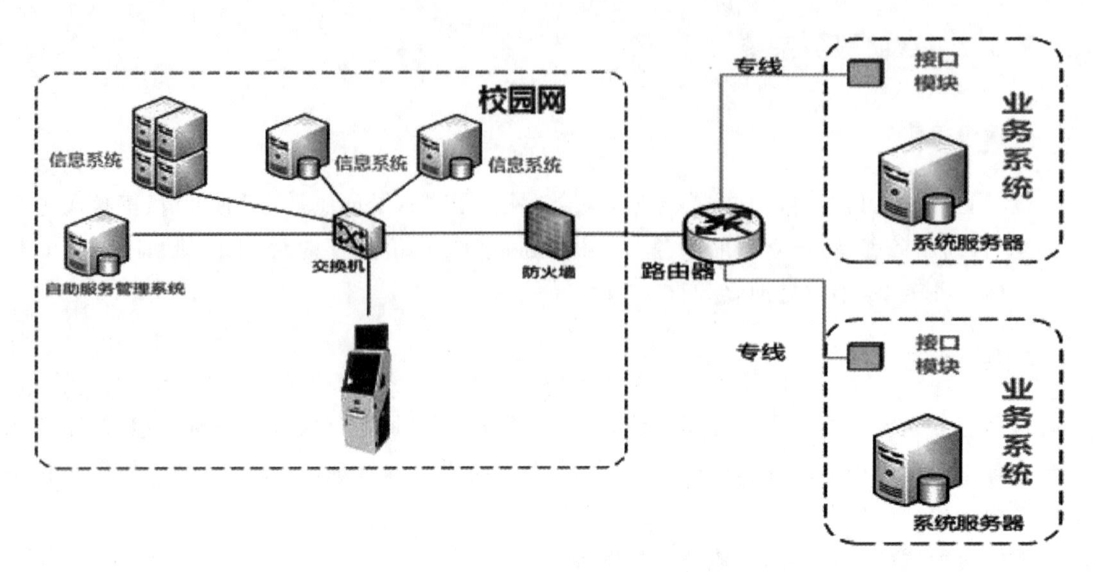

图 5-7　自助服务系统部署图

6 高校数据资产体系建设

《中共中央 国务院关于构建更加完善的要素市场化配置体制机制的意见》将数据、土地、劳动力、资本、技术并列称为五个要素市场，强调要加快培育数据要素市场，给出了推动政府数据开放共享、提升社会数据资源价值、加强数据资源整合和安全保护的具体举措。各高校也在大力加强对数据资产体系建设的探索，建立数据中台，支撑数据全流程管理和数据资产开发，最大化数据资产的价值。

6.1 数据资源与数据资产

6.1.1 有关数据的几个基本概念

1. 数据

数据是对物理世界的记录，是物理世界的事物在数字世界的映射。在信息技术中，数据被理解为以数据形式存储的信息。

2. 数据资源

数据资源广义上是指对一个企业而言所有可能产生价值的数据，包括自动化数据和非自动化数据。

数据具有可再生、无污染、无限性的特征。可再生是指数据资源不是从大自然获得的，而是人类自己生产出来的，通过加工处理后的数据还可以成为新的数据资源；无污染是指数据在获得与使用的过程中不会污染环境；无限性是指数据在使用过程中不会变少，而是越变越多。传统资源越用越少，数据资源是越用越多。

数据资源可按照结构特征划分为结构化数据、非结构化数据、半结构化数据，按照数据性质划分为参考数据、主数据、事务数据、统计数据、观测数据，按照数据存储方式划分为关系型数据库、键值数据库、列式数据库、图数据库、文档数据库数据，按照数据开放属性划分为禁止开放类、受限开放类、无条件开放类数据，也可以按照主题域划分为业务系统数据、业务域数据、部门域数据。

3. 数据资产

定义一:数据资产是指由企业拥有或由企业控制的,能够为企业带来未来经济利益的,以物理或电子的方式记录的数据资源,如文件资料、电子数据等。在企业中,并非所有的数据都构成数据资产,数据资产是能够为企业产生价值的数据资源。

定义二:数据资产是拥有数据权属(勘探权、使用权、所有权)、有价值、可计量、可读取的网络空间中的数据集(叶雅珍和朱扬勇,2021)。

数据资产是企业在生产经营管理活动中形成的,可拥有或可控制其产生及应用全过程的、可量化的、预期能给企业带来经济效益的数据。实现数据可控制、可量化与可变现属性,体现数据价值的过程,就是数据资产化过程。当前,数据已经渗入各行各业,逐渐成为企业不可或缺的战略资产,企业所掌握的数据规模、数据的鲜活程度,以及采集、分析、处理、挖掘数据的能力决定了企业的核心竞争力。

总体来说,数据资产是拥有数据权属(勘探权、使用权、所有权)、有价值、可计量、可读取的网络空间中的数据集。

4. 数据的价值

数据通过被消费使用产生价值。同一份数据被人类使用得越多,产生的价值相对就越高。

数据被人类使用的路径大致是:原始数据转换为有用的信息,有用的信息总结沉淀为知识,最后将知识做抽象提炼形成智慧。

人类消费数据首先需要有载体。在从原始数据到信息、到知识、到智慧的过程中,人类基本不会直接消费原始数据。人类直接消费得更多的是通过数据和算法提炼加工后生产的各类虚拟服务。如淘宝的商品交易服务、美团的生活匹配服务、微信的沟通交流服务、腾讯游戏的游戏服务等。

数据价值的3U原则:

use(可用)——数据必须是可用的,集成在技术堆栈中并与操作系统连接。

use(有用)——被能够解释结果和建议并采取行动的业务用户理解。

used(被用)——实际被业务用户用于决策,并不断改进以遵循业务环境和发展。

6.1.2 数据及数据资产的重要性

1. 数据的重要性

数据如人体的血液,是系统运行的支撑和前提。也有人说“数据是新的石油”,对企业而言,是推动公司业务发展的重要资源。

2021年6月30日,滴滴低调赴美上市,7月2日,中央网信办启动对“滴滴出行”审查,7月4日,中央网信办要求下架“滴滴出行”应用,那滴滴与其他企业到底有什么不同之处?滴滴出行的数据中拥有着1000多万的司机和3亿多用户,这里面包含有大量的出行信息和道路信息，关键问题就是这些数据的安全如何保障？滴滴出行在进行上市前的工作中有没有泄露这些数据？

数据在给人们带来方便的同时，也带来了极大的危机，数据泄露带来的危害是极其巨大的，滴滴出行是一家依托于传统司机和道路规划服务于大众的公司，服务器中包含有海量的客户信息、出行信息、道路交通信息，这些数据一旦被泄露，后果将不堪设想。

2. 企业数据资产的价值

1)企业共通的数据语言

数据在企业内部充分应用最大的障碍是存在语言壁垒。数据资产化意味着在公司内部形成共通的"数据语言"，各部门为了统一的分析目的，形成各自对应的统计标准，在运营过程中实时对数据进行收集汇总分析。

2)加速数据资产交易进程

目前在缺乏交易规则和定价标准的情况下，数据交易双方承担了较高的交易成本，制约了数据资产的流动，但随着数据资产管理的完善，必然能加速数据资产交易的进程。

3)企业的战略资产

数据资产化之后，数据资产会渐渐成为企业的战略资产，企业将进一步拥有和强化数据资源的存量、价值，以及对其分析、挖掘的能力，进而会极大提升企业的核心竞争力。

4)促使数据资产产权问题明确

数据资产的所有权问题，在未来也会越来越明确，法律制度会随着基础管理能力的提高而完善，以数据资产为核心的商业模式，也将会在资本市场中越来越受到青睐。

离开高质量的数据，很难有企业可以高效运行。今天，各企业都依赖于它们的数据资产以做出更明智和有效的决策。市场领导者正利用数据资产，通过丰富的客户资料、信息创新使用和高效运营取得竞争优势。企业通过数据资产，提供更好的产品和服务，降低成本，控制风险。随着企业对数据需求的不断增长，以及企业对数据依赖性不断增强，人们可以越来越清楚地评估数据资产的商业价值。

6.2 高校数据资产体系构建

随着数据作为第五生产要素被编入《中共中央 国务院关于构建更加完善的要素市场化配置体制机制的意见》，数据作为资产的管理需求被提升到了新的高度。2018年6月，国家市场监督管理总局和国家标准化管理委员会发布了《智慧校园总体框架》作为国家标准，用来指导高校智慧校园建设工作，其中提出了"用数据说话、用数据决策、用数据管理、用数据创新"，对高校数据资产体系的建设提出了明确要求，掀起了高校数据资产体系构建的浪潮。

数据资产体系包括校园数据资产和校园数据资产管理两个部分。

1. 校园数据资产

校园数据资产是指由学校拥有的，能够为学校管理、教学、科研带来便利的，以物理或电子的方式记录的数据资源，其存储方式包括如纸质文件、电子资料、系统数据等。并非所有的数据都构成数据资产，数据资产是指能够为学校产生价值的数据资源。数据资产需要充分融合部门业务、信息技术和规范管理，以确保其保值增值。高校的校园数据资产关注学校拥有产权、某类主题的数据资源。校园数据资产一般按照业务域划分为教学、科研、资产、财务、教职工、学生等业务域，并将对应的结构化、非结构化数据归并形成对应业务的校园数据资产。

教育部于2012年发布了《教育管理信息　高等学校管理信息》(JY/T1006—2012)，确立了高等学校管理信息的基本体系结构、数据元素的元数据结构，规定了高等学校管理数据元素，将校园数据划分为10个数据域：学校概况、学生管理、教学管理、教职工管理、科研管理、财务管理、资产与设备管理、办公管理、外事管理、档案管理。高职院校额外增加高职院校管理专用数据域。

学校概况包括学校基本数据，学校委员会(领导小组)数据，院系所单位数据，学科点数据，班级数据类等。

学生管理包括本专科生基本数据类，本专科生新生数据类，研究生招生数据类，研究生招生辅助数据类，研究生非学历教育辅助数据类，体检、防疫数据类，学位、学历数据类，实践活动数据类，经济资助数据类，社团(协会)辅助数据类，毕业生相关数据类，就业辅助数据类等。

教学管理包括专业信息数据类、课程数据类、教学计划数据类、排课数据类、选课数据类、教室管理数据类、教材数据类、教学成果数据类、研究生专业培养方案数据类、评教数据类、考试安排数据类等。

教职工管理包括教职工基本数据类、教学科研数据类、岗位职务数据类、教职工考核数据类、聘用管理数据类、工资数据类、离校数据类、专家管理辅助数据类、兼职数据类、学习进修数据类、住房数据类等。

科研管理包括科技项目数据类、科研机构数据类、科技成果数据类、学术交流数据类等。

财务管理包括账务管理数据类、账务数据类、项目经费数据类、往来账数据类、教职工个人收入数据类、学生收费数据类、票据数据类等。

资产与设备管理包括学校用地数据类、学校建筑物数据类、设施数据类、实验室管理数据类、仪器设备管理数据类等。

办公管理包括公文数据类、收文处理数据类、发文处理数据类、公文保管数据类、公文归档数据类、网上信息发布数据类、会议管理数据类、公章管理数据类、日常办公数据类等。

外事管理包括国(境)外院校及机构单位数据类、来华留学数据类、出国(境)留学工作数据类、来访数据类、出访数据类、外籍专家数据类、国际交流数据类、国(境)外人员证照变更数据类等。

档案管理包括文件实体类、机构人员实体类、业务实体类、实体关系类等。

2. 校园数据资产管理

1)数据资产管理概念的演变

数据资产管理概念随着数据理念与技术的演变而不断发展。数据管理概念诞生于20世纪80年代，为方便存储和访问计算机系统中的数据，对数据进行有效的收集、存储、处理和应用的过程。它的目的在于充分有效地发挥数据的作用，实现数据有效管理的关键是数据组织，主要是从技术视角出发来定义的。信息化时代，数据被视为业务记录的主要载体，数据管理与业务系统、管理系统的建设和维护相结合，数据管理具备一定的业务含义。大数据时代，随着数据规模持续增加以及技术成本投入下降，越来越多的组织搭建大数据平台，实现数据资源的集中存储和管理，组建数据管理团队，数据管理的重要性和必要性日益凸显，数据管理推动组织业务发展的作用逐步显现。

随着数据管理概念的演进，数据作为资产的理念成为共识，社会开始强调数据的资产属性，对数据的管理逐渐演变为对数据资产的管理，在数据管理的基础上开展数据治理，以释放数据资产价值为目标，制定数据赋能业务发展战略，持续运营数据资产。数据资产管理的理论框架也在逐步成熟。国际上，麻省理工学院两位教授于1988年启动全面数据质量管理(TDQM)计划，提出了聚焦于质量管理的数据资产管理框架。国际数据治理研究所(Data Governance Institute,DGI)于2004年提出了DGI数据治理框架，国际数据管理协会(DAMA国际)分别于2009年、2017年发布了数据管理知识体系1和2。此外，Gartner、IBM等企业纷纷提出了数据管理能力评价模型。我国于2018年发布国家标准《数据管理能力成熟度评估模型》(GB/T 36073—2018)，成为国内数据管理领域的第一个国家标准，相对全面地定义了数据管理活动框架，包含8个能力域、28个能力项。2021年12月20日第四届"数据资产管理大会"上发布的《数据资产管理实践白皮书(5.0版)》，一般认为数据资产管理有10个管理活动职能：数据模型管理、数据标准管理、数据质量管理、主数据管理、数据安全管理、元数据管理、数据开发管理、数据资产流通、数据价值评估、数据资产运营。

整体来看，目前主要的数据资产管理理论框架之间有很强的相似性，主要从数据管理的技术侧或管理侧出发，明确数据管理的活动职能和管理手段，并按照一定标准对组织的数据能力进行等级评定。但是，多数框架未强调数据资产价值性，忽略了数据资产价值实现路径。

2)校园数据资产管理的内容

《数据资产管理实践白皮书(5.0版)》的十大管理活动职能，同样适用于高校数据资产管理体系的构建，结合高校数据资产的实际情况，高校数据资产体系在落实管理职能时有不同的侧重点。对于高校来说，数据资源是高校信息化进行到一定程度后的产物，是学校在教学、科研和管理活动中形成的、可控制其产生应用的全周期的、可量化的、预期能给学校带来收益、价值、甚至产生教育管理变革的数据资源。根据数据的不同来源，学校的数据资产一般包括教学、科研、教职工、学生管理等10个业务域，资产的控制权和所有权明确，高校是数据资产的完全权利人。同时在当前环境下，高校数据质量需要治理，数据资产基本只在校内流通，不存在数据资产交易。因此高校数据资产管理体系的十大管理活动如下。

(1)数据模型管理。数据模型是指现实世界数据特征的抽象，用于描述一组数据的概念和定义。数据模型管理是指在信息系统设计时，参考逻辑模型，使用标准化用语、单词等数据要素设计数据模型，并在信息系统建设和运行维护过程中，严格按照数据模型管理制度，审核、管理新建和存量的数据模型。

(2)数据标准管理。数据标准是指保障数据的内外部使用和交换的一致性和准确性的规范性约束。数据标准管理的目标是通过制定和发布由数据利益相关方确认的数据标准,结合制度约束、过程管控、技术工具等手段,推动数据的标准化,进一步提升数据质量。

(3)数据质量管理。数据质量是指在特定的业务环境下,数据满足业务运行、管理与决策的程度,是保证数据应用效果的基础。数据质量管理是指运用相关技术来衡量、提高和确保数据质量的规划、实施与控制等一系列活动。衡量数据质量的指标体系包括完整性、规范性、一致性、准确性、唯一性、及时性等。

(4)主数据管理。主数据(master data)是指用来描述企业核心业务实体的数据,是跨越各个业务部门和系统的、高价值的基础数据。主数据管理(master data management,MDM)是一系列规则、应用和技术,用以协调和管理与企业的核心业务实体相关的系统记录数据。

(5)数据安全管理。数据安全是指通过采取必要措施,确保数据处于有效保护和合法利用的状态,以及具备保障持续安全状态的能力。数据安全管理是指在组织数据安全战略的指导下,为确保数据处于有效保护和合法利用的状态,多个部门协作实施的一系列活动集合。包括建立组织数据安全治理团队,制定数据安全相关制度规范,构建数据安全技术体系,建设数据安全人才梯队等。

(6)元数据管理。元数据(metadata)是指描述数据的数据。元数据管理(metadata management)是数据资产管理的重要基础,是为获得高质量的、整合的元数据而进行的规划、实施与控制行为。

(7)数据开发管理。数据开发是指将原始数据加工为数据资产的各类处理过程。数据开发管理是指通过建立开发管理规范与管理机制,面向数据、程序、任务等处理对象,对开发过程和质量进行监控与管控,使数据资产管理的开发逻辑清晰化、开发过程标准化,增强开发任务的复用性,提升开发的效率。

(8)数据存储与操作管理。数据存储与操作是指存储数据的设计、实施和支持,最大化实现数据资产的价值,贯穿数据从生产到销毁的整个生命周期,包括数据库操作支持和数据库技术支持两个部分。其中数据库操作支持包括数据库环境的搭建、监控和优化数据库性能;数据库技术支持包括确定组织需要的数据库技术要求、数据库技术构架、管理数据库技术和处理相关问题。

(9)文件和内容管理。文件和内容管理是指对存储在关系型数据库之外的数据和信息的采集、存储、访问和使用过程的管理。它的重点在于保护文件和其他非结构化或半结构化信息的完整,并使这些数据资产能够被访问。对于高校来说,随着线上授课的普及,通过文件和内容管理形成教学数据资产在当下环境中有着重要的实践价值。

(10)数据治理和运营。数据治理和运营是指在管理数据资产的过程中行使权力和管控,包括计划、监控和实施,指导其他所有数据管理职能的活动。它的目的是确保根据数据资产管理制度正确、有效的管理数据资产、正确决策,确保高校能够从数据中获取价值,形成有价值的数据资产。

6.3 高校数据资产体系建设现状

数据资产体系建设是高校信息化建设的重要组成部分。我国的教育信息化建设已经持续了20多年,高校信息化建设已经发展到一定程度,各业务领域数字转型的不断完善,校园中每时每刻都在产生大量的数据和信息资源,例如教师的教学计划、授课信息、试题、教材、课件、科研成果、教学评测、出入考勤、职称待遇等,学生的学籍信息、成绩信息、图书借阅信息、饮食消费、就业统计等,学校的设备资产、财务报表、社会评价等。经过长时间的积累,高校已经生产和保存了大量数据,如何管理利用这些数据资源,最大限度地发挥其潜在的作用,形成数据资产并体现其价值,是高校信息化必然的发展方向,因此高校数据资产体系的建设具有重要的实际意义。

6.3.1 数据到数据资产的发展过程

这里引用信息化发展过程中的业务、数据的4次分离(李广乾,2019)来理解数据到数据资产的发展阶段(图6-1)。第一次分离将数据库从业务系统中分离出来,形成独立的数据,这是数据的起源。第二次分离分化出基础信息和业务信息,这时的数据资源主要指基础数据。第三次分离区分了结构化和非结构化数据。第四次分离了主数据,逐渐划分了数据类型和价值,逐步形成了当前的包含结构化、半结构化、非结构化数据以及主数据、业务数据和分析数据的数据资产体系。

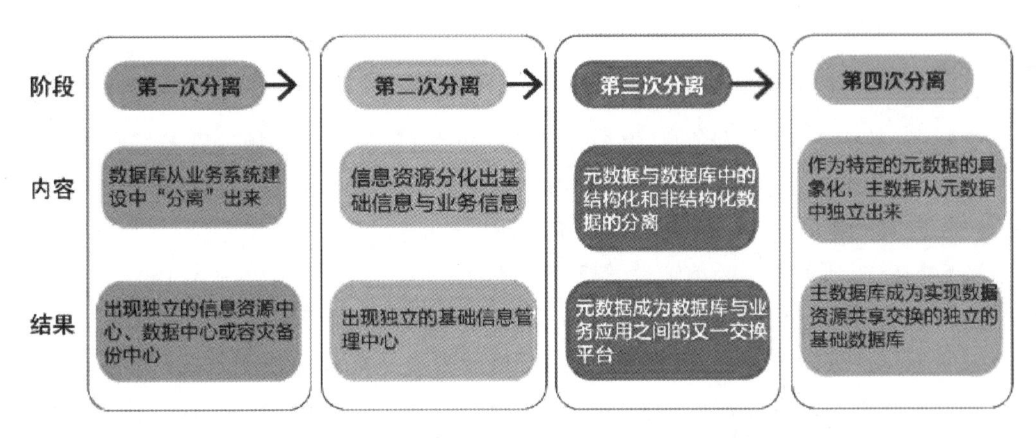

图6-1 信息化发展过程中业务、数据的4次分离

高校与外界的数据交易场景较少,因此在建设数据资产的管理体系时主要关注数据管理和应用,基于数据使用行为形成数据资产管理构架。参照《云数据管理实战指南》(魏磊等,2021),数据资产管理发展路径大致可以分成五个阶段:数据的可用性、数据的聚合、数据可视化、数据服务可编排、由AI驱动的自动化。

数据的可用性阶段,有关数据的一切活动都是基于数据的可用性的。数据保护是一切数据管理行为的基础,为之后的数据使用行为提供保障。数据备份、数据复制及安全保留是数据保护的核心要素,以保证数据的可用性。

数据的聚合阶段,企业开始深入了解数据,利用它们为企业创造价值。此阶段的目的是确保在多态的数据中心,即跨物理、虚拟、云等架构与应用平台,以与云环境适配的数据格式和松耦合的方式存储数据,从而使企业更容易进行云化的集中管理。数据聚合不仅发生在基础架构层面,还涉及与多种应用的适配,为今后数据的利用及应用的读写分流提供基础。

数据可视化阶段,企业已经关注数据使用行为可视化,被动的数据管理转变为主动的关注数据使用行为的方式。在此阶段,数据管理为企业提供了更广泛的策略支持。

数据服务可编排阶段,企业更加注重数据管理与使用效率。数据管理与使用的重复性与复杂性,以及由人工误操作带来的潜在风险,使关注执行效率的企业更偏向于将企业频繁使用的数据服务形成可编排的流程,这也为数据使用的合规性提供了重要的保障。

由 AI 驱动的自动化阶段,数据管理的多数场景会转为由人工智能和机器学习来驱动,机器学习引擎会根据企业的实时业务需求自动备份、恢复和迁移数据。

可以将数据的可用性阶段、数据的聚合阶段划分为数据资产管理的初级阶段,数据可视化阶段、数据服务可编排阶段为中级阶段,由 AI 驱动的自动化阶段为高级阶段。数据资产管理的初级阶段,数据资产分散在业务系统,数据的管理是从无到有逐步规范的。中级阶段的标志是完成数据集中,形成统一数据仓库,进一步规范数据管理。相对而言,数据资产管理初级阶段的重点是始终保持业务在线与数据安全,更加关注数据的使用行为是否合规,并且已经在数据管理平台上为数据使用行为定义了入口与服务目录,中级阶段则开始关注数据价值进一步挖掘和整体数据资产构架的迭代。

6.3.2 建设现状

高校的数据资产体系建设与学校信息化的进程密切关联。大部分高校的数据化管理系统在教学教务、教学资源、图书信息、办公自动化、学生信息等很多领域得到较好利用,而在校企共享信息、节能管理、提供行政服务等一些领域的功能还有待开发。高校数据资产体系的建设立足于已有数据资源,据不完全统计,随着新一轮的数据资产体系建设,教育部部属院校已汇聚的数据资产基本完全涵盖了教学、科研、教职工、教职工、学生管理等 10 个数据域的数据,其他高校数据资产相对单一,主要涉及人力资源、教学、学生管理等几个数据域。

高校数据资产管理体系方面,根据《数据管理能力成熟度评估模型》的评估与调研结果,教育行业的数据资产体系建设处于初级阶段,数据资产管理的意识和动力不足,对数据资产管理的投入主要集中在平台建设,确实相对专业的数据资产管理团队,对核心业务的数据标准化推进不足。

在高校中普遍存在各部门独自构建各种系统平台的情况,如人事管理、学生管理、科研管理、财务管理、资产管理、教务管理等。信息化建设缺乏顶层设计,没有形成统一的建设标准,没有规范的处理流程,各平台开发环境不同、运营厂商不同、技术构架不同,造成高校中的“数据孤岛”现象严重,无法有效发挥数据资产的价值。因此高校在数据资产管理体系建设前期,首先要处理的就是数据孤岛问题。

自“十二五”开始国家加大对教育信息化建设的关注力度,党的十九届四中全会首次将数据作为一种新型生产要素写入报告文件中。2020 年 4 月 10 日,《中共中央 国务院关于构建更加完善的要素市场化配置体制机制的意见》正式公布,这是中央第一份关于要素市场化配置的文件,文件分类提出了土地、劳动力、资本、技术、数据五个要素领域改革的方向,明确完善要素市场化配置的具体举措。现在,各高校开始加强对数据资产管理体系建设的探索,尤其体现在数据中台的建设上。早期高校的数据管理重视解决数据孤岛和烟囱问题,首先建设数据中心、基础数据库、数据共享库、数据仓库。随着高校信息化的发展和对数据资产的不断重视,越来越多的高校开始建设数据中台。数据中台的概念由阿里巴巴公司首先提出,数据中台由数据仓库和其相关技术衍生而来,是一套可持续"让企业数据用起来"的机制,是一套解决方案,而不仅是一个平台。考虑到不断增加的业务系统、随着系统增加日益复杂的数据关系和数据管理需求,有必要在传统数据管理的基础上拓展资产管理能力,支撑数据全流程管理和数据资产开发,最大化数据资产的价值。

目前很多高校都基于数据中台在数据资产管理上做了很多工作,也产生了一些价值收益,例如全面推进数据资产确权和血缘管理、进一步推进学校各领域数据资产的汇集和治理、建立结合教学质量与评价数据的教学质量监测系统、利用学生日常消费行为规律形成学生画像和提供个性化引导、对教师科研水平进行量化管理和评测、形成领导驾驶舱为学校的各项管理工作提供决策支持等。尽管近年来高校在数据资产体系建设上有明显进步,但高校数据资产价值依旧没有得到充分的利用,目前所产生的效果十分有限,尤其是在教育教学改革方面的价值和成效不太明显,还需要进一步建立和完善高校数据资产管理体系,以数据驱动的管理模式不断创新,切实提高数据资产价值支撑高校信息化,为组织决策提供服务,为高校教育带来质的飞跃。

6.3.3 存在的主要问题

数据资产体系建设中存在的主要问题如下。

1. 数据资产的界定

数据作为一种资产,目前还没有一个标准的、统一的理论概念,其资产特质缺少相应的产业环境。而在教育行业,尤其是高校,由于其数据资产在当前社会环境中不直接参与交易,无法直接用货币衡量,因此在高校建设数据资产管理体系的时候往往陷入数据即资源、数据即资产的误区,无法准确地界定数据资产,无限扩大数据资产体系的范围,最终难以形成边界有效的数据资产管理体系。

2. 数据标准和确权问题

在众多问题中,数据标准是首当其冲、是最难解决的问题。数据在业务系统中服务于业务系统的运行和业务部门的管理需求,这些数据命名、定义、代码规范都不统一,在实际的数据使用中存在对接口径多样、数据内容不标准的问题。这导致在具体支撑应用场景时数据协调和处理周期长、接口复用效率低,给数据资产的管理带来极大的不便,因此需要对原始数据进行数据治理,并形成全量、标准化的基础数据库,支撑下一个环节数据的管理和使用。

3. 数据重复加工

面向数据分析应用及大规模数据调用应用场景,直接从完成数据清洗和标准化的基础数据库中调用数据会涉及到大量的接口调用,并且需要进行大量的建模和关联转换以支持数据分析平台使用。这种情况下数据的重复加工问题凸显,影响数据使用效率的同时也不利于高校整体数据的有序存储和服务。

4. 数据调用方式多样

学校的数据需求多样,要求中台支撑多种数据调用方式。根据目前高校的信息化技术框架和未来的发展趋势,中台需要支撑以下业务场景:①传统业务系统之间数据交换,要求数据结构面向 OLTP(on-line transaction processing),数据能够传输到对方的数据库;②公共平台的数据使用需求,要求使用的数据范围大,几乎为全量业务数据;③微服务框架下的数据互通机制,要求支持单 API 结果裁剪、多 API 数据聚合、多 API 之间传递依赖;④数据分析,要求数据结构面向 OLAP(on-line analytic processing),同时需要保证数据的时效性和高速计算能力;⑤传统人工文件管理,要求提供便捷的文本数据下载。

主流的数据调用方式为通过 API 接口调用数据,这种方式缺少灵活性,并且一般只支持结构化数据库,需要写大量的 API 解析接口。以 JDBC(Java 数据库连接,Java Database Connectivity)连接的方式调用数据给中台数据库的物理数据库带来极大的安全风险,抽取数据库数据影响数据库的性能。

因此需要通过构建主题库的方式,专门针对学校业务的核心分析场景进行模型设计,通过维度建模的方式,形成满足分析型应用场景、大规模数据调用应用场景的数据存储与服务构架。

5. 统计口径不统一

在实际业务场景中,同一个指标,如学生人数,各部门的统计口径不同会带来数据不一致的问题。因此需要通过指标管理统一指标的计算方式,同时也需要支撑统一的指标存储。

6. 数据安全性有待提高

关于高校学生数据信息泄露的报道时有耳闻,部分高校在特困生补助、奖助学金评定等过程中出现身份证号和银行卡号泄露等问题,教育部也多次下发通知,及时进行排查清理涉及学生个人隐私等信息的工作。如果这些敏感信息被不法分子利用,可能就使学生暴露在电信诈骗的风险中,高校所掌握的学生信息、数据,已经成为高校的核心资产,这些问题进一步说明,高校数据安全极其重要,数据安全是高校数据资产管理体系中重要的一环。

7. 数据资产价值有待挖掘

高校普遍重管理、轻数据,缺乏有效的数据利用分析。高校信息化建设使用的各类系统应用主要服务于各独立部门内部管理，忽略了数据为领导决策分析服务的功能定位，更缺乏整体的协同服务的交流沟通，数据资产没有充分发挥其价值。

6.4 中国地质大学(武汉)数据资产体系建设

6.4.1 数据资产体系架构

数据资产体系分为数据资产和数据资产管理两部分。其中数据资产关注数据资产体系中的资产内容，即哪些数据是学校的数据资产。数据资产管理关注管理方式，即怎样管理数据资产，需要怎样的组织架构、技术体系来支撑数据资产的管理与运营。

中国地质大学(武汉)数据资产体系架构如图 6-2。

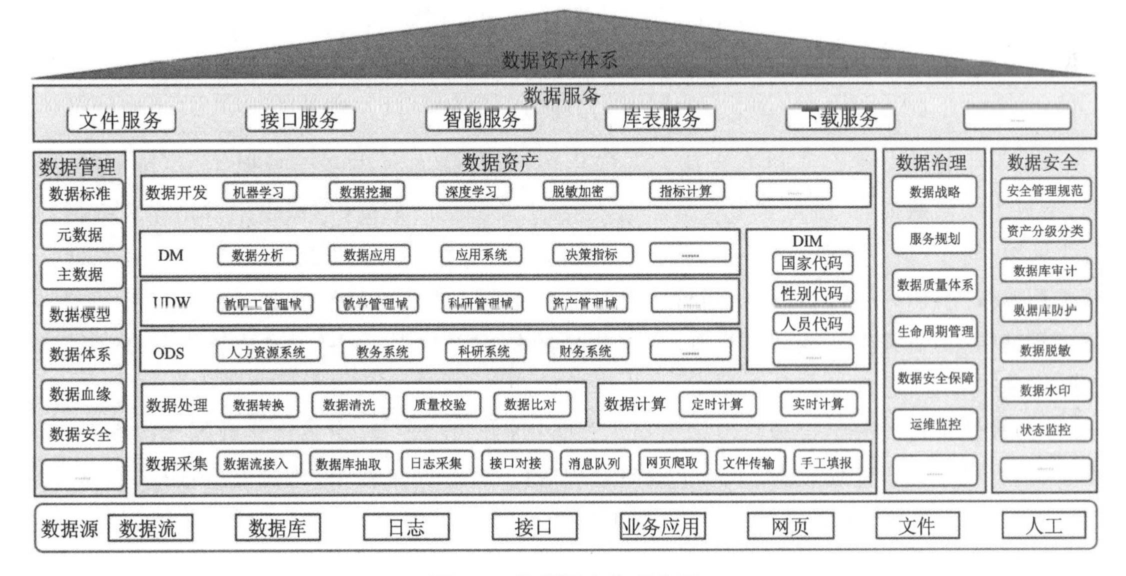

图 6-2 数据资产体系构架

1. 数据资产的分类

根据信息资源已有的国家标准《信息技术 学习、教育和培训 高等学校管理信息》(GB/T 29808—2013)和行业标准《教育管理信息 高等学校管理信息》(JY/T 1006—2012)，学校将数据资产按照业务域分为学校概况、学生管理、教学管理、科研管理、资产与设备管理、办公管理、外事管理、档案管理、健康管理、公共服务管理、教职工管理、财务管理 12 个域，相比《教育管理信息 高等学校管理信息》(JY/T 1006—2012)增加了健康管理和公共管理域，涵盖了结构化、半结构化、非结构化数据，每个数据域都包括结构化数据，半结构化数据主要存储在公共服务管理域，非结构化数据主要存储于教职工管理、科研、教学域。由此形成的中国地质大学管理信息(China university of geosciences management information，CUGMI)结构如下(图 6-3)。

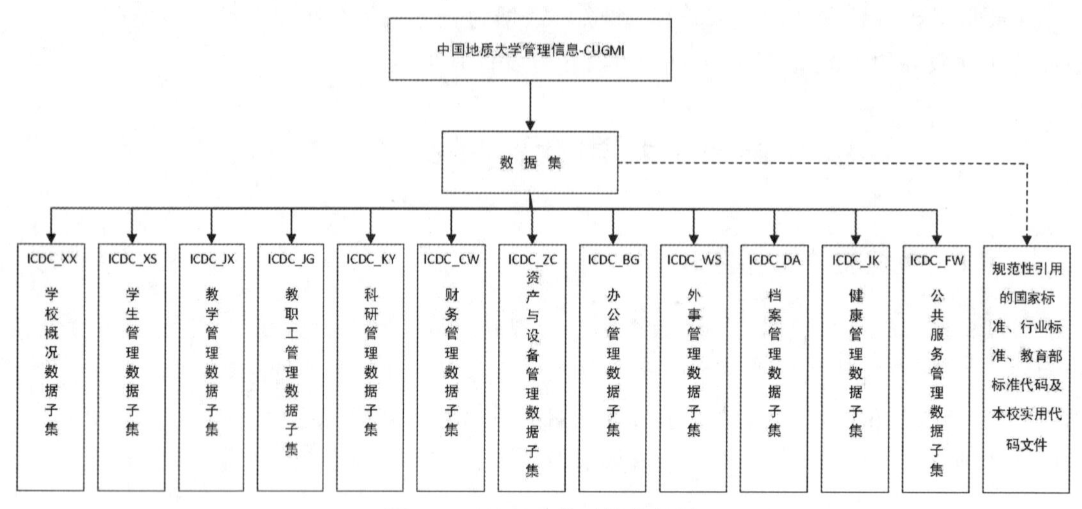

图 6-3　CUGMI 体系结构框图

(1)学校概况。学校概况数据包括学校基本数据,学校委员会(领导小组)数据,院系所单位数据,学科点数据,专业数据类等,为结构化数据。

(2)学生管理。学生管理类全部为结构化数据,包括本科生基础数据类,本科生新生数据,本科生学籍数据,本科生学位学历数据,本科生经济资助数据,本科生毕业生相关数据,本科生体检/防疫/诊疗数据,本科生实践活动数据,本科生就业辅助数据,研究生基础数据,研究生招生数据,研究生学籍数据,研究生学位学历数据,研究生非学历教育辅助数据,研究生经济资助数据,研究生实践活动数据,研究生毕业生相关数据,研究生就业辅助数据,继续教育学生基本数据,继续教育教学数据,学生体质检测数据,学生住宿数据等。

(3)教学管理。教学管理类包括结构化和非结构化数据。其中结构化数据包括本科生课程数据,本科生教学计划数据,本科生教室管理数据,教学成果数据,考试安排数据,教材管理数据,线上教学数据,研究生课程数据,研究生教学计划数据,研究生教室管理数据等。非结构化数据包括课程幻灯片、视频等。

(4)教职工管理。教职工管理类主要包括结构化和非结构化数据,其中结构化数据包括教职工基本数据,岗位职务数据,教职工考核数据,聘用管理数据,离校数据,专家管理辅助数据,兼职数据,学习进修数据,教职工体检数据,离退休人员信息,教师活动数据等。非结构化数据包括证件照等。

(5)科研管理。科研管理类主要包括结构化和非结构化数据,其中科技项目基本数据,科研机构数据,科技成果数据,学术交流数据等为结构化数据。论文文档,专利文档,专著文档,获奖图片等为非结构化数据。

(6)财务管理。财务管理类主要为结构化数据,包括学生经济资助数据,工资数据,账务管理数据,账务数据,项目经费,往来账,教职工个人收入,学生收费,票据,一卡通数据,招标数据,水电缴费数据等。

(7)资产与设备管理。资产管理类主要为结构化数据,包括学校用地数据,学校建筑数据,资产数据,仪器设备管理数据,实验室管理数据,房产信息数据等。

(8)办公管理。办公管理类包括结构化数据和非机构化数据，其中公文处理数据，会议管理数据，办公资源数据等为结构化数据，办公文档等为非结构化数据。

(9)外事管理。外事管理类主要为结构化数据，包括来华留学数据，出国(境)留学工作数据，来访数据，出访数据，外籍专家数据，国际交流数据等。

(10)档案管理。档案管理类包括结构化数据和非结构数据，其中图书基础数据，档案数据等为结构化数据，档案的文档、图片等为非结构化数据。

(11)健康管理。健康管理类主要为结构化数据，包括学生健康管理数据，学生申请数据，医疗数据，社区数据等。

(12)公共服务管理。公共服务管理类包括结构化数据、半结构化数据和非结构化数据。其中商户管理数据、公共平台数据、技术服务数据、人员出入数据、人脸采集数据、岗位与角色数据等为结构化数据，网络日志、防火墙日志、系统日志等为半结构化数据，人脸等数据为非结构化数据。

2."三库三中心"的数据资产组织

如何组织数据资产使其更好地支撑信息化应用是高校的信息化发展进程中必须考虑的问题。不同单位的管理体系、信息化构架各有千秋，不同服务对象决定了不同的应用形态和数据需求：个人角色需要事务类应用，部门和校级管理主要需要分析类应用。因此需要结合实际技术和管理需求，设计有效的数据资产组织结构支撑数据服务和管理需求，真正发挥全域数据资产体系的价值，形成高效、易维护的数据资产组织体系。

1)数据资产的组织架构

针对数据资产的组织，学校提出并落地了"三库三中心"的数据资产组织构架，从管理和服务两个方面组织学校的数据资产(图 6-4)。

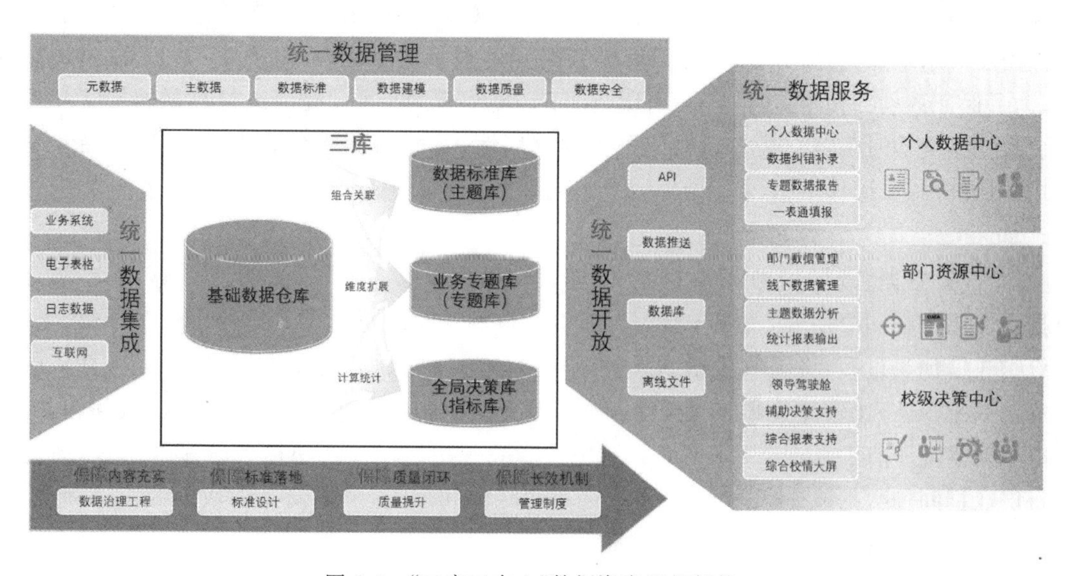

图 6-4　"三库三中心"数据资产组织架构

“三库”指物理层实际存储载体(数据库存储)及逻辑层数据资源目录呈现载体(资源目录发布)分别为:

数据标准库——按照数据标准所定义数据子集、分类、子类所进行存储和呈现载体,是严格的标准化数据。主要支撑常规的共享交换场景,对数据维度需求较低,适用于微服务应用场景。

业务专题库——在基础数据库上,面向共性应用使用场景的进一步数据封装,特别是分析型应用场景及大规模数据调用应用场景,通过进一步维度建模的方式构建业务专题库,以减少应用在使用数据时重复调用及重复开发 SQL(structured query language)语句带来的性能问题。发布半结构化和非结构化数据资源。

全局决策库——在基础数据库上,面向统计报表应用场景的数据封装,解决数据计算和统计口径不一致所带来的问题。

“三中心”指智慧校园各项应用的服务对象分类,是对已经存在的应用需求做出的分类,分别为:

个人数据中心——主要面向校内师生提供信息化服务的应用,如个人数据报告、“一站式”服务平台、一张表平台、移动校园平台等。

部门资源中心——主要面向职能部门和教学院系提供信息化服务的应用和平台,如数据门户、商业智能平台、数据挖掘平台、报表平台等。

校级决策中心——主要面向校级决策部门提供信息化服务的应用和平台,如领导驾驶舱、报表平台、决策支持平台等。

2)“三库三中心”的构建思路

数据资产的组织体系的设计主要围绕提升数据库服务性能和优化数据管理两个方面。

(1)提升数据库服务性能。①空间换时间:数据的存储技术发展已经几十年,在大数据技术出现之前,一般采用 Oracle 等关系型数据库作为数据存储的载体。随着信息化的推进和数据使用的需求增加,需要存储的数据量极大增加。大量的数据带来了大量的读写和计算时间,为了保证数据的使用效率,一般采用空间换时间的策略,通过提前进行数据的加工和计算减少数据库的实时负载。②提高数据服务的复用性:通过建设标准层和应用层,存储和发布通用的标准数据、明细数据、指标数据,实现明细数据和计算结果的复用,减少实时数据关联和计算。

(2)优化数据管理。①明确数据结构:通过分层清晰地管理不同数据作用域,明确每层的数据的使用范围和应用方式,便于数据开发者在应用数据时对所需数据的定位和理解。②便于维护数据加工过程:将获取数据结果的一个复杂的任务分解成多个步骤来完成,每一层只处理单一的步骤,比较简单和容易理解。而且便于维护数据的准确性,当数据出现问题之后,可以不用修复所有的数据,只需要从有问题的步骤开始修复。③便捷数据血缘管理:通过明确每层数据间的数据流通顺序,保障数据的有序传输和加工,形成便捷的数据源头追溯机制,保证有效的血缘管理,进而提高数据质量。

“三库三中心”的数据资产组织体系本质是对数据存储、数据加工、数据管理和应用类型的拆分实现,“三中心”代表应用服务,“三库”是建设重点。“三库”的本质是对数据仓库存储的数据按照应用、处理方式和管理需求分层和分库，可以将三个库分别理解为数据的三个层次。

在数据仓库的分层领域，比较有名的是美国计算机科学家、“数据仓库之父”William. H. Inmon 提出的企业信息工厂(corporate information factory，CIF)中操作性数据存储(operational data store，ODS)、企业数据仓库(enterprise data warehouse，EDW)、数据集市(datamart，DM)三层数据存储，以及美国数据仓库方面的知名学者 Ralph Kimball 提出的数据仓库是数据集市联合的概念。在国内，比较有名的理论体系是由阿里巴巴数据团队提出的三层模型，即将数据模型分为与业务系统数据一致的操作数据层(operational data store，ODS)、存放通用明细数据和汇总数据的公共维度模型层(common data model，CDM)和根据应用特化的应用数据层(application data service，ADS)，其中公共维度模型层包括明细数据层(data warehouse detail，DWD)和汇总数据层(data warehouse summary，DWS)。

学校综合考虑物理层的数据存储和逻辑层数据资源呈现，结合自身信息化系统体系的特点，参考已有的数据中台建设思想，将数据按照处理方式和应用需求分层，支撑学校对数据处理流程和不同应用方向数据资产组织构架，构建了数据资产的三层数据存储与服务构架，即数据标准层、业务专题层、全局决策层的数据资产组织体系(图 6-5)。

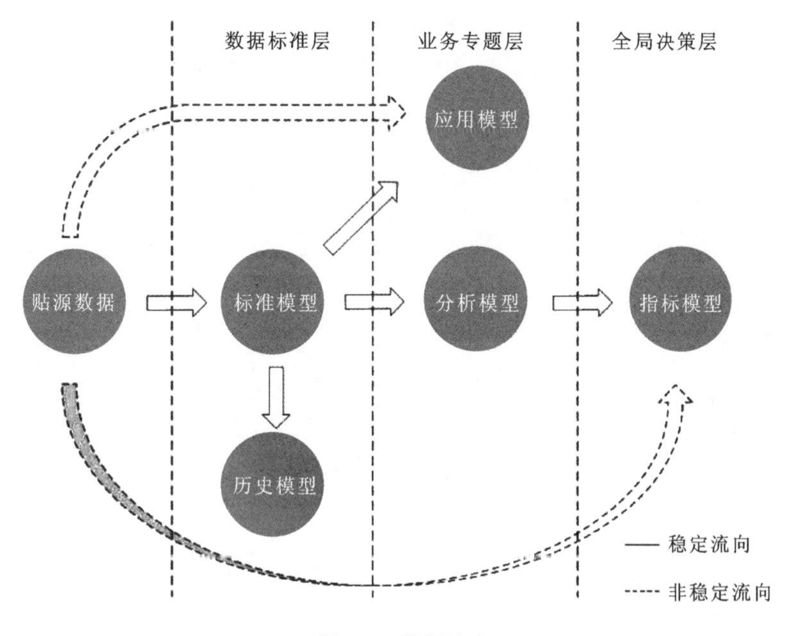

图 6-5　数据流向

数据标准层按照数据标准定义数据子集、分类和子类，并将它们进行存储和呈现的，覆盖全域全种类数据，存储和发布严格的标准化数据。该层主要支撑供联机事务处理(OLTP)系统之间常规的共享交换场景，对数据维度需求较低，适用于应用场景。该层服务于各类 OLTP 系统之间的数据交换，因此其建模应尽量贴近 OLTP 系统建模重点，同时站在学校整体层面完成学校整体业务的抽象和整合，采用满足 3NF 的实体关系模型存储数据，保证其既可以服务于业务，也可以作为支撑分析决策的基础数据。该层同时整合和发布半结构化和非结构化数据资源,提供全域数据服务。

业务专题层在数据标准层上,面向共性应用使用场景进一步封装数据,特别是分析型应用场景及大规模数据调用应用场景,可通过进一步维度建模的方式构建业务专题层,以减少应用在使用数据时重复调用及重复开发SQL语句带来的性能问题。业务专题层中的数据分析模型接近阿里体系中的DWD层,采用建设宽表的方式,从分析决策的需求出发构建模型,重点关注快速响应大规模负责查询。应用模型接近ADS层,由于存在特殊的应用场景,可能存在需要使用原始数据的情况,该类数据也应在业务专题层,通过数据血缘管理。

全局决策层存储指标类数据,是面向统计报表应用场景的数据封装,目标是为数据计算和统计口径的统一提供数据层的支撑,在数据加工流程的环节接近ADS层。在数据治理过程中,指标存在有计算过程和无计算过程两种情况,这两种情况都应纳入全局决策层的管理。

3)“三库”的构建

在数据存储方面,立足于“颗粒归仓”的数据资产体系建设指导思想,学校构建了全量数据资产体系,不局限于业务数据,能够产生价值的数据都需要进行集中存储。学校数据资产包括结构化、半结构化、非结构化数据,结合不同的应用需求,需要结合使用关系型数据库和非关系型数据库进行数据存储(图6-6、图6-7)。

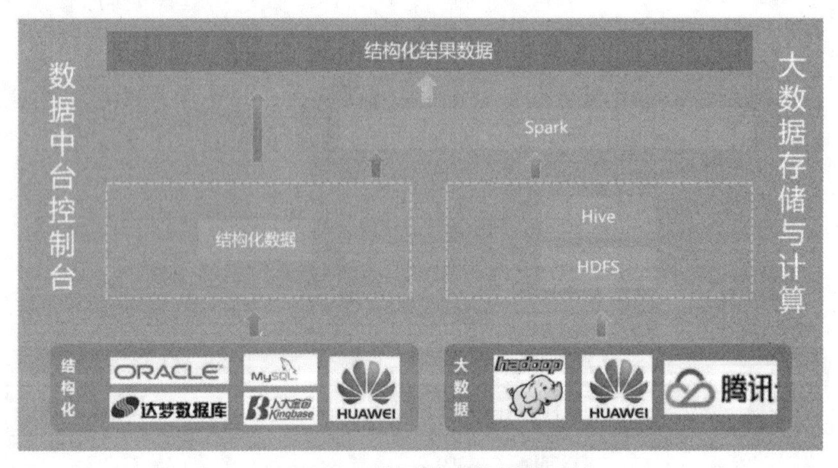

图6-6 “三库”存储体系

4)数据资产的存储

按照数据类型,学校数据资产分为结构化数据、半结构化数据和非结构化数据三类,三类数据根据其结构和应用方式不同,分别采用不同的存储方式。

(1)结构化数据。结构化数据是支撑智慧校园体系建设的核心信息资源。结构化数据的管理和应用贯穿高校信息化建设的整个历史,也是标准规范、数据治理、数据共享的关注的核心内容。高校常见的业务系统如人事系统、教务系统一般将结构化数据存储于关系数据库中,通过Oracle、mySQL、SQL Server、PostgreSQL等关系型数据库提供核心事务型数据处理。学校结构化数据遵循CUGMI体系,使用Oracle数据库存储,同时根据数据的处理程度划分了数据湖和数据仓库,由数据仓库支撑核心业务数据的存储和使用。

(2)半结构化数据。半结构化数据是介于结构化和非结构化之间的数据,它是结构化的

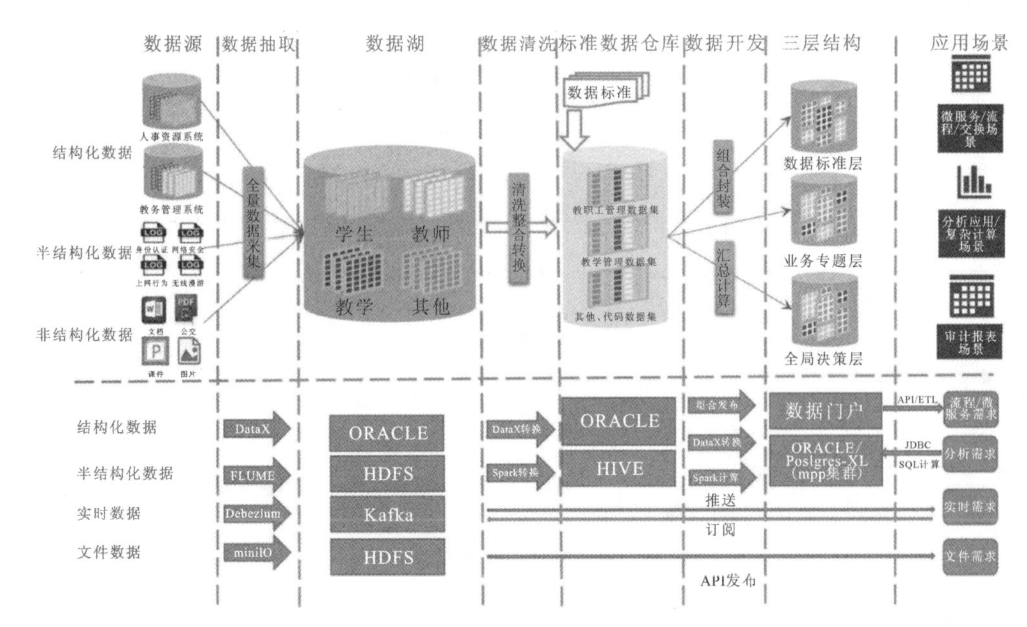

图 6-7　数据分层存储与服务构架

数据，但是结构变化很大，为了解数据的细节不能将数据简单地组织成一个文件按照非结构化数据处理，由于结构变化很大也不能够简单地建立一个表和它对应。

半结构化数据中结构模式附着或相融于数据本身，数据自身就描述了其相应结构模式。具体来说，半结构化数据具有下述特征：①数据结构自描述性。结构与数据相交融，在研究和应用中不需要区分“元数据”和“一般数据”(两者合二为一)；②数据结构描述的复杂性。结构难以纳入现有的各种描述框架，实际应用中不易进行清晰的理解与把握；③数据结构描述的动态性。数据变化通常会导致结构模式变化，整体上具有动态的结构模式。

半结构化数据主要包括各类日志数据，其应用范围包括共享和数据挖掘。由于半结构化数据通常数据量巨大，且不符合关系型数据库或其他数据表的形式关联起来的数据模型结构，因此针对半结构化数据存储常用以下两种方法：方法一，提炼出非结构化数据中的有效信息，转换为结构化数据采用关系型数据库存储；方法二，用 XML 等格式来组织并保存为文件，基于 Hive、HBase、Spark 等大数据框架实现版半结构化数据的存储与开发。

学校半结构化数据在 CUGMI 体系的框架下，并按数据结构将高校半结构化数据分为日志文件、XML 文件、JSON 文件、EMAIL、HTML 文档 5 类(图 6-8)，计划采用关系型和非关系型两种数据库共同存储的结构，关系型数据库存储半结构化数据精简后的核心信息，非关系型数据库存储日志的原始文件。目前学校半结构化数据资产体系建设刚刚起步，主要涉及日志类数据，目前已经完成网络数据，包括网络数据日志、VPN 访问日志、防火墙日志、漏洞扫描日志、堡垒机日志等 8 类数据资产的集中存储。

目前学校的日志根据类型分为 HDFS 原始日志和 Kafka 原始日志，已接入的 8 项系统日志存储在 Hadoop 分布式文件系统(HDFS)中，分为网络设备日志、网络行为日志、系统日志和安全日志四类。由于不同系统的日志格式存在差异，现阶段日志数据按照系统划分，通过

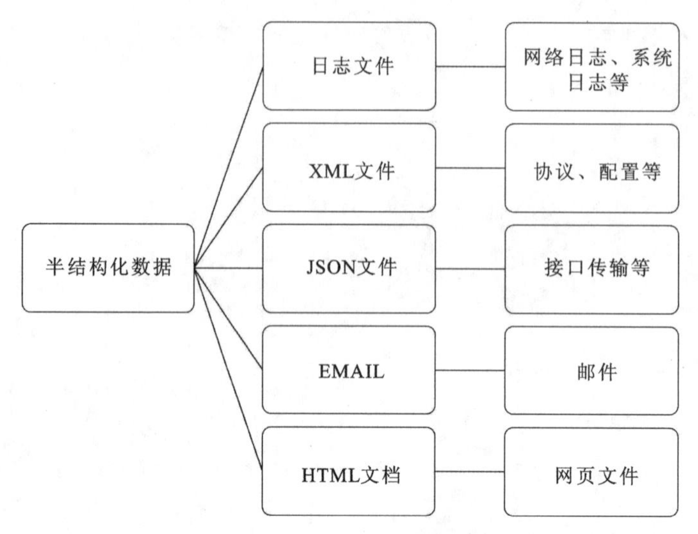

图 6-8 半结构化数据分类

设置解析任务将不同系统的日志映射为 Hive 中的数据库表,在此基础上对数据进行进一步的开发应用,提取关键指标型数据存储为结构化数据。

(3)非结构化数据。非结构化数据主要包括视频、音频、文档、图片等。随着网络与信息化教学的普及,院系在教学和管理中产生了越来越多的非结构化数据,其管理和应用需要得到重视。由于高校对非结构化数据的管理和应用起步较晚,现有的非结构数据可能存在于各个系统的不同节点,存在检索效率低,维护成本高的问题。对非结构化数据的建设遵循以下 4 个原则:①统一规划、集中管理;②共建共享、严格审核;③数据安全、多管齐下;④开放接口、统一发布。

学校非结构化数据在 CUGMI 体系的框架下,按数据结构将非结构化数据分为文档、图片和音频视频 3 类(图 6-9),其中文档主要包括 WORD、PDF、PPT 等,图片主要为人脸图片、证件照等,音频、视频主要为教室的授课视频。目前学校存储的非结构化数据主要为人脸照片、PPT 课件、授课视频等,在存储上述类型的数据时需要格外关注隐私保护、版权保护和安全保障,如建立严格的数据安全审查机制,限制人脸数据的使用范围,明确 PPT 课件和授课视频的版权归属等。

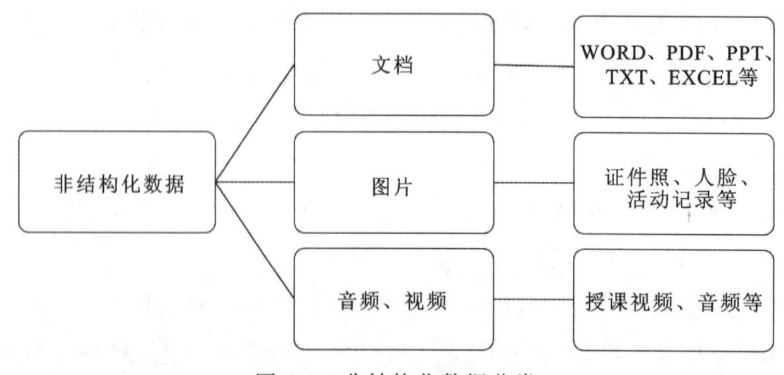

图 6-9 非结构化数据分类

非结构化数据采用对象存储，数据被分成离散单元并保存在单个存储库中，而不是作为文件夹中的文件或服务器上的块保存，更适合小文件存储。学校非结构化数据存储采用基于MiniIO的存储构架，用于存储图片、视频、音频、文档四类资源，主要涉及课程中心的课件类数据、融媒体中台的影音类数据。

6.4.2 数据资产的治理

全量数据汇集和治理是站在学校发展的角度必须要做的事情，在该目标下，数据资产的范围极大扩展，只要业务场景需要、能够产生价值的数据都应该纳入全量数据资产体系。

数据治理(data governance)是组织中涉及数据使用的一整套管理行为。由企业数据治理部门发起并推行，关于如何制定和实施针对整个企业内部数据的商业应用和技术管理的一系列政策和流程(引自百度百科)。

国际数据管理协会定义数据治理是对数据资产管理行使权力和控制的活动集合。

国际数据治理研究所认为数据治理是一个通过一系列信息相关的过程来实现决策权和职责分工的系统，这些过程按照达成共识的模型来执行，该模型描述了谁(Who)能根据什么信息，在什么时间(When)和情况(Where)下，用什么方法(How)，采取什么行动(What)。

总体来说，数据治理是贯穿数据使用和管理的、对数据资产控制和行使权利的一系列行为活动的管理体系。

数据治理主要目标是提高数据仓库中所有数据的质量，确保数据的正确性、完整性、标准性、一致性。从数据角度出发，进行的治理可以按照实现目标分为向上治理和向下治理。数据治理工作的流程如图6-10所示。

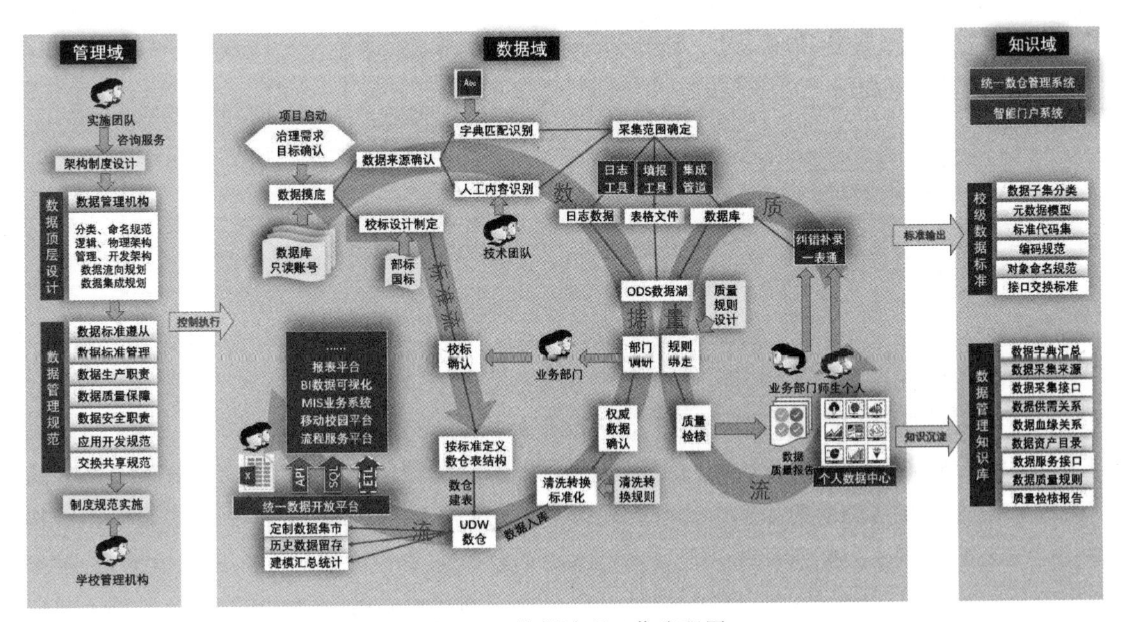

图6-10 数据治理工作流程图

其中,数据标准、数据汇聚和数据质量管理是数据治理中重要的部分,也决定了数据治理是否能有效提升数据价值。

1. 数据标准

数据资产是校园信息化基础,因此想要做好信息化,必须建立完备的数据资产管理体系。对数据资产的管理需要具备数据采集、清洗、共享、查询等能力,数据实时同步、处理结构化数据和非结构化数据的能力,基于标准对数据资产的管理和质量监测功能。数据标准是数据资产交易或数据交换和共享的基础,因此在开展数据管理活动前首先需要进行标准建设,制定数据标准。

数据标准是学校数据中心存储、信息交换和信息系统建设的统一规范。教育部于2012年3月颁布了七个教育信息化行业标准,以其中的《教育管理信息 高等学校管理信息》(JY/T1006—2012)和《教育管理信息 教育管理基础代码》(JY/T 1001—2012)为高等教育领域最权威的行业标准,在此基础上,结合学校自身业务特殊要求,形成具备高等教育行业通用性和普遍性完善的标准文档体系及管理工具。元数据结构是形成校级标准的重要环节,学校规定了11项描述各业务数据子集的元数据结构(图6-11)。

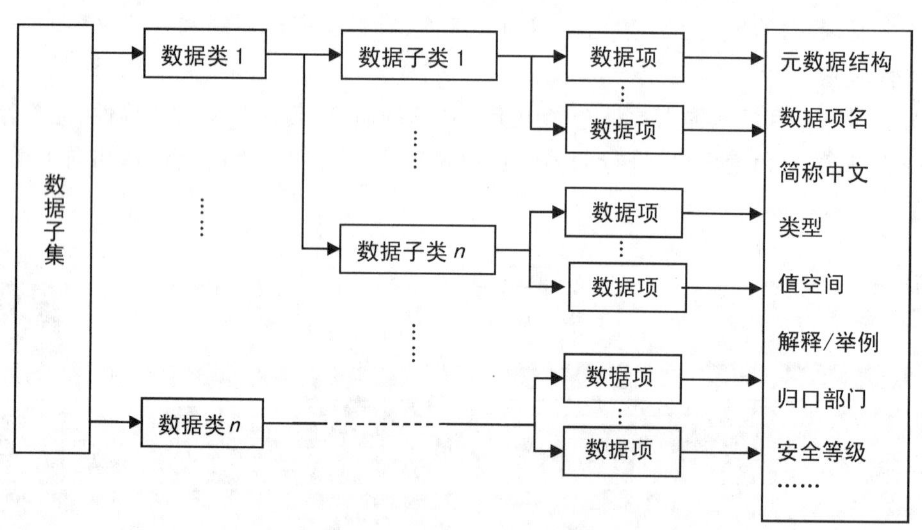

图6-11 数据层次与元数据结构

标准的建设有自上而下和自下而上两种情况。

对于尚未建成且《教育管理信息 高等学校管理信息》包含其信息范围的业务系统,采用自上而下的方式,基于教育部标准、行业标准和业务实际管理逻辑,制定学校的数据标准。这就要求数据管理部门在早期深度介入系统建设环节。而实际情况是,业务系统的数据库结构和代码先于标准落地。业务系统管理数据范围不在教标中是一种相对好处理的情况,直接参考该业务系统的数据库,设定标准的表结构、命名方式和代码,形成该领域的校标。对于业务系统管理数据范围在教标的情况,则需要考虑调整数据库结构的成本和带来的影响。绝大多数业务系统尤其是核心业务系统已经有十几年的历史,在这期间已有结构一直支撑着庞大的业务系统的运行，数据库的调整对系统的稳定性和庞大历史数据的处理都是一个巨大的挑战；对于后于标准采购的系统，受限于目前商业环境下多成品出售、少定制化开发的背景，以及技术部门在业务系统采购和实施中的介入深度，标准在业务系统中的落地很大程度上依托于厂商售卖成品系统的数据库和标准的一致性，难以真正做到数据库层级的调整，或者调整带来的定制和维护成本是管理单位难以接受的，因此，最好的解决办法是在采购环节优先选择数据库结构符合标准的产品。实际实施场景中，几乎不存在厂商依据后制定标准调整实际数据库的情况，尤其是涉及业务逻辑的调整，基本相当于重新开发系统，这在大型厂商中尤其明显，而就算勉强修改了结构，也会在后续系统升级更新时带来一系列麻烦。所以相关管理人员在发现新标准与系统的实际数据库结构不同时，往往会拒绝将标准在系统中落实，这也意味着自上而下制定的标准难以推行。

而自下而上的标准制定方式更多地考虑已有系统的数据结构，规避了业务系统自身整改的风险和成本，但是导致的直接问题是制定的标准向上可能不兼容，同时也会导致集成的数据的整合不完全、同样含义的数据有多套标准、数据之间难以关联等问题。这样不标准、不统一的数据不但会对数据交换造成很多麻烦，也不利于数据交换和使用体系的维护和管理。

那么如何才能得到一套优秀的标准呢？数据标准在全校范围内为数据库设计提供类似数据字典的作用，确保数据采集、处理、交换、传输的统一和规范，这意味着它需要在自上而下和自下而上的制定方式中找到一个中间点，这也是数据中台中“中台”的含义。目前比较好的建设方式是，深度理解国家、教育部、行业标准、业务系统的数据库设计思路以及对应业务流程，在教育部标准框架下本着统　数据项、使用场景可复现的原则对其进行深度融合，建立一套在业务系统数据库和教育部标准之间的实用性标准，即校标，最大限度地做到向下和向上兼容，并保证标准内的一致性。

2021 年随着学校启动的新一轮数据治理，本着保证标准有效性的原则，学校制定了 2021 版校标，该标准根据学校业务和系统分布划分了学校管理域、教职工管理域、健康管理域、公共服务域等 12 个数据域 483 张标准表，在业务系统数据库的基础上调整了表结构，根据国标统一了字段名称，具有较高的实用价值。

2. 数据汇聚

数据汇聚是把不同来源、格式、标准的数据通过工具进行采集和标准化并进行集中存储的过程，一般也将数据汇聚称为数据集成。数据汇聚是数据资产管理的基础，只有完成了数据资产从分散的业务部门到资产管理部门的汇聚才能进行数据资产的应用和管理。考虑到系统间复杂的数据引用关系，在进行数据汇聚之前，首先需要确定权威数据来源，尤其是对多个业务系统都有使用、涉及多个部门共同管理的数据，必须明确其唯一数据来源和引用关系，汇集时只获取其生产的数据。一般来说，可以依据业务部门职能和管理的系统大致划分数据来源。

数据汇聚根据时效性，分为定时集成和实时集成两种。

定时集成是指按固定频率将数据从数据源生产单位同步至数据仓库的过程。实时交换共享是指数据源生产单位产生业务数据之后，立即将数据同步至数据仓库的过程。

数据集成和共享技术架构图如图 6-12 所示。

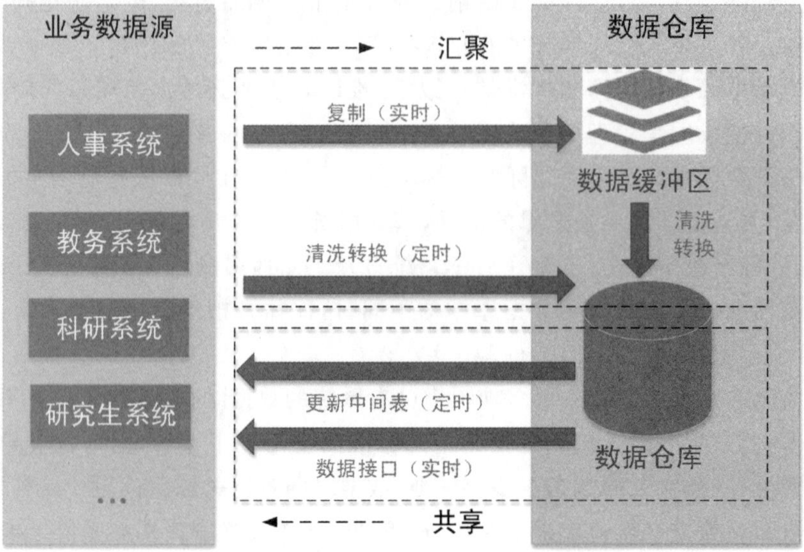

图 6-12　数据集成和共享技术架构图

数据仓库:是将各部门共同需要的基础数据以及学校管理过程中产生的核心业务数据按照标准进行整合而形成的核心数据库。

数据缓冲区:各数据源生产单位的数据在未经过清洗转换的情况下,所存储的预处理空间,又称 ODS 层或者贴源层。

数据清洗转换:按照标准将数据源生产单位生产的数据的代码值、格式进行统一标准化的过程。

实时数据集成适用于数据变化频率高,数据使用单位对数据的时效性要求高的情况;定时数据集成适用于数据变化频率低,数据使用单位对数据的时效性要求低的情况。在实际使用中,主要采用定时集成,针对有特殊需求的小部分内容,采用实时集成。

数据实时集成时,数据从数据源生产单位的业务信息系统或公共信息系统通过复制工具复制到数据缓冲区,然后从数据缓冲区以触发器、存储过程方式进行清洗转换进入数据仓库。数据实时集成一般通过数据变更抓取(change data capture, CDC)工具实现,可实现数据源实时地捕获与整合,通过获取数据源的事务日志抓取数据源变更实现同类和异类系统之间、同类和异类数据库之间的数据复制,最大程度地减少对源系统的影响,提升数据服务的时效性。根据工具种类不同,对同步的表有不同要求,一般支持 Oracle、SQL Server 等主流数据库间相同结构的表的实时同步。

数据定时集成时,通过数据交换工具将数据进行清洗转换存入数据仓库。数据定时集成一般通过数据抽取工具 ETL 实现,将数据从来源端经过抽取(extract)、转换(transform)、加载(load)至目标端。市场上有许多成熟的 ETL 工具,几乎支持所有主流结构化数据库,部分产品以元数据服务为支撑进行二次开发,通过配置文件,能够支持大数据、文件服务器、服务接口等多种场景的数据交换,为高校在复杂的数据环境下构建数据集成提供全面的支持。

通过数据集成，将数据标准相关的业务数据进行标准化，最终形成符合数据标准的、满足学校整体需求的数据仓库。为学校各业务部门需要使用的跨部门数据提供数据共享支撑，同时，基于数据仓库，可以对学校的师资、教学、科研等方面进行数据分析，提供辅助领导决策的重要数据来源。

3. 数据质量

数据质量管理，是指对数据从计划、获取、存储、共享、维护、应用、消亡生命周期的每个阶段里可能引发的各类数据质量问题，进行识别、度量、监控、预警等一系列管理活动，并通过改善和提高组织的管理水平使得数据质量获得进一步提高。数据质量管理旨在确保组织拥有的所有数据完整、准确，可被业务用户分析、共享，为决策制订提供依据。

数据治理和数据质量是具有不同职责的补充功能，与创建组织使用的数据框架和规则有关。简单来说，数据质量管理提供质量数据，而治理则是过程，主要目标是提高数据仓库中所有数据的质量，确保数据的正确性、完整性、标准性、一致性。数据质量管理不单纯是一项技术，它是技术、业务和管理为一体的解决方案。

在数据质量管理工作中，需要从数据采集、数据存储两个方面完成数据质量的检查和监控。在数据采集中确保获得的数据是精准的、完整的，并转换成标准的数据存储在数据仓库中。在数据存储中确保数据是标准的、一致的，无冗余数据，无数据不一致、数据缺项、脏数据等问题。

数据质量管理包括质量检测规则设定、规则执行引擎、数据质量报告、报告推送功能。规则设定是数据治理管理的核心，建设较为全面的数据检测规则库，并提供图形化的规则设定和管理功能；规则执行引擎可以定时批量执行检测规则，及时发现数据质量问题，系统可以自动形成数据质量报告，推送给业务系统管理人员，有助于及时纠正问题数据。因此需要辅助分析与治理平台软件作为数据质量管理软件。

数据质量管理对学校现有业务数据、上报数据、历史数据进行梳理和分析。提供数据审计、数据缺失表和源数据差异矩阵，建立数据质量完善方案，推动学校数据质量提升。

数据质量分析涵盖源数据分析和整理过程，数据 ETL 过程包括：初始加载生产数据库、定义数据获取方法、建立源数据到目标数据的映射、开发数据 ETL 获取、识别数据源、定义数据访问方法、定义数据访问模型、定义业务元数据、数据访问组件、用户访问控制。

在数据交换过程中，业务数据即使满足原有业务系统存储库和业务的规则及约束，也不一定能够满足需求。通过数据质量管理功能模块的建设，能够有效管理及监控流转数据的质量满足程度，使得通过数据交换系统采集的数据能够更好地满足需求。数据质量管理功能模块提供制定质量指标的途径，数据质量检查指标并不依赖于这些数据是如何被使用的，而是用来衡量数据本身的特性以及如何被使用，与数据流下游的应用无关。根据相关指标对采集的数据进行检查，生成质量检查报告，将质量检查报告及时反馈给系统管理员和对应的业务系统，同时提供了自动处理垃圾数据、重复数据、错误数据、自动纠错等功能。

数据作为信息化应用的主体，它具有多重特性，不仅有适用性、准确性、完整性、及时性、有效性等质量特性，还具有可取得性、可衔接性、可解释性、客观性、专业性、可比性等非质量的应用属性。原始数据的真实性是确保整个统计数据质量的基础,如果原始数据不真实,那就只能是假数真算,结果绝不可能准确;准确性是体现统计数据质量的标志;及时性是统计数据发挥信息功能的必要条件;完整性、可比性和一致性是统计数据质量的内在要求;适用性是针对统计数据的最终需求而提出的必备品质。要对数据质量进行较好地控制,就必须对数据的质量特性进行很好地了解,从而在各个方面采取措施,杜绝数据质量问题的出现,使数据监督工作能够真正达到控制数据质量的目的。

数据质量与业务管理息息相关。业务是管理在时空落地的产物,而数据是业务在系统落实的底层环节,数据质量管理其实贯穿了包括学校管理从业务到技术实现的整个环节,在实施数据质量管理时,必须注意其与学校大战略的统一,注意与各个实际业务管理部门的沟通和协同。

在技术方面,学校根据校标中的明确规则,建设了数据质量检测体系,通过配置诸如字段必填、取值范围、日期格式、数据重复、邮箱格式、身份证格式、手机号格式等校验规则,可实现问题数据查询、质量报告输出、数据质量评估等功能(图 6-13)。

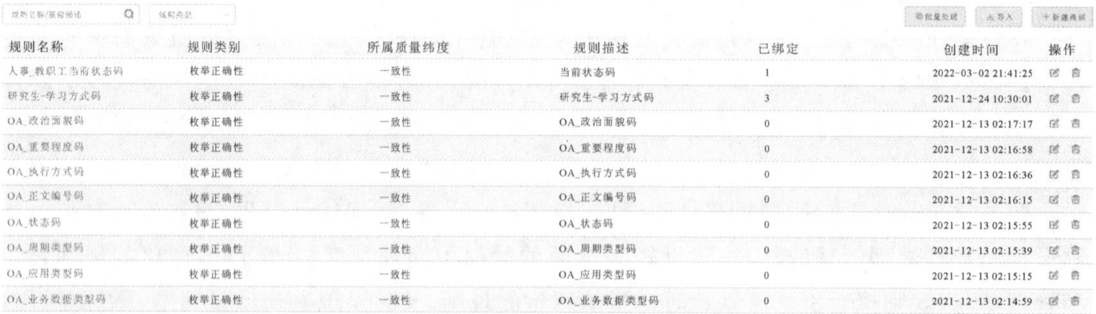

规则名称	规则类别	所属质量纬度	规则描述	已绑定	创建时间	操作
人事_教职工当前状态码	枚举正确性	一致性	当前状态码	1	2022-03-02 21:41:25	
研究生-学习方式码	枚举正确性	一致性	研究生-学习方式码	3	2021-12-24 10:30:01	
OA_政治面貌码	枚举正确性	一致性	OA_政治面貌码	0	2021-12-13 02:17:17	
OA_重要程度码	枚举正确性	一致性	OA_重要程度码	0	2021-12-13 02:16:58	
OA_执行方式码	枚举正确性	一致性	OA_执行方式码	0	2021-12-13 02:16:36	
OA_正文编号码	枚举正确性	一致性	OA_正文编号码	0	2021-12-13 02:16:15	
OA_状态码	枚举正确性	一致性	OA_状态码	0	2021-12-13 02:15:55	
OA_周期类型码	枚举正确性	一致性	OA_周期类型码	0	2021-12-13 02:15:39	
OA_应用类型码	枚举正确性	一致性	OA_应用类型码	0	2021-12-13 02:15:15	
OA_业务数据类型码	枚举正确性	一致性	OA_业务数据类型码	0	2021-12-13 02:14:59	

图 6-13　数据质量分析与规则设置

在管理体系方面,受到标准落地、部门管理等因素影响,目前实际问题的发现和解决依旧靠数据应用场景,与理想的数据质量管理存在一定差距,实现全量数据质量的提高还需要更强的推动力。

目前,基于已接入全量数据业务系统,根据数据标准制定情况和入仓情况,完成人事系统、教务系统、本科生管理系统、研究生管理系统、资产管理系统、图书管理系统的数据质量报告,并基于质量报告和数据使用时反馈的问题建立了与业务部门的数据质量沟通反馈机制,以问题清单的形式逐步督促业务部门解决数据质量问题。

针对正在推进的项目进行定向数据治理,基于领导驾驶舱、一张图、微服务、高基表填报系统、主题数据库、师生个人数据中心的业务需求,以具体事项为推动力,完善数据清洗,通过信息化工作办公室牵头的方式对包括数据缺失、代码缺少中文释义、缺少关联字段等数据质量问题提出具体解决方案。

虽然业务导向的问题修正在短期内为数据质量的提升提供了强劲的动力和明确的目标,但是永远是事后追责,"先掉进坑里再填坑"。未来有必要在应用导向的数据治理外,建设横向多部门协同的数据质量管理组织和日常的数据质量管理机制,为数据质量提升提供常态化支撑。

6.4.3 数据资产的管理

1. 数据资产管理工具

十项数据管理职能域的落地需要数据资产管理工具的支撑，而这个管理工具一般为数据中台体系下的数据管理平台、或者称为数据中台。

数据中台在高校落地的核心在于构建标准的数据资产体系和快速支撑前端应用的能力，通过数据来驱动业务的创新和变革，从而推进高校信息化建设。要构建数据资产体系并达到相应能力，必须结合产品、技术、数据、业务及组织力量来保障数据资产管理体系的综合运转和长期运营，这样数据中台才能发挥出巨大的价值。

学校数据中台解决方案的整体构架分为三层(图 6-14)。

第三层是数据中台软件，包含了统一数据集成平台，统一数仓管理平台，数据质量管理平台和统一数据开放平台。通过这 4 个模块构建了学校数据治理整个体系的平台层，即数据管理工具。

第二层是利用数据管理工具来开展的数据治理服务活动，主要提供数据标准制定，业务系统数据治理服务、数据质量检查以及数据集市开发等服务内容，治理服务过程也是校级数据仓库的建设过程。校级数据仓库则按照经典的三层架构结合"三库"体系，分为资源层 ODS、标准层 UDW、服务层 DM。其中 DM 通过数据集市支撑上层应用。

第一层是 3 类场景数据应用，包括数据共享开放、专题数据应用和部门数据服务。

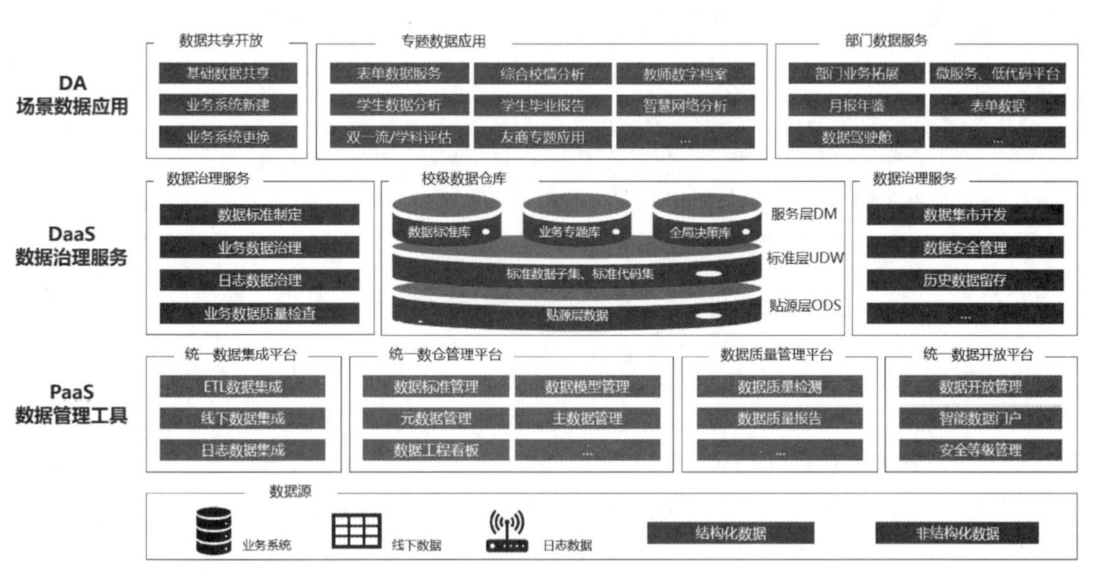

图 6-14 数据中台解决方案整体构架图

从系统功能上，一般需要包括以下 12 类功能。

(1)数据源管理。数据库是数据资产的存储实体，实现数据资产管理首先需要配置数据库连接。配置对象包括业务系统、数据湖、数据仓库，要求能够兼容关系型数据库，如 Oracle、

MySQL、SQL Server、PostgreSQL 等,及非关系型数据库,如 Kafka、MongoDB、Hive、HDFS、Impala、Redis。

(2)数据集成管理。有了数据库后需要实现数据资产到数据库的集中存储,即数据湖和数据仓库的数据采集。数据采集工作一般分为 ETL 数据采集、离线数据采集、机器数据采集三种类型。ETL 负责库对库大量数据的抽取,可依据需求配置不同数据库之间字段的映射关系,以及多个接口规律性、周期性地自动运行;离线数据采集,用于人工采集非数据库数据;机器数据采集,用于采集硬件日志数据,配置完成后可自动采集硬件的日志数据。同时数据采集过程需要有异常告警,实时监控接口的执行状态,出现异常时生成告警日志和通知。

(3)数据模型管理。数据模型管理是数据资产管理重要的前期工作。模型管理实际上是用系统语言落地数据规范的过程,包括对模型中字段的确权,根据确权后的模型在数据库中生成实体表,对实体表的管理。

(4)数据标准管理。数据标准管理包括公共的字段属性、代码集和编码规则的管理,是做好数据模型管理的重要前期工作。数据标准管理关注标准的全局搜索和公共属性集合的管理功能,同时对数据标准、代码标准、编码标准进行备份和版本管理,并通过配置规则实现自动监测业务系统中公共属性、代码表和编码规则进行对标匹配。

(5)数据发布管理。数据资产管理将治理后的数据发布成数据资源,并对数据资源进行管理,一般按照归口管理和使用需求将数据资产按照部门和业务域分类,形成数据目录和数据集市。部门目录显示部门的采集清单、数据资源和标准模型;数据集市,将数据源中的数据发布为数据资源,向各部门各应用提供申请使用,完成数据交换。

(6)元数据管理。元数据是描述数据的数据,维护元数据相当于维护数据资产构架,可以分为技术元数据、业务元数据和管理元数据。技术元数据是指数据仓库的设计和管理人员用于开发和日常管理数据仓库时用的数据,包括数据源信息、数据转换的描述、数据仓库内对象和数据结构的定义、数据清理和数据更新时用的规则、源数据到目的数据的映射、用户访问权限、数据备份历史记录、数据导入历史记录、信息发布历史记录等;业务元数据表述数据用户不同的分组和分类,包括管理部门机构、系统厂商、业务系统信息等;管理元数据指元数据的管理知识,包括元数据相关的文档上传、下载。元数据管理还需要具备元数据采集、检索和监控的功能。

(7)主数据管理。主数据是业务的核心数据,数据资产管理工具中的主数据管理是对核心数据的加强管理,设置为主数据的数据表将自动快照、备份以及拉链数据。同时也需要具备主数据目录,即查看管理注册为主数据的数据表;主数据版本管理,即查看主数据各版本的变化情况,以及版本对比的频率;主数据备份管理,即管理主数据的备份,配置备份的频率和对象。主数据注册,即显示和管理注册为主数据的数据源。

(8)数据质量管理。数据质量管理包括数据质量和输出质量报告两部分。数据质量管理需要具备对数据质量进行打分和对各维度进行详细分析的能力,包括监检测设置、执行周期管理、查看和配置数据报告的生成、生成数据质量明细表的功能。

(9)半结构化和非结构化数据管理。半结构化和非结构化数据是全量数据管理需要纳管的内容,同时也是大数据分析必要的数据资源基础。半结构化数据的处理要求工具具备日志解析和快速检索服务能力,满足对半结构化数据的计算分析需求。非结构化数据通过对象存储,其开发和应用在数据开发管理中实现。

(10)数据开发管理。数据开发包括数据计算算法和模块,需要支持用户通过工具对数据进行统一的分析计算,挖掘数据资产,发挥数据价值。

(11)数据血缘管理。数据血缘管理是对数据流转、开发过程的管理,显示数据从业务系统到数据湖到数据仓库再到业务系统的整个链路情况,能够清晰地看到数据治理、数据共享的过程。

(12)审核管理。管理对发布资产的审核,审批数据申请,对数据进行管控,保障数据安全。

2. 数据资产管理机制

数据资产管理需要机制保证,目前学校推行的数据管理机制有以下三类。

1)数据管理组织与职责

中国地质大学(武汉)数据资产管理分三级结构:网络安全与信息化工作领导小组是数据资产管理的决策机构,信息化工作办公室是数据资产管理的执行机构,各二级部门是数据资产的生产机构。

网络安全与信息化工作领导小组负责学校信息化数据资源建设和管理过程中重大事项的决策。

信息化工作办公室是学校的数据管理机构,负责统筹规划全校信息化数据管理工作。具体职责包括:确定各类数据对应的生产部门,建立全校的数据标准、编码标准、技术规范、管理规范、安全规范和质量评价体系等,对各系统数据质量组织检查监督,负责学校数据中台的运行维护、提供公共数据服务,保障学校数据安全和数据及时归档。

各二级部门是业务数据生产部门,负责本部门所生产的信息化数据的准确性和及时性,确保数据质量。具体职责包括:及时完成数据维护、更新和归档,按学校统一数据标准向数据中台提供生产数据,确保数据的准确性、完整性和合规性。各部门主要负责人是本部门数据管理第一责任人,网络安全和信息化工作分管领导是本部门数据管理直接责任人。

2)"一数一源"归口管理

"一数一源"一般指数据资源在采集、处理、流转过程中保证数据处理过程的一致性,根据事先处理目的最小范围,规范数据收集使用范围,优先通过共享获取数据,避免重复采集,保证整个数据链条中的数据来自一个源头。

归口管理是一种管理方式,一般是按照行业、系统分工管理,防止重复管理、多头管理。归口管理实际上就是指按国家赋予的权利和承担的责任各司其职,按特定的管理渠道实施管理。

落实到"一数一源"的归口管理,则是指由唯一的数据源头对其管理范围内的数据进行集中统筹管理,实现统一、集约化、总体协调数据管理,最终达到降低管理成本、提升管理效率的作用。

"数据归口部门"指负责生产、运维和管理此项数据信息的部门,负责数据的采集、录入、审核、补充、修正、更新和删除等操作。归口部门管理的数据范围由信息化工作办公室结合学校业务部门职能划分和系统建设情况划分,归口部门应按照本部门业务需求以及学校数据标准和规范,确保数据的真实性、完整性、规范性和时效性。

“一数一源”的归口管理可通过两个步骤实现。

一是网络安全和信息化工作领导小组从管理角度按业务域明确各部门的管理职责;二是信息化办公室发布数据标准,并与数据生产部门确认数据清单,通过数据确权程序明确数据生产部门对数据的管理义务。

各部门需要根据自身业务范围核对部门数据清单、数据标准清单文档中“归口部门”内容,如果勾选,表示本部门对该项数据具有生产、运维和管理的权责,其他任何部门及系统使用此项数据信息都必须以归口部门提供过的数据为准。对于本部门生产和维护但在表格里没有列出的数据,各部门可在文档中添加。

各部门需要确认数据标准清单文档中表字段、数据项名称、长度、约束、值空间,可在电子版文档和纸质版文档中直接修改,电子版文档中调整内容用颜色或者修订标识,纸质版文档修改后的修改稿复印存档。

3)数据分类分级

数据分类分级与数据共享和数据安全关联密切,且应贯穿数据的采集及存储、使用和管理。

各单位需要根据业务特性对本单位生产的数据进行共享安全等级划分,划分为“无条件共享类”“有条件共享类”和“不予共享类”三个等级。“无条件共享类”为可提供给所有单位共享使用的基础数据资源,是具有基础性、基准性、标识性的信息化数据;“有条件共享类”为可提供给相关单位共享使用或仅能够部分提供给所有单位共享使用的数据资源,数据内容敏感、按照规定不宜大范围公开,泄露后会对集体或个人产生严重影响只能按特定条件提供给需求方的数据;“不予共享类”是根据法律、法规、规章明确规定的,不能向其他单位共享的数据。一般情况下数据仓库不存储“不予共享类”数据的明细内容,但各单位需提供“不予共享类”数据的名称清单和必要描述。

各业务部门需要根据分级分类使用和审核共享数据。属于“无条件共享类”的数据资源,使用单位在共享平台上直接获取;属于“有条件共享类”的数据资源,使用部门通过共享平台提出申请,数据归口部门审核通过后获取;“不予共享类”数据不经过数据中台,由数据申请部门向数据归口部门直接获取。

6.4.4 数据安全管理

1. 数据安全管理规范

流程规范需要从组织层面整体考虑和设计,并形成体系框架。制度体系需要分层,层与层之间,同一层不同模块之间需要有关联逻辑,在内容上不能重复或矛盾(图6-15)。

各级规范需要形成一份单独的文档,以图或表形式描述数据安全制度体系结构。

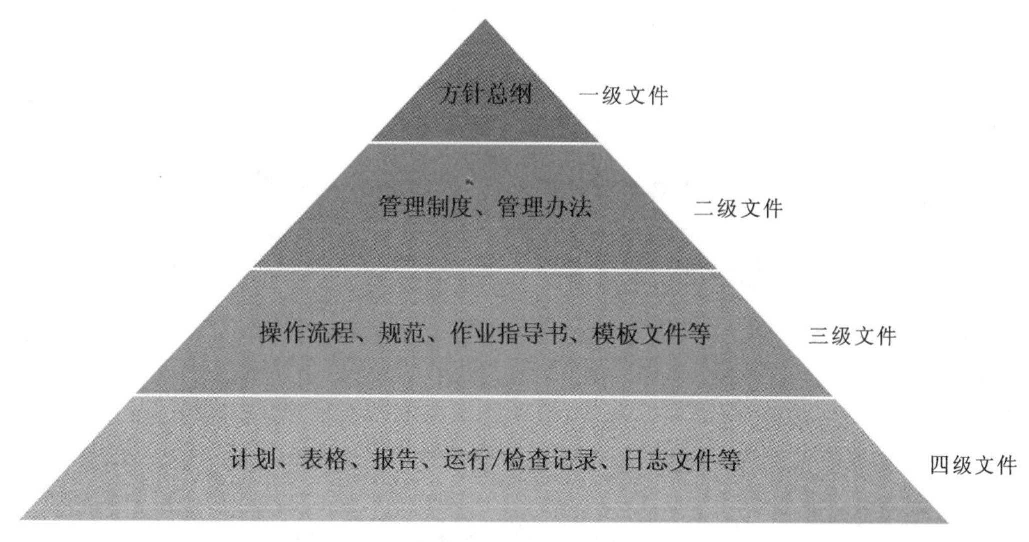

图 6-15　数据安全制度体系

1)一级文件

数据安全方针和总纲是面向组织层面数据安全管理的顶层方针、策略、基本原则和总的管理要求等,主要内容包括但不限于:①数据安全管理的目标、愿景、方针等;②数据及数据资产定义,如定义组织内数据包含哪些内容和类别,信息系统载体等;③数据安全管理基本原则,如数据分类分级原则、数据安全和业务发展匹配原则、数据安全管理方针和政策等;④数据生命周期阶段划分和整体策略,如数据产生、数据存储、数据传输、数据交换、数据使用、数据销毁等;⑤数据安全违规处理,如违规事件及其等级定义,相应处罚规定等。

2)二级文件

数据安全管理制度和办法,是指数据安全通用和各生命周期阶段中某个安全域或多个安全域的规章制度要求:①通用安全域有数据资产管理、数据质量管理、数据安全合规管理、系统资产管理等;②数据生命周期各阶段有数据采集安全管理、数据传输安全管理、数据存安全管理、数据交换安全管理、数据使用安全管理、数据销毁安全管理,以及某个安全域的安全管理要求等。

3)三级文件

数据安全各生命周期及具体某个安全域的操作流程、规范,及相应的作业指导书或指南,配套模板文件等。在保证生命周期和安全域覆盖完整的前提下,可以根据实际情况整合流程和规范的文档数量,不一定每个安全域或者每个生命周期阶段都单独建立流程和规范。数据安全操作指导书或指南,是对数据安全管理流程和规范的解释和补充,以及案例说明等文档,以方便执行者深入理解和执行;并非强制执行的制度规范,仅供参考。数据安全模板文件是与管理流程、规范和指南相配套的固定格式文档,以确保执行一致性,以及数据或信息的汇总统计等。

4)四级文件

指执行数据安全管理制度产生的相应计划、表格、报告、各种运行/检查记录、日志文件等,如数据库审计系统、日志审计系统等,其所形成相应的量化分析报告,也可作为数据安全管理制度体系四级文件中的一部分。

2. 数据安全管理模式

数据安全管理需部署统一数据安全管理平台,监控审计各个业务系统、运维人员访问关键数据资源的安全状态,及时发现风险问题,并通过管理平台输出综合性报表支持运营管理。整体方案分为事前防御、事中控制、事后溯源3个部分。

1)事前防御

通过调研和访谈,了解当前数据分发、数据流转的状态,初步制定数据分类分级的标准,特别是敏感数据的定义;了解数据分发后,数据使用权限的管理规定。数据资产分类分级主动扫描各个关键系统数据库,了解系统中敏感数据的分布。以便对数据安全治理做好条件输入,达到精准防护。根据数据分布、数据权限,还有数据库漏扫、状态监控上报的状态数据,进行数据安全的综合评估。给出数据安全状态展示和安全防护建议。

2)事中控制

敏感数据脱敏防护,自动识别源数据库中的敏感数据,避免人为定义敏感数据的繁琐工作,提高脱敏效率。敏感数据自动发现、数据地图等应用,完善了当前的数据管理。

根据预置的安全策略,发现数据访问的异常行为,并及时进行阻断、告警。应用访问监控,监控应用访问的数据权限,识别应用、工具、人员等信息,监控数据访问权限,对异常及时告警。监控运维人员的高权限操作,防范拖库、提权、越权等高风险操作;防范SQL注入等数据库攻击行为。

3)事后溯源

数据访问审计,数据库审计设备提供追踪溯源,提供详细的记录信息,方便进行审计查询和检索。数据安全综合态势分析和报告,综合治理平台提供综合监控,展示业务系统数据库的数据访问情况,数据访问异常事件。综合评估数据库安全状态,并给出风险、威胁分析展示。综合治理平台提供一份数据安全运行报告,详细描述当前的数据安全运行状态。

3. 数据安全建设的内容

1)数据安全展示平台

数据安全展示平台,采用层次化设计,分别为数据采集层、数据处理层、数据存储层、数据分析层、数据展现层。数据采集层负责对数据库安全能力单元的日志数据进行收集。数据处理层对采集到的数据进行多线程并行处理,实现数据的结构统一、归并处理等操作。数据存储层负责对数据的落地存储,采用大数据搜索引擎存储大量数据,实现海量数据的快速检索。数据分析层采用多线程、高效缓存机制对源数据与系统的情景模型进行快速匹配分析,实现实时分析、实时告警、实时联动;通过预置AI学习引擎,能快速对源数据进行学习建模,实现异常行为的快速定位和识别。数据展现层将匹配分析后的数据以图形、报表的方式呈现。

2)数据资产分级分类

数据资产分级分类是对高校的数据资产进行细致的梳理,使高校掌握自身数据存储在哪里，敏感数据分布在哪里，有哪些类型的数据，这些数据哪些人有权限可操作。同时安装管控系统，对数据进行清晰的分级分类指导，实现对不同类型和不同级别的数据的针对性措施。数据分级分类是对表和字段按照业务含义分类，并根据安全规则定义，确定表和字段的安全级别。通过管控系统，可对敏感数据智能发现，根据发现规则，扫描数据，为字段进行打标。敏感数据智能发现首先定义发现规则，发现规则可以基于内容进行正则匹配也可以基于字段名进行精确和模糊匹配。

3)数据库审计系统

数据库审计系统是对访问数据库的二进制代码进行分析并重组，对所有访问数据库的行为进行分析，通过对敏感的操作行为进行规则定义，如果触发规则立即进行告警或者阻断，并把所有的行为分析数据记录到数据库审计系统中，到达实时监控、实时告警、高危阻断的目的。

审计系统在整个安全体系中属于最贴近数据库，最实用的数据库安全产品，通过实时在线对数据库行为进行监控分析，对敏感数据的访问、修改等高危操作可实现精准可视，并实时告警，阻断控制。通过对数据及高级账号的行为分析和可快速定位异常账号、特权账号的非法使用、滥用等问题，通过与网络安全设备的联动可将账户或是 IP 直接拦截或是离线，减少对核心数据的破坏或泄露。

通过事件追溯，追查原因与界定责任负责运维的部门通常拥有数据库管理系统的最高权限(掌握 DBA 账号的口令)，因而也承担着很高的风险(误操作或者个别人员的恶意破坏)。审计系统能够帮助客户进行事后追查原因与界定责任。同时数据库审计系统在完成数据行为分析之外，同时对数据库的整体安全态势做分析，帮助安全管理人员及早发现攻击迹象，对数据库安全提前做好防范措施，如发现异常行为根据来源不同可联动各类网络设备做联动阻断。

4)数据库防护系统

数据库防护系统针对数据库和业务系统的重要性以及面临的风险，赋予风险预知，异常行为阻断，操作行为审计，查询结果及报表展示等能力，实现事前预防，事中阻断，事后追溯。数据库防护系统增加了主动防御机制，实现对数据库访问行为的控制，对危险行为进行阻断。

实现精确地访问控制，可基于 IP 地址、时间、操作、关键字、数据库账号、语句长度、列名、表名、行数、注入特征库等多种条件进行阻断。根据访问行为的组合、统计模型迅速验证并阻断复杂持续的违规操作及恶意攻击行为。对所有外部或是内部用户访问数据库和主机的各种操作行为实时监控，对入侵和违规行为进行预警和告警，并能够指导管理员进行应急响应处理。

5)数据脱敏系统

在系统开发的测试阶段，需要大量用户数据、业务数据来验证系统使用效果。数据脱敏系统通过行业的脱敏规则、标准算法模型，对敏感数据进行隐藏。系统需要不同业务系统对同一数据库的访问根据规则进行敏感数据自动脱敏，保留数据意义和有效性的同时保持数据库的安全性，降低生产环境数据的使用、非生产环境业务数据的调用风险。脱敏系统内置同义替换、数据遮蔽、随机替换、偏移、加密和解密、随机化、可逆脱敏等多种脱敏规则。

脱敏系统有静态脱敏和动态脱敏两种方式。静态脱敏支持TXT、EXCEL、CSV等数据格式文件脱敏,支持库到库、库到文件、文件到库、文件到文件的脱敏;支持同库(脱敏源和脱敏目标是相同数据库)和异库(脱敏源和脱敏目标是不同数据库)脱敏。动态数据脱敏技术,通常是应用于生产系统、供应链人员对数据库提出读取数据的请求时,动态数据脱敏按照访问用户的角色执行不同的脱敏规则。授权用户可以读取完整的原始数据,而非授权用户只能看到脱敏后的数据。

6)数据水印系统

数据水印系统是针对数据泄露溯源、分发管理、版权保护的专用平台。在不影响原数据使用情况下,将水印信息嵌入到表数据、文件数据中,从而解决数据在共享、分发、使用中数据泄露无法溯源的难题,进一步保障了数据的安全使用。如出现数据泄露可通过泄露数据样本进行溯源追责,包括数据分发对象、分发单位、分发时间等信息,实现数据泄露后的溯源追责,降低数据使用的安全隐患,提高对数据安全的管理意识。溯源过程中,只用获取到泄露的部分数据,即便在嵌入水印后数据被增删改查,借助水印嵌入算法的多列水印、水印密度、鲁棒性优势也能保证水印信息的顺利提取。

7)数据库状态监控系统

数据库状态监控系统将智能发现和识别数据库异常或者潜在性能问题,并及时对数据库的异常进行报警,通过各项指标的统计分析报表,帮助管理员、运维人员、决策者多视角了解数据库服务器的状态,从而更好地应对数据库未来的需求及规划。实现数据各项健康指标的实时检查,及时对异常指标进行预警,同时对数据库各项活动监测如事物活动、I/O等,及时发现问题,保障业务连续性,从而统一平台、集中管理各数据库实时状态情况,减少人工的投入,降低数据库的使用风险。此外系统在提供健康指标采样,瓶颈、异常问题辅助分析功能的同时,对大量历史采样数据、分析数据进行归纳分析,找出其中潜在规律,对于数据的运维,扩容、升级等规划建设,提供有力数据支撑,做到有的放矢。

数据安全治理规划建设,围绕数据采集、数据传输、数据存储、数据共享交换与数据销毁全生命周期过程,分为两个阶段建设,其中基础阶段主要以整体数据安全治理为主,优化阶段以策略优化及能力提升建设为主。基于管理流程、安全策略、业务场景和防护积累的经验,形成行为特征库、安全事件知识库、结合业务场景的积累,形成风险分析模型,完善数据安全管控平台,有监测、有预警、有管理、有控制、有审计、有运维和可感知。

6.4.5 数据服务

数据共享是将数据仓库的标准数据提供给数据使用单位使用的过程,在数据中台领域,主要应用的是API、ETL和数据库服务,学校同时提供文件数据导出的功能。

API是最常用的一种数据服务形式,是两个不同的计算机程序之间的接口或通信协议,目的是简化软件的开发和维护用户通过请求或响应来访问数据。目前,最通用、使用最广泛的API标准称为REST API。

通过API提供数据访问有推和拉两种形式。其中推是数据供应端主动推送数据到数据消费端,典型的代表有事件订阅和数据库同步;拉是数据消费方根据自己的需要,从数据供应端拉数据回来，这样的典型服务类型包括：数据 API，文件下载，终端和 APP。数据中台主要提供拉的 API 数据访问方式。

从时效角度，数据共享可以分为定时共享与实时共享。定时共享是指按固定频率将数据共享给数据使用单位的过程。实时共享是指数据由数据仓库实时共享给数据使用单位的过程。

实时共享适用于数据变化频率高，数据使用单位对数据的时效性要求高的情况；定时共享适用于数据变化频率低，数据使用单位对数据的时效性要求低的情况。在实际使用中，主要采用实时共享。

数据定时共享时，更新数据至使用单位提供的中间库，原理与数据集成中的定时集成基本一致，只是源端变成了数据仓库，目标端变为了业务系统的中间库。该方式需要数据使用单位按照数据标准创建中间库，并授予记录的插入、修改、删除权限。

数据实时共享时，采用对外提供数据接口的形式供业务信息系统开发人员使用，一般使用 API 接口，可以是标准接口也可以是定制结构。可以发现实时共享并不意味着业务系统获取的数据是数据生产部门产生的最新数据。实际上数据由数据源生产单位产生后，一般通过定时 ETL 集成到数据仓库，通过数据实时共享方式获取的其实是数据仓库的最新数据，同时业务系统最终获得数据的时效性还受到业务系统对数据接口的调用频率的影响。

通过数据仓库进行数据共享，可以保证共享数据的唯一来源，消除学校内各部门之间的数据流通障碍，消除数据孤岛；同时，由数据仓库共享标准数据也可以逐步推进业务系统数据的标准化建设。

随着数据资产体系对数据服务要求的不断提高，学校还建设了一系列数据公共平台提供统计、分析、展示的数据可视化服务，基于数据智能和指标计算的数据开发服务，统一的数据查询和数据填报服务(图 6-16)。数据可视化是实现数据价值的重要服务。

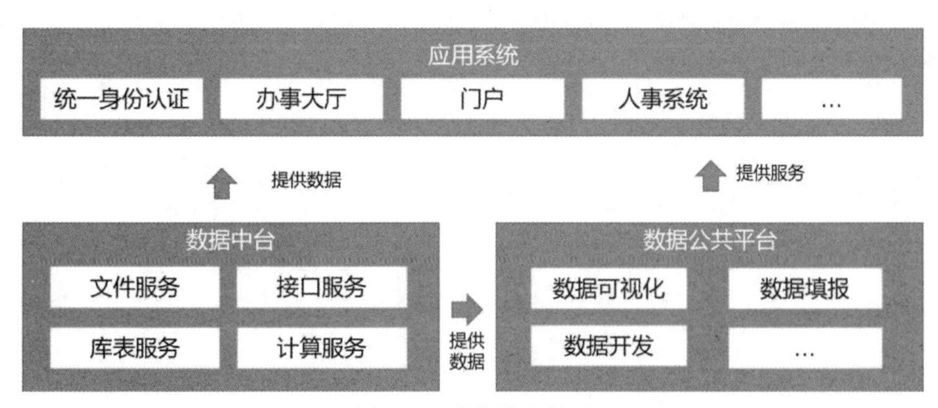

图 6-16　数据服务体系

在学校目前的数据资产体系中，数据可视化一般分为数据处理和结果展示两层。数据处理一般通过视图、存储过程等方式，在后台形成对应的临时数据或者在业务专题库中形成实体表，支撑下一步的数据应用。展示一般借助报表、BI 类工具，应用场景包括数据查询、数据统计和数据分析，将数据分析的结果通过图表的方式更直观地展现出来。

6.4.6 数据应用成效

数据资产体系建设需要覆盖校园整体、实现校园内部数据的统一集成和标准化，为学校未来的教学、科研、管理、服务和校园生活等各个领域提供数据支撑和保障。本节从数据资产的整合、运营、服务、价值挖掘四个方面，介绍学校数据应用的成效。

1. 开展全量的数据资产整合

通过数据资产体系建设，学校对数据进行系统全面的采集整合，进行数据治理和标准化，进入数据仓库进行集中存储，并进行统一的数据资产发布管理。通过全量数据整合有效为各个管理业务系统提供所需的数据交换，保证了各部门、各系统之间的数据一致性、准确性、有效性，从而消除数据孤岛。

2. 建立了完整的数据运营体系

全量数据资产的整合形成了全量数据仓库。数据仓库对数据资产进行了清晰的分类，形成便于调用、准确性高、维度完整的数据资产体系。数据仓库通过数据中台进行集中管理和开放，为全校提供数据服务，实现了清晰的授权管理，有利于数据安全的管理保障。同时将相关的技术资源、保障资源、管理资源集中到统一的数据仓库中，可以实现高水平、高效率、高质量、高安全、高性能的数据服务，减少在数据管理方面的重复建设、人力消耗和沟通成本。

同时通过建设数据资产体系，首次对全校数据的分布状况、运行状况、数据与管理流程的关系进行了盘点、梳理，确定了各项数据的权威来源，实现了“一数一源”。同时通过“数据血缘”管理，在“一数一源”的基础上实现了数据流转、开发过程的便捷管控，实现全生命周期管理。数据生产者、数据管理者、数据使用者可以清楚地查看数据从业务系统到数据湖到数据仓库再到业务系统整个链路的数据流转和处理情况，方便数据的追踪和问题的排查，极大地降低了数据运营的成本(图 6-17)。

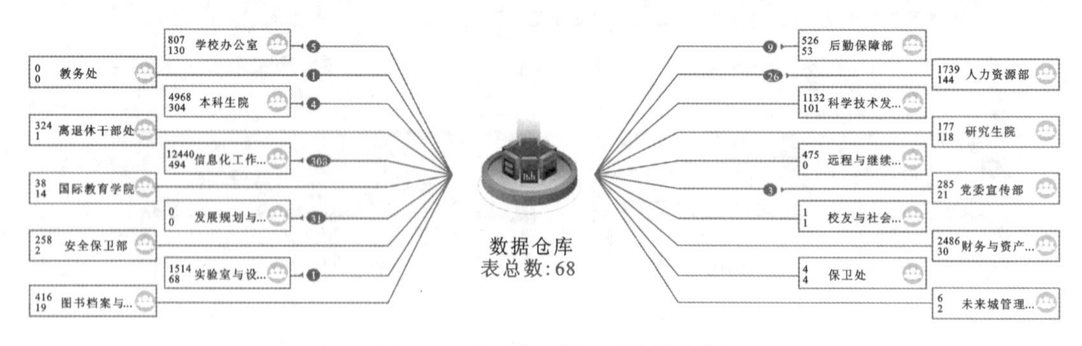

图 6-17 “一数一源”和“数据血缘”

例如，教职工相关数据的负责部门是人力资源部，来源管理信息系统为人事系统。当其他系统或人员需要使用教职工数据时通过“一数一源”明确归口管理部门为人力资源部，发现数据问题时通过“数据血缘”快速定位人事系统中的问题字段，反馈给人力资源部信息管理员。基于这些对应关系，有利于在全校建立数据质量管理责任体系，明确了各部门各自负责的数据范围和数据管理权责机制。

3. 提供统一的数据服务

各部门在实际业务中，为了提升工作效率、增加工作绩效，经常需要用到其他部门产生的数据。过去，跨部门之间的数据调用经常难以协调、难以获取、难以解读，且使用的个性化的接口在出现业务变更、系统变动时需要重新对接，有较高的数据使用成本。学校通过全量数据资产体系的建设和数据在数据仓库的整合，建设了数据市集（图 6-18）使业务部门需要使用数据时可以“一站式”地快速查看和获取所需的各项数据，无论这些数据原本来自哪个部门。找到数据后，直接在线申请，批复统一后即可连接或下载，显著减少了数据服务协调难度和成本，极大提高了工作效率。

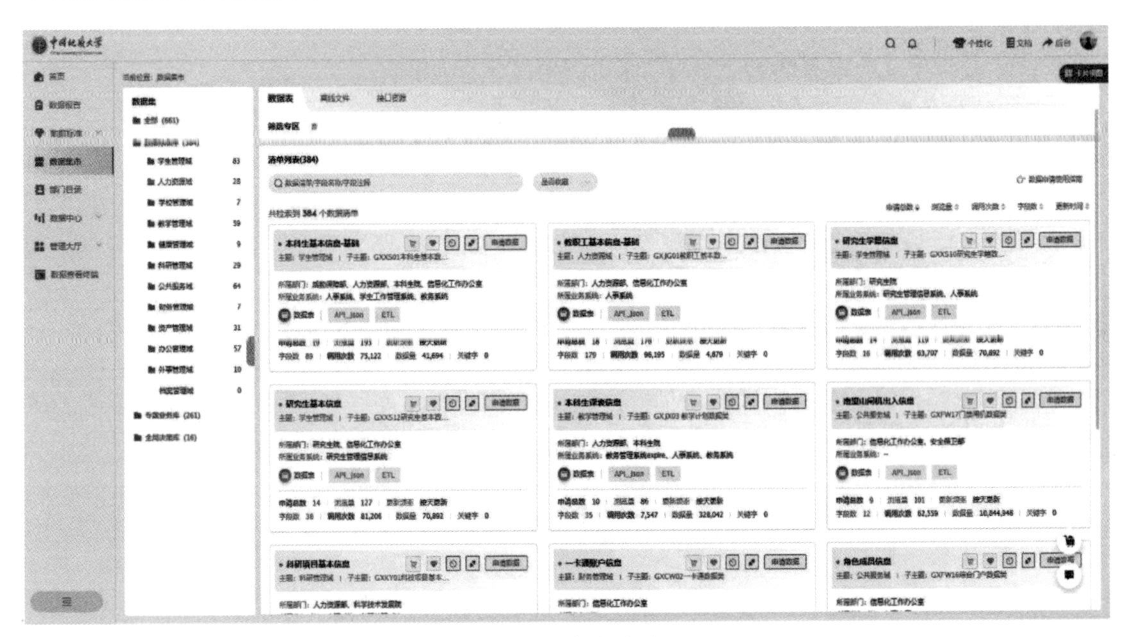

图 6-18　数据集市

同时为了解决因不同统计口径造成的数据指标不同，学校建设了全局决策库提供统一的指标服务。目前全局决策库提供了报表内指标的统一共享，计划在后续建设中进一步扩充指标内容，由信息化办公室对指标的加工过程进行统一管理，保证统计结果的一致性。

截至 2022 年 9 月，数据中台共计发布数据清单 561 个，提供 1.2 万个数据项，提供 API 接口和 ETL 抽取 293 个，服务 8 个部门的 33 个业务系统。

4. 启动了数据价值的挖掘

数据资产体系和数据仓库的建设在学校全量数据采集的基础上实现了全校数据资产的积累，也为进一步挖掘数据价值提供了数据底座。数据价值的挖掘方式包括数据分析、挖掘和可视化呈现，通过分析管理现状，发现薄弱环节，最终为提升部门管理水平、精准决策、趋势预测、学科建设等提供了科学可靠的依据。

学校建设了校级数据可视化平台，具备对海量数据检索、指标构建、业务建模、可视化分析能力，并对梳理学校各类业务核心指标，构建能监测学校整体运行状态，并能支撑学校规划实施改进的指标数据模型。目前正在建设包含综合态势、师资发展、教学工作、科研工作、学生工作、人才培养、一卡通、智慧校园运维、招生工作、疫情防控等主题融合的校情综合决策分析的数字驾驶舱，提高决策的实时性和准确性。提供精确的质量分析，为规划管理部门和各级管理者提供量化指标分析，掌握基本校情，实时展示分析结果，及时对规划决策诊断与改进。

目前已经实现了100余项数据查询、10个主题200余个指标的统计分析、人员出入数据的实时展示，为学校层面提供管理支持的数据分析服务。该项目通过与学校现有数据中台及其他数据源无缝对接，采用数据挖掘、融合计算、综合分析模型等技术，帮助学校更加直观、高效、实时地进行校情综合分析和专题数据分析，实现数据的全面监测，支持规范科学的决策预判，量化展示学校人才培养特色成果等。

7 高校智能感知体系建设与实践

由各类感知设备对校园环境、校园活动进行全面感知，以平安校园、智能校园、绿色校园、孪生校园等典型应用场景，推动“数字校园”向主动感知的“智慧校园”迈进，促进校园智慧升级。高校具体的智能感知应用已覆盖校园各个方面，如平安校园的监控报警、智慧教室的巡课督课、智慧图书馆的自主借还书、大型仪器设备的共享使用、水电能耗的计量、一卡通的POS支付、网络访问的位置感知、机房设施的运行监控、学生宿舍的智慧宿管、办公楼宇的门禁监控、孪生校园的视景应用，这些感知应用还需要进一步向智能感知提升，需要整体集成决策“智慧”。

7.1 感知智能与智能感知技术

1. 感知智能

感知智能即视觉、听觉、触觉等感知能力。人和动物都具备，能够通过各种智能感知能力与自然界进行交互。

具体体现在，感知智能是指将物理世界的信号通过摄像头、麦克风或者其他传感器的硬件设备，借助语音识别、图像识别等前沿技术，映射到数字世界，再将这些数字信息进一步提升至可认知的层次，比如记忆、理解、规划、决策等。例如自动驾驶汽车，就是通过激光雷达等感知设备和人工智能算法，实现这样的感知智能的。

2. 智能感知技术

物联网的信息的感知层技术包括二维码标签和识读器、RFID标签和读写器、摄像头、GPS、传感器、M2M终端、传感器网关等，主要功能是识别物体、采集信息，与人体结构中皮肤和五官的作用类似。下面介绍几种主要的感知技术。

1)传感器技术

传感器是物联网中获得信息的主要设备，它最大作用是帮助人们完成对物品的自动检测和自动控制。目前，传感器的相关技术已经相对成熟，常见的传感器包括温度、湿度、压力、光电传感器等，它们被应用于多个领域，如地质勘探、智慧农业、医疗诊断、商品质检、交通安全、文物保护、机械工程等。作为一种检测装置，传感器会先感知外界信息，然后将这些信息通过特定规则转换为电信号，最后由传感网传输到计算机上，供人们或人工智能分析和利用。

传感器的物理组成包括敏感元件、转换元件以及电子线路三部分。敏感元件可以直接感受对应的物品,转换元件也叫传感元件,主要作用是将其他形式的数据信号转换为电信号;电子线路作为转换电路可以调节信号,将电信号转换为可供人和计算机处理、管理的有用电信号。

2)射频识别技术

射频识别(radio frequency identification,RFID),又称为电子标签技术,该技术是无线非接触式的自动识别技术。可以通过无线电信号识别特定目标并读写相关数据。它主要用来为物联网中的各物品建立唯一的身份标示。

物联网中的感知层通常都要建立一个射频识别系统,该识别系统由电子标签、读写器以及中央信息系统三部分组成。其中,电子标签一般安装在物品的表面或者内嵌在物品内层,标签内存储着物品的基本信息,以便于被物联网设备识别;读写器有三个作用,一是读取电子标签中有关待识别物品的信息,二是修改电子标签中待识别物品的信息,三是将所获取的物品信息传输到中央信息系统中进行处理;中央信息系统的作用是分析和管理读写器从电子标签中读取的数据信息。

3)二维码技术

二维码(two-dimensional bar code)又称二维条码、二维条形码,是一种信息识别技术。二维码通过黑白相间的图形记录信息,这些黑白相间的图形是按照特定的规律分布在二维平面上,图形与计算机中的二进制数相对应,人们通过对应的光电识别设备就能将二维码输入计算机进行数据的识别和处理。

二维码有两类,一类是堆叠式/行排式二维码,另一类是矩阵式二维码。堆叠式/行排式二维码与矩阵式二维码在形态上有所区别,前者是由一维码堆叠而成,后者是以矩阵的形式组成。两者虽然在形态上有所不同,但都采用了共同的原理:每一个二维码都有特定的字符集,都有相应宽度的“黑条”和“空白”来代替不同的字符,都有校验码等。

4)蓝牙技术

蓝牙技术是典型的短距离无线通信技术,在物联网感知层得到了广泛应用,是物联网感知层重要的短距离信息传输技术之一。蓝牙技术既可在移动设备之间配对使用,也可在固定设备之间配对使用,还可在固定和移动设备之间配对使用。该技术将计算机技术与通信技术相结合,解决了在无电线、无电缆的情况下进行短距离信息传输的问题。

蓝牙集合了时分多址、高频跳段等多种先进技术,既能实现点对点的信息交流,又能实现点对多点的信息交流。蓝牙在技术标准化方面已经相对成熟,相关的国际标准已经出台,例如,其传输频段就采用了国际统一标准 2.4GHz 频段。此外,该频段之外还有间隔为 1MHz 的特殊频段。蓝牙设备在使用不同功率时,通信的距离有所不同,若功率为 0dBm 和 20dBm,对应的通信距离分别是 10m 和 100m。

5)5G 技术

第五代移动通信技术(5th generation mobile communication technology,简称 5G)是具有高速率、低时延和大连接特点的新一代宽带移动通信技术,5G 通信设施是实现人机物互联的网络基础设施。

国际电信联盟(ITU)定义了5G的三大类应用场景，即增强移动宽带(eMBB)、超高可靠低时延通信(uRLLC)和海量机器类通信(mMTC)。增强移动宽带主要面向移动互联网流量爆炸式增长，为移动互联网用户提供更加极致的应用体验；超高可靠低时延通信主要面向工业控制、远程医疗、自动驾驶等对时延和可靠性具有极高要求的垂直行业应用需求；海量机器类通信主要面向智慧城市、智能家居、环境监测等以传感和数据采集为目标的应用需求。

5G作为一种新型移动通信网络，不仅要解决人与人通信，为用户提供增强现实、虚拟现实、超高清视频等更加身临其境的极致业务体验，更要解决人与物、物与物通信问题，满足移动医疗、车联网、智能家居、工业控制、环境监测等物联网应用需求。

6)ZigBee技术

ZigBee指的是IEEE802.15.4协议，它与蓝牙技术一样，也是一种短距离无线通信技术。根据这种技术的相关特性来看，它介于蓝牙技术和无线标记技术之间，因此，它与蓝牙技术并不等同。

ZigBee传输信息的距离较短、功率较低，因此，日常生活中的一些小型电子设备之间多采用这种低功耗的通信技术。与蓝牙技术相同，ZigBee所采用的公共无线频段也是2.4GHz，同时也采用了跳频、分组等技术。但ZigBee的可使用频段只有三个，分别是2.4GHz(公共无线频段)、868MHz(欧洲使用频段)、915MHz(美国使用频段)。ZigBee的基本速率是250kbit/s，低于蓝牙的速率，但比蓝牙成本低，也更简单。ZigBee的速率与传输距离并不成正比，当传输距离扩大到134m时，其速率只有28kbit/s，不过，值得一提的是，ZigBee处于该速率时的传输可靠性会变得更高。采用ZigBee技术的应用系统可以实现几百个网络节点相连，最高可达254个之多。这些特性决定了ZigBee技术能够在一些特定领域比蓝牙技术表现得更好，这些特定领域包括消费精密仪器、消费电子、家居自动化等。然而，ZigBee只能完成短距离、小量级的数据流量传输，这是因为它的速率较低且通信范围较小。

ZigBee元件可以嵌入多种电子设备，并能实现对这些电子设备的短距离信息传输和自动化控制。

7.2 智慧校园智能感知系统及主要应用

1.智慧校园智能感知系统

智慧校园智能感知系统是以物联网、移动互联网技术为依托，建立开放的、创新的、协作的、智能的综合信息服务平台，全面感知校园的各种信息，实现校园的安全管理、智慧管理。通过在校园部署感知单元节点，获取校园内各重点区域视频、Wi-Fi定位、上网行为等多种信息，实时上传至智能感知平台。智能感知体系物理感知网络拓扑如图7-1所示。

智能感知应用就是将物理感知网络收集的信息进行处理后提交给用户做决策参考或为用户提供各种智慧服务，因此，各种感知节点是其实现智能感知应用的基础。构建了物理空间与逻辑空间融合的高校智能感知体系结构，其物理空间由智能感知层、网络通信层、数据存储处理层、智慧应用层和智慧交互层五层组成；逻辑空间由数据交换体系，信息标准体系和运

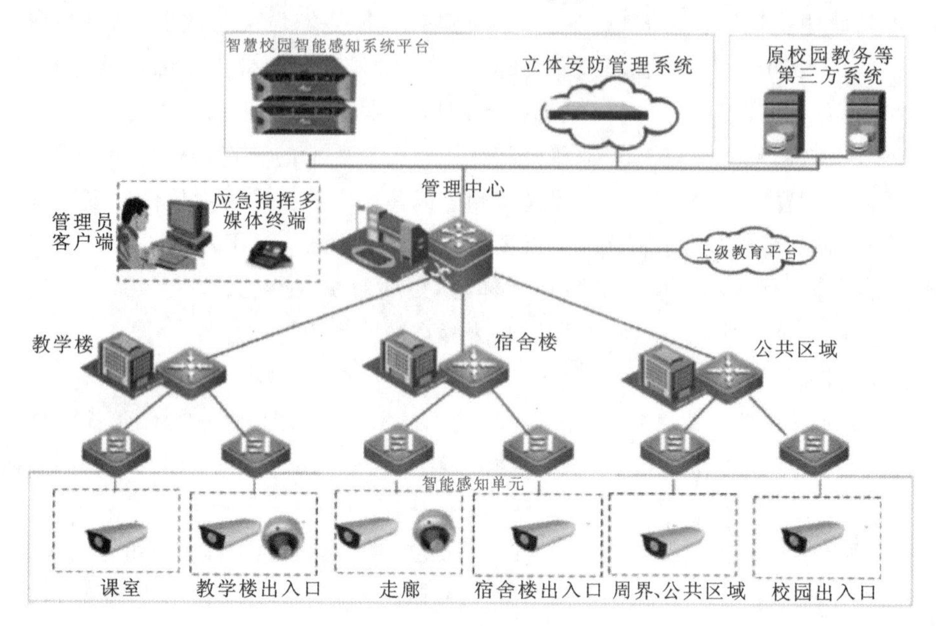

图 7-1　物理感知网络拓扑图

维体系三部分组成。物理上相互独立的物理层由逻辑空间的三大体系贯穿联通，构建出总体上整合统一，局部层次分工明确的智能感知体系结构，如图 7-2 所示。

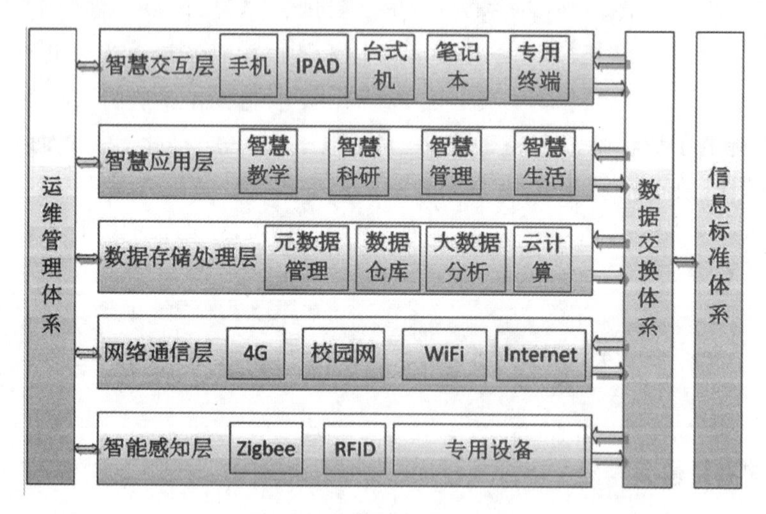

图 7-2　智能感知体系结构

(1)智能感知层。智能感知层是智慧校园的最底层，它使用无线传感器、RFID 识别、视频采集、智能手机等技术与设备，实现了对师生的活动状态、仪器设备的运行状态，学习与生活环境的状态等整个校园环境的全面感知和动态监控。在运维管理体系的控制下，智能感知层按照信息标准体系制定的标准将各种设备采集到的数据进行处理后通过数据交换体系传输到网络通信层，这一层的基本功能就是为整个智慧校园系统采集海量基础数据。

(2)网络通信层。网络通信层综合采用有线和无线网络技术，为智慧校园提供宽带泛在的网络，它将智能感知层传递来的数据按照信息体系标准的要求处理后，再由数据交换体系传输到数据存储处理层。这一层的功能是实现各种设备随时随地接入和高速全面的互联，保证各种数据及时正确地传输和应用。

(3)数据存储处理层。数据存储处理层也叫作大数据层，主要功能是将网络通信层传递来的数据通过综合采用虚拟化、分布式计算、高性能计算等计算技术和集中存储、分布式存储等存储技术进行处理，从而实现高效、透明、可靠的基础设施云服务，为智慧校园的大数据处理和智慧应用提供普适、随需的计算和存储支撑。

(4)智慧应用层。智慧应用层是智慧校园的关键层，依据数据存储处理层提供的数据计算结果，实现整个校园的教学、科研、运营管理、生活等各项活动的智慧型信息化业务应用，为师生的学习生活和校园管理提供全面、贴切的功能服务。

(5)智慧交互层。智慧交互层支持各种智能终端接入到智慧校园系统，为各类用户提供与其所处环境所用终端相适应的交互平台，使得用户可以随时随地通过数据交换体系与智慧校园进行信息传递，用智慧校园提供的智慧服务，智慧校园能够随时根据用户需要提供实时信息来帮助用户进行决策参考。

高校智能感知系统是智慧校园建设的核心基础，智慧校园中的智能感知体系包含两个方面，一是物理感知网络，可以随时随地感知、捕获传递有关人、设备、资源的信息；二是智能感知应用，例如对学习者个体特征(学习偏好、认知特征、注意状态、学习风格等)以及学习情景(学习时间、学习空间、学习伙伴、学习活动等)的感知、捕获、传递，并进行分析。

2.高校智能感知的主要应用场景

(1)平安校园：通过对校园出入口、教学/科研/办公楼宇、实验室、宿舍楼等门禁控制，楼宇、通道及公共场所视频监控，消防报警联动，车辆识别等方式，为校园的安全以及正常教学提供可靠的保障。

(2)智慧教室：通过教师上课的体态与语音识别，实现对教师的教态与教学模式自动分析；通过对学生学习时的情感计算与机器学习，实现对学生群体与个体的学习行为、情绪、专注度的自动分析。智慧教室的物理空间可实现课前的自动开灯、空调、打开窗帘，课后自动关灯、关空调、关闭窗帘，自动调节灯光等。

(3)智能图书馆：读者自主借还书、复印，盘点机器人对图书馆藏书进行自动化盘点，实时更新图书的位置信息。

(4)大型仪器设备共享：预约使用、计时计费、数据收集统计、人员培训。

(5)水电能耗计量：用水监控、用电监控、教室照明、路灯节电等。

(6)一卡通：食堂消费、图书借阅、就医挂号、车辆通勤等。

(7)网络感知：访问日志、流量日志、审计日志、行为监测等。

(8)机房设施监控：视频监控、消防报警、出入门禁、温度、湿度、设备运行状态等。

(9)孪生校园：将视景三维虚拟校园和校园感知有机衔接，实现视景监测监控。

7.3 平安校园升级改造

7.3.1 建设现状

随着学校教育规模的扩大,存在占地广、校区分散、人员密集、防范意识差等诸多问题,让校园安防与其他领域相比更具有特殊性,同时因校园开放、包容的人文环境更使学校结构日渐社会化,如师生公寓、食堂、浴室、保洁、体育馆等职能部门的公开化、社会化、责任制、外包制,校园治安问题日益突出。由于学校周边环境越来越复杂,人员和车辆流动性增大,校园车辆安全事故也容易发生,安全管理人力不足,巡检范围大等因素导致原有的人防、物防以及现有技防措施已远远不能适应学校安全发展的需要。因此,加强校园安全管理,采取切实有效的技术防范措施保护学生及教职工的安全和权益,确保广大师生身心健康和全面发展,具有十分重要的意义。

学校目前已建设视频监控点600个,都已并入学校安防专网,其中二期项目建设室外视频监控点200个,室内视频监控点211个,三期项目建设视频监控点位400个,二级单位自建的视频监控点523个,未并入学校安防专网。目前学校校园存在大量的监控盲区,安全隐患突出。目前已并入安防系统的视频监控系统智能识别、自动报警及数据分析的功能水平不够,效率低,监控录像查询耗时长,易延误预警和破案的黄金时机,不能满足学校安防工作的基本要求,急待更换和升级为以大数据为核心的安防监控实战平台,集成校园内异构的各类安防业务系统,形成事前预警、事中控制、事后可追溯的应急防控体系,对校园内部的人员、车辆、事件进行统一管理,有效预防各类案件发生,提升应急响应能力,提高校园安保的管理和服务水平。

7.3.2 建设思路

在充分利旧的基础上,采用高清(超高清)视频监控、智能图像分析、智能人体识别、智能人脸识别、校园紧急报警、实景地图(人员布控和轨迹跟踪)等技术,建立"高清化、网络化、智能化、高集成"的安防综合监管系统,实现对全网安防资源的统一调度、对监控视频、车辆、门禁的统一管理,及对黑名单人员、报警等的智能化预警,满足学校在综合安防业务应用中日益迫切的需求。

平安校园方案(图7-3)的具体内容:①采用智能化IP产品,实现车辆、人员、报警等信息的识别与管理;②建立统一的安防综合监管平台,实现对视频信息、车辆、门禁、报警、管控人员、安防设施设备的统一管理,实现对人员、车辆、事件的智能分析和可视化指挥;③充分利用原有系统设备,实现新老设备和系统数据的无缝对接,降低成本,减少资源浪费;④补足学校校园监控盲区,实现学校校园重点区全覆盖。

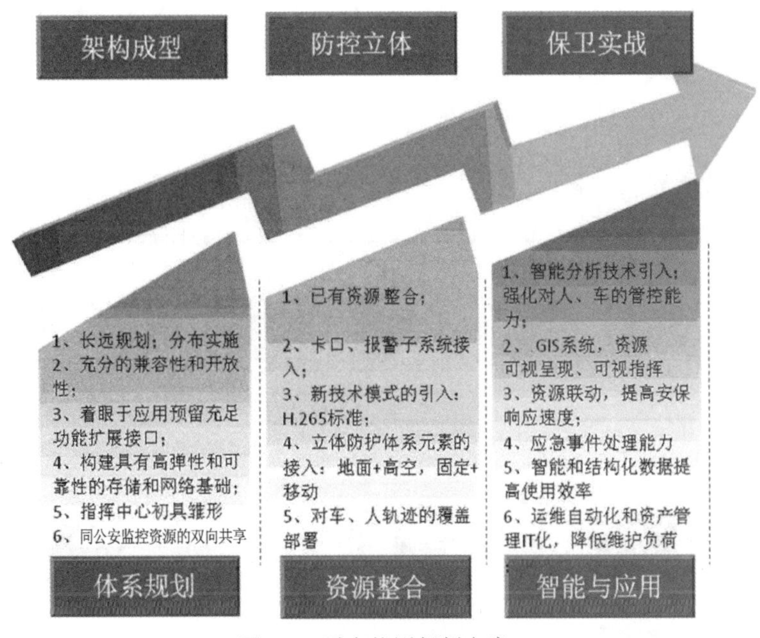

图 7-3　平安校园规划方案

7.3.3　技术方案

1. 逻辑架构

平安校园系统建设方案从逻辑上可分为视频前端系统、传输网络、视频存储系统、视频解码拼控、大屏显示、视频信息管理应用平台、利旧等几个部分，如图 7-4所示。

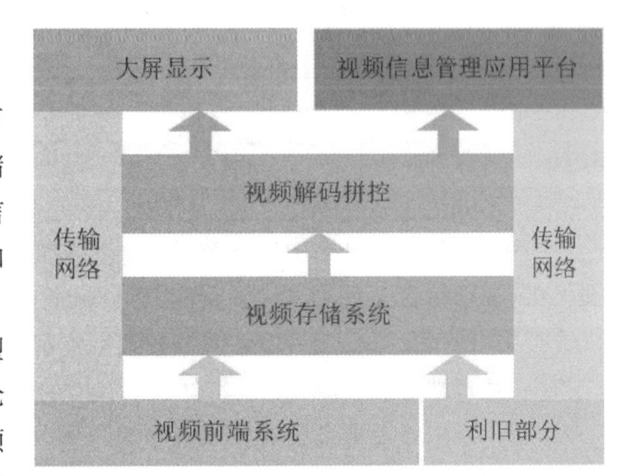

图 7-4　平安校园系统方案逻辑结构图

视频前端系统：前端支持多种类型的摄像机接入，本方案配置高清网络枪机、球机等网络设备，按照标准的音视频编码格式及标准的通信协议，可直接接入网络并进行音视频数据的传输。

利旧部分：利旧包括前端利旧、传输网络利旧、存储利旧等。

传输网络：传输网络负责将前端的视频数据传输到后端系统。

视频存储系统：视频存储系统负责对视频数据进行存储，本方案配置 CVR 进行数据存储。

视频解码拼控：完成视频的解码、拼接、上墙控制，本方案配置视频综合平台实现对前端所有种类视频信号的接入，完成视频信号以多种显示模式的输出。

大屏显示：接收视频综合平台输出的视频信号，完成视频信号的完美呈现。

视频信息管理应用平台:负责对视频资源、存储资源、用户等进行统一管理和配置,用户可通过应用平台进行视频预览、回放。

2. 物理架构

平安校园系统方案物理拓扑如图 7-5 所示。

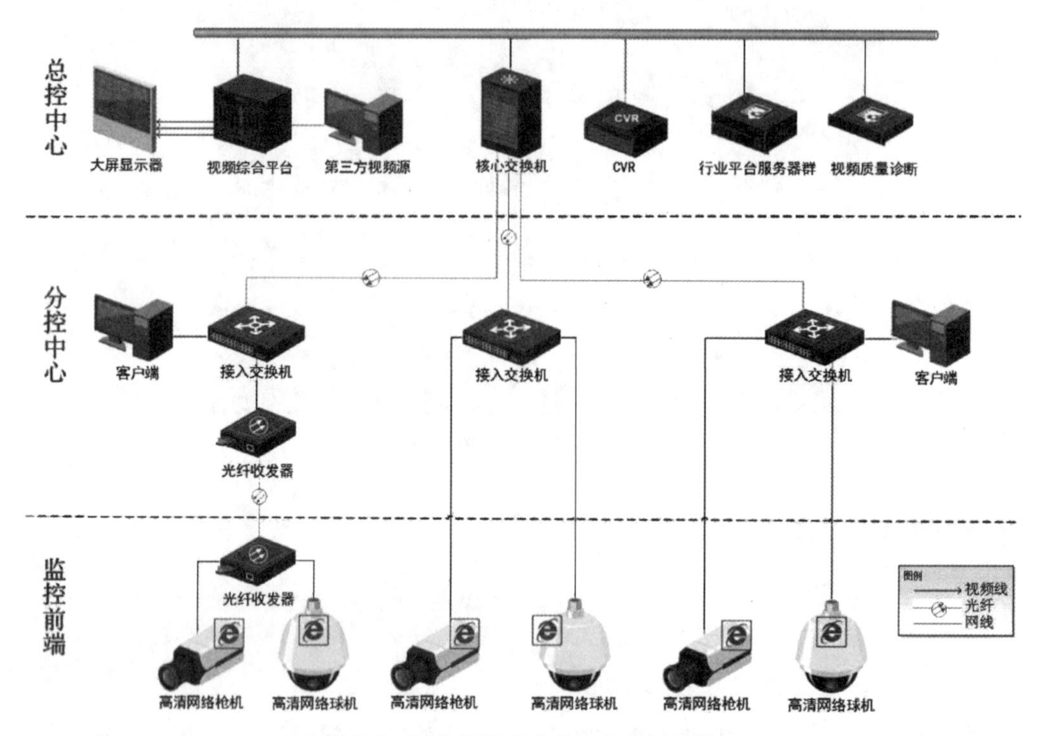

图 7-5　平安校园系统方案物理拓扑图

总控中心:负责对分控中心分散区域高清监控点的接入、显示、存储、设置等;主要部署核心交换机、视频综合平台、大屏、云存储客户端、平台、视频质量诊断服务器等。

分控中心:负责对前端分散区域高清监控点的接入、存储、浏览、设置等功能;主要部署接入交换机、客户端等。

监控前端:主要负责各种音视频信号的采集,通过部署网络摄像机设备,将采集到的信息实时传送至各个监控中心。

传输网络:整个传输网络采用接入层、汇聚层、核心层三层传输架构设计。前端网络设备就近连接到接入交换机,接入交换机与汇聚交换机之间通过光纤连接,汇聚交换机与核心交换机之间通过光纤连接;部分设备因传输距离问题通过光纤收发器进行信号传输,再汇入到接入交换机。

视频存储系统:视频存储系统采用集中存储方式,使用云存储设备,支持流媒体直存,减少了存储服务器和流媒体服务器的数量,确保了系统架构的稳定性。

视频解码拼控:视频综合平台通过网线与核心交换机连接,并通过多链路汇聚的方式提高网络带宽与系统可靠性。视频综合平台采用电信级 ATCA 架构设计,集视频智能分析、编码、解码、拼控等功能于一体，极大地简化了监控中心的设备部署，更从架构上提升了系统的可靠性与健壮性。

大屏显示：大屏显示部分采用最新LCD窄缝大屏拼接显示。

视频信息管理应用平台：部署于通用的x86服务器上，服务器直接接入核心交换机。

3. 监控前端设计

学校安防监控场景比较固定，具体可以分为室内场景与室外场景，其中室外场景主要包括学校大门口、校内主要道路、足球场、篮球场、广场和室外停车库等，室内场景主要包括教学楼、行政楼、宿舍楼、图书馆、体育馆、食堂和监控中心等建筑内部场景。

根据不同场景的不同需求，灵活选择合适的前端监控产品，满足室内外各种场景下的监控需求。网络高清摄像机，通过其全新的硬件平台和最优的编码算法，提供高效的处理能力和丰富的功能应用，旨在给用户提供最优质的图像效果、最丰富的监控价值、最便捷的操作管理和最完善的维护体系。

4. 网络传输设计

网络的整体设计不仅关系到整个网络系统的性能，还涉及到未来网络系统如何有效地与新技术接轨以及系统的平滑升级等问题。本系统立足于满足高清视频接入、转发、存储、解码等需求，同时选择适合的有发展前途的网络技术，充分满足未来五年监控系统业务的需求。

安防光纤专网结构化布线工程中多采用星型结构，主要用于同一楼层，由各个楼层的摄像机间用交换机连接产生，它具有施工简单，扩展性高，成本低和可管理性好等优点；而校园网分层布线主要采用树型结构；每个前端点位的接入ONU通过支干光缆汇聚到各分区机房ODF箱，室外ODF箱经分光器汇聚后通过现有校园网网络资源连接到监控中心机房的OLT上，进一步至核心交换机，由此构成了中国地质大学(武汉)安防光纤专网的拓扑结构。光纤网全部为1000M速率，具有良好的可运行性、可管理性，能够满足未来发展和新技术的应用，另外作为整个网络的交换中心，在保证高性能、无阻塞交换的同时，还必须保证稳定可靠地运行。

传输介质也要适合建网需要。在室外全部采用10G光纤，保证了骨干网络的稳定可靠，不受外界电磁环境的干扰，覆盖距离大，能够覆盖全部校园。

5. 视频云存储

为解决传统视频存储系统遇到的问题，将在中心机房建设基于视频云技术的视频存储系统，由中台统一管理，实现接入视频全天24小时存储、采用25帧率录像保存30天；同时将原有存储系统改造为视频云存储子系统，并进行系统和数据的迁移，组建完整的视频监控云存储系统。

视频云存储系统面向视频、图片应用定制化开发，提供了丰富的功能接口供上层视频监控平台调用，主要功能如图7-6所示。

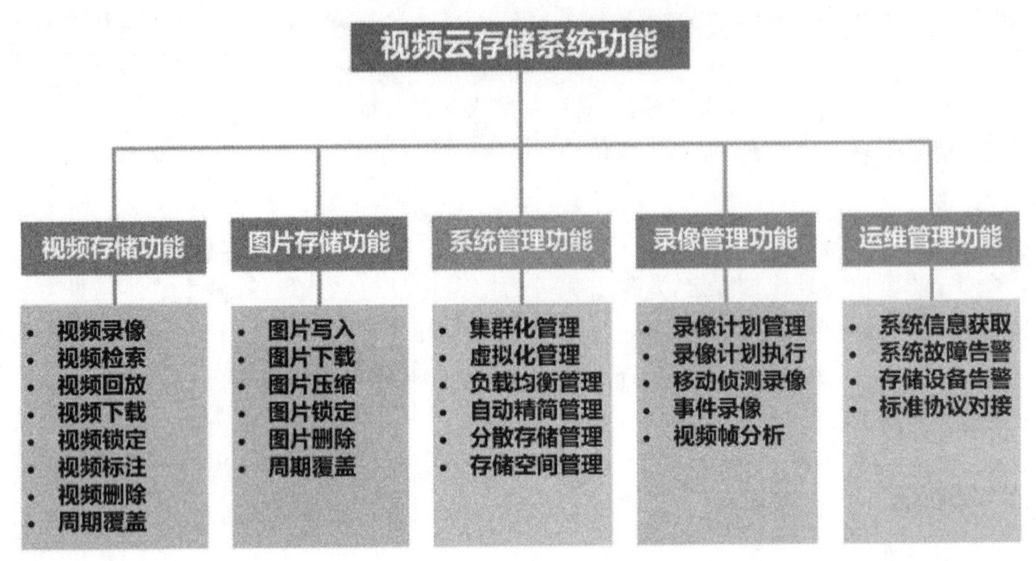

图 7-6　视频云存储功能图

7.3.4　建设成效

1. 监控前端选型及点位

前端摄像机选型应根据不同应用场景的不同监控需求，选择不同类型或者不同组合的摄像机，室外可以依据固定枪机与球机搭配使用、交叉互动原则，以保证监控空间内的无盲区、全覆盖，同时根据实际需要配置前端基础配套设备如防雷器、设备箱等以及视频传输设备和线缆。

(1)校园大门。学校的校门进出口及生活区的出入口较多，社会人员往往是通过这些出入口进入校园或生活区，是整个学校安全防范重要的区域，为了加强对学校及学校生活区进出车辆及人员的管理，需在每个门口设置监控点，安装摄像机时需考虑夜晚的光线很差，并且要求每个监控点要看清楚进出车辆的车牌和人员的样貌，为学校的管理提供事实依据。本系统设计固定红外摄像机和快速球机的方式，实时记录各出入口信息。红外摄像机负责 24 小时监控整个场景，满足系统无盲区的要求；球机满足监控系统灵活性要求，可通过定制预置位等在不同时段分别监视不同区域目标。

(2)主要道路及路口。校园路面固定点需要满足在覆盖范围内看清过往行人、车辆的行为特征和体貌特征，推荐采用 400 万网络高清球型产品来对大范围监控区域进行监控。在重要监控区域推荐采用带有自动跟踪功能的网络高清智能球机，对进出人员进行自动跟踪。摄像机要达到 IP67 的防护等级，避免在雨天等环境下因为雨水或灰尘的进入而造成的损害；在晚上光线不足的环境下推荐采用超低照度功能或红外功能的网络高清枪机，保障夜晚光线不足环境下的监控图像质量(图 7-7)。

(3)足球场、篮球场。校园足球场面积较大，出入口也非常多，在足球场各出入口安装高清红外筒机，对进出的人员进行实时监控，同时在足球场的主席台和观众席安装高清红外球

图 7-7 道路监控

机，实现主席台和球场的全程实时监控。篮球场则主要为进出口位置的全程监控，记录所有进出篮球场的人员信息。

(4)校园广场。校园广场是课余时间学生聚集较多的场所，其中主要包括图书馆广场、体育馆广场和食堂广场最为典型，这些场所经常会有一些学生、后勤活动，容易造成人员的拥挤问题，存在一定的安全隐患。为加强校园广场情况监控，在广场周边可安装高清的红外球机或者 360°高清智能球型摄像机，以 360°超高清全景监控摄像机为例，高清摄像机的高分辨率视频覆盖，其自带的高倍率高清球机看细节，从而实现对广场人员活动情况的无死角监控。

公共区域监控示例如图 7-8 所示。

图 7-8 公共区域监控

2. 智能交通

1)卡口测速监控

校园测速卡口系统借助先进雷视一体机、车道闪光灯、道路信息发布屏和卡口测速服务器，完成校园主干道进出车辆的车牌、车标、车身颜色等结构化数据的抓拍、雷达测速、速度信息显示等功能。该系统安装简单，使用方便，为传统的视频监控应用提供更加具体、规范的结构化数据，能快速查找到相关的视频、图像数据，解决了工作人员面对海量视频查找缓慢的难题。

利用校园雷视一体机，结合架设的双基色 LED 显示屏，将车辆过车信息显示出来，如果车辆超速，可显示过车信息，同时将报警信息传送到监控中心，并进行弹图和声音提示，并自动记录在案。可根据规则设置超速次数，超过限定次数自动设置为黑名单。若车辆被纳入黑名单，车辆通过出入口将不会自动抬杆，出入口岗亭会提示该车辆为黑名单车辆，根据学校管理要求，进行批评教育或采取其他措施后放行。该系统主要有以下几点功能。

(1)实时监控功能：通过综合管控平台实现前端高清视频监控码流的接入，并在监控界面上实时显示，包括监控点位输出的实时视频、抓拍的图片等。系统根据监控前端点位的名称、车道编号对点位进行分类，并显示用户选择的监控通道画面以及与点位关联的车辆通行信息。

(2)车辆查询功能：通过车辆查询功能，对系统所涉及地域，在可记录的时间范围内，查询经过各个点位的车辆信息。能够查询到的车辆信息包括车型、车身颜色等。

(3)超速及黑名单报警：当车辆超速时，监控中心将接到报警信息并进行声音提示；可设置黑名单车辆，当校园微卡口设备识别黑名单车辆时，监控中心也会接受到报警信息并进行声音提示。

(4)速度信息显示：当车辆通过时，微卡口测速(雷达测速)系统会将车辆的速度信息记录下来，并传输到 LED 显示屏上显示出来。当车辆超过限定速度时，LED 显示屏上的速度会醒目显示，告知驾驶员超速(图 7-9)。

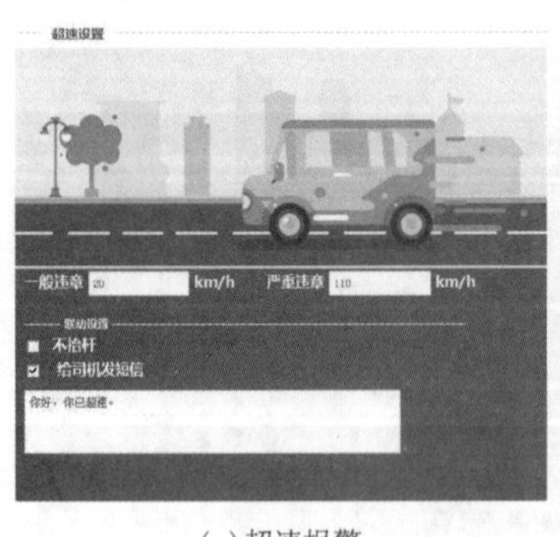

(a)超速报警

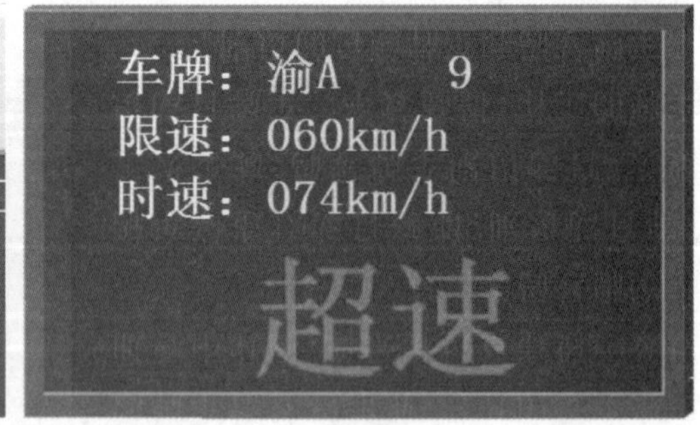

(b)超速显示

图 7-9 超速提醒

2)违停监控

利用内置智能分析算法的自动跟踪球机实现对校园主干道及禁止停车区域的违法停车自动检测抓拍，并上报中心，通知校内保安人员及时处理，维护校园交通秩序，主要功能有以下几点。

(1)违法停车自动取证:能对道路两旁禁停区域违停车辆进行检测和取证(图 7-10)。根据用户的实际需求可调整最大停车时限,当车辆在禁止停车区域停车在限定时间以上的,进行违章抓拍取证。一组取证信息包括不同时间段的三张全景图片、一张能够看清车牌的特写图片以及一段违章过程录像,图片中叠加时间、地点、车牌号码等信息。

(2)车牌自动识别:能够自动对违停车辆进行跟踪放大,自动识别车牌号码,减少人工识别输入车牌的工作,提高效率。车牌自动识别功能包括车牌号码和车牌颜色的识别。

图 7-10　违停违法抓拍

3. 消防监控及预警

智慧消防系统可以为学校提供消防物联、消防监测、消防规范管理、消防演练救援、单位安全评估等的能力,帮助学校提高消防管理水平,降低消防风险(图 7-11)。智慧消防系统提升了学校消防安全管理、服务与科学决策水平,其功能主要体系有如下几点。

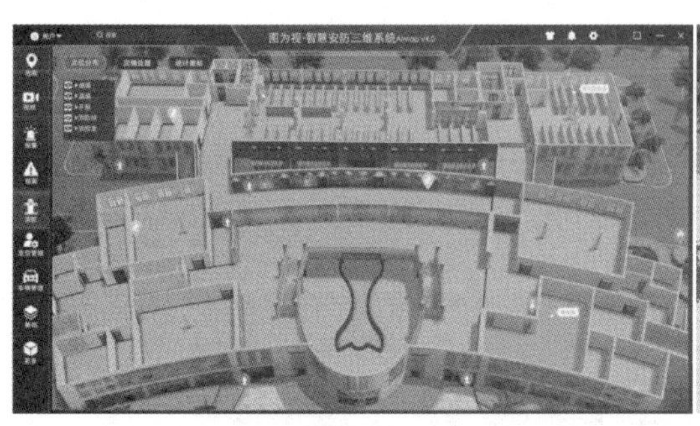

(a)消防设施分布情况

(b)消防设施状态

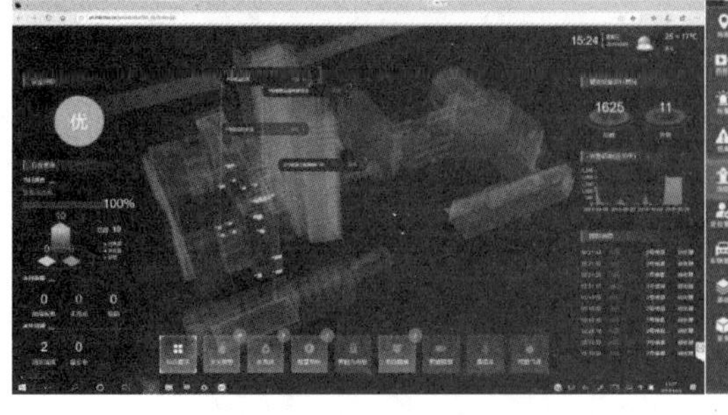

(c)消防报警及定位

(d)报警区域联动

图 7-11　消防监控

(1)实时监测:统一接入消防各场景、各领域的消防物联感知设备,拓宽消防状态感知手段,深化探索视频融合感知在消防场景中的融合与应用,综合采用 NB-IoT、4G、LAN 等多种传输手段,实现消防感知能力的实时性、多样性,提升监测的效率。

(2)智能预警:完善火灾报警控制系统、消防水系统监测系统、电气火灾监测系统、独立式感烟探测系统、可燃气体探测系统、视频融合监控系统、消防场景智能分析系统,实现消防隐患智能感知、自动上报。

(3)系统联动:实时接收、显示学校的火灾自动报警系统及其联动系统各个监控点报警信息,消防报警后平台可自动联动视频弹窗对现场火情进行复核,并通过语音通信和数据通信对火警信息进行判别确认,及时反馈真实火警及起火部位,提高火灾报警的及时性和可靠性。

(4)设备巡检:实时监测学校火灾自动报警系统和其他建筑消防设施的运行状态,自动或人工对相关设备进行巡检测试,及时发现设备运行故障,确认故障类型和故障状态。

(5)综合管理:构建安消一体化平台,落实岗位责任制,严格日常管理,还可以随时掌握学校建筑消防设施运行情况,建立防火检查、隐患排查与整改管理等消防安全管理工作,提高学校自身的消防安全管理水平。

4. 人脸识别系统

人脸识别系统采用人脸检测算法、人脸跟踪算法、人脸质量评分算法以及人脸识别算法,对校园各主要场所人员进出通道进行人脸抓拍、识别以及属性特征信息提取,建立校园防控对象的人脸特征数据库,并借鉴公安部门实战应用经验,创新实战技战法(图 7-12)。可对涉恐、涉稳、具有前科惯犯的重点管控分子和不稳定因素进行提前布控和实时预警,实时掌握动态;可对管控对象进行轨迹分析和追踪,快速锁定管控对象的活动轨迹;可对不明人员进行快速身份鉴别,为案件侦破提供关键线索。该系统主要功能有以下几点。

图 7-12　校门人员人脸识别

(1)特征搜人:系统可对前端人脸抓拍机回传的抓拍数据进行建模、存储,建立海量人脸特征数据库,并支持根据性别、年龄段、是否戴眼镜等特征,以及抓拍时间、地点等信息对卡口抓拍人员进行快速搜索。

(2)照片搜人:输入一张人脸照片(证件照或治安监控截取的清晰人脸图片),可在海量人脸抓拍库中,根据人像特征点比对算法,检索出与其最相似的人员,按照相似度从高到低依次排列,并显示其被抓拍的地点与时间信息,从而帮助公安民警快速锁定嫌疑人的活动轨迹。

(3)频繁出现分析:根据抓拍时间段、抓拍卡点位置,在海量人脸抓拍库中,按照相似度条件进行碰撞比对,查找出该时间段、位置出现的相似人脸,从而分析活动异常的人员,以及时发现嫌疑人案前踩点会频繁出现等特征行为。

(4)区域碰撞分析:对于指定的两个或两个以上区域范围,在海量人脸抓拍库中,按照相似度条件进行碰撞比对,查找出设定时间内,在上述多个区域抓拍卡点位置出现的相似人脸,从而快速确认锁定可疑人员,为连环案、类案等串并案分析提供关键线索。

5. 智慧公寓管理

系统围绕“管理”“服务”两个维度建设。管理层面以学生住宿资源管理、学生住宿计划预案管理、公寓住宿人员管理、学生住宿业务管理、学生公寓综合查询、学生住宿费管理、公寓信息发布系统、基层员工管理、资产管理、第三方服务监管、报修管理系统(对接)、党建管理、楼栋服务站系统、PAD查寝为重点。服务层面则围绕“学生”所需,以提供在线申请服务、失物招领服务、监督咨询服务为重点。该系统与前端“人脸门禁控制器、人脸抓拍摄像头”设备联动,将出入数据与学生晚归、不归、失联等联动起来,实现了所有学生宿舍的闭环管理(图7-13、图7-14)。

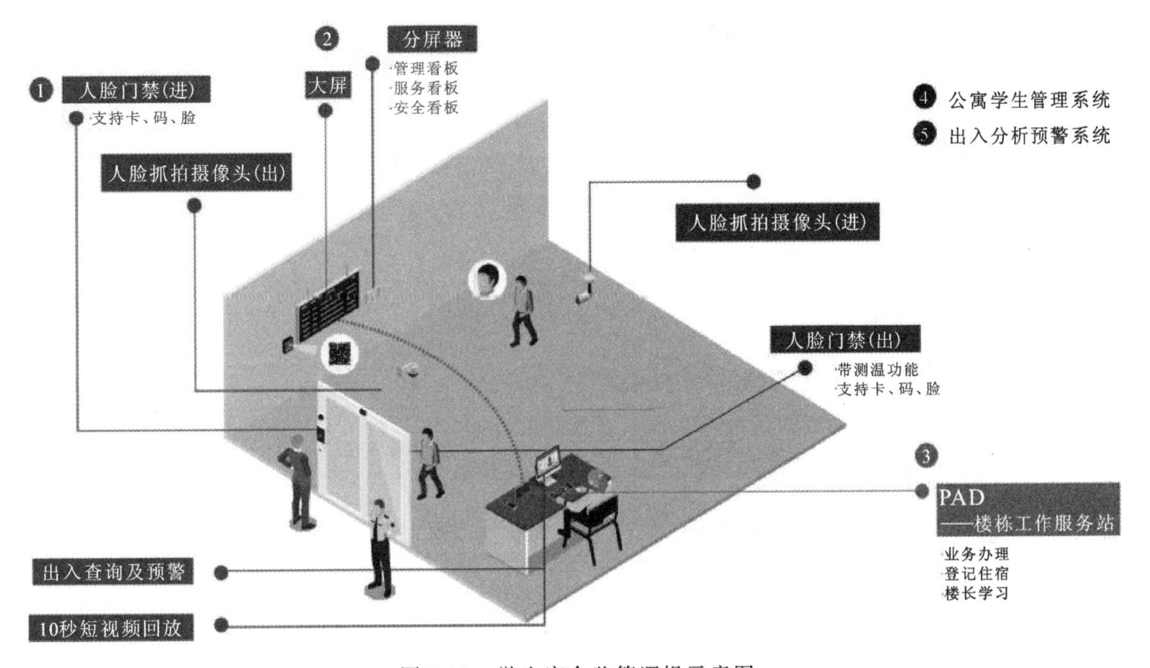

图 7-13 学生宿舍监管逻辑示意图

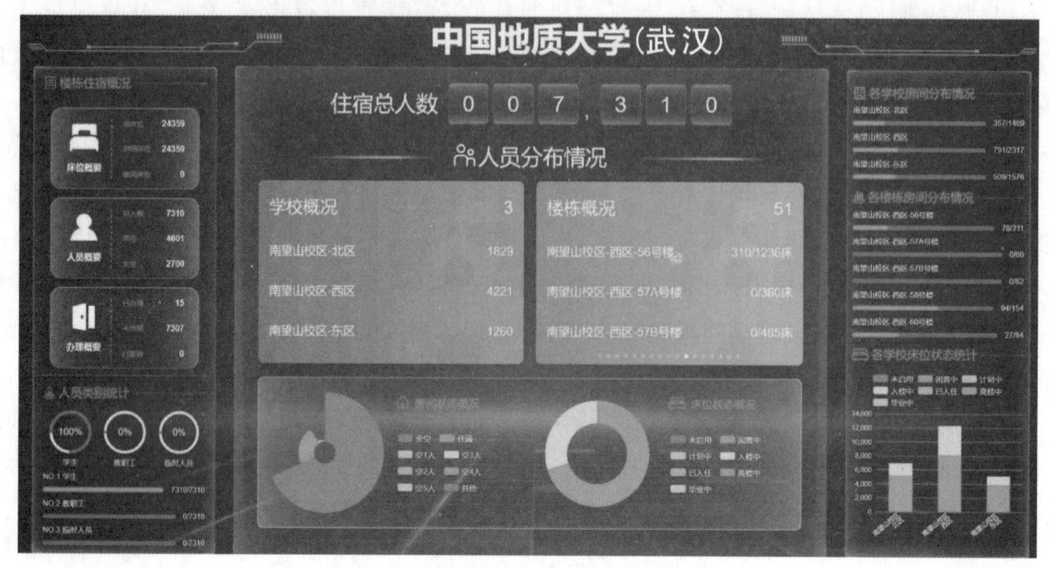

图 7-14　智能公寓监管平台概况图

7.4　智慧教室的互联互通

近年来，由于在线教育的基础设施建设水平大幅提升，互联网、大数据、人工智能等现代信息技术在教育领域的应用更加广泛，"互联网＋教育""智能＋教育"催生的新型教育模式正在深刻改变传统教育形态。

7.4.1　建设现状

截至 2022 年 10 月，中国地质大学(武汉)有各类智慧教室 326 间，以应用型智慧教室为主，可开展教学录播的教室 30 间，按照建设时间，分区域集中管理，未与教务管理平台、课程平台实现数据交换和信息共享。区域之间通过有线网络接入校园网络，实现互联。学校有教学信息大屏 70 块，其中教学综合有 45 块，未来城校区有 25 块，采用 Client/Server(C/S)架构、分区域进行信息发布管理，未接入校园网络实现统管。

7.4.2　建设思路

依托人工智能、大数据等新型信息技术建立智慧教学平台，推动学校教学空间、教学资源、教学模式和教学管理的重构，搭建新型学生学习物理空间、资源空间和社交空间。智慧教室的互联互通项目包括搭建智慧教学示范平台，并以智慧教学平台为核心实现智慧教室的统一运维管理、部分教室的直录播、信息的统一发布和教学运行分析等建设任务。

1. 建设理念

围绕支持建立以人工智能为代表的新一代信息技术与教育教学理念、教学过程、教学工具手段等融合的智慧教学平台为目的，开展智慧教室互联互通的升级改造。

一是应用智能软硬件、智能感知技术实时感知、捕获、采集和传递课堂教学过程中的管理、互动、教学以及与教学相关的各类环境、资源与活动的实时数据，实现对各类教学设施设备的运行状态、师生教学活动情况等的全面智能监测，为智慧教学的全面数据化提供感知支撑。

二是对智慧教学中师生的教学状态、活动以及环境交互等各类信息全面数据化，达到教学数据的连接化、共享化、要素化、全过程化，为教学监测、教学管理、教学评估和持续的教学改革提供真实权威的数据依据。

三是建立智慧教学中教、学、管、评、考等活动得以实现的方法和途径。

四是打破传统教学方式，为广大师生提供个性化、“一站式”、线上线下相结合的综合教学服务，统一、高效地解决教学管理者和师生在教、学、管、评、考中的实际需求，支撑高校建设全方位、全过程、全覆盖的立体化、科学化、现代化教学服务体系。

2. 建设内容

整合教务管理、教学管理、智慧教室三大平台，升级教室的智能化管理功能，建立课程中心，构建教师的教学空间、学生的学习空间，打造教(智慧教学)、考(在线考试)、管(教务管理)、评(教学评价)、资(教学资源)为一体的智慧教学环境，促进学校教育教学的数字化转型升级。

一是打通教务、教学、教室平台壁垒，实现人员、课程、课堂的一体化管理；二是升级改造现有的智慧教室，实现课堂的远程听课、远程巡考，试点推进优秀课程的实时录播和两校区线上线下同上一门课的互动教学；三是建立统一的课程中心，实现全校本研课程资源的统一管理和服务；四是打造教、考、管、评、资为一体的智慧教学平台，探索线上线下教学一体化模式和教学过程数据的采集、收集方式，为开展教学质量监测、教师教学能力、学生学习能力和教学效果研究打好数据基础，逐步营造个性化学习、自主学习、探究性/协作性学习的泛在环境；五是打造个性化的教学空间，促进教与学的交互，实现师生对教学空间、学习空间自主管理。

7.4.3 技术方案

智慧教学平台整体框架(图 7-15)以云计算、AI 服务平台、智慧教学基础设施等为基础，利用大数据、人工智能、云计算等技术建设包含用户中心、认证中心、数据中心、资源中心、物联中心、应用中心的教学中台，基于标准化、开放化、智慧化、个性化的教学中台能力，拉通具有校本特色的个性化智慧教学场景，开发涵盖“教、学、考、评、管、环”六个方面的智慧课堂、智慧学习、智慧考试、智慧评估、智慧管理、智慧教学环境、智能大数据分析等核心智慧教育应用，帮助学校将自有、分散、独立的教学系统、教学资源、教学数据整合打通，最终以统一门户为入口，通过教学大数据综合采集与分析能力，帮助学校进行科学有效的教学管理决策，为学校打造个性化的智慧教学生态。

图 7-15 智慧教学平台架构设计

1. 智慧教室运维管理平台

智慧教室运维管理平台打通了南望山校区和未来城校区所有智慧教室控制设备,搭建远程运维管理平台,实现全校智慧教室的集中运维管控。

2. 录播教室升级改造

1)视频采集系统

利用高清摄像机来完成整体教室的课堂授课情况的拍摄,并且通过网络对教师的电脑VGA画面同时进行采集,从而完成教师画面、学生画面、VGA画面同时采集录制的功能,实现教师的常态化授课状态有效保存。

2)资源常态录制系统

(1)系统根据课表教学计划完整地记录有效的课堂教学信息,生成优质教学资源。内容包括教师的音视频信息(教师画面、授课语音);学生的音视频信息(学生画面和问答学生声音);教学设备的音视频信息(计算机屏幕内容,包括鼠标运动轨迹、电子白板内容和各种AV设备的音视频信号)。

(2)录制课件遵循H.264视频编码标准,生成高清和标清两种格式。课件平台支持课件上传、下载和回放,实现课件资源的有效共享。

(3)系统支持全过程、全场景的无人值守自动录制,教师授课的同时,无需他人帮助而自动完成授课全过程的录制。在录播过程中,授课教师可以自主地控制开始和结束。

(4)系统支持配合云平台的教学课堂现场直播、课后点播,通过网络进行资源信号的发送。系统具有双码流视频信号发送功能,在发送高清视频信号时,也能同时发送标清视频信号;实现在多种移动终端设备或电脑上通过网络在平台进行直播点播功能。

基于常态化录播系统,可以存储智慧教室的每一节课程。教师如果需要建设在线课程或者精品课程,可以从学期初开始进行每一节课程的设计和录制,在期末完成教学的同时,本门课程的视频资源也录制完成,学校也无需另外出资进行校本网络学习空间的课程的建设。学期末,在完成教学视频选用和教师教学质量评价后,就可以把一个学期录制的,无用的课堂教学视频删除,实现存储空间的高效利用。通过此方式,学校可以在短短几年内,完成校级所有课程的上线,加强校本资源建设,供教师、学生使用,也可以为社会提供资源服务。

3)远程巡课平台

(1)教学管理统一化,根据学校定制化应用集成页面,需接入学校已建系统,将学校相关系统整合在一起,便于使用和管理。

(2)支持统一身份认证功能。

(3)支持统一应用中心页面设计与模块维护。

(4)支持多媒体教室、录播教室、互动教学、教务系统、教学反馈、多媒体运维等系统进行统一界面管理。

(5)具有平台界面定制功能;支持直播课堂功能模块显示,录播课堂功能模块显示。

(6)具有最新录播资料显示、最新公告显示、最新资源排行。

4)直播课堂模块

支持所有直播显示,相关人员直播,公开直播;公开直播按照标题、主讲、院系、课程节次、教室、时间进行直播查询;直播过程中支持点赞、评论、收藏、分享等功能;支持移动端二维码扫描观看直播,支持三分屏直播界面显示。

5)多模式收看直播

直播过程中,支持单画面、两分屏、三分屏等模式收看直播。

6)直播分享

授课教师可将直播的信息分享到微信朋友圈、QQ等社交平台,邀请其他人观看。

7)录播课堂模块

支持录播课堂中所有视频、参与者相关功能、公开视频功能模块;支持学期、标题、主讲、院系、课程、课程查询、重置等设定功能;支持录制视频根据课程资源观看次数时间显示排序功能;通过网络远程实时同步采集教室内教师的图像、声音、计算机屏幕内容,同步生成课件;支持三分屏、四分屏课件样式;支持列表模式和课表模式的录播计划创建与展示;支持列表模式下批量编辑、批量删除等操作,方便用户对录播计划进行管理。

8)在线教学检查

精确到具体某间教室的管控,支持摄像机远程控制功能,进行教室画面切换,教学管理人员可以对每间智慧教室进行教学状态实时查看。

3. 信息发布系统

智慧校园后台管理系统,针对校园内信息发布屏统一管理、个性化配置,包含的功能模块有系统设置、权限管理、教室管理、发布屏管理、课程表、天气预报、公告消息、校园天地等。

(1)课程表。与学校排课系统对接,用于学生、老师查看课程表,课表实时与教务系统对接,实时更新当前课表信息。

(2)公告消息。消息管理模块是将一些消息及时发布到终端上,包括欢迎词、公告、跑马灯、倒计时、考试信息。区域显示公告时,如有多条消息,自动定时切换。点击公告区时,全屏展现可查看多条公告。领导欢迎词可全屏展示和区域显示,按时间定时显示。分权限、分级别管理,公告发布可以设置是否审核,不同老师在公告管理中只能看到和管理自己的公告。

4. 教学运行分析管理系统

课堂全过程、常态化应用所产生的数据构成了包括教师、学生、管理者在内,涵盖课前、课中、课后教学全过程多个环节的多维教育大数据。从整体上看,这些大数据描述了教与学的行为和活动过程状况,描述了教学系统运行的状态、结果情况,为分析和改进教育教学过程提供了全面的数据基础。基于智慧课堂全方位、多维度的教育大数据,对其进行建模、分析和处理,有助于我们深入理解课堂数据,并基于数据做出数据驱动的决策,从而为开展学情分析、把握学生的学习行为、改进教师教学和优化学习过程提供数据支撑,真正实现基于数据的教育。

(1)课堂总览。汇集课前、课中、课后所产生的过程性和结果性数据,将全校课堂教学运行中的关键教学指标可视化,并通过多维度数据分析(AI 课堂指数、园丁排行榜等),帮助校级管理者掌握全校的课堂教学运行情况,为学校管理者提供客观的数据决策依据。

(2)教师教学监测看板。通过多维度的分析全校每位教师在课堂上的教学行为数据(教师教学指数、教师使用分布等),构建教师课堂教学监测体系,辅助管理者实时掌握教师在课堂上的教学行为与活动。

(3)课堂实时监测看板。以课堂为核心,多维度分析全校每个课堂所产生的课堂教学数据(AI 课堂指数、课堂实录),构建实时课堂监测体系,帮助管理者实时掌握课堂运行情况。

(4)课堂教学报告。课堂教学活动数据看板通过采集学校整体使用讯飞 AI 课堂的教学数据,可以整体看到学校的教学情况,如按周、月查看学校在课堂教学各项教学活动使用数据。

(5)教师教学档案库。通过采集全校所有老师的教学行为,呈现教师的完整教学档案,整体了解对应老师的教学质量,呈现老师所有课堂教学数据及每个课堂教学数据。

(6)学生学习档案库。通过对学校所有学生的学习数据采集记录,可以查看全校每个学生的完整学习档案,总体了解学生的学习情况及每个课堂的学习数据。

7.4.4 建设成效

1. 建立了一体化智慧教学平台

完成以“数据为引擎、资源为驱动”的一体化智慧教学平台搭建,实现多平台、多场景教学资源汇聚与 AI 处理,支撑教师备课 & 教研、学生课堂学习、课后复习 & 自主在线学习、课程库建设等个性化教学场景,支持教学常态化运行中全链条教学过程数据采集分析,全面监测教学质量，推动学校教育教学模式变革。

2. 建立了教学直录播及督导子系统

一期完成30间教室直录播系统建设，实现了南望山校区、未来城校区间直播（图7-16）、点播、录播（图7-17）的教学需求；实现了30间教室的轮播上墙（图7-18）、督导巡课（图7-19），通过线上可以直观看到教室板书画面，前后全景画面，进行督导巡课、教学点评、评课管理、评分管理、远程录制等。

3. 实现了智慧教室的集中管控

南望山校区综合教学楼（110间）、北区综合楼（45间）和未来城校区（119间）共计274间教室中控系统可正常使用，实现了集中管控（图7-20、图7-21）。部分建设10年以上的管控平台功能单一、设备老旧，无法实现可视化，无法统计教室使用情况，无法接入设备预警，需要升级改造后再纳入集中管控。

4. 教学信息发布

两校区70块教学信息大屏通过业务专网实现了互联，实现了统一管理和分级授权管理。

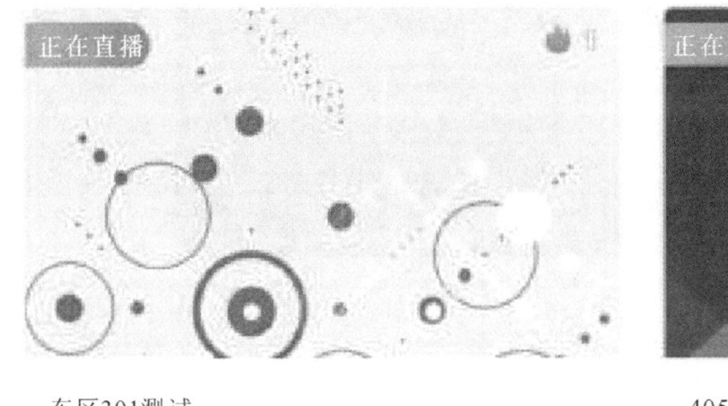

图7-16　课程直播

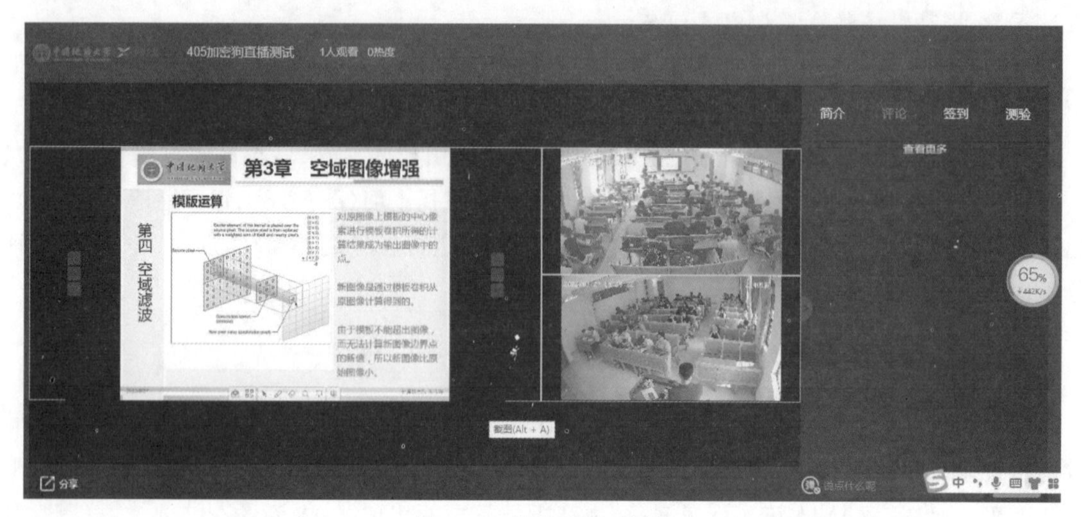

图 7-17 课堂直播-录播

图 7-18 轮播上墙

图 7-19 在线巡视—督导巡课

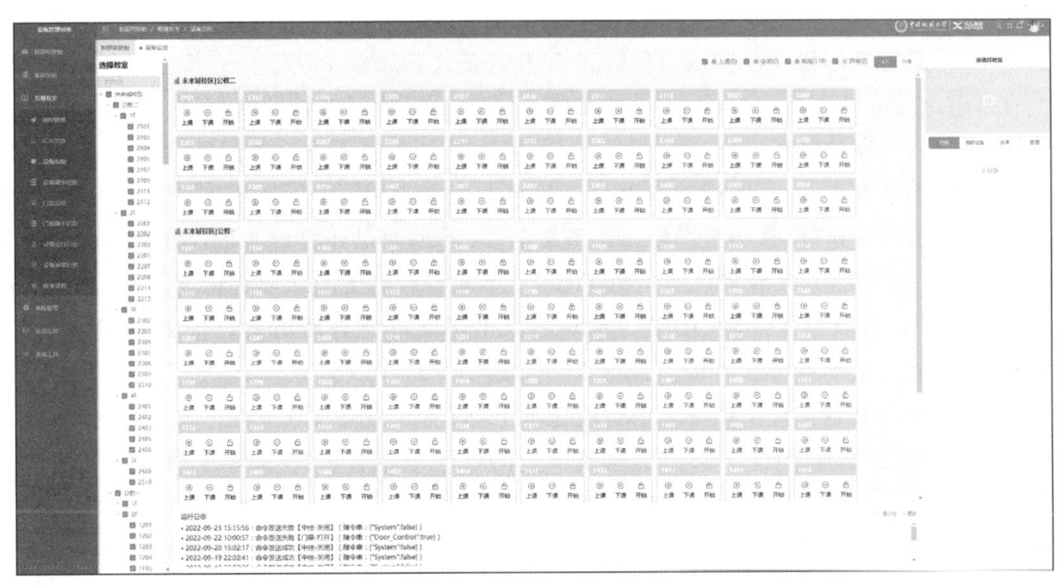

图 7-20 未来城校区智慧教室状态

图 7-21 教室教学设备运行管控

7.5 智慧图书馆感知应用

7.5.1 建设现状

中国地质大学(武汉)图书馆是学校教学和科学研究服务的学术性机构。目前拥有两座馆舍,南望山校区图书馆坐落于校园西区,正对学校大门,是学校的标志性建筑之一,现有馆舍面积24 000m^2，于2015年1月正式开放；未来城校区图书馆（未来图书馆）坐落于未来城校区的正中央，总建筑面积36 835m^2，于2020年9月正式开放。

自南望山校区图书馆建设伊始，学校就统一了建设智慧图书馆的认识，明确了智慧图书馆的建设思路，以期达到新时代高校智能化、数字化图书馆的要求。目前图书馆已实现了图书自助借还、图书盘点、电子阅读器自助借还等自助服务功能，其中南望山校区图书馆RFID系统于2013年开始建设，常用自助借还设备6台、24小时自助还书设备1台、RFID盘点设备6台、RFID门禁7套，未来城校区图书馆于2018年开始启动RFID二期建设，常用自助借还设备6台、RFID盘点设备6台、RFID门禁6套、电子阅读器自助借还设备1套，截至2022年，图书自助借还比率年均达到97%以上。

RFID技术较好地提升了图书馆的智能化水平，图书借还服务效率得到了极大提高，但是智慧图书馆的建设不限于图书借还，为满足师生的自主学习需求，在未来城校区图书馆建设之际，学校建立了馆内智慧阅读体验区，融合学校的专业特色，逐步把教学、科研的功能凸显出来，作为阅读服务的补充，一方面丰富了图书馆的服务内容，另一方面由于数字内容比传统阅读方式更容易和科技技术相结合产生新奇的体验效果，吸引读者参与，提升读者的到馆率，将更利于图书馆的长足有效发展。智慧阅读体验区包括研修（讨）室、纸质文献阅读区、数字阅读空间、创新空间、信息共享区和多功能体验区等，其中研修（讨）室共91间，每间可以容纳2～12人讨论学习，有11间研修（讨）室配备了会议云屏或苹果一体机等在内的现代化设备，纸质文献阅读区包括新书阅读区、期刊阅览区和流通阅览区，数字阅读空间包含京东阅读体验区、京东READER自助借还机、电子读报机等在内的现代化阅读设备，创新空间和信息共享区共提供68套电子阅览设备，多功能体验区提供了包括3D打印机、VR体验机、书法体验台和留声机等现代化体验和感知设备。同时在图书智能采选、读者智慧服务、大数据运行监控等方面，图书馆也进行了一系列探索与实践，初步建立了图书评价、读者荐购、空间活动预约、设备预约、图书预约等服务，基本实现了图书馆入馆数据、借阅数据可通过大数据屏可视化等，但是在智能采选、读者行为分析与决策支持、读者知识空间建设、24小时智能图书馆和智能书架等方面还处在探索阶段。

7.5.2 建设思路

1. 建设目标

以“读者为本，利用至上”为宗旨，以“一切为了读者，为了一切读者”为设计和建设理念，以“智慧管理”为手段，以“智慧服务”为目标，以图书馆管理系统和RFID系统为核心，通过对现有图书馆系统的全面更替改造，实现图书馆线上线下服务的全网络、全终端、全资源的深度融合，打造一个不断满足师生需求变化，高度自适应的智慧图书馆。

2. 建设内容

1）RFID智能管理系统

RFID技术在新型图书馆的应用是图书馆领域的主流发展方向，国内多家公共图书馆、高校图书馆借助新馆建设契机构建了新型的 RFID 智能图书馆系统并取得了成功。因此,学校在建设南望山校区图书馆之际,在充分分析和考虑 RFID 技术应用的可行性之后,于 2013 年顺利引进并进行应用,成为湖北省高校图书馆最早应用 RFID 技术的图书馆之一,同时于 2020 年完成了二期建设。

通过 RFID 软件系统和硬件设备,为图书馆实现 RFID 技术和图书管理方法的有机结合,为图书馆的管理提供了十分有效的技术手段,可识别、追踪和保护图书馆的所有资料,通过 RFID 系统实现图书借还、盘点、顺架、上架、查询统计等功能,有效地提高了图书管理的效率、简化了图书管理的流程、降低了图书管理人员的劳动强度并在为读者提供更加便利快捷的图书借还书、查询等服务的同时做到对读者信息和借阅图书的双重记录,RFID 智能技术的使用还可以有效地防止和杜绝各种人为失误所造成的图书漏借、遗失等情况。

(1)简化借还书流程。原有的借还书流程虽然引入了条码扫描系统,但仍然需要人工打开图书扉页并找到条码位置然后才能扫描条码。这样的操作流程仍然较为繁琐,借还书效率比较低。同时,条码容易破损,经常会发生条码读不出需要更换条码的事情,这样不仅会影响借还书的效率,同时也会影响读者对图书馆的满意程度。RFID 技术实现了自动化的图书借还流程,提高信息存储的安全,提高信息读写的可靠性,也提高了借还书的速度。

(2)降低图书盘点和查找工作量。依靠人工的图书盘点工作,特别是书架图书的盘点工作量太大而且效率很低。图书管理员盘点书架图书要凭自身的记忆对图书进行分类放置和记录,费时劳神却又很难达到目的。RFID 图书盘点工具,可以实现图书盘点的自动化。

(3)为读者提供 24 小时服务。通过 RFID 技术,图书馆可以为读者提供 24 小时自助还书服务,纵使闭馆读者依然可以自助还书,大大方便了读者。

(4)提高图书馆工作人员的工作满意度。图书馆工作人员由于积年累月的重复性劳动,加上图书馆工作本身就很繁重,容易让工作人员产生一定的消极思想,导致工作人员对图书馆工作满意度有所下降。通过对系统的技术改造,可以采用技术手段来弥补管理上的缺陷,同时把工作人员从图书馆日常繁重的重复劳动中解放出来。

(5)提高读者满意度。RFID 技术高效实现了图书的自助借还,提升了图书馆的管理系统的功能和系统可靠性,解决了读者借还书的诸多不便,较大地提升了服务效率,延长了服务时间,提高了服务满意度。

整个 RFID 智能管理系统主要由自助借还系统设备、24 小时自助还书系统设备、馆员工作站设备、电子标签转换系统设备、安全门禁系统设备、推车式盘点系统设备、监控中心系统设备、RFID 图书智能导航三维定位软件等系统设备组成。

2)图书馆智能信息交互系统

图书馆实时大数据展示平台是图书馆发展中的一个重要组成部分,建设实时大数据平台,是为了能够有效的将图书馆的服务工作以及服务成果以数据的方式,直观地展示到读者面前,接受读者的监督。同时,利用整理后的平台数据,可以快速地整理出图书馆的工作成效,辅助图书馆领导人员,监视图书馆的工作,分析图书馆的服务质量,检测出工作中存在的不足,然后用以总结经验,制作更加有效的服务决策。目前,图书馆智能信息交互系统能够整合图书馆各种显示设备,集成图书馆各业务系统数据,智能发布、交互查询、高效管理,实现了图书馆电子资源、入馆数据、借阅数据可通过大数据屏可视化等。系统由图书馆信息交互系统管理平台、信息发布子系统实时和运行状态子系统三部分组成。

(1)图书馆信息交互系统管理平台。基础管理平台基于C/S架构设计,不限客户端数量,可以集中管理图书馆的各种显示终端,包括液晶电视机、液晶电视拼接墙、LED电子屏、检索机、智能书架交互终端等;支持图书馆业务系统接口,接口程序可以插件方式加载,灵活添加和删除。

(2)信息发布子系统。信息发布子系统有高质量的内容库作为支撑,收录有近30年出版的100多万册中文图书元数据,有高清封面图、内容介绍、目录、精彩试读,为图书信息发布与图书检索提供了更丰富的内容。另外还提供多个适合图书馆播放的内容库,如历史上的今天、名人名言等,且所有内容库保证可持续更新。

(3)实时运行状态子系统。实时运行状态子系统可实现与图书馆各业务系统的对接,实时获取业务系统数据,能以各种图表方式展示图书流通数据和读者流量数据等。

7.5.3 技术方案

1. RFID智能管理系统

以图书馆对RFID智能图书管理系统项目建设的整体要求为基础,以提高图书馆的服务水平、管理水平的信息化建设为根本,充分考虑到RFID图书馆藏工作的发展趋势,使系统具有较强的扩展能力,确保系统能适应RFID技术的高速发展,统筹规划RFID智能图书馆的产品与网络建设,使整个系统技术方案科学、合理、安全性高。

1)用户需求

(1)系统采用Browse/Server(B/S)与C/S结构相结合的模式。各RFID自助设备采用C/S结构,运行稳定、效率、安全性较高;Web发布系统采用B/S结构,只需授权登录后,即可通过浏览器查看到RFID系统的各类运行信息、借阅信息等。

(2)项目实施时,可以在不连接SIP2接口的状况下完成,方便几十万甚至几百万图书的标签批量转换工作,其后使用RFID数据批量更新工具,通过SIP2接口更新图书信息,保证了转换工作的效率,缩短了项目实施进程。系统正式使用时,则连接SIP2接口,在标签转换的同时,完成图书信息的更新。

(3)在标签转换中,具有多标签的实时检测功能,能防止电子标签误贴或多贴等情况。

(4)自助借还系统、24小时还书系统等自助式服务设备,首先支持离线工作模式,使读者在图书馆网络故障的状况下,也能正常地借书或还书,待网络恢复后,系统自动同步离线操作数据;其次具有设备自检功能,能够定时对设备的各部件进行自我检测,一旦发现问题后,进行自我修复或向管理员报告;最后支持中英文界面、中英文语音提示的功能,且界面中的各类显示信息、提示信息都可以个性化配置。

(5)各RFID设备的工作模式设计较为合理、科学,比如各RFID设备都具有空闲时自动关闭功放的功能,减少了设备的工作频率。

(6)推车盘点系统的设计,考虑图书馆对图书典藏的需求,推车上设置有三个放书平台,方便图书上架；手持天线轻便、伸缩性较好，能适应长时间的盘点工作，同时满足高层书架(如第6、7层书架)的盘点。

(7)整个系统采用统一的认证方案，配置有操作日志、流通日志以及错误日志的记录，同时系统具有良好的容错能力，安全性较高，维护方便。

(8)电子标签的隐藏性是整个RFID系统安全性的重要基础，若电子标签裸露在书的扉页或尾页处，极易被破坏。RFID图书电子标签为线性结构，外形上具有薄、短、窄的特点，粘贴在书脊内中较难找到，隐藏性高，为整个系统的安全性奠定基础。

(9)RFID图书安全监测门禁，即使设备网络中断后，也能够正常地进行图书安全监测，提高了整个系统的安全性；门禁可实现三维监控，不论图书以何种角度通过门禁设备，均能进行正确的防盗监控。

(10)自助还书机采用红外感应和压力检测的方式实现防夹手功能，还书出口设计考虑了分拣线设备的特点，因此可以直接与分拣线设备对接。

RFID系统结构见图7-22。

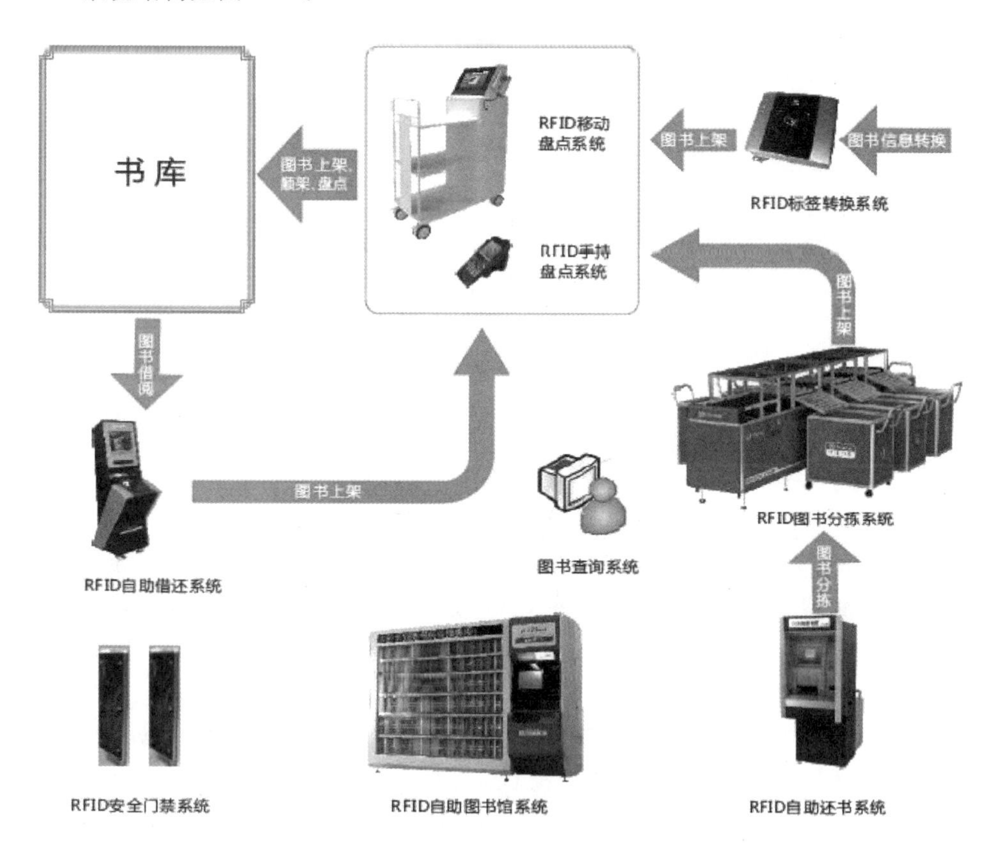

图7-22 RFID系统结构图

2. 系统功能

RFID图书智能管理系统分为“两个平台，八个系统”，根据图书馆面向的对象不同，分为

RFID管理平台和RFID服务平台,同时根据各单位要求,选择建设子系统。

1)RFID管理平台

面向管理人员应用,根据各个应用的功能独立创立应用系统。应用层面清晰简洁,便于管理人员快速掌握系统的应用程序。

电子标签转换系统

电子标签转换系统主要对图书电子标签进行注册、转换和注销。电子标签通过转换,与图书信息进行绑定,完成流通前的处理操作。系统还有对借书卡标签、架标标签、层标标签的注册(关联)与注销功能。电子标签转换系统主要功能见图7-23。

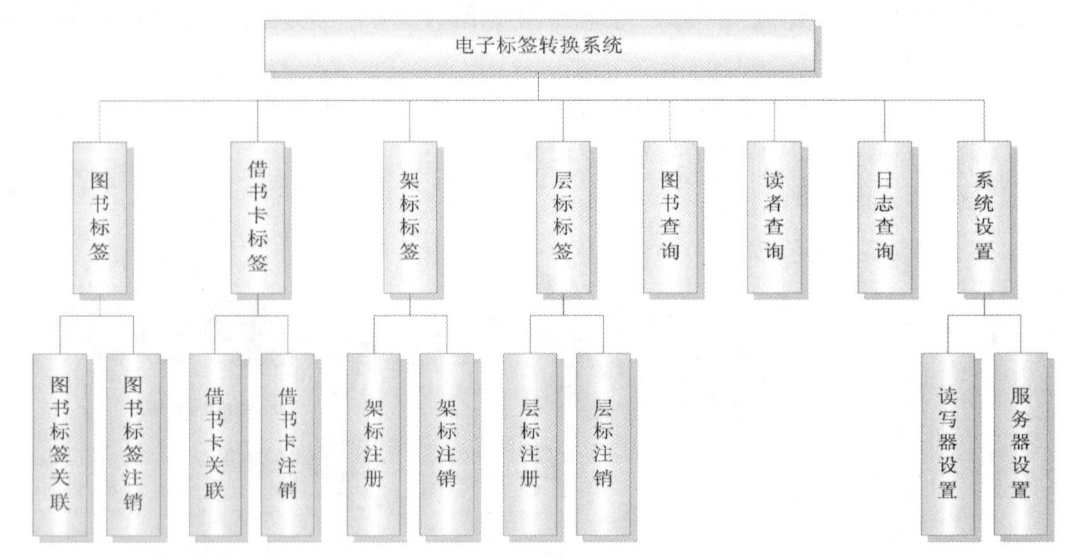

图7-23 电子标签转换系统主要功能

馆员工作站系统

馆员工作站系统硬件包括标签转换装置和馆员工作站终端。标签转换装置完全采用工业化设计,外形小巧精致。系统具备RS232和以太网接口,为标签转换装置与计算机的连接提供多种选择,方便设备的接入,为图书馆工作人员日常图书借还、续借、检索等提供便利。

馆员工作站键盘仿真模块主要功能是将获取到的图书标签转换为条码号,并以模拟键盘输入的方式,将条码号输入到图书管理系统借书或还书界面中,对图书标签防盗位进行复位或置位。键盘仿真工作模型见图7-24。

馆员工作站主要功能:①与图书馆现有的图书馆管理软件实现无缝连接;②具有操作人员的权限管理功能;③可对RFID标签非接触式地进行阅读,必须有读取RFID图书标签、编写图书标签、改写图书标签的能力;④可作为标签编写工作站使用;⑤可以对图书标签防盗位进行复位或置位;⑥须自带故障诊断功能,须配有故障指示灯,机器工作状态一目了然;⑦系统必须提供准确的工作统计,如操作数量、操作类型、成功与否的操作统计等,操作结束后可根据需要进行打印、借书、还书、续借、查询收据及统计分析结果;⑧具备集成RFID管理终端软件功能,并可实现包括RFID标签转换及标签改写及终端管控、RFID借还书管理、典藏管理等功能。

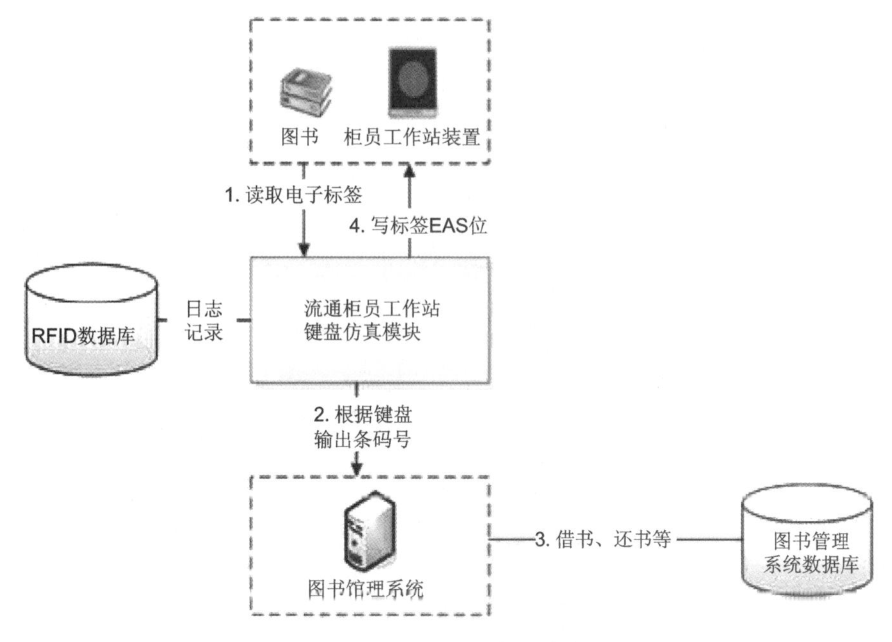

图 7-24 键盘仿真工作模型

图书盘点系统

图书盘点系统又称为移动式馆员工作站，由射频模块、工业控制计算机、手持式天线和蓄电池组成，以图书标签为流通管理介质，以单面单联书架的一层作为基本的管理单元，通过架标与层标，构筑基于数字化的智能图书馆环境，从而实现图书馆新书入藏、架位变更、层位变更、图书剔除和文献清点等工作，实现典藏的图形化、精确化、实时化和高效率。系统具有操作界面友好，数据处理能力强等特点，还可以根据用户需要加载借书、还书、标签转换等功能模块，从而提高硬件资源的使用效率。

图书盘点系统主要功能：①可对超高频 RFID 标签进行非接触式阅读，快速识别粘贴在文献上的超高频 RFID 标签，快速识别粘贴在架位上的 RFID 架标及层标；②配套软件能实现资料搜索、资料错架检查、顺架、保存典藏结果等功能；③设备在找到目标图书，定位正确架位，发生报警提示时都必须同时提供声音、画面提示，声音音量可以调节；④提供顺架、盘点、新书上架、倒架、上架指导、剔旧、图书查找等功能。该系统主要功能见图 7-25。

图书安全监测系统

RFID 双通道安全门是针对安装有电子标签的图书进行侦测的设备。安全门硬件组成包括读写器、天线、射频电缆线、声光报警器，通过安装在控制计算机上的图书安全监测系统实现图书侦测防盗和离线防盗，当系统监测到图书未办理借阅手续时，在监控列表中显示图书条码号与题名，并以声音、光或声光报警，保证系统的高侦测性和零误报率，同时支持监测记录查询，当输入监测日志记录的起始时间与结束时间，选择需要查询的门禁，便可在查询结果列表中显示监测记录。

图书安全监测主要功能：①非接触式快速识别粘贴在流通资料上的超高频 RFID 标签；②对图书馆内的印刷品、视听出版物、CD 及 DVD 等流通资料进行安全扫描操作，不损坏粘贴

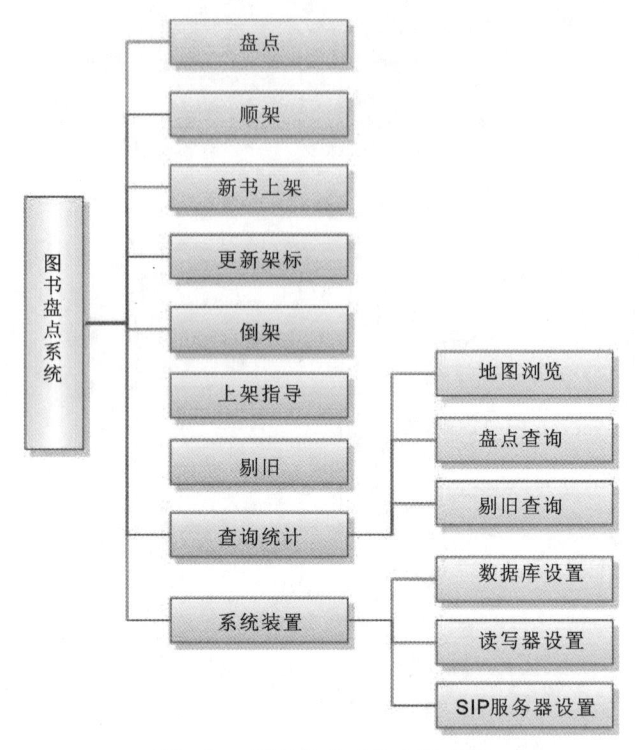

图 7-25 图书盘点系统主要功能

在流通资料中的磁性介质资料;③设备系统具有高侦测性能,能够进行三维监测;④门禁自带一体式嵌入式不小于 5 寸液晶显示屏实时显示进出馆人数,自带流量统计功能,提供实物照片;⑤支持 5 种显示模式:在馆人数、出馆人数、进馆人数、在馆人数+进馆人数、进馆人数+出馆人数;⑥系统在人员经过时,自动开启监测,在无人经过时,自动休眠;⑦具有故障报警提示功能;⑧具有音频和视觉报警信号,报警音量可调控;⑨系统需提供接口以实现远程诊断、监控;⑩可设定系统采用在线或离线工作模式。

监控中心系统

监控中心系统用于实时监控图书馆所有已经安装的 RFID 设备的工作状态,并可实施远程设备诊断和控制,并记录报警日志控制 RFID 设备的运行;同时通过连接现场摄像头,实时监控现场情况。系统以图形化界面显示图书馆布局,用不同颜色区分设备状态。监控中心系统的实施改变了 RFID 系统设备的管理维护模式,使得管理人员在足不出户的情况下,便可在第一时间了解所有设备的运行情况,当设备出现故障后,可迅速处理故障现场,保证系统正常稳定运行。

监控中心系统主要功能有:①提供远程关机、重启设备、重启软件、暂停服务、恢复服务、时间校正、日志清理等功能,实现自助借还书机、24 小时还书机等 RFID 设备的远程维护;②提供系统的实时视频查看功能;③提供软件系统运行时的实时屏幕监测功能,实时了解系统的操作情况;④采用动画与声音报警模式,在系统故障时,有效提醒系统管理员进行处理;⑤能够与 RFID 图书馆短信平台对接,在设备故障时发送短信给系统管理员,进行快速的维护；⑥系统采用多播形式，可同时在多台 PC 机中登录监控中心系统；⑦实现系统运行信息的实时保存功能，即使客户端先登录后，再启动监控中心，也能够了解设备从登录开始的所有运行信息；⑧提供远程日志调用功能，以便更快分析设备故障原因；⑨提供远程系统更新功能，当存在系统升级时，可远程要求其他客户端自动升级。监控中心系统功能见图 7-26。

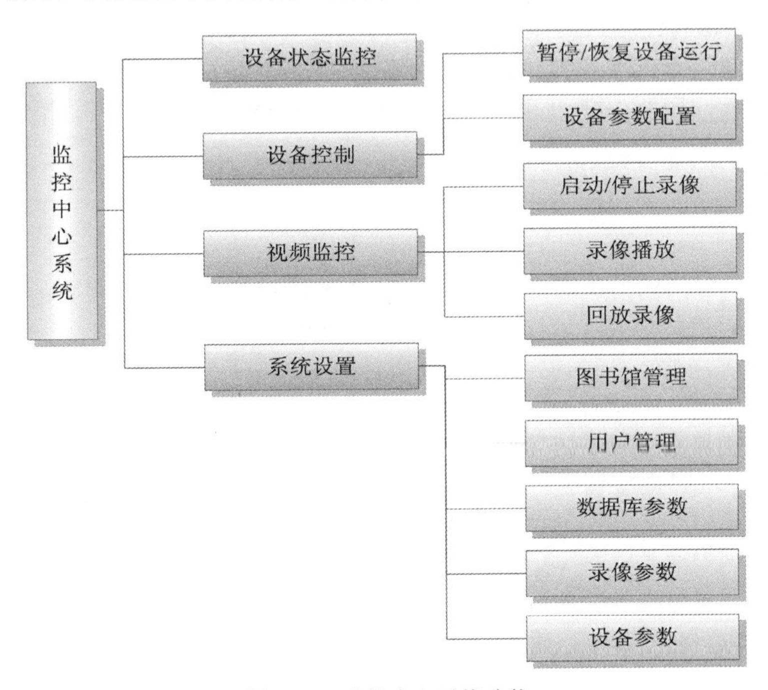

图 7-26　监控中心系统功能

2）RFID 服务平台

面向读者应用，设计界面简洁清晰，操作简单，便于读者使用，非常符合用户群体要求。

自助借还系统

自助借还系统结合无线射频识别、计算机、网络、软件以及触摸屏控制操作技术，实现对安装有电子标签的图书进行借还、续借功能，是 RFID 智能管理系统中最常用到的系统和设备之一。自助借还系统主要功能包括借书、还书、续借、查询、自助缴费和修改密码等功能，界面左侧列出系统主要功能项，界面中央 Flash 播放借书、还书与续借的操作流程或指定视频。系统同时提供了中英文两种界面风格，用户点击“English”按钮，可将系统切换至英文界面。

自助借还系统主要功能：①可与图书馆现有的图书馆管理软件实现无缝联接；②可非接触式快速识别粘贴在文献上的超高频 RFID 标签；③配备触摸显示屏，具有图形化操作界面，提供视觉交互提示功能；④对于读者和工作人员的误操作，具备声音和文字提示功能，可调控音量；⑤支持离线操作模式，有完善的后续处理功能；提供自动续连功能，在网络故障恢复后，自动连接流通系统服务器，并恢复自助服务；⑥具备多本书同时借还操作功能；⑦具备多种读者证识别功能（兼容二代身份证、高频借书证、条码借书证、超高频借书证），且能被系统正确识别。

24小时自助还书系统

24小时自助还书系统实现对安装有电子标签的图书进行全天候24小时的自助归还功能,可以延长图书馆工作的时间,极大地方便读者,主要功能以还书为主,一次限定完成一本图书的归还。

图书智能导航系统

导航系统是结合盘点车、书架标签,把馆藏楼层以3D形式展现在读者面前,指引读者快速查找图书的系统。可独立使用,也可嵌入图书馆现有OPAC(online public access catalog)系统中组合使用方便读者检索,可在电脑终端使用,也可在手机终端使用,实现图书网上查询功能,同时图形化显示、定位图书所在位置。

图书智能导航系统主要功能:①具有图书馆地图检索功能;②图书定位系统能对图书馆每本贴有RFID标签的图书进行位置坐标统计,读者能应用系统查询图书的位置坐标;③读者可根据题名、责任者、索书号、条码号等进行模糊查询,能够查询到图书的详细信息,还能图形化显示、定位图书所在书架位置;④可与图书管理系统的OPAC对接,实现3D地图导航。

2. 图书馆智能信息交互系统

图书馆智能信息交互系统包含信息交互系统管理平台和信息发布子系统、实时运行状态子系统以及内容支撑库。

1)信息交互系统管理平台和信息发布子系统

(1)动态数据展现:终端可以自动展现图书馆动态服务信息,如新书通报、超期公告、到馆人数等。

(2)内容自动更新:内容库内容播放可根据指定频率自动更新到终端。

(3)多媒体格式支持:全面支持各种格式的多媒体素材,如音频、视频、图片、文字、动态数据等。

(4)屏幕任意分区:屏幕可任意分区,同时播放多种内容。

(5)播放日程编排:可为每个终端定制播放日程表,终端自动播放对应内容。

(6)分时分区播放:可任意设定内容的有效期、播放时段、播放地点。

(7)简易内容制作:内容制作只需简单的拖放操作和参数设置即可完成,套用模板更为简单。

(8)在线模板下载:大量精美模版在线下载,满足不同场景需求。

(9)实时消息插播:自定义消息样式、在指定终端底部滚动播出或全屏显示。

(10)智能控制终端:终端按设定时间自动开关机、自动按日程表播放内容。

(11)多种网络支持:基于TCP/IP协议传输、支持有线网络和无线网络。

(12)终端远程管理:支持终端远程升级和维护,无需管理员到终端上操作。

2)实时运行状态子系统

通过挖掘和提炼图书馆业务系统中有价值的动态服务数据,以直观的图形、动态的数据方式展现给读者和管理层,一目了然地看到图书馆的运行状态,常用数据有读者流量(当天到馆人次,目前在馆人数;当月、今年累计到馆人次、各学院到馆人数)、图书流通数据(借出总册次，还入总册次）、新书推荐显示（以封面图片动态显示）、网站主页点击量、数字资源下载量、参考咨询文献传递量。

（1）数据展现支持大屏幕滚动播放，也可以在手机等移动终端随时查看。

（2）支持背景图片更换，数据展现样式自定义，各类数据可任意组合成一个界面。

（3）数据按统一格式存储，标准 XML 格式输出。

（4）图书馆可将总馆和分馆数据同屏显示。

3）支撑内容库

信息发布需要内容库的支撑，系统内容才能丰富、精彩、吸引眼球。系统自带的内容库有多元书目数据库和基础内容库。

（1）多元书目数据库。多元书目数据库有完善的图书检索信息数据，数据项包括封面图片（全部为高清图片，放大不失真）、作者、出版社、出版时间、编者推荐、内容简介、目录、前言、版权页、前 16 页（PDF 文本）试读或精彩内容试读（提取文字），在新书推荐和读者书评等栏目可以展现详细的图书信息。数据库可以通过网络远程授权使用，也可以部署到本地使用。本地部署的好处是图书封面全部都会加盖本馆馆藏章水印，数据可以供 OPAC 系统使用，本地数据会自动按需更新（根据入馆的图书编号自动从服务器下载）。

（2）基础内容库。基础内容库收录了很多适合图书馆播放的内容，目前已形成了名人名言，历史上的今天，幽默、笑话，百科知识等内容库，内容库的数据丰富，并有专门的团队进行编辑和更新。

7.5.4 建设成效

1. 建立了 RFID 智能管理系统

通过 RFID 标签读写，自助借还系统及设备实现了借书、还书、续借、查询、自助缴费和修改密码等功能。自助借还书机设备及系统界面见图 7-27。

图 7-27 自助借还书机设备及系统界面

师生借书时,在主界面中点击“借书”按钮,进入借书界面,刷校园一卡通,系统通过SIP2接口验证并获取读者信息,身份认证通过后,选择借阅图书数量,系统打开RFID读写器,开始读取图书。当读取到图书后,图书信息显示在“本次借书详细信息”栏中,“确认借书”“取消操作”按钮自动向下移动,用于提示师生读取到了图书。点击“确认借书”,完成借书操作,同时关闭RFID读写器。还书操作类似,但无需刷校园一卡通。借还书完成后,鼓励师生点击借阅查询,查看借还书信息,以确认借阅信息。图书借阅及查询流程见图7-28。

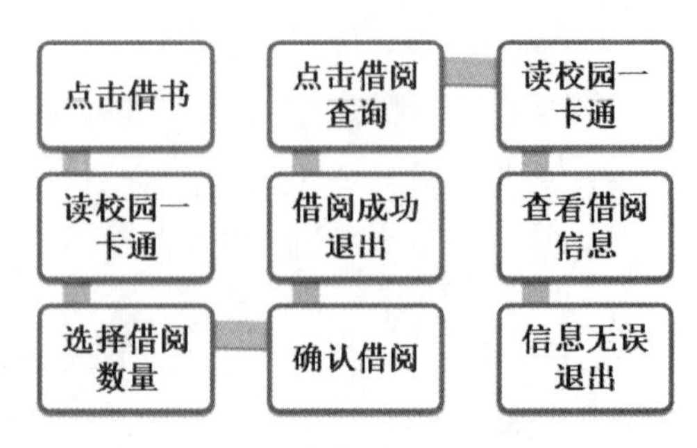

图7-28 图书借阅及查询流程

2. 建立了馆员工作站、电子标签转换系统及设备

馆员工作站主要包括馆员工作站终端和标签转换装置,主要配合电子标签转换系统使用,为图书馆工作人员进行RFID标签注册、注销、更换等提供方便。电子标签通过标签转换系统完成信息的注册输入,实现图书电子标签与条码号关联,图书电子标签通过标签转换装置读取,条码号通过条码枪或手工输入得到,关联确认后即可与图书条码号绑定,通过SIP2接口获取图书书名、作者等相关信息,或者通过图书标签更换,与图书信息进行绑定,完成流通前的处理操作。如需注销,通过馆员工作站和标签转换系统删除图书电子标签与条形码之间的关联即可。电子标签转换系统界面见图7-29。馆员工作站及电子标签注册操作见图7-30。

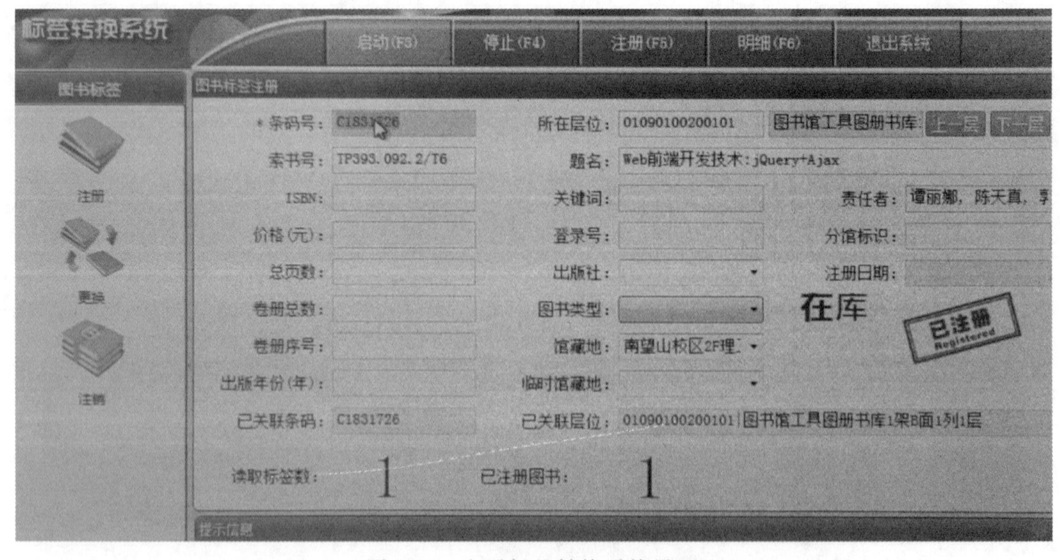

图7-29 电子标签转换系统界面

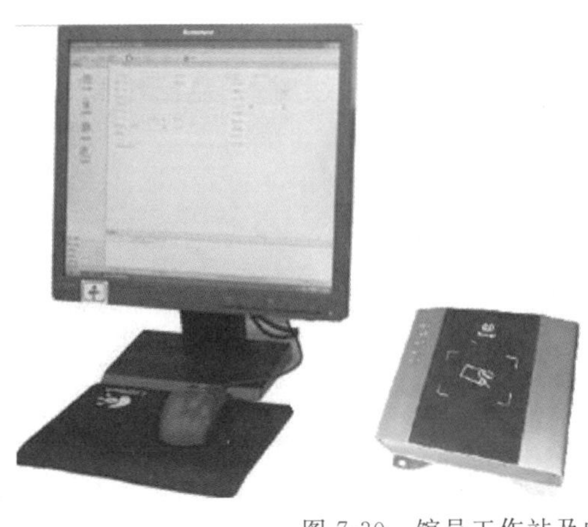

图 7-30　馆员工作站及电子标签注册操作图

3. 建立了推车式图书盘点系统及设备

图书盘点系统初步实现了馆藏图书的定期盘点、顺架、上架指导、剔旧等功能，同时支持对图书的查询与定位等。图书盘点操作见图 7-31。

图书盘点时，用手持天线对准需要盘点的层位的层标，按下读取开关读取层位代码，层位代码输入或者读取完成后，主界面显示层位上应该有的图书数量和详细信息，然后用手持天线扫描该层上的所有图书即可得出在架图书、错架图书数量和详细信息，一般图书列表中红色显示的为错架图书，灰色显示的图书为应该在架却没有扫到的图书，可能是错放到其他架位上或者标签未被读取。

4. 建立了安全门禁系统及设备

未来城校区图书馆 RFID 安全门及安装效果见图 7-32。

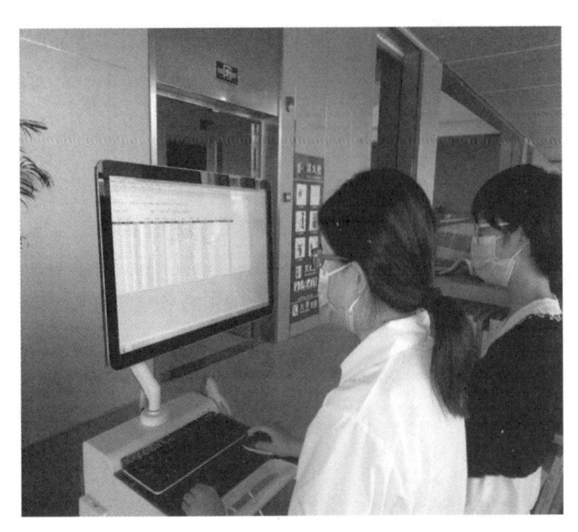

图 7-31　图书盘点系统操作图

图 7-32　未来城校区图书馆 RFID 安全门及安装效果图

安全门禁系统及设备实现了 RFID 图书自助借还的可行性，确保了 RFID 图书自助借阅的安全性，当系统启动后，自动开始安全监测，在人员经过时，快速识别图书内部超高频 RFID 标签信息，判断图书借阅情况，当系统监测到图书未办理借阅手续时，在监控列表中显示图书条码号与题名，自动进行声光报警。

5. 建立了 24 小时自助还书系统及设备

24 小时自助还书系统基本实现了全天候 24 小时的图书自助归还功能，大大延长了图书馆的服务时间。

6. 建立了监控中心系统及设备

监控中心系统主要用于监控图书馆所有已经安装的 RFID 设备的工作状态，系统界面见图 7-33。

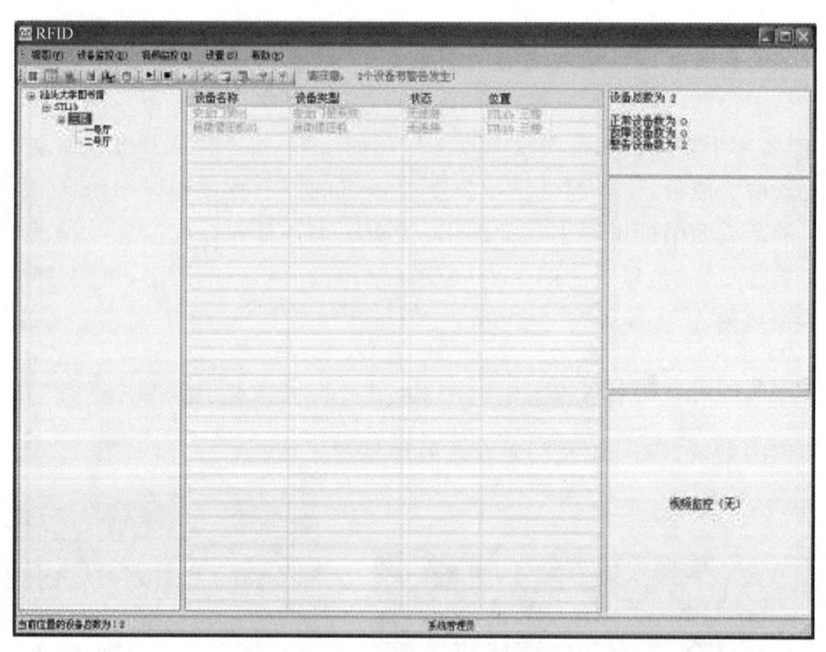

图 7-33　监控中心系统界面

7. 建立了图书智能导航系统

读者在图书馆 OPAC 系统中检索出图书，系统从 RFID 库中查找图书所在的具体位置，并打开图书定位页面，见图 7-34。

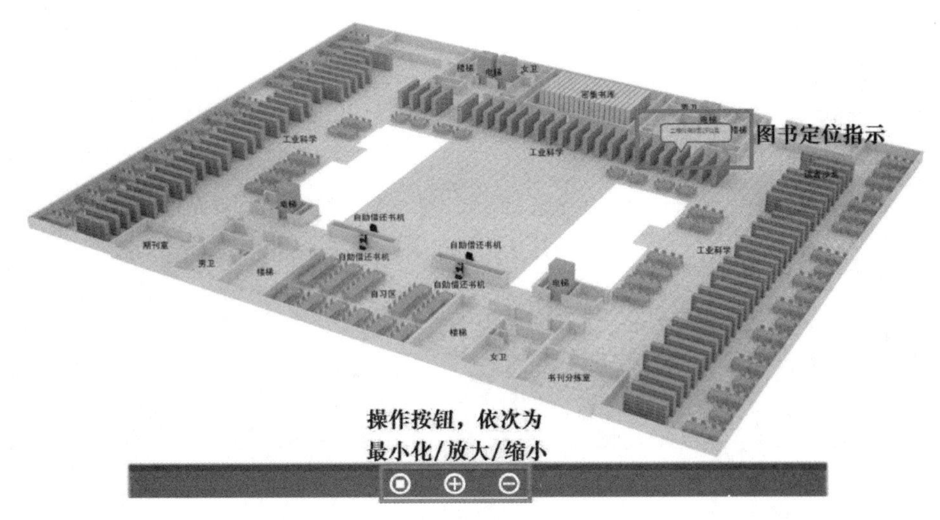

图 7-34　三维定位图

8. 建立了图书馆智能信息交互系统

图书馆智能信息交互系统不仅实现了图片的发布和宣传，同时实现了图书推荐、到馆人次、借还书册次等业务系统动态服务数据的对接和展示，以直观的图形、动态的数据方式展现给读者和管理层，一目了然地看到图书馆的运行状态。信息交互发布系统管理平台界面见图 7-35，实时运行平台界面见图 7-36。

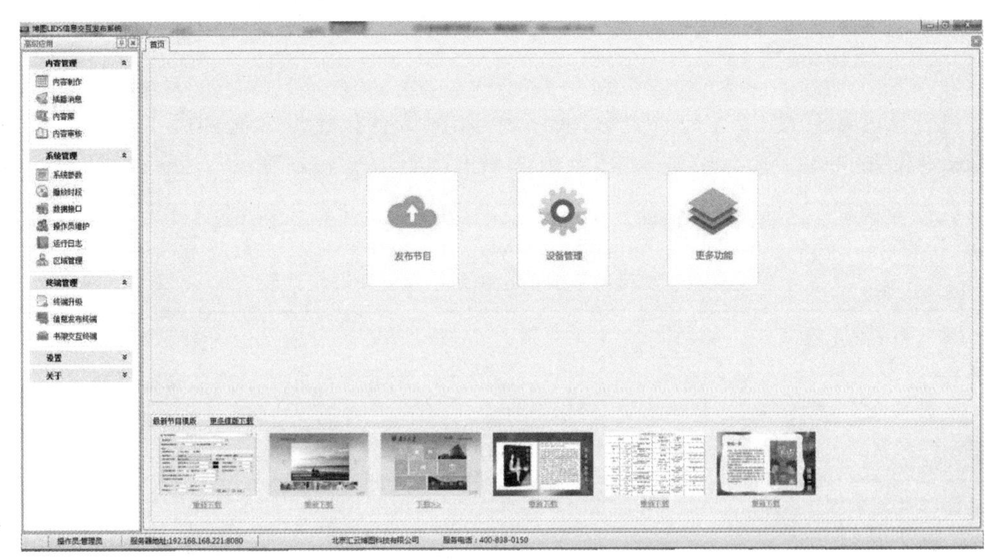

图 7-35　信息交互发布管理平台界面

图 7-36　实时运行平台界面

7.6　水电能源数据总站建设

2019 年中国地质大学(武汉)借着未来城新校区开发的契机,启动了水电能源数据总站建设,为学校水电能源精准计量、智慧化管理和校园碳计量奠定了基础。

7.6.1　建设现状

经过长期不断建设,中国地质大学(武汉)在能源信息化建设方面开展了如下工作:建立了校园供水管网的水平衡分析系统、校园用电的电能计量管理子系统、学生公寓用电结算管理子系统以及家属区水电收费平台等不同程度的业务信息化系统等(表 7-1)。

表 7-1　水电与节能信息化系统建设情况统计表

序号	网站和信息系统名称	访问形式	网络情况	使用情况	系统功能简述
1	供水 DMA 平台	Web 端	校园网	在用	DMA 分区、末端压力和流量、用水量统计、异常报警等
2	电能计量管理子系统	Web 端	校园网	在用	部分楼栋的楼层用电量、后期要发展到每个房间
3	学生收费平台	Web 端	校园网	在用	学生宿舍用电收费管理
4	家属区收费平台	Web 端	校园网	在用	家属区用电收费管理
5	水泵监控平台	APP	互联网	在用	东区、西区泵房监控
		APP	互联网	在用	北区泵房监控

续表 7-1

序号	网站和信息系统名称	访问形式	网络情况	使用情况	系统功能简述
6	配电运行平台	PC 端	互联网	在用	配电网络监控
7	空调管理平台	Web 端	互联网	在用	分体空调和中央空调管理、开关机控制等
8	维修平台	小程序	互联网	在用	对宿舍、教室等公共区域的设施报修

虽然建立的信息系统不少，但系统独立分散，无法统管，问题主要表现在：①水电九大系统分散建设，存在水电业务系统孤岛；②每一套系统中都存有大量且内容丰富的数据，但无法跨系统进行监控、汇总，存在水电数据资产分散；③无法对各业务系统中的水电用量、设备运行情况、报警情况进行综合管控，缺乏统一的水电监控。

7.6.2 建设思路

1. 规范水电数据管理、提高数据质量

通过数据治理，对水电与节能业务信息化系统现有数据进行统一摸排，自上而下完成数据的标准规范制定，完善数据质量，配合数据治理平台的建设，构建成熟的数据规范管理体系，同时对存量数据进行一次集中优化，提升现有数据的质量。

2. 消除水电数据孤岛、提升数据价值

通过数据治理，构建水电数据中台与一系列数据服务，打破水电与节能管理原有业务信息化系统数据不兼容的困扰，实现多源异构数据的统一融合，构建数据与数据之间的连接，为数据应用提供良好的数据资源，从而让数据能被应用到合适的地方，有效提升数据价值。

3. 整合业务流程、优化水电资源

基于数据标准化体系，整合水电与节能业务平台，形成面向不同业务层面的数据集市，实现大数据的灵活调用和深化应用、实现各业务板块之间的联通和协同，优化后勤资源，提升后勤业务效能。

4. 水电数据可视化、增强后勤决策能力

基于水电数据中台和业务中台的支撑，实现学校后勤能源数据的统计分析及可视化，打造后勤水电数据总站，实现更有效的决策过程。

7.6.3 技术方案

1. 水电数据总站架构体系

立足学校后勤水电管理实际需求，制定统一数据对接标准，将各系统关键业务数据汇总、处理并存储至水电能源数据总站，从而实现对后勤水电的一体化综合监控管理，为后勤运营赋能(图 7-37)。

图 7-37 水电数据总站架构体系

(1)数据源。目前水电与节能管理各业务系统中存在大量业务数据，具有庞大的数据资产，需要对数据源进行统一管理，来提升存量数据的价值。

(2)数据中台。根据水电与节能管理业务的实际情况，建立一套完整的数据标准体系，包含业务标准、技术标准、质量标准、管理标准四个方面。基于微服务架构，构建从数据采集、存储、处理到服务的后勤能源数据中台总体架构，搭建数据源和数据应用的连接桥梁，全面打通数据孤岛，提升应用数据的质量和服务效率，实现高效共享，最大化数据价值，为后勤能源运营赋能。

(3)业务中台。通过大数据运营调度来打通业务系统之间的联系，进而将水电与节能管理业务流程和数据完全打通，形成综合的整体布局，按照统一的规范和标准建立综合业务平台和后勤工单平台，实现对后勤能源各类数据的统计分析和可视化展示，构建校园水电数据总站。

(4)应用层。应用层为水电与节能管理人员及领导提供面向不同用户的统一服务系统，提供 PC 端、移动端的应用门户。

2. 建设内容

一是制定水电数据标准。制定水电业务、数据、管理、质量 4 个相关标准。

二是水电业务系统数据集成。按照相关标准对现有系统数据进行清洗、标准化和汇聚，对系统业务进行流程规范和优化。

三是建立水电数据中台。平台提供一系列管理工具，对汇聚的数据进行统一治理与管理，包括主数据管理、元数据管理、数据标准管理、数据标签管理、数据质量管理、数据模型管理、数据资产管理、数据安全管理等，为水电数据运营和水电系统运维提供水电数据服务。

四是建立水综合管理系统。建设面向高校用水监管的智慧用水管理系统，支持综合运营、实时监控、节水分析、供水管网 GIS、泵房监控、分区漏损管控、水表监控、水费管理、智能报警、运维档案等管理，实现对高校用水情况的实时监控和智能分析，通过可视化图表的方式，全方位展示校园的用水和节水指标，及时发现校园异常用水事件并进行报警提醒，提升异常事件的响应处理效率，使高校从被动用水到主动节水，同时能够为校园的日常节水管理工作提供决策支撑。

五是建立电综合管理系统。建设面向高校节电监管的智慧用电管理系统，支持综合运营、实时监控、节电分析、供电管网 GIS、供电分区管控、电表监控、智能报警、计量收费、运维档案等管理，实现对高校用电情况的实时监控和智能分析，通过可视化图表的方式，全方位展示校园的用电和节电指标，及时发现校园异常用电事件并进行报警提醒，提升异常事件的响应处理效率，能够为校园的日常节电管理工作提供决策支撑。

六是水电能耗数据可视化。建立可视化平台，对水电与节能业务环节汇总的重点数据进行直观化展示，对分散异构数据进行关联分析，并做出完整分析图表，清晰并有效传达与沟通信息，解决信息分散、孤岛管理的问题，让工作人员从全局了解后勤能源各类型数据的总体情况，对相应业务环节的数据进行统计分析，实现对宏观概况的全面把控。

7.6.4　建设成效

通过水电系统集成、数据治理，实现水电设施设备、业务数据的“一站式”统一管理与服务(图 7-38)。

一是实现水电数据监控。改变了目前多系统管理、数据分散的现状，避免了新增设备时多方协调碰到阻力大、效率低等实际问题。

二是增强水电数据价值。打破了原有业务系统数据不兼容、各自为政的困扰，实现多源异构水电数据的融合，提供水电用量监控、能源监测、运行情况报警预警等功能，有效提升水电管理数据价值，便于辅助决策管理(图 7-39)。

三是整合水电业务流程。通过对多业务平台整合，构建水电地理信息平台、工作平台、综合管控系统,实现各业务板块之间的联通和协同,提升业务效能。

四是提升水电管理效率。通过构建水电一体化管理,为学校师生提供“一站式”水电服务,全面提升水电管理工作效率及服务质量;通过节能精细化管理,实现对学校能耗、碳排放、定额统计等多维度计量,为学校绿色、低碳发展奠定基础,提供相关数据资料。

图 7-38　水电数据“一站式”服务平台主界面

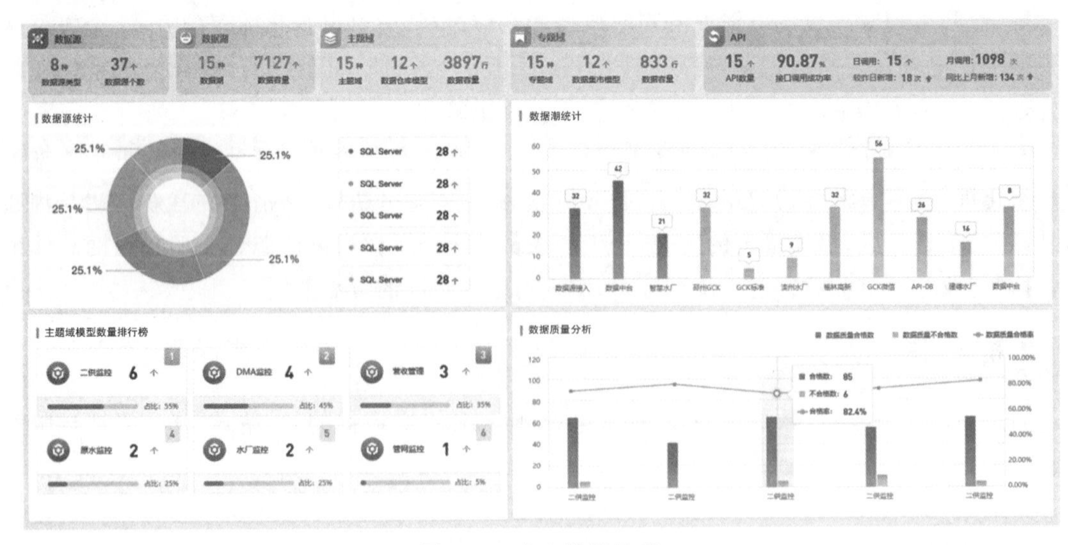

图 7-39　水电数据呈现

7.7 网络态势感知

7.7.1 建设现状

目前校园网络与互联网已进一步融合，应用和用户数量的壮大、无线网络的增长，使网络出口流量多以运营商的级别为计量单位，面对如此高的网络出口带宽，如何在众多网络应用中保障传统教学应用质量俨然成为学校网络中心的一个难题，出口网络、主干网络、有线网络、无线网络、数据中心网络、物联网络都需要更加精准的态势感知并加以智能优化。

一方面，互联网出口压力过大，视频类、下载类等重载资源严重冲击着学校互联网出口；在用网高峰期，由于娱乐性重载资源的冲击使学校正常教务教学业务受到相当程度的影响；并且，由于出口带宽的限制，校内用户的人均带宽偏低，导致校内用户用网体验差，此类投诉量逐渐增长；另一方面，常态化疫情防控阶段，例如网易云课堂、MOOC 等在线教学视频资料已成为极为重要的教学补充手段，而在用网高峰期时对于在线教学资源的访问不畅以及用户体验差等问题，严重影响正常的教务教学工作。

因此，通过实时精准感知网络运行状态，收集用户数据，识别分析网络流量，为网络故障处置、网络质量优化、带宽资源调配提供判断依据，将进一步提升网内用户体验，巩固学校信息化建设成果，提高学校信息化水平。

7.7.2 建设思路

通过构建一套校级网络态势感知平台，对校园网络出口、主干网络、有线接入网络、无线接入网络、数据中心网络、物联网、校园 5G 等网络运行状态实行全天候监测，协助网络管理人员实时了解校园网络整体运行状态、运行质量、攻击预警、用户行为，从而总结校园网络的运行规律、研判校园网络的风险隐患、及时定位安全威胁来源，为校园网络资源合理调配、风险有效规避、行为及时预警等提供重要的决策依据，为进一步健全校园网络安全防护体系、实现主动安全运维管理提供便捷、高效、智能化的工具手段，具体建设内容如下。

一是对校园网中现有各类网络通信设备和网络安全设备实行全面纳管，实现对设备 CPU、内存、端口流量、链路状态等监控，风险阈值自动告警。

二是实时监控网络光链路质量、数据报文传输流量和丢包率等网络质量核心数据。

三是对校园网进行全流量清洗，发现潜在安全风险和攻击态势，识别非法应用和恶意流量。

四是通过自动化编排系统与安全设备、流控设备、负载均衡设备的联防联控，实现自动化、智能化的联动处置。

五是实现校园网整体运行情况、网络设备在线情况、故障告警和处置情况、主干链路和出口流量负载情况、物联网终端情况的发布与可视化展示，做到网络态势一目了然。

六是实现对网络流量日志、NAT 日志、网络设备运行日志、网络质量监测日志、网络故障日志等数据的采集收集、大数据分析，总结发现校园网运行规律，进而健全网络安全防护体系。

7.7.3 技术方案

1. 网络态势感知部署

整个网络态势感知平台采用中央服务器-分支服务器分布式部署模式,实现两校区的集中和分层监控管理(图 7-40)。学校分 3 个监测节点,分别是数据中心机房、南望山校区、未来城校区各部署一套探针,负责数据采集、分析和告警,在中心机房部署一套中心节点,负责全网数据汇总和展示,同时提供一台服务器作为数据备份和冗余。

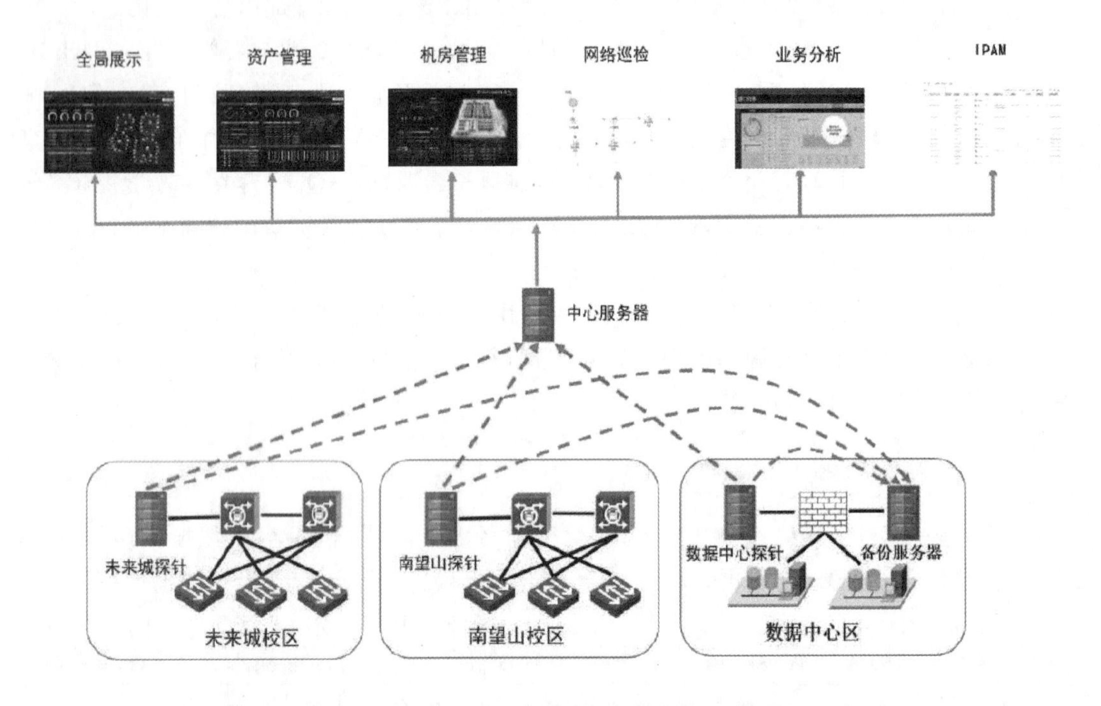

图 7-40 学校网络态势感知整体部署示意图

系统采用纯 B/S 结构,实现多地域、多时空、多方式管理,提高系统易用性和方便性;不论何时何地,都可以通过电脑、移动终端对系统进行访问,保证管理的时间空间全覆盖。系统旁路部署模式,减少系统单点故障,保证系统对基础网络的影响最小化。

系统采用无代理部署模式,提高系统部署时效性,较少对网络环境的影响,避免系统对网络环境形成二次故障。中央服务器热备机制,保证中央服务器系统的高可靠性,在主服务器系统出现故障时,能及时切换到热备服务器系统,同时主备服务器实时数据交互同步,保证数据的一致性。

中央服务器负责收集全域网络设备运行数据,统计、分析;展示全域网络拓扑和各分支机构局域网拓扑,展现设备运行状态和链路通断情况,并产生全域综合报表。中央服务器可直接进入分支服务器系统直接进行监控、配置和故障排查。

主干分支服务器对主干网络设备和网络环境进行监控,实时掌握主干网络设备性能状态,及时搜索定位设备,确定故障点,在故障产生第一时间产生告警并通知管理人员;对主干网络形成个性拓扑视图,展现设备运行状态和链路通断情况;出具主干网络运行情况报表数据;并将数据传送给中央服务器。

校区分支服务器系统对各校区进行全面独立监控和管理,协助管理人员定位故障点和故障排查;形成校园网拓扑视图,展示网络运行状态,在故障产生第一时间通知具体业务管理人员,并出具校园网整体和各校区网络运维报表。

2. 网络设备状态监测

校园网中需要监控管理的设备种类非常广泛,所支持的设备包括:交换机、路由器、服务器、桌面机、虚拟机系统(如 VMware ESX)、防火墙、域控制器、打印机、无线设备、UPS 等,涉及 Cisco、IBM、中兴、华为、H3C、HP、Juniper、Microsoft 等超过 50 家主流网络厂商和安全厂商设备。网络态势感知平台可自动识别设备类型、构建视图、自定义 OID(object identifier)与监视器参数,以实现个性化的管理。

业务视图支持分层视图管理,可将根据校区、楼宇或者业务上的不同将设备分成不同视图,再将不同视图关联起来,形成多层次的视图,方便进行更细化的管理,并且可针对用户限制访问视图的范围,提高安全性。

3. 网络性能监控分析

对比网络层性能检测系统,NPM(node package manager)检测的目标是应用,是业务,看到的更接近网络中实际发生的真相。对比业内其他的应用性能检测系统,NPM 除了可以识别出应用协议数据结构,还能看到应用协议的交互流程。

可以实现单个协议时延、抖动等性能指标在时间维度的查询。可以实现多个协议和用户的交叉查询,监测异常情况,上报预警或告警。可以实现业务性能指标的实时查看,针对出现的问题,可以实现按需追溯。

4. 校园流量可视化

实现对网络流量的识别和分析,并且通过曲线、柱状图、饼状图等方式多维度呈现到 Web 界面上。用户可以通过实际的显示结果了解网络中协议和应用的类型、流量、源宿 IP、运营商等。

5. 恶意流量识别和治理

面对校园网带宽被 P2P(pointer-to-pointer)等非关键应用长期占用的状况,增加带宽往往不能从根本上解决问题,必须进行专业流量管理,并且和管理企业流量不同的是:高校骨干网流量管理引擎在性能上需达到电信级的处理能力才能满足其需求,否则只会令网络更慢甚至瘫痪。网络应用层流量监控和管理引擎应性能稳定卓越、流量识别精准,能够对近千种常见的应用协议流量进行有效的调度、管理、保障,能够满足校园网用户对于流量使用的复杂需求。

通过DPI(deep packet inspection)技术实现挖矿软件治理,对于任何软件,在数据通信过程中会留存软件特征。如迅雷、BT、微信、腾讯会议等大家熟知的软件通过DPI分析,都会得到相关软件特征。对于挖矿软件来说也是一样,通过DPI分析,会发现这些软件的特征,从而发现挖矿行为。建立校园恶意挖矿的日常监测机制和实时预警机制;同时,建立校园不良网络借贷应对处置机制。通过访问这些网站的频率排名,分析出可能产生校园贷的高危用户,并显示其对应帐号信息,快速定位用户,为学校提前危机应急预警、干预提供支撑,避免由校园贷引起的不良事件发生。

6. 全网行为管理

全网行为管理涉及用户上网行为管理、网络准入、设备准入以及业务访问行为分析。其业务核心包括:多种认证方式、全面的审计能力、支持多种应用的封堵、精准的流量控制;准确识别IOT设备、统一管理硬件资产;强管控违规用户、精细分析行为画像。

全网行为管理基于端点无感知、少故障节点、不影响原有网络为原则的建设理念,强调以人为中心业务访问控制,入网只是关键的一步,保障业务行为安全和上网行为安全才是最终的目的。

7. 网络日志可追溯

就日志分析而言,实现异源日志的全收集、海量存储,通过强大的分析、搜索引擎,为用户提供多方位、全视角的分析报表,才能满足校园网的管理要求。从而为客户带来实实在在的管理效益。

在收集日志的同时,对符合特定条件的事件进行告警,并通过内建的数据库创建报表。日志分析也可以按照指定的间隔定期对所收集的日志进行归档、压缩,以简便、有效的方式,帮助管理员进行日志的集中管理。

8. 告警管理

告警管理是网络态势感知平台的核心功能,告警的重要目的之一就是在出现故障时第一时间通知网络管理员应急处置。对不同级别的故障采用不同颜色等级进行显示,管理员可轻易地识别当前重要的告警有哪些、一般的告警有哪些,从而有目的性、有步骤地进行故障处理。

平台支持基于灵活的阈值设定策略,可针对各种性能参数进行阈值设定,在达到阈值规定数值时进行告警,达到提前预警的目的。告警方式包括:电子邮件、SMS短信、Web页面、微信推送等,告警可联动处置,支持自动生成服务台工单、自动执行系统命令等。

9. 报表生成与数据对接

高级报表功能主要是对系统内置的报表功能的增强,提供更加灵活和个性化的定制方式,满足报表功能的个性化需求,支持数据接口定制开发,提高报表系统的可用性和提供价值的网络数据。

7.7.4 建设成效

1. 校园态势准确掌握，网络管理有的放矢

“网络是三分建、七分管”，强调了后期管理、运行、维护的重要性、必要性和长期性。通过网络态势感知平台可以系统、全面、高效、实时、精准掌握学校网络运行态势，为学校网络管理员提供强大的工作平台和技术支撑手段，有效提升网络维护水平(图 7-41)。

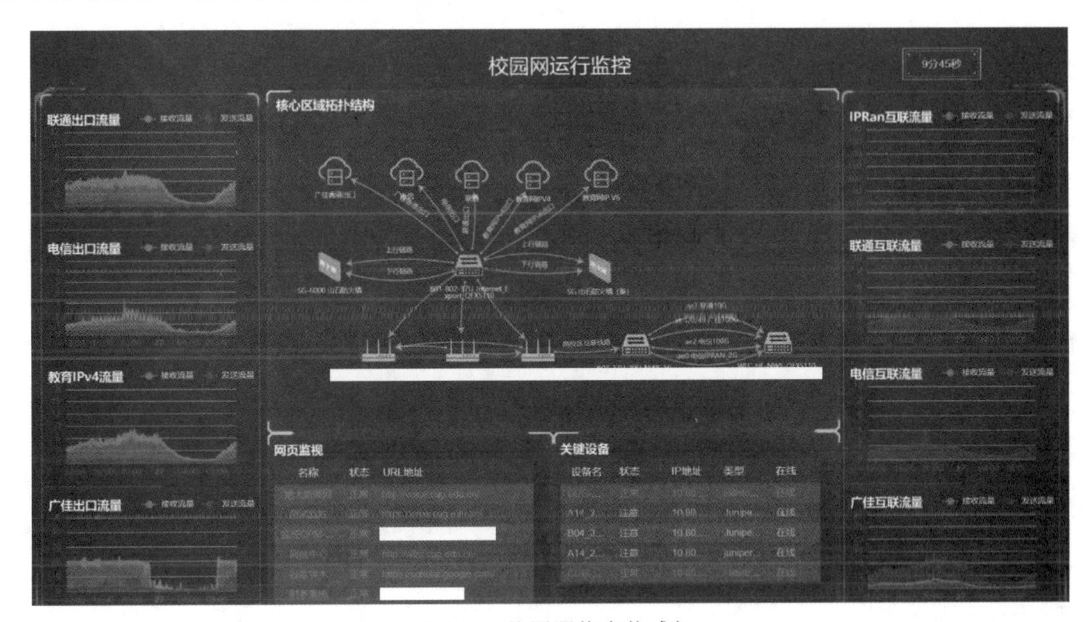

图 7-41　校园网络态势感知

2. 趋势隐患提前预警，潜在风险及时消除

网络态势感知可系统全面监控校园网各运营商出口带宽流量情况，提供网络带宽变化趋势，便于网络管理员对流量增长做出趋势预判，提前扩容带宽保障业务平滑增长。

通过长期记录多个协议的 Top 排行情况，可以实时发现网络出现的异常和突发情况。当遇到异常和突发情况时，可通过查看单协议的相关信息，来追溯网络中真实发生的情况，对网络可能出现的危险进行预判和告警，从而防患于未然。

当高可用架构设备发生节点故障或聚合链路发生单链路故障时，业务不受影响，通过网络态势感知可及时感知、定位到故障点，及时修复故障，消除风险，避免隐患进一步恶化蔓延，影响到用户业务(图 7-42)。

3. 网络故障及时告警，应急处置响应迅速

通过部署网络态势感知平台，实时掌握网络运行状态，一有问题，系统会自动推送告警。因此，信息化办公室的工作人员在师生感知或报修前，就能提前把问题解决，如遇上周末或下班时间，用户根本就不知道出现过问题。上门维修的运维人员经常会听到：“我还没报修，你

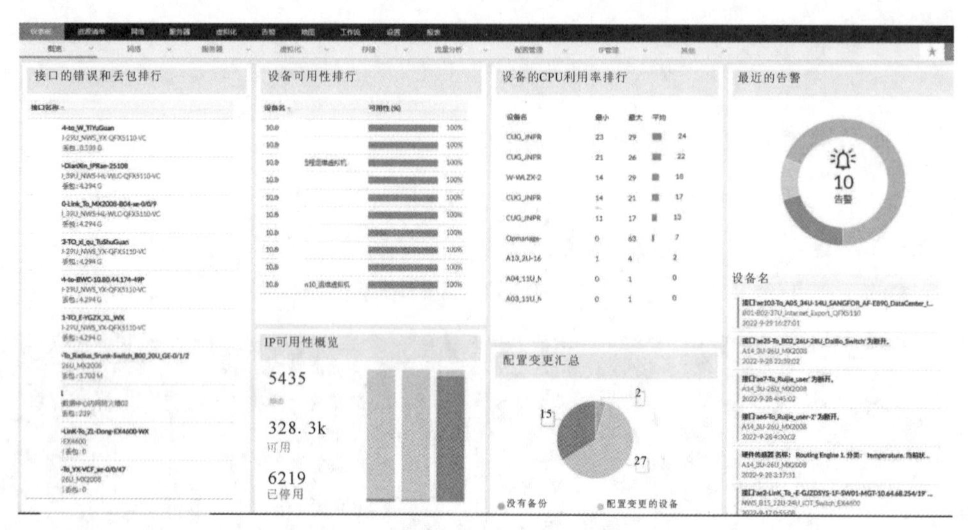

图 7-42　网络设备运行整体态势展示图

们怎么就来了”。这套监控系统还能更早感知停电情况，比如 2021 年暑期，有用电过载突发跳闸的情形，信息化办公室的工作人员立即能通过系统掌握停电范围。

4. 应用流量精细管理，带宽资源智能调配

校园网络区域式智能管理，学校更希望将流量可以在区域内得到有效的管理：比如，在图书馆内营造安静舒适的环境，那么无线 Wi-Fi 应当禁用网络游戏、网络电视、Web 音乐等应用；提升教学的质量，在上课期间可对手机无线等上网应用禁用，家属区的需求比较综合，为其提供稳定的宽带服务等，实现区域上的可运营流量管理，提供的网络接入服务可有效实现这些需求，根据需求的不同为不同的区域提供不一样的宽带服务。同时实现对网络进行流量可视化和应用精细化，将每一比特流量的具体应用呈现出来，便于网络管理者进行分析、定位、处理和优化。

以学校为例，互联网出口情况见表 7-2。

表 7-2　校园网互联网出口带宽资源统计表

序号	互联网出口名称	带宽	主要用途
1	中国教育和科研计算机网	2G	默认链路，保障学术业务
2	中国电信	5G	保障实时性要求较高的业务
3	中国联通	6G	保障视频类大流量业务
4	海外学术资源专线	20M	保障海外业务

学校在多带宽接入的场景下，通过网络态势感知配合出口路由和 DNS 调度，最大化发挥带宽性能，发掘利用各自的优势，合理优化调配带宽资源，提升师生用网体验。

5. 运行态势整体展示，网络信息公开透明

通过网络态势感知平台可实现学校 1700 余台网络设备的全生命周期管理。设备采购时间、上线时间、运行状况、运行时长、维保情况、仓库备品备件情况等，让网络管理者对全校的 IT 资产既有整体状况把控，针对每台设备又有详细情况信息（图 7-43）。真正实现网络设备信息的公开透明和全生命周期监管。

图 7-43　校园网 IT 资产全生命周期闭环管理示意图

6. 网络数据全量收集，科学决策有据可依

全量 1∶1 网络日志留存，记录每时每刻每个 IP 地址的每个会话信息，提供日志审计查询、分析和回溯，充分满足《网络安全法》和公安部“151 号令”的要求，确保 IDC（internet data center）的日志信息安全。

专用的网络大数据日志集群系统，可提供 IP 日志、应用日志、帐号日志、事件日志；其中事件日志主要包含：URL 访问日志、QQ 登陆登出日志、POP3 登陆日志、DNS 查询事件、微博帐号日志、淘宝、飞信等日志。例如 URL 日志，它的访问频率和吞吐的变化，可协助判断、分析 IDC 的一些关键事件的发生。

7. 运行数据统一整合，运维绩效整体评估

在校园网管理过程中，会涉及到 30 余种工具或系统。多数情况下，这些系统都是独立运作的，因此它们的数据都具有封闭性的特点，无法相互流通，给运维团队深入进行数据分析带来了门槛、障碍。

网络态势感知平台管理团队能够以统一的方式查看数据，洞察业务瓶颈或识别故障，以制定正确、合理、关键的决策。通过仪表板、报表等组织各类业务数据的关键指标，也为管理者提供深入的透视能力。

7.8　机房设施监控

要想提升数据中心机房管理中的隐患防范能力，就不能忽视机房设施监控系统的作用和价值，在数据中心机房运维管理智能化的过程中，机房设施监控系统的优化升级已经成为必然趋势。

7.8.1　建设现状

中国地质大学（武汉）数据中心机房动环监测系统建设始建于 2014 年，实现了对学校数据中心机房基础动力环境数据的采集、监控，为保障机房基础设施多年来的稳定运行发挥了

重要作用。

近年来,动环监控系统未进行大的更新改造。随着设备老化及监控技术的更新迭代,原有动环监控系统存在以下问题。

1. 监测设备老化,设备性能弱

机房动环监控系统至今已运行 8 年时间,随着运行时间日久,监控主机和监控采集数据模块老化,无法及时获取设施监控数据。

2. 动环系统升级更新慢

近年来南望山校区数据中心机房随着业务需求增加,数据中心机房供配电、空调制冷等多方面已逐步进行改造和升级,而动环系统一直未进行有效升级更新,无法将新增设施设备纳入监管中。

3. 设施监管运维大部分以人工运维为主,监管智能化运维能力弱

随着监控技术的更新迭代,南望山校区中心机房和未来城校区网络通信机房的硬件设备兼容差,设备参数少,接口单一,难以满足设施智能监控要求。

4. 无法实现两地机房基础设施集中运维、统一管理

当前两地机房以本地管理模式为主,为提升学校两地办学支持保障能力,对两校区机房设施监管设备进行升级改造,实现从应急型维护到预防型维护的转变,提高数据中心运行能力,更好地为学校信息化提供强有力支撑。

综上所述,南望山校区中心机房和未来城校区网络通信机房动力环境监控系统已经无法满足当前基础设施运维管理的要求,因此需要利用最新的监控技术、计算机网络技术、多媒体信息技术、自动化技术,对其进行升级改造,完成学校数据中心机房综合运维监管中心建设,实现从应急型维护到预防型维护的转变,从而提升数据中心机房基础设施运行管理能力,帮助运维人员规范工作流程,提升设施运行精确规划能力;提升分析处理问题能力、掌握机房各项运行数据,为设施安全运行提供各项参考及决策依据。

7.8.2 建设思路

完整机房设施环境监控系统(图 7-44)应该具备三个特点:能够实现从机房基础设施设备运行到机柜微环境再到机房整体环境的多层次监控;强大的阈值管理功能,丰富的告预警方式和告预警流程来保证机房管理人员能够收到告预警信息,从而达到告警的目的;它是网络化、智能化的,可以随时随地通过网络查看机房内基础设施的运行情况。

通过部署分布式采集单元、节点服务器、集中监控系统平台,实现对学校两校区数据中心机房进行一体化监控管理。在满足海量测点数据接入及性能指标基础上,实现告警、权限、报表、联动控制等功能的统一管理、统一展示,并具备在线升级及扩展能力。

主要监测的数据中心机房包括南望山校区数据中心机房、未来城校区网络通信机房、未

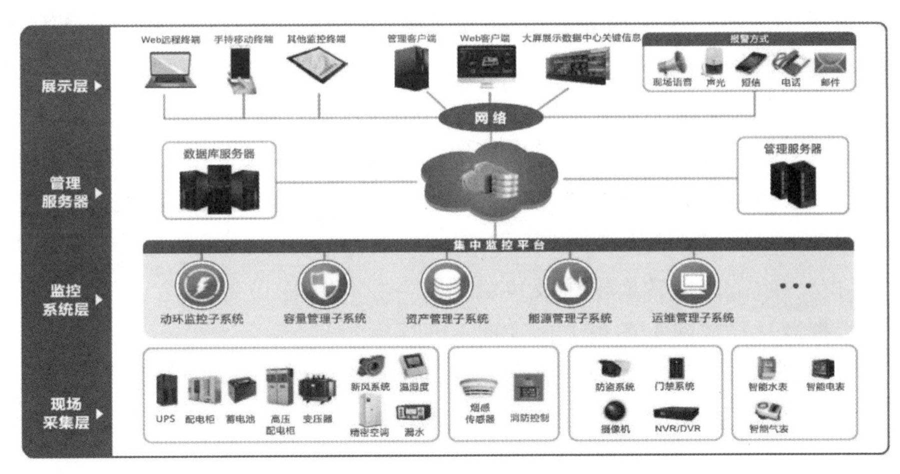

图 7-44 机房设施监控系统框架图

来城校区数据中心机房，平台功能包括：动环监控、容量管理、资产管理、能源管理、运维管理、3D 可视化仿真系统等。

7.8.3 技术方案

1. 系统平台应用架构

学校数据中心机房综合运维监管中心 DCIM 系统部署架构包括：被控设备层、数据采集层、传输层、区域/子系统管理层、集成管理/平台层。系统应用架构如图 7-45 所示。

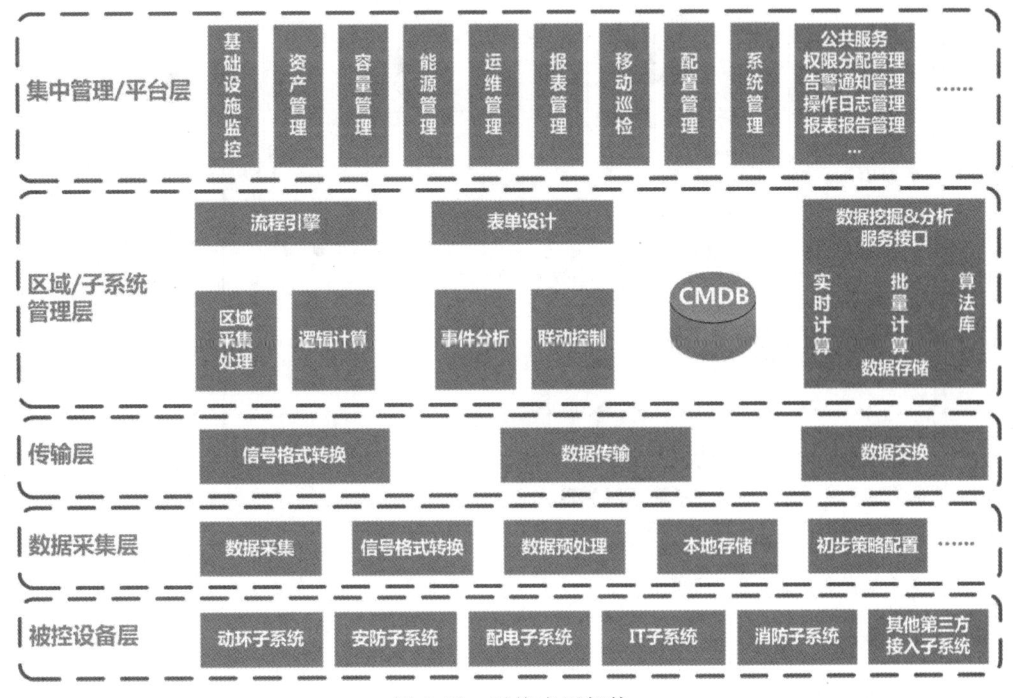

图 7-45 系统应用架构

被控设备层(子系统):处于底层的子系统层,即为各个分系统,如动环子系统、安防子系统、配电子系统、消防子系统等。各个子系统均能够向上提供软件接口(比如 OPC、API 等标准协议的接口),提供相应的告警、资源、事件等信息。

数据采集层:由串口服务器、嵌入式服务器、数据采集器等设备组成,对数据中心动力、环境及安防系统中设备运行数据进行采集。采集层可对其他厂商的硬件接入开放,统一接入协议标准(mod-bus 或 SNMP 等协议)。

传输层:由交换机、光电转换模块及传输线缆等网络传输设备组成。将数据采集层所采集各种信号数据通过局域网络远程上传管理平台层。

区域/子系统管理层:由区域管理服务器、区域管理软件组成,提供管辖区域内监控设备数据的集中处理、优化、存储、推送和应用服务功能,帮助集中管理平台层提前优化数据,减轻负担,并将优化处理后的数据给集中管理平台层使用。

集中管理/平台层(具备云化部署能力):由服务器(云化)、管理终端、显示终端、报警设备和管理软件组成。提供逻辑处理分析、数据存储和应用服务功能,实时接收传输层上传来的数据及告警信息,经过相应的逻辑处理分析后存储数据,并提供向上的应用服务供客户端、3D 系统、手机 APP、巡检终端以及其他第三方系统使用,实现数据存储、记录告警事件,并以各种不同的方式输出告警。同时可生成各种报表、人机界面展示,实现日志功能及权限管理等功能,同步 NTP 时钟源。本地和云平台服务器自动同步。

2. 机房综合运维监管中心拓扑图

综合运维监管拓扑关系如图 7-46 所示。

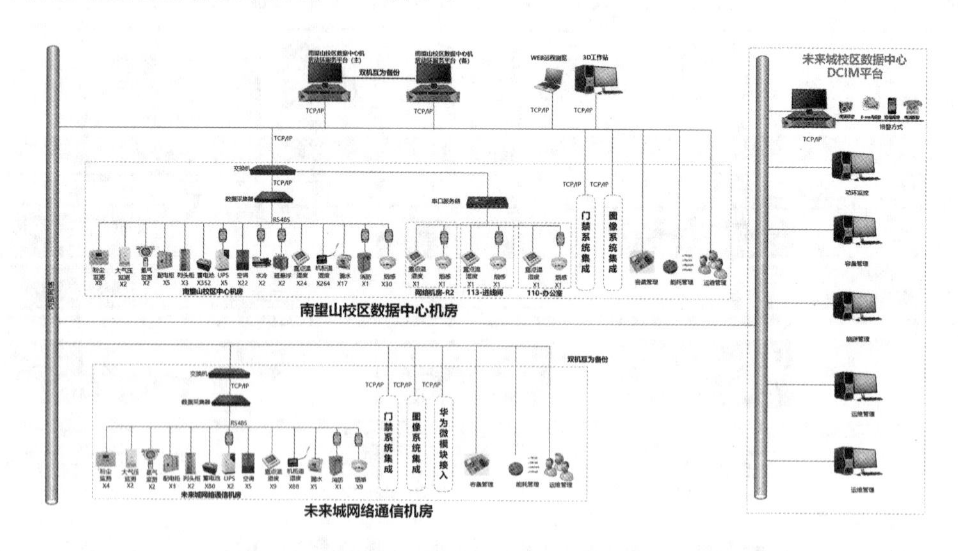

图 7-46　数据中心机房综合运维监管中心拓扑图

3. 平台功能

平台集成多种功能如表 7-3 所示。

表 7-3　功能一览表

功能类别	功能名称	软件功能目标
DCIM 主平台	系统架构	支持 B/S 和 C/S 双重架构
	操作系统支持	支持主流 Windows 7、Windows 8、Windows 10、Windows 11、Windows Server 2008 及 Windows Server 2012 操作系统
	界面展示	全中文设计，采用 2D 仿真组态界面，支持电子地图功能；支持设备导航节点树管理模式；支持自定义显示功能菜单；系统可根据显示器分辨率自动调整界面以适应屏幕最佳显示
	消息中心	将整个 DCIM 系统当前所有的实时告警数据、待办事项、运维任务等通知综合起来进行统一展示管理
	系统管理	安全管理：系统根据不同的管理者提供多样化的管理权限，支持划分功能权限、数据权限、控制权限，可根据需求定义不同的权限组和人员，系统默认有 3 个权限组；系统配置：对不同用户操作界面快捷菜单进行设置，支持对快捷菜单内容和顺序修改；支持告警触发语音、弹窗、事件栏等属性进行设置；支持对账户安全策略的调整。支持自定义修改软件抬头和系统 Logo
动环监控	报表管理	根据预设的报表模板，生成所需要的报表；支持按月份、季度、年份等多种维度查询，保存响应的报表以备随时查看；支持报表的预览、导出以及删除等操作；可对各类报表进行统计，并以曲线图、饼图、柱状图等方式进行综合展示
	数据备份还原	支持数据的自动备份和手动备份；系统可从备份的历史数据库、配置数据库中快速恢复还原
	健康短信通知	系统支持通过短信整点发送系统运行状态报告给对应管理人员
	手机卡余额提醒	用于发报警短信的手机卡费用余额每日查询，当费用低于预设警戒值时，发提示短信告知管理员手机卡费用余额提示充值
	Web 浏览	无需安装客户端软件，可以在 Web 界面上查询设备运行状态、历史数据、报警记录等
	界面管理	全中文设计，采用 2D 仿真组态界面，支持电子地图功能；系统可自定义轮巡页面集合并按设定时间间隔、顺序进行轮巡
	通信管理	支持通过 RS232/RS485/RS422、SNMP、OPC、bacnet、TCP/IP 网络与本地或远程设备通信；可对设备通信故障、网络设备通信故障进行报警管理，显示设备或网络通信状态
	设备管理	兼容上万种设备通信协议；支持在不修改系统主程序的情况下自由扩充对其他设备协议的支持

续表 7-3

功能类别	功能名称	软件功能目标
动环监控	报警管理	报警方式:系统支持多种报警方式,包含电话报警、短信息报警、邮件报警、声光报警、多媒体报警;报警级别:系统默认设置1～5级告警级别,并支持用户自定义任意数量的告警级别;告警过滤:可对告警进行过滤处理,包括告警阈值上下限过滤、告警解除延迟过滤、主从事件过滤;支持自定义周计划时间段报警,每个报警支持多个计划时间段;报警升级:系统支持自定义报警升级策略,当报警满足升级策略时,可发出通知给更高层管理人员;告警确认:系统可对实时报警信息进行确认、反确认处理;报警缓冲:当设备发生故障,造成数据剧烈上下波动,报警频繁产生和解除,维修人员无法快速到位时,通过报警延迟解除和数据缓冲设置屏蔽重复报警;波动报警:数据瞬时波动超过警戒点或者统计设定时间范围内数据的波动超过警戒值时发出报警提示,进行报警记录和通知
	控制管理	系统提供多种控制方式,包括手动控制、周计划定时控制、数值越限联动策略控制、数值差越限联动策略控制、报警联动控制、报警组联动控制
	数据管理	系统自动存储多种运行数据,包括设备的所有监控参数的历史数据记录、设备报警记录、报警通知记录、用户操作日志、报警确认记录、系统日志、统计数据;系统支持多种数据存储的方式,包括定点存储、动态存储、报警存储、间隔存储、类型策略存储;数据记录保存一年以上
	门禁刷卡通知	重要门区敏感时段的刷卡进出门记录通知管理人员;门区和时段及通知对象用户可以自定义
	设备故障专家诊断库	系统提供可自定义扩充的设备故障专家诊断知识库,管理人员可进行修改和扩充;监测到设备故障,系统可实时弹出故障专家诊断窗口,对故障进行原因分析及给出故障处理建议
	双向短信功能	用户可自定义查询指令和查询内容,然后通过手机短信输入查询指令查询所需了解的设备的运行状态和参数;用户可自定义控制指令,定义哪些设备可以进行短信控制,同时定义哪些用户有控制权限,有相应控制权限的管理员可使用手机发短信的方式控制设备运行。来自非法用户的指令和非法的指令系统都会自动拒绝控制请求;自定义布防撤防策略和指令,有权限用户发出相应的布防撤防指令,可对系统进行布防撤防操作
	温度场	通过前端温度探头采集的温度数据,由软件自动生成温度云图,帮助管理人员了解机房温度热点区域

续表 7-3

功能类别	功能名称	软件功能目标
容量管理	容量可视化	对数据中心容量进行可视化的监测与变更管理，对数据中心机房机柜空间、电力、冷量和网络端口进行统计、利用率分析
	容量预占	对指定机柜相关资源进行预占，后期其他资产上架则不会占用已申请资源；预占资源信息包括预占 U 位、功率、重量、光口、电口、网口等内容；支持资源释放
	容量统计及分析	对当前容量信息的统计、查询等操作的功能区域，提供容量统计及容量报表管理功能
能源管理	能耗监测	对各配电仪表进行实时监测，实时监测仪表当前所读取到的能源数据，当发生故障时，通过监测画面，可及时找出出现故障的仪表
	能效分析	实时呈现 PUE 指标每个测量点的数据；机房能耗的分布情况，以图形方式展示 IT 主设备、制冷设备和其他设备的能耗分布情况
	构成分析	按构成区域、构成分类等构成属性进行能效分类统计分析，并可按照表格、饼图、柱状图等方式进行展示
	能效趋势	按一定时间跨度统计不同区域能源使用情况，并生成历史曲线进行分析，支持按年度、按月份统计筛选操作
	能效统计	查询不同区域、站点或机房等区域的历史每月能耗和每日能耗，支持导出成 Excel 报表
运维管理	工单管理	支持对工单进行发起、接收、转派、提交、审核等操作；支持按工单类型、工单状态、故障类型、故障子类型、时间等条件进行筛选
	自动派单	对动环监控的相关故障按照一定的流程进行预设，当动环监控产生故障后，可根据预设的情况自动生成工单派发给相应的人员进行接收处理
	运维统计	对每个运维人员的运维工作进行统计，包括工单处理、执行巡检任务、执行维护任务等内容；支持按月、按季度、按年度、自定义时间段等方式进行查询；支持导出 Excel 报表
	知识库	为运维人员提供知识库管理功能，可以将不同的故障处理解决预案提前录入到系统中，逐渐积累达到一个经验传递的效果，使运维人员能更简单、轻松的运营；支持对知识库的增、删、改、查等操作，支持对知识库模板的导入和导出

续表 7-3

功能类别	功能名称	软件功能目标
运维管理	任务计划	系统可定义巡检维护任务计划,包含巡检路线、巡检时间、需巡检设备、负责人、要求完成时间等,并生成巡检任务派发给指定人员
	记录查询	对各项维保事项记录的查询和导出,如巡检任务记录、维护任务记录、值班签到记录、消息记录等内容
手机 APP	操作系统支持	手机 APP 支持 Android 和 iOS 系统
	移动监控	支持通过手机 APP 查看设备实时监控数据,接收实时报警,查询历史记录并实现远程控制功能
	移动巡检	支持通过手机 APP 进行移动巡检,可下载执行巡检任务,录入巡检数据并上传巡检结果
	移动运维	支持通过手机 APP 进行移动运维,可接收运维工单并对工单进行处理,可记录处理过程及结果并上传
	容量管理	可对数据中心容量进行统计和图形化展示,支持对房级和机柜级的容量报表查询
	能耗管理	可以图形、图表的方式实时展示实时 PUE、分项能耗占比、Top5 分项能耗排名等数据
	运维管理	运维管理模块可以执行签到、发起工单、填写值班日志等动作;支持对工单的转派和接收,并按照待办、处理中、待审核等不同阶段状态进行筛选统计;可以查询告警事件知识库解决方案,新增知识库解决方案内容并上传附件
三维监控	三维建模	对数据中心园区、机房楼、机房区域、基础设施等进行三维建模
	监控可视化	将 DCIM 系统所有监控设备及监控数据以三维立体的方式直观进行呈现
	容量可视化	可对数据中心容量进行统计和图形化展示,支持对房级和机柜级的容量报表查询
	能耗可视化	可以图形、图表的方式实时展示实时 PUE、分项能耗占比、Top5 分项能耗排名等数据
	巡检可视化	可通过控制鼠标键盘在虚拟场景内进行手动漫游;系统可绘制定义虚拟巡检路线,巡检路线可绑定需巡检的设备,设定巡检人物,巡检时间;系统可根据定义好的巡检路线对虚拟机房进行自动巡检,巡检完成后可生成巡检报表
	演示可视化	用户可在讲解文档的同时,同步联动演示相应的 3D 场景画面;在 PDF 文档中为联动目标创建三维场景中相应的 URL 链接地址,将编辑好的文档加载到系统演示功能模块即可完成操作

续表 7-3

功能类别	功能名称	软件功能目标
三维监控	三维告警	当基础设施运行数据或状态出现异常时，可在三维模型中以闪烁变红的方式进行提醒，并通过列表展示当前告警信息；实时展示当前所有告警信息、资产消息，可对告警信息进行单独或批量确认；可以查看告警事情详情，点击告警详情能直接定位到告警设备监控数据界面
	模型库	系统具备完善的数据中心相关设备模型库，支持通过模型搭建的方式快速制作 3D 仿真场景；模型库内置多种数据中心常见设备模型，每种模型都还原了设备的真是外观和端口，模型种类覆盖市场中众多 IT 厂商、通讯厂商和基础设施厂商的主流设备

7.8.4 建设成效

(1)建成中国地质大学(武汉)数据中心机房综合运维监管中心，极大提高两地三机房设施运行管理能力。

(2)提升机房安全运行水平，为学校信息化提供强有力基础设施保障。

(3)实现学校数据中心机房运维管理从应急维护到预防型维护的转变。

(4)日常巡检维护电子化，为运维人员工作提供数据考核依据。

(5)实现数据中心机房的集中管理和运维人力管理的有效调配，避免重复投入，节省投入。

数据中心管理平台界面见图 7-47～图 7-57。

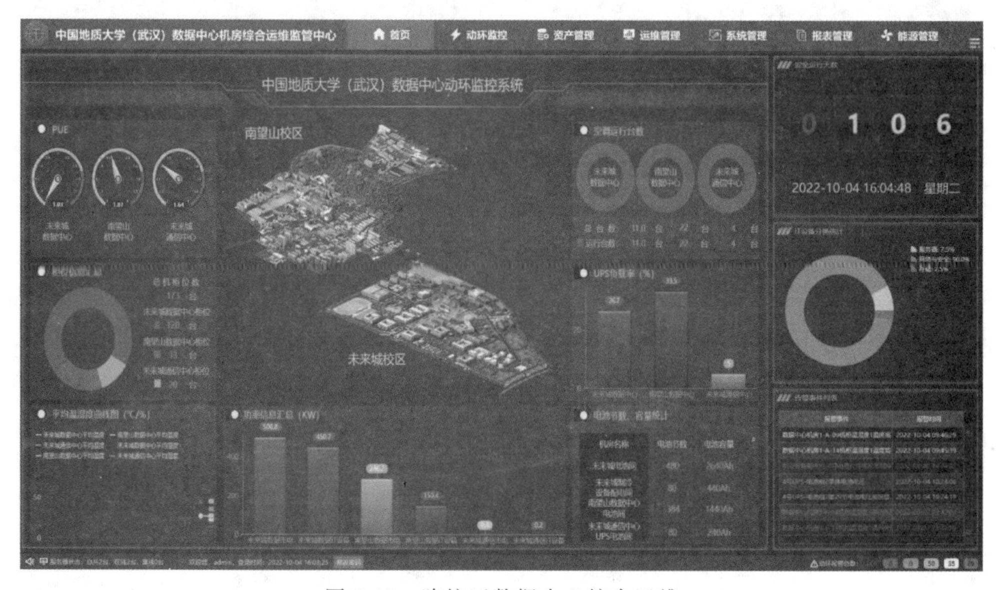

图 7-47 跨校区数据中心综合运维

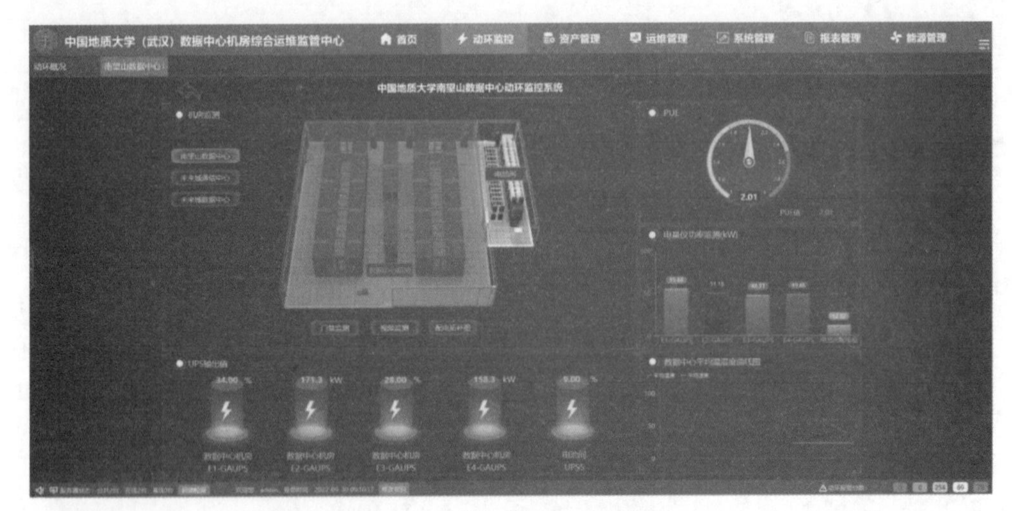

图 7-48　数据中心动环监控 1

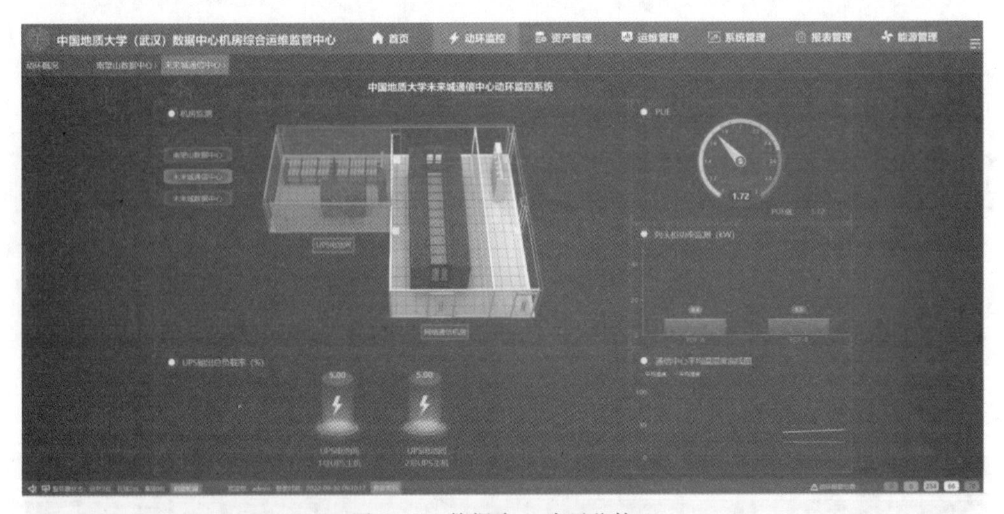

图 7-49　数据中心动环监控 2

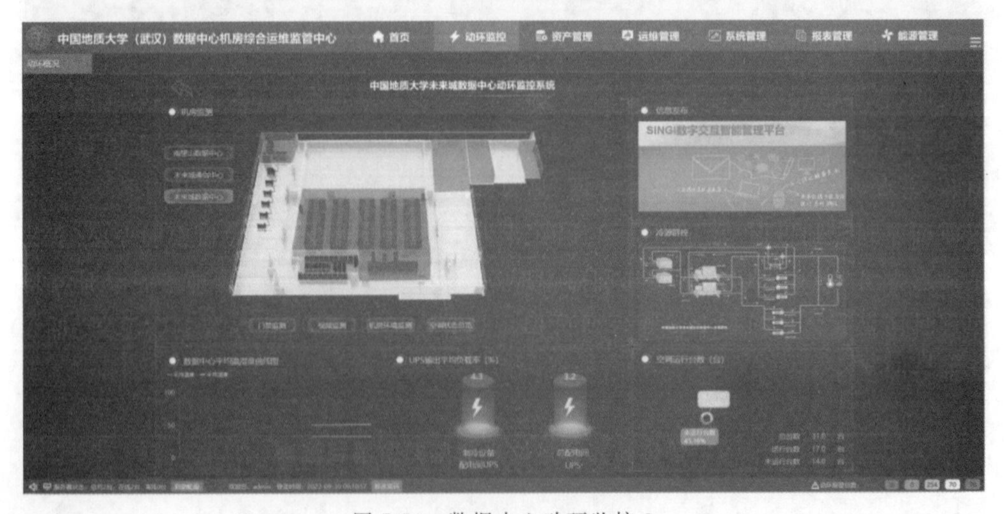

图 7-50　数据中心动环监控 3

图 7-51　数据中心视频监控布局

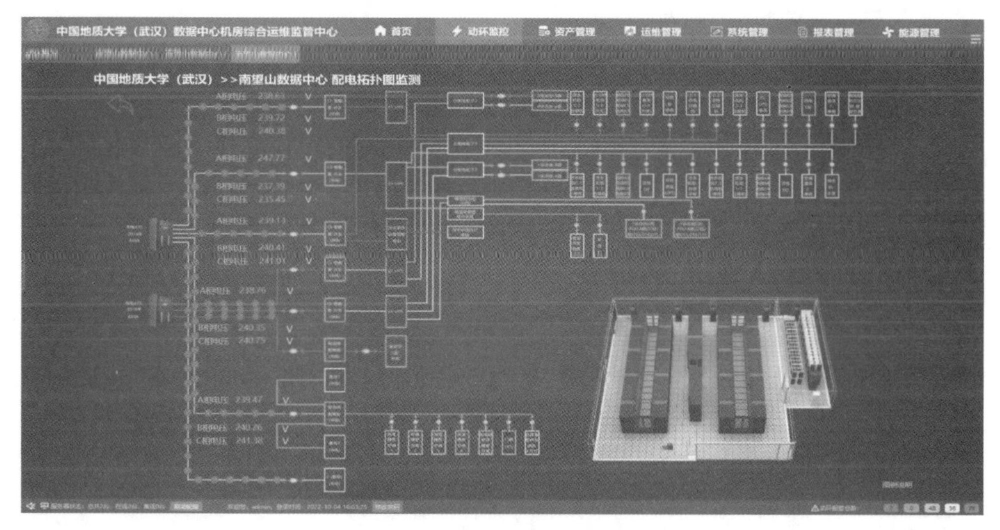

图 7-52　数据中心电力监控

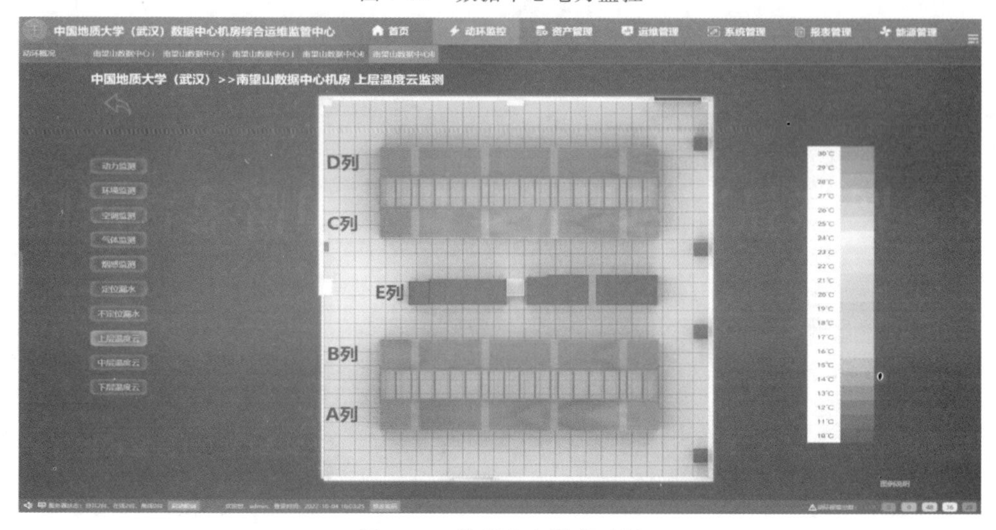

图 7-53　数据中心温度云场

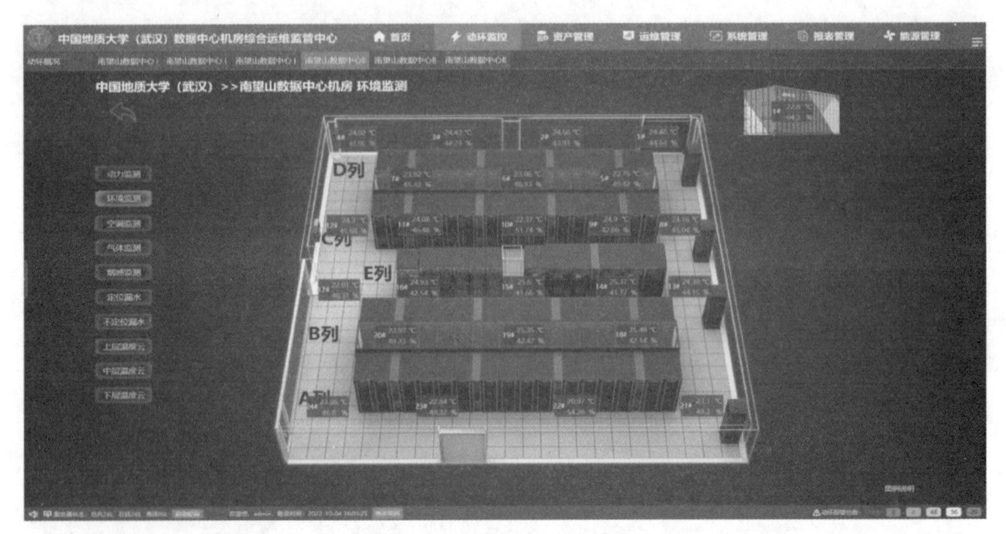

图 7-54　数据中心环境温度

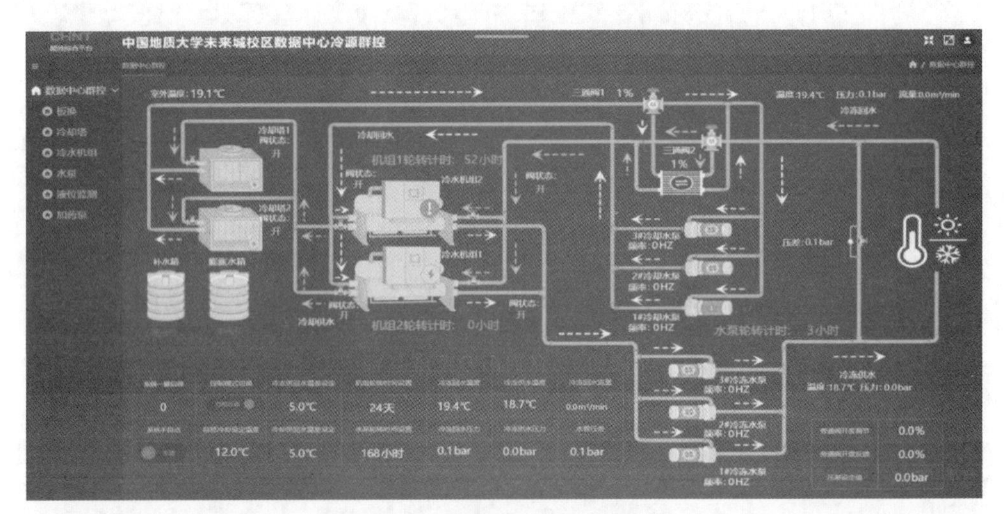

图 7-55　数据中心制冷群控 1

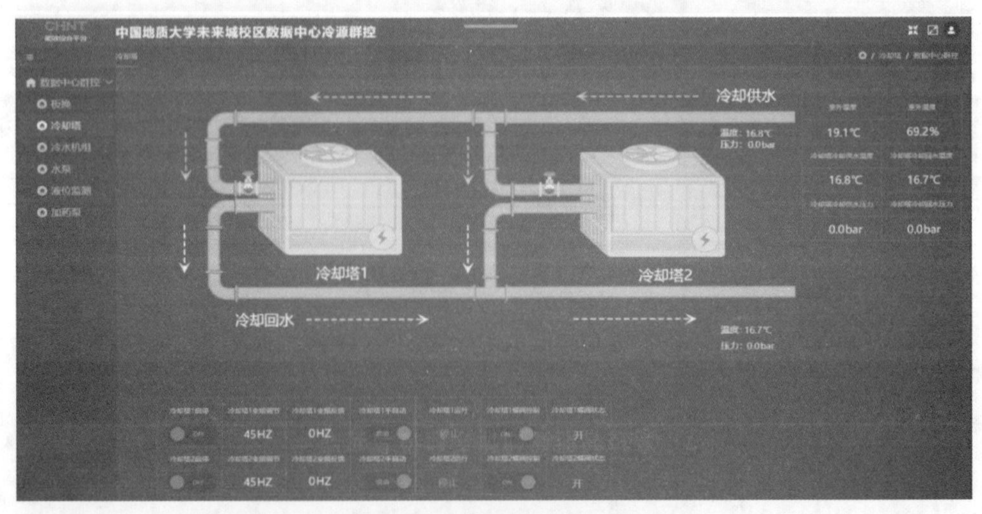

图 7-56　数据中心制冷群控 2

图 7-57　数据中心运维管理

8 高校智慧教育体系建设的思考与实践

智慧教育正在引领全国教育信息化的发展方向,成为技术变革教育时代教育发展的主旋律。本章在深入探讨高等智慧教育的内涵与外延、定位与特征的基础上,提出高校智慧教育体系建设方案,并结合中国地质大学(武汉)生态文明智慧教育实践情况进行案例分析。

8.1 智慧教育概述

8.1.1 什么是智慧教育

教育信息化是指在教育领域(教育教学、教育管理和教育科研)全面深入地运用现代信息技术来促进教育改革与发展的过程。它的技术特点是数字化、网络化、智能化和多媒体化,基本特征是开放、共享、交互、协作。

我国教育信息化正由初步应用融合阶段向着全面融合创新阶段过渡,无论从国家地区的宏观层面、学校组织中观层面,还是学习者个体层面来看,教育信息化都是一个平衡多方关系、创新应用发展、追求卓越智慧的过程。

智慧教育是教育信息化发展的高级阶段,是经济全球化、技术变革和知识爆炸的产物。智慧教育是指利用5G、物联网、云计算、大数据、人工智能、元宇宙等为代表的新一代信息技术,统筹规划、协调发展教育系统各项信息化工作,转变教育观念、内容与方法,以应用为核心,强化服务职能,构建网络化、数字化、个性化、智能化、国际化的现代教育体系。

智慧教育按照服务对象,可简单地分为中小学智慧教育、高校智慧教育、特殊智慧教育等类型。本章主要以高校智慧教育为对象,为便于介绍和描述,简称智慧教育。

智慧教育通过打造物联化、感知化、智能化、泛在化的智能教育环境,利用人机协同的教育智能形成一种全新的教育形态和教育模式,构建出能培养数字时代创新人才的教育新体系。智慧教育不是单纯的技术升级换代,而是以智能技术为支撑实现教育服务的系统性变革,服务的内容、结构、形态、模式都会发生根本性变化。

智慧教育是一种最直接的、帮助人们建立完整智慧体系的教育方式,其教育宗旨在于,引导你发现自己的智慧,协助你发展自己的智慧,指导你应用自己的智慧,培养你创造自己的智慧。智慧教育的核心是以人为本,最大化激发教育参与者潜能,提高教育效能。智慧教育的最终目的是培养智慧型人才,而智慧型人才是指高阶知识、专业能力、良好技术素养与高尚品德高度耦合的人才。

信息时代智慧教育的基本内涵是通过构建智慧学习环境，运用智慧教学方法，促进学习者进行智慧学习，培养具有高智能和创造力的人，利用适当的技术智慧地参与各种实践活动并不断地创造制品和价值，实现对学习环境、生活环境和工作环境灵巧机敏的适应、塑造和选择。因此，发展学习者的智慧是智慧环境、智慧教学和智慧学习的出发点和归宿。

从智慧教育概念的内涵来看，智慧教育本质上是一种全新的教育模式，是信息化教育的拓展与延伸，是破解传统各类教育难题的重要手段，是教育理念、教学模式、管理体制等在新技术支撑下的革命性创新。

智慧教育的内涵根植于新一代信息技术，旨在全方位服务于人才培养活动，可以最大限度地发挥育人效应，打破专业课程壁垒，通过赋能使课程承载起信念教育、专业训练、素质提升等多重教育目标。致力于培育人的德性与才智的智慧教育，需立足学生人文底蕴、科学精神的形成，并将人文底蕴、科学精神外化为学生的自主发展与社会参与，从而涵养、生成人的智慧。

从概念外延来看，智慧教育体系引领下的教育发展，需要在教育理念、教育模式、教学体系、教育管理等方面进行系统改革。

一是理念改革。智慧教育的核心理念是促进师生有价值的成长。智慧教育时代，高等教育办学理念应真正做到“以学生为中心”，教育教学活动的本质不再是知识传输，而变成激发学生自身潜能，高校要成为具有挑战性、创新性、个性化、贯通性的学生成长基地。在智慧教育时代，教师的角色和身份也相应改变，要改革并完善教师的激励体系，打造教师智慧成长的阶梯，最终实现师生共同成长、双向激励。

二是体制改革。智慧教育的核心，是打造无壁垒的跨学院、跨学科的教学组织。智慧教育时代的核心课程，应由学校统筹评估，教务部门跨学院组织，以此打破专业学科壁垒。智慧教育的体制改革还需要深化课堂革命，探索线上线下融合、项目牵引驱动的新课堂模式，将新技术广泛融入新课堂。

三是技术变革。智联网的发展为智慧教育开展提供了技术基础。教育技术是帮助人得到发展的主体技术。感知层实现多元全面持续的协同感知，网络层建立泛在多尺度的教育信息网络，计算层着眼于教育数据挖掘和知识拓展，最终服务层提供多元个性化的教育定制服务，有望真正实现数据共享、知识互联、群智协同、教育智学。

8.1.2　智慧教育的定位和特征

智慧教育的定位主要在于三个方面，即智慧化、个性化、精准化。

一是智慧化。进入智慧教育时代，教育资源的多样开放带来了海量的在线优质内容，信息手段充分应用形成各类信息化教学空间，新基建则完善了端边基础设施，促进了信息化发展的质变。在此背景下，高校教育教学活动进入智慧化时代，对于学生而言，从招生、培养到就业，全过程纳入智慧监控平台；对于教师而言，从教学、科研、社会服务到国际化，全内容纳入智慧教育平台。智慧性的本质是提高高校办学效率，动态化调整高校办学策略，为学生和教师的有价值成长助力。

二是个性化。智慧教育尊重每一个教育参与者,凸显多元智能理论和多元成才观,尊重个性、承认个体差异、深挖个性并激发个人潜能,知识和能力并重开展人才培养活动。与此同时,智慧化时代也可以做到真正的教学相长,教师在开展个性化学生培养活动中,也能促进个人价值提升。

三是精准化。智慧教育时代将大幅提高教育教学活动的精度,精准化办学将大幅提高人才培养效率,提高学习成功可能性,各类智能辅助设备和机器人也将大幅提高科研成功率,降低研发成本。除此之外,智慧教育还可能为学生学习和教师发展提供更为科学化的评价模型,优化教育评价体系。

智慧教育是技术支持下的新型教育形态,与传统信息化教育相比,呈现出不同的教育特征和技术特征。

从生态学的视角来看,智慧教育是技术推动下的和谐教育信息生态,其核心教育特征可以概括为:信息技术与学科教学深度融合、全球教育资源无缝整合共享、无处不在的开放按需学习、绿色高效的教育管理、基于大数据的科学分析与评价。

信息技术与教育的“深度融合”涉及到方方面面,包括技术与管理的融合、技术与教学的融合、技术与科研的融合、技术与社会服务的融合、技术与校园生活的融合等。

全球优质教育资源的无缝整合与共享,是突破教育资源地域限制的“大智慧”,将有可能缩小世界教育鸿沟,提升欠发达国家和地区的教育质量。智慧教育环境下的学习将走向泛在学习。

“泛在”包含三个方面的内涵,即无处不在的学习资源、无处不在的学习服务和无处不在的学习伙伴,最终形成一个技术完全融入“学习”的和谐教育信息生态。

“绿色教育”强调教育事业的可持续发展,既是智慧教育的指导理念也是其重要特征。信息技术的普及应用为实现教育管理的智慧化、推动绿色教育发展提供了条件。

智慧教育需要更具“智慧”的教育评价方式,“靠数据说话”是智慧教育评价的重要指导思想。

从技术的视角来看,智慧教育是一个集约化的信息系统工程,其核心技术特征可以概括为情境感知、全向交互、智能管控、按需推送、可视化。

情境感知是智慧教育最基础的功能特征,依据情境感知数据自适应地为用户提供推送式服务;泛在网络是智慧教育开展的基础,基于泛在网络的无缝连接是智慧教育的基本特征,无缝连接具体体现在系统集成、虚实融合、多终端访问、无缝切换和联接社群等方面。

教与学活动的本质是交互,智慧教育系统支持全方位的交互,包括人与人之间的交互以及人与物之间的交互。全向交互具体体现在通过语音、手势等自然交互更加自然的操作方式与媒体、系统进行交互,实现师生之间、学生之间的随时、随地的互动交流,促使深层学习发生,自动记录教与学互动的全过程,为智慧教育管理与决策提供数据支持。

教育环境、资源、管理与服务的智能管理是智慧教育的核心特征,智能管控具体体现在智能控制、智能诊断、智能分析、智能调节和智能调度等。

按需推送包括按需推送资源、按需推送活动、按需推送服务、按需推送工具和按需推送人际资源等。

可视化是智慧教育观摩、巡视、监控的必备功能，也是智慧教育系统的重要特征，具体体现在可视化监控、可视化呈现、可视化操作等方面。

8.1.3 高校智慧教育的意义

高校智慧教育是实现高校教育现代化的必然阶段，有利于提高全体国民素质，促进创新人才的培养，推动教育理论的进步和教育信息产业的发展。

1. 实现教育现代化的必然阶段

智慧教育就是必须要充分利用现代科学技术手段，推动教育信息化，大力提高教育的现代化水平。智慧教育是教育现代化的重要内容，通过开发教育资源，优化教育过程，以培养和提高学生的信息素养，促进教育现代化的发展进程。

2. 有利于全体国民素质的提高

智慧教育是以现代信息技术构建为基础的开放式网络教育，使受教育者的学习不再受时间、空间的限制，保障了每一个国民接受教育的平等性。开放式的教育网络为人们持续学习提供了保障，同时也为全体国民提供了更多的接受教育的机会，教育信息化对全体国民素质的提高具有重要意义。

3. 促进创新人才的培养

智慧教育可以让学生根据个人志趣与个性差异对所学的知识和学习进程进行自主选择，学生还可以对学习的相关内容信息检索、收集和处理，从而发现学习问题并及时解决，这不仅有利于提高教育质量和教育效率，而且还有利于培养学生的创新精神和创造能力，这对创新人才的培养具有重要意义。

4. 推动教育理论的进步

智慧教育是教育的一场重要变革，它能够使学生自主地调节和规范地学习，体现出尊重学生个体差异，允许学生发展的不同，采用不同教育方法和评估标准，扭转了学生被动学习的局面，同时也促进了教师教学理念的更新，这都推动了教育理论的发展。

5. 促进教育信息产业的发展

智慧教育是一个很大的课题，涉及软硬件建设、制度体系、人力资源建设、应用模式设计、评估评价体系、应用服务、分层规划、技术合作等多个层面的体系建设，是针对实际应用中科研、教学、管理、评估、培训、信息流等具体问题的解决方法，并研究如何利用信息化环境实现其教育价值的主体应用和拓展延伸。

8.1.4 高校智慧教育机遇和挑战

1. 机遇

高等教育改革与时代发展息息相关。在新时代,中国高等教育迎来历史性变革,主要趋势是朝着智能化、智慧化方向发展,其驱动因素主要为以下三个方面。

1)高等教育变革的时代新要求

建设教育强国是中华民族伟大复兴的基础工程,必须把教育事业放在优先位置,深化教育改革,加快教育现代化,办好人民满意的教育。高等教育办学活动应从教育现代化建设需求和让人民满意的角度出发,人才培养的核心地位应体现为“四个凸显”,即教育是国之大计、党之大计的地位更加凸显,教育改革开放趋势更加凸显,教育对建设现代化强国的支撑作用更加凸显,教育为人民服务的价值取向更加凸显。

在建设世界一流大学的进程中,高等教育人才培养模式变革应与时俱进,应面向教育现代化的全球发展趋势作出积极调整,关键就是引入教育现代化的核心理念、标准、方法、技术,将智能教育、智慧教育概念融入高等学校办学全过程,更高质量、更科学化地开展人才培养活动。

进入人工智能时代,高等教育治理目标和治理体系正发生深刻变革。一方面,对于学生而言,要实现以学生为本的有价值的成长。智慧教育时代,精准化、科学化地进行人才培养成为可能,这为高校贯彻以人为本的教育理念带来历史性机遇,高校应更多尊重学生成长规律,更多关注学生外在和内在潜能,精细化制定人才培养方案,尤其是科学评价人才培养成效,以人才培养的知识、能力、思维等增值来评价教育教学的有效性。另一方面,对于教师而言,要实现以教师为本的有价值的成长。进入智慧教育时代,对于教师成长的观测和服务应成为大学治理的关键内容。高校应充分运用大数据和人工智能方法,科学化、精准化、个性化制定教师成长的服务和支持方案,为各类创新型学术人才真正“冒出来”营造良好环境。

2)国内外环境深刻变化的历史新选择

当前世界正面临着百年未有之大变局,新一轮科技革命和产业变革深刻影响并不断调整着世界格局。此种背景下,各国高等学校、研发机构、科技企业等竞争加剧,高校必须及时调整办学理念、目标、内容、方式、方法、技术等,并通过智能化、智慧化的人才培养模式改革,深度赋能技术创新,有效培养适应未来经济社会发展、能够参与全球竞争的高素质人才。这就要求我国高校人才培养活动必须与本轮新技术革命紧密衔接,尤其是要率先面向智能化、智慧化方向转型。

3)智慧社会发展推动智慧教育变革

进入人工智能时代,海量数据的教育资源出现,教育不再是工业标准化的产物,而是朝着交互式、自主性和定制式发展,以智慧赋能教育成为重要发展方向。同时,知识网络化、教育信息化不断催生变革,智慧教育成为了社会进步和教育资源高效利用的重要一环,其社会关注度日益增强。高校借助大数据和人工智能方法,将可以实现人才培养活动从精准招生到精准培养的全过程科学化监控和管理。通过大数据和人工智能方法形成有关人才培养规律的

(准)因果式关系,可以直接指导教育教学改革。高校也可以借助智能化手段,真正做到因材施教,形成以人为本、多元成长的新的教育理念。

智慧社会背景下,高校人才培养活动将从工业化走向个性化、从标准化走向定制式。在此阶段,智慧将赋能教育,教育活动内容将更为精准,高等学校人才培养活动进入可调整、可定义、可自主、可交互的自主个性、研讨探究阶段。

与此同时,全球教育教学也在向智慧化、智能化发展转变。当前国际高等教育变革发展的总体趋势是融合、转型、开放,这进一步要求高校面向智能化方向转型发展。我国高等教育也应准确思变、科学应变、主动求变,借助智慧教育理念、方法和技术实现高等教育跨越式发展。智慧教育是教育发展到信息时代的产物,是对移动互联网、云计算、大数据、智能终端等新一代信息技术与产品的综合运用。目前,智慧教育已成为各国教育信息化的重要组成部分,是全球各国顺应"互联网+"时代全球教育转型的必然选择。

智慧教育是经济全球化、技术变革和知识爆炸的产物,是智慧地球战略的延伸。作为当代教育信息化的一种新境界、新诉求,许多国家(如韩国、马来西亚、澳大利亚)和知名企业(如IBM)对智慧教育寄予厚望。智慧教育环境可以减轻学习者认知负载,从而可以用较多精力在较大的知识粒度上理解事物之间的内在关系,将知识学习上升为本体建构。智慧教育环境可以拓展学习者的体验深度和广度,从而有助于提升学习者的知、情、行聚合水平和综合能力发展。智慧学习环境可以增强学习者的学习自由度与协作学习水平,从而有助于促进学习者的个性发展和集体智慧发展。智慧学习环境可以给学习者提供最合适的学习扶助,从而有助于提升学习者的成功期望。

2. 挑战

为实现智慧教育,国内外学者和机构进行了理论层面、政策层面的探索,教育部还启动了智慧教育示范区的试点工作,但持续推进过程中仍面临以下主要挑战。

1)教育信息系统建设碎片化

学校内部启动的教育信息系统建设工作,由于缺乏顶层设计和统一规划,没有形成有效的协调机制,使得学校系统碎片化现象、同质化现象严重,并且系统间存在物理隔离,各类系统的用户使用体验也很糟糕。这种多级系统入口不一、界面不一、认证方式各异、数据不贯通、部分系统功能老旧,使师生使用系统时面临重重障碍。系统建设初期,各部门各自为政导致教育信息系统物理隔离,早期的教育信息系统数据资源类型各异、来源不一,数据不规范,数据标准不一致,系统管理分散,进而使得系统贯通成本高、数据汇聚难。传统教育信息系统难以汇聚教育数据阻碍了以教育大数据为支撑的智慧教育的开展。因此,必须重点关注教育信息系统烟囱化建设导致的系统同质化、物理隔离等问题,建设符合用户需求和数据动态流转的教育服务系统,为实现教育个性化、智慧化打下基础。

2)统筹建设与分散建设系统的两难困境

教育信息系统有两种建设模式:统筹建设和分散建设。统筹建设是指整个区域建设通用的教育信息系统,使其最大程度地满足区域内学校的共性需求。分散建设则是由学校自身或与某个企业合作,因地制宜地建设符合学校个性需求的教育信息系统。在信息化建设初期,由于学校对教育信息系统的需求相对简单,统筹建设是一个可行且高效的方案,能满足学校的基础需求。随着信息化的深入,原本提供简单数字化服务的教育信息系统已无法满足用户的个性化需求和高服务质量要求,统筹建设一个普适的教育信息系统将很难应对这一变化。若采用分散建设的思路,各教育单位独立建设教育信息系统,采用这种方式建立的系统相比之下更能满足学校的信息化需求,但学校是以育人为目标的教育服务单位,缺乏专门性的信息技术团队,过重的教育信息系统建设、维护工作以及随之增加的人力投入,使学校疲于应付信息化工作,而无法专注于育人这一本职工作。系统建设不仅在投入上存在两难困境,在服务用户方面同样也存在困境,统筹建设难以满足师生的个性化需求,教育行政部门管理的教育信息系统存在服务能力低下、服务体验差以及缺乏及时服务响应等问题。这种行政命令推动下的服务,其效率会随时间而下降,进而使得信息系统慢慢走向"衰亡"。分散建设可以满足个性化需求,但投入大、周期长,重复建设现象严重,区域数据缺乏共享,难以实现深层次的智能化应用。因此,教育信息系统面临统筹建设和分散建设的两难困境,要解决这一困境,不能只是简单的二选一,而应探索更加系统科学的解决方案,在云网融合的基础上,低代码实现不同来源服务的汇聚与整合,使之既能推动个性化的应用发展,也能实现大平台的规模化效应。

3)智能技术增大维护管理的复杂性

智慧教育需要诸如 AR/VR、全息、5G、大数据、人工智能等新技术的支撑,但这类技术与传统信息技术有诸多不同,主要表现在它们的先进性和复杂性需要较为复杂的基础设施支撑,对技术支持人员要求高,总体运行成本高昂,要使这类智能技术在学校稳定、持续地运行,对建设、运营、维护人员的专业能力以及学校资金投入提出了较高要求。对于一个普通学校来说,建立一个庞大的信息技术团队来支撑基于智能技术的教育服务系统建设、运维工作,几乎是不可能的。无论是全息课堂、AR/VR 课堂、5G 校园网络,还是教育机器人、教育大数据分析等,无一例外都需要高水平团队负责建设、维护、管理,这不仅增加了学校信息化建设的投入,而且学校还需投入更多经费培养智能技术相关的专业人才,以维护、管理智能技术支撑下的教育服务系统,这在经济上不具有可行性。资源相对丰富的学校尚可承担因智能技术应用而增加的投入,但资源相对匮乏的学校不仅难以承担智能技术带来的系列成本,也无力负荷智能技术的管理维护工作和专业技术团队的培养,这无疑会将这类学校拦在智能技术赋能校园信息化建设的大门外,进一步拉大不同学校信息化建设的差距。

4)教育信息系统缺乏持续的维护

学校的教育信息系统是服务性质的,需要根据教育用户的需求持续地迭代改进,为用户提供高鲁棒性、高服务质量、高使用体验的系统。这意味着教育信息系统建设是一个持续投入的项目,而非一次建设就可以一劳永逸。目前,学校对教育信息系统的持续维护意识与能力不强,更多的是采用重复建设系统的方式。有的学校依赖小公司开发的教育信息系统,存在公司运营不善、过早倒闭、无法提供持续的维护服务等问题。若不持续维护和迭代改进教育信息系统,则会因为系统无法满足师生的需求、教育资源匮乏、用户使用体验糟糕、技术落后等问题,使系统成为一个无人访问的"电子鬼城"。因此,为推动教育信息化发展,充分借助信息技术赋能学校教育,需要持续改进教育信息系统,使用户能使用高水平、高稳定性的教育服务系统。基于现有的教育信息系统建设模式难以实现以上目标，我们需要新的建设模式以应对传统系统建设中存在的问题，这也是提高教育用户使用系统的意愿和参与校园信息化建设热情的关键。

5)教育应用动态多变开发难

教育行业以服务人的发展为核心，服务对象的动态发展性决定其业务流程是动态的、情境化的、多变的。与生产企业有固定业务流程不同的是，教育信息系统的开发必须适应这种动态多变性。每年都有大量的教育产品和教育信息系统涌入教育领域，但很多信息化产品都无法满足多变的、实际的教育需求，无法在具体的教育场景中使用，那些面向统一流程的普适性软件很难满足不同学校、教师个性化教育场景的需求。学校实际需要的是柔性可重组的教育信息系统，是贴近用户、具有服务性质的教育信息系统。这种贴近一线场景的教育应用开发是一项专业性极强、变化性较大的工作，负责这项工作的专家既需对教育领域有深刻的理解，还需具有较强的技术研发能力，而一般的教育机构很难拥有这类专家级的人力资源。学校虽然对教育需求有深刻的理解，但又存在技术能力欠佳的问题，所以也无法较好地完成教育信息系统建设工作。如何高效利用智能技术开发出符合多样教育需求的教育应用，成为持续推进智慧教育的另一个难题。

6)校园网络安全性易受挑战

学校作为育人的核心场所，既有责任将学生培养成国家需要的创新型人才，也要确保学生有一个安全的校园生活环境。学生是校园网络的主要用户群体之一，比较单纯，容易受到外界不良信息的影响，他们的网络安全意识也比较薄弱、网络的认知度和辨别能力不足，容易受网络陷阱的诱惑。普通学校受制于缺乏高水平专业技术人才，网络安全管理往往不完善，容易受到黑客及不良机构的攻击。教育信息系统除了要满足学校教育业务的需求，也应为师生营造一个干净、安全、绿色的网络学习空间。例如：教育信息系统需要对师生上网行为进行安全审计，做到上网行为可溯源；同时也要提供绿色上网功能，为师生提供不良信息过滤和网络监控功能，对学生的上网时间和上网内容进行管控。网络环境复杂多变，学校常规的网络安全模式难以应对新技术和网络升级带来的潜在风险，使教育信息系统存在极大的安全隐患。若将校园信息安全和网络安全作为一项服务，可以通过租赁或购买服务的方式，让专业机构提供技术支撑，则有可能应对复杂的网络变化和技术升级带来的挑战，为校园安全保驾护航。

8.2 高校智慧教育体系建设思考

高校智慧教育依托5G网络、物联网、云计算、大数据、人工智能等新一代信息技术所打造的智能化教育信息生态系统，旨在提高现有数字教育系统的智能水平，实现信息技术与高等教育的深度融合，进一步提升人才培养、科学研究、社会服务和文化传承等高校职能。

8.2.1 高校智慧教育体系建设现状

高校智慧教育体系建设既是一个宏大和复杂的系统工程，也是学术界研究的热点和重点问题之一。经过多年的研究和实践,已涌现出了许多研究和建设成果。

王晓明和钟晓流(2015)从时代特征、校园特征、应用手段、支撑技术、终极目标、平台架构、核心内容、实施路线和核心目标等九个维度对智慧教育体系进行了介绍。杨现明和余胜泉(2015)将智慧教育体系总体架构概括为“一个中心、两类环境、三个内容库、四种技术、五类用户、六种业务”。高朝邦等(2022)以“道—法—术—器”为理念,自下而上以“技术使能、术法促变”为导向,自上而下以“理念引领、发展促改”为要求,构建自适应的动态循环的智慧教育生态体系框架。

为了提升智慧教育境界,引领未来教育发展。各级国家政府部门和国内众多高校都进行了积极的探索。雷朝滋(2021)认为智慧教育是以立德树人,培养堪当民族复兴重任的时代新人为核心,以融合发展,提升教育高质量均衡发展为任务,注重伦理和技术安全,实现智慧教育重在科学发展。

国家高等教育智慧教育平台(简称“智慧高教”)是由教育部组织研发的全国性、综合性在线开放课程平台。平台建设目标是汇聚国内外最好大学、最好老师建设的最好课程,成为全球课程规模最大、门类最全、用户最多的国家高等教育智慧教育平台。平台有两大核心功能,一是面向高校师生和社会学习者,提供中国各类优质课程资源和教学服务;二是面向教育行政部门和高校管理者,提供师生线上教与学大数据监测与分析、课程监管等服务。作为智慧教育平台,平台采用了先进的智联网引擎技术,在三个方面实现了技术创新与突破。一是服务智能化。平台依托大数据、云计算、人工智能等技术,通过快捷搜索、智能推荐等方式,为学习者提供多种符合个性化学习要求的智慧服务,优化了用户体验。二是数据精准化。平台对课程信息及学习数据进行实时采集、计算、分析,为教师教学与学生学习提供定制化、精准化分析服务。三是管理全量化。将所有在线课程平台的学分课程纳入管理范围,可集中反映中国在线课程发展全貌,具备门户的汇聚集中能力、开关控制能力,实现“平台管平台”。

北京理工大学以智慧和互联为理念,构建集三维空间、时间维度和知识维度于一体的“五维教育”,通过“五维教育”的实施,体现智慧教育内涵。“五维教育”的核心目标是突破时间和空间的限制,为学生的知识获取、知识内化、知识增值提供全方位服务。基于“五维教育”这一新型教育模式,近年来北京理工大学不断尝试和探索,从开发“沉浸式体验”思政课程学习模式、构建“延河课堂”等方面入手,积极打造具有本校特色的智慧教育体系。

8.2.2 高校智慧教育体系架构

高校智慧教育依托5G网络、物联网、云计算、大数据和人工智能等新型信息技术,构建智能化环境,建设高质量的数字化教学资源,打造数据和系统互通共享的云中心,为高校师生和社会大众提供智能化的教学、科研、管理和社会服务。

高校智慧教育是一个庞大而复杂的系统工程,涉及到学校信息化建设的方方面面。智慧教育体系架构是高校智慧教育体系的顶层设计模型,是指导高校智慧教育体系建设的重要依据,也是学校信息化建设工作的总蓝图。通过调研分析智慧教育体系研究成果,参考借鉴了国内外高校智慧教育建设实践,我们提出了数字化时代下的高校智慧教育体系架构(图8-1)。

高校智慧教育体系架构采用层次化、模块化设计思想,主要有智慧教育云、智慧环境等关键模块。

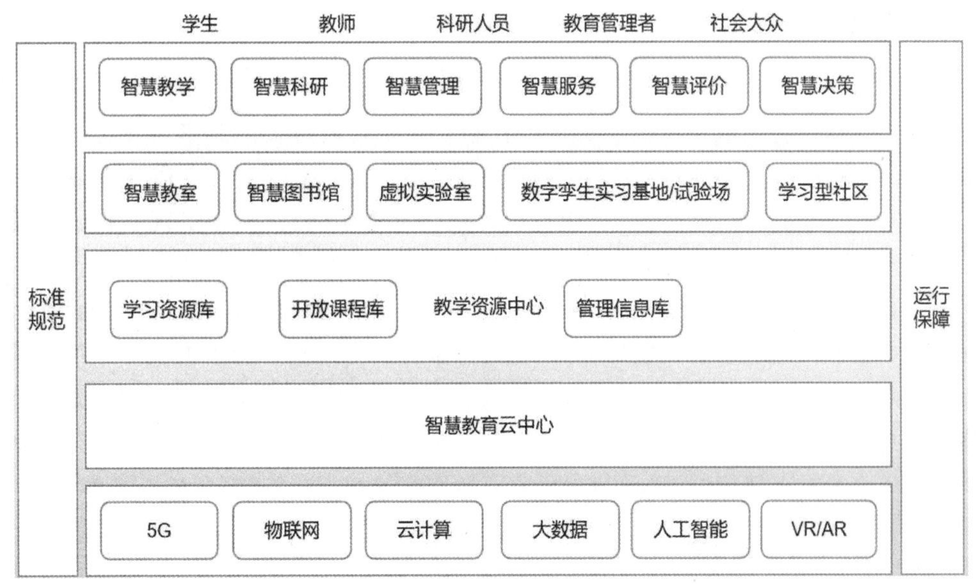

图 8-1 智慧教育体系架构

(1)智慧教育云。智慧教育云平台是云计算技术在智慧教育中的应用,实现教育资源与教育服务的整合,是智慧教育实现的公共服务平台。

(2)智慧环境。智慧环境是智慧教育实施的基础和保障,需要创新应用5G网络、物联网、云计算、人数据、人工智能、VR/AR等新一代信息技术,完善课堂教学、实践教学和终身学习的智慧教育环境。

(3)数字化教学资源中心。数字化教学资源中心是实现教育系统变革的基础,是教育智慧沉淀、分享的重要载体。

(4)智慧教育业务。智慧教育要推动信息技术与教育教学的深度融合,有效支撑包括智慧教学、智慧科研、智慧管理、智慧服务、智慧评价和智慧决策在内的六大主流教育业务的顺利开展。

(5)创新信息技术。5G网络、物联网、云计算、大数据、人工智能、VR/AR是支撑智慧教育"大厦"构建的关键技术。物联网、大数据、人工智能和VR/AR是智慧教育系统建设的"智慧支柱",5G网络和云计算技术是智慧教育系统建设的"智慧底座"。智慧教育体系的建设需要综合应用多种信息技术,除了上述智慧技术外,泛在网络、定位导航等先进技术的不断发展,也将为智慧教育系统的构建提供重要支撑。

(6)标准规范体系。建设统一、规范和科学的标准规范体系,是实现学校各部门之间业务数据交换、资源共享和系统互通的前提,可以使学校教育信息化高质量、秩序化的运行和实现数据的高效、准确的传输以及应用。标准规范贯穿整个智慧教育工程,是智慧教育实施的准绳。

(7)运行保障机制。建设健全长效的运行保障机制,是实现智慧教育资源、数据、信息和系统安全的重要保证。建设智慧教育监管平台,实现对智慧教育云中心、智慧环境、数字化教学资源、智慧教育业务等各级各类信息的可视化实时监管。

8.2.3 智慧教育云平台

智慧教育云平台是基于云计算技术、虚拟化技术、分布式存储等技术架构的一个智能化，且能为不同用户提供租用或免费云服务的操作平台。平台通过资源共享可以为智慧教育中的智慧教学、智慧学习、智慧管理、智慧科研、智慧评价、智慧服务六大主流教育业务提供服务，有效地解决了教育资源不对等以及教育资源浪费等诸多问题，真正实现了将教育资源提供给最需要资源的用户，即资源的按需使用。共享是教育云平台的核心特征。

智慧教育云平台需基于多级架构、公有云和私有云相结合的方式建设，自上而下对教育类型、模式、主题和特色进行有区别的分布，使智慧教育云更贴近学习者的实际学习需求。从技术架构层面，智慧教育云要能够实现对现有教育平台、教育系统、教育资源和教育服务的包含和整合，构建统一的身份认证、数据共享、接口规范和访问门户。云平台硬件资源要具备弹性扩展能力和分布式存储能力，平台与大带宽高速网络连接，提供高可用的各类教育服务。

8.2.4 智慧教学环境

智慧教学环境是以先进的学习(如学习心理、学习科学)、教学(如建构主义教学观、学习环境设计理论)、管理(如知识管理)、利用(如可用性工程、人因工程)的思想和理论为指导，以适当的(现代)信息技术、学习工具、学习资源和学习活动为支撑，可以对全面感知学习情境信息(如环境信息、设备信息、用户信息等)获得的新的数据或者对学习者在学习过程中形成的历史数据进行科学分析和数据挖掘，能够识别学习者特性(如学习能力、认知风格、学习偏好等)和学习情境，灵活生成最佳适配的学习任务和活动，引导和帮助学习者进行正确决策，有效促进智慧能力发展和智慧行动出现的新型学习环境。

智慧学习环境的首要任务是促进智慧能力发展和智慧行动出现。总的说来，智慧教学环境要突显以下基本特征：①具有全面感知学习情境、学习者所处方位及其社会关系的性能；②基于移动、物联、泛在、无缝接入等技术，学习者随时、随地、随需地拥有学习机会；③设计多种智慧型学习活动，降低知识记忆成分，提高智慧生成与应用的含量；④提供丰富的、优质的数字化学习资源供学习者选择；⑤基于学习者的个体差异(如能力、风格、偏好、需求)提供个性化的学习诊断、学习建议和学习服务；⑥记录学习历史数据，便于数据挖掘和深入分析，提供具有说服力的过程性评价和总结性评价；⑦提供支持协作会话、远程会议、知识建构、内容操作等多种学习工具，促进学习的社会协作、深度参与和知识建构；⑧提供自然简便的交互界面/接口，减轻认知负荷。

智慧教室是一种典型的智慧教学环境，是教育信息化发展到一定阶段的内在诉求。智慧教室的“智慧性”涉及教学内容的优化呈现、学习资源的便利性获取、课堂教学的深度互动、情境感知与检测、教室布局与电气管理等多个方面的内容，可概括为内容呈现、环境管理、资源获取、及时互动、情景感知五个维度。从内容呈现、资源获取和及时交互三个维度出发，可以把智慧教室分成“高清晰型”智慧教室、“深体验型”智慧教室和“强交互型”智慧教室。

虚拟实验室是一个基于网络的实验教学、技术交流、共同研究、协同工作的平台。随着虚拟实验技术的成熟，虚拟实验室在教育领域得到了越来越广泛的应用。虚拟实验室具有比传统实验室更为灵活的表现形式，有效解决了传统实验室存在的问题。在提高实验教学质量，实现资源共享等方面发挥了重要的作用，具有传统实验室无法比拟的优点。据了解，目前国内许多高校都根据自身科研和教学的需求建立了虚拟实验室，如中国科学技术大学在虚拟实验室的建设和使用方面形成的物理仿真实验软件，同济大学建筑学院建成的可以对建筑景观、结构进行仿真的虚拟现实实验室等。

高校智慧教学环境重点建设智慧教室、智慧备课室、智慧语音室、智慧图书馆等智慧型功能室。实践教学是高等教育重要组成部分，重视数字孪生实习基地、试验场和虚拟实验室等智能化实践场所的建设。对现有网络设备进行升级与改造，广泛推广5G高速无线校园网；建设基于RFID技术和传感器技术的智慧型教育装备，可将RFID应用于教育管理领域，如学生行踪、门禁系统、图书管理等；将传感器应用于课程内外教学中，如实验活动的开展、学生听课状况的记录、学生健康安全的监测等方面，实现人、机、物之间的全互联和全感知。学习型城区建设要以区域教育宽带网为主要平台，充分利用教育信息化的基础设施和现代网络远程教育手段，重点建设除了智慧校园以外的各种智慧化学习环境，包括智慧博物馆、智慧美术馆、智慧图书馆、智慧公园、智慧社区、智慧教育探究基地等，支持社会大众的终身学习。

8.2.5 数字化教学资源

高校智慧教育数字化教学资源须重点建设三个内容库：学习资源库、开放课程库和管理信息库。

1. 学习资源库

学习资源库是教师智慧教学和学习者智慧学习所需资源的基本来源，该库主要由教学案例、多媒体课件、试题和试卷、电子图书、媒体素材、资源目录索引、教育网站、研究专题、认知工具、文献资料等资源组成。学习资源库的建设要以应用为导向，紧密围绕课程，统一整合来自多个渠道的优质教学资源，以自建与购买相结合的模式建设课程教育教学资源网站群，建立符合新的国家课程标准的教学资源体系以及相应的建设和应用模式，促进优秀教育教学资源广泛共享与应用。此外，还可以通过数据挖掘、语义技术和机器学习等技术将教学和学习活动中生成性信息资源进行持续采集，加工整理后入库。

2. 开放课程库

随着MOOC热潮在全球范围内的兴起和发展，开放课程资源的建设共享已成为国际教育资源发展的重要趋势。开放课程库的建设要坚持开放共享的理念，建立合理、可行、有效的课程资源建设与分享模式；部署开放教育应用平台，建设一批通过网络向社会大众提供可公开访问的，并支持超大规模学生交互式参与的在线课程；建立促进区域开放课程动态生成、有序进化的共建共享体系，吸引远程教育服务商、出版社、培训机构、学校等广泛参与各类开放课程建设，并将现有的网易公开课、新浪公开课、凤凰微课等开放课程资源通过合理途径集成到开放课程库中。

3. 管理信息库

管理信息库在整个智慧资源体系中占有重要地位，管理信息的大规模、标准化采集是实现教育业务智慧管理的重要前提。教育管理信息数据是教育行政部门经常需要用到的一些基础业务管理数据，如学生、教师、教学、科研、体卫、设备、房产、办公等。应统一开发校务与教学管理系统，统一使用数据标准，与地区教育信息数据中心数据库无缝连接，实现教育基础数据的从下到上的持续采集与动态更新。

8.2.6 智慧业务

1. 智慧教学与学习

随着科学技术的发展，教学形式也在不断发生改变。根据各种技术工具在教学中的应用情况，可以将教学发展过程分为传统教学、电化教学、数字化教学和智慧教学四个阶段。智慧教学是教师在智慧教学环境下，利用各种先进信息化技术和丰富的教学资源开展的教学活动。智慧教学以提升教师教学能力，促进教师专业发展，培养创新人才为目的，可以有效改善传统课堂教学存在的机械、低效、参与不足等现象，具有高效、开放、多元、互通、深度交互等基本特征。

教学环境的改变对教师的信息化教学能力提出了更高要求，因此需要进一步实施教师信息技术应用能力提升工程，开展全员培训，鼓励教师在智慧教室实施各种新型教学模式，构建智慧型课堂。课前，教师利用智能备课系统进行电子备课；课中，既可以使用视频会议子系统开展异地同步互动教学，还可以监控每一位学生的学习过程，了解其学习进展与困难，进行个性化指导；课后，教师通过智能作业批改系统，自动分析学生作业成绩，通过可视化图表方式一目了然地呈现学生作业结果及变化趋势。

智慧学习是在智慧环境中开展的完全以学习者为中心的学习活动。学习者不仅能够即时获取自己所需的资源、信息和服务，还能够享受到个性化定制的资源和服务，不断发掘自己的兴趣爱好，挖掘自己的潜能，使得学习过程更加轻松高效。智慧学习具有个性化、高效率、沉浸性、持续性、自然性等基本特征，能够帮助学习者不断认识自己、发现自己和提升自己，成为 21 世纪知识和智慧的创造者。

智慧学习的开展需要学生具备较强的学习力。学习力是组织和个体掌握知识、创造知识、传承文化的基础，它主要包括组织学习活动的能力、获取知识的能力、运用知识的能力、创造知识的能力以及伴随学习过程而发生的一系列智力技能。智慧教育环境下要着重培养学生在认知、创造、内省和交际四大领域的学习能力。

2. 智慧科研

传统科研存在科研信息无法及时共享、团队智慧性难以充分发挥、“高门槛”实验难以开展等弊端。智慧科研以数字科研为基础，以许多新兴前沿技术（如大数据、物联网、视频会议等）作为支撑和保障，注重协作性、共享性和创新性，强调将个人的小智慧汇聚成集体的大智慧，通过科研成果的共享，启迪研究者的研究智慧，促进科研的创新发展。

智慧科研的开展需要创设良好的网上教研环境，建立基于网络的教师协同教研平台，使得基于网络协作教学研究在全区范围内得到广泛应用开展，真正提升教学教研质量，促进教师专业发展；组建科研网络共同体，汇聚每位科研人员的集体智慧，促进科研成果的快速流通和转换、科研数据的及时分享，实现技术支持下的协同创新。

3. 智慧管理

虽然，我国的教育管理信息化已经走在了教学信息化的前面，然而，当前的教育管理信息化体系仍有待完善，智能化水平有待提升。频繁的数据录入、导出、统计、更新、报表制作等大多数管理工作仍需要“人工”完成。对教育数据的使用多限于简单的统计分析，未对教育数据做深度挖掘。为了提升教育管理的智慧水平，使教育管理从“人管、电控”走向智能管控，需要建设统一的智慧管理云平台，对外界需求进行智能处理，提供资源配置、数据集成、信息管理、运行状态监控、教育质量监测等业务支持，实现教育的智能决策、可视化管控、安全预警和远程督导。

4. 智慧评价

传统教育评价存在评价标准和内容过于片面、缺少真实性与动态性评价、对数据利用和挖掘不够充分、难以开展持续性和终身性评价等弊端。随着信息技术的发展和智慧教学环境的完善，学习者的学习行为和结果数据将越来越丰富。

智慧评价需要充分利用大数据、云计算等先进技术，定期、持续采集各类教育数据(学业成就、体质状况、教学质量等)，并对数据进行深度挖掘，以得出更加科学、准确的评价结果。学生和教师的档案袋数据需要永久存储在云端，同时通过科学的评估模型，客观、全面评价教师的教学绩效和学生的学习绩效，并提出更具针对性的发展建议。

5. 智慧服务

教育的本质是一种特殊的服务，信息技术的进步为教育服务的智慧化水平提升创造了条件。智慧服务是整个智慧教育系统和谐运转的基础，主要包含运维云服务和培训公共服务。其中，智慧教育运维云服务提供全天候的智慧教育系统运维服务，保障智慧教育系统和谐运转；智慧教育培训公共服务提供惠及全民的个性化学习与培训服务。

8.3 中国地质大学(武汉)智慧教育体系探索

本节以工业信息部和教育部2021年“5G+智慧教育”应用试点项目“5G+生态文明教育示范建设”为例，介绍中国地质大学(武汉)在智慧教育体系方面的探索。

8.3.1 5G+生态文明教育示范探索的背景与意义

建设生态文明是中华民族永续发展的千年大计。党的十八大以来，以习近平同志为核心的党中央高度重视并大力推进生态文明建设,我国的生态环境发生历史性、转折性、全局性变化。但是,我国多年快速发展所积累下来的资源环境问题也进入了高强度频发阶段,生态文明建设正处于压力叠加、负重前行的关键期,生态环保任重道远,实现“碳达峰、碳中和”目标任务艰巨。步入中国特色社会主义现代化建设新征程,如何加强生态文明教育全面提高人的生态文明素养、切实增强人的生态文明建设能力,如何让全国、全民、全社会贯彻好新发展理念,持续赋能助力建设人与自然和谐共生的现代化,已经成为我国实现第二个百年奋斗目标重要而紧迫的任务。

1. 生态文明教育的历史机遇

习近平生态文明思想成为建设美丽中国的行动指南。习近平生态文明思想是习近平新时代中国特色社会主义思想的重要组成部分,深刻回答了为什么要建设生态文明、建设什么样的生态文明、怎样建设生态文明等重大问题,是新时代我国建设社会主义生态文明的科学指引和强大思想武器,内涵丰富,意义深远。如何深入贯彻落实习近平生态文明思想,把解决生态问题作为社会主义现代化建设的一项重大任务切实融入中国特色社会主义建设的各个领域和全过程,已经成为中国特色社会主义夺取伟大胜利的重大任务。

生态文明建设上升到国家战略性任务。2012 年,党的十八大报告中提出构建经济建设、政治建设、文化建设、社会建设、生态文明建设“五位一体”的总体布局。2015 年,党的十八届五中全会指出必须牢固树立并切实贯彻创新、协调、绿色、开放、共享的发展理念。2017 年,党的十九大报告中指出建设生态文明是中华民族永续发展的千年大计,明确提出坚持人与自然和谐共生。2020 年,党的十九届五中全会再提构建生态文明体系,促进经济社会发展全面绿色转型。

培育生态环保铁军是高校育人之本。2018 年 5 月 18 日至 19 日,习近平总书记在全国生态环境保护大会上发表重要讲话强调,要建设一支生态环境保护铁军。2018 年 7 月,教育部学校规划建设发展中心发出的《创建中国绿色学校倡议书》指出:“强化生态文明教育。将绿色、循环低碳理念融入教育全过程。”

生态文明教育是社会新风尚之源。2021 年 1 月底,生态环境部、中央宣传部、中央文明办、教育部、共青团中央、全国妇联六部门发布《“美丽中国,我是行动者”提升公民生态文明意识行动计划(2021—2025 年)》,旨在引导全社会牢固树立生态文明价值理念,推动构建生态环境治理全民行动体系。“绿水青山就是金山银山”理念在全社会牢固树立并广泛实践,“人与自然和谐共生”的社会共识基本形成。

教育数字化转型给生态文明教育创造了条件。地质、资源、环境、工程等学科专业与构建生态文明社会、营造人与自然和谐共生环境密切相关。绝大部分场景和过程不可达、不可见、时空受限、瞬发或变化缓慢,这些需要数字仿真技术进行模拟、用仪器进行感知,数字化的互动教育和 5G 技术为这些创造了可行的条件和环境。

2. 生态文明教育面临的重要挑战

1)客观因素的限制

一是人口问题突出。庞大的人口规模对资源提出了更高的需求,加剧了对环境的破坏和污染；人口老年化问题严峻，社会保障压力加剧、老年医疗和养老等问题突出。二是资源形势十分严峻。我国虽然地大物博，但由于人口多，自然资源人均占有量远远低于世界平均水平。资源的有限性和人们需求无限性之间的矛盾，成为我国人与自然和谐发展的瓶颈。三是环境日益恶化。我国在获得巨大经济发展的背后，却付出了更大的资源成本、环境成本和生态成本。我国的经济发展是以大量消耗甚至破坏自然资源为代价的。我国生态退化的局面不但没有得到扭转反而更加严重。

2）主观上缺乏对生态文明体系的认知与意识

一是缺乏对生态知识的认知。我国经济建设长期处于解决人民生活温饱问题，对自然生态与资源环境方面的基本常识，如生态环境的概念，生态系统、生态平衡、生态危机、生物多样性等知识，以及维护生态平衡的基本规律，如生物圈的相互依存和相互制约规律、物质循环与再生规律、物质循环与再生规律、自然生态系统与社会生态系统协调发展规律等缺乏认知和研究。二是缺乏对生态国情缺乏认知。我国是人口大国，人口基数大，新增人口多，人口素质参差不齐；自然资源总量大，种类多，但是人均占有量少，开发难度大。虽然我国生态环境恶化的趋势初步得到了遏制，部分地区有所改善，但是情况依旧不容乐观。三是缺乏对生态世情的认知。当前人类所面临的三大生态危机是环境恶化、资源枯竭和“人口爆炸”，这是关系到人类能否在地球上生存与发展的重大问题。我们对已被人类认识到的环境问题——全球变暖、臭氧层破坏、酸雨、淡水资源危机、能源短缺、森林资源锐减、土地荒漠化、物种加速灭绝、垃圾成灾、有毒化学品污染等认知和参与少。四是缺乏生态意识。我国公民的生态意识水平还不高。主要表现在：公民生态价值意识存在误区；公民生态责任意识欠缺；生态道德意识尚未通过实践内化为自我规范意识；生态审美意识欠缺；生态忧患意识教育缺席；生态科学意识严重不足；生态消费意识的扭曲。部分公民无视生态环境的承受力，有及时行乐、无限度满足自我欲望的消费观念。

3. 5G 技术特点及其在智慧教育中的优势

5G 是当前新兴移动通信的代表性技术，是支撑下一代信息基础设施建设的核心要素。相比于 4G，5G 可以提供更高的速率、更低的时延、更多的连接数、更快的移动速率、更高的安全性以及更灵活的业务部署能力。5G 网络的这些优异特性，将会带来用户上网体验质的飞跃，为万物互联由梦想变成现实奠定了坚实的物质基础。具体来讲，5G 具有以下特点。一是高速度。5G 网络的数据传输速率远远高于以前的蜂窝网络，是 4G 网络的 100 多倍，对运行诸如 4K 高清视频、360°全景视频或者 VR 虚拟现实体验等需要、海量数据传输的应用时不会出现任何拥堵现象。二是泛在网支持。随着经济社会的高速发展，人们对网络大范围覆盖的需求越来越旺盛，网络在社会生活的各个地方实现完全覆盖的同时需要更高品质的深度覆盖。泛在网是 5G 网高速度体现价值的前提条件。三是低功耗。5G 具有保证上网终端超低功耗和超低成本的特性，让大部分物联网产品的待机时间大幅度延长，有利于各种物联网设备大规模部署。四是低时延。在车联网、工业控制、医疗行业和无人驾驶等可靠性要求很高的场景下，5G 的 1ms 低时延、高可靠的特性为这一需求提供了性能保证。五是海量连接。5G 具备超千亿连接的支持能力，满足 100 万/km^2 的连接数密度指标，设备连接量将数十倍于

4G 网络，从而使得万物互联在技术上成为可能。六是重构安全。在当前网络安全形势严峻的情况下，网络数据明码传输带来了严重的信息安全隐患。在 5G 时代，随着大数据、云计算和人工智能技术的发展和成熟，互联网的安防体系将会被重建，这些安全隐患会逐渐消除。

8.3.2 中国地质大学(武汉)的学科优势和引领作用

1. 学科优势

中国地质大学(武汉)是全国所有高校中学科专业与生态文明相关度最高、覆盖最全最多的高校，地质学、地质资源与地质工程 2 个一级学科入选“双一流”建设学科，有望建设成为生态文明教育的标杆学校。

2. 条件优势

学校现有各类科研机构、实验室、研究院(所、中心)86 个，其中国家重点实验室 2 个，国家工程技术研究中心 1 个，科技部地质工程国际科技合作基地 1 个，科技部创新人才培养示范基地 1 个，野外实习基地 4 个，国家二级地质博物馆 1 个以及数十人的科普创作团队。

3. 引领作用

1)与国家发展战略同向

党的十八大以来，以习近平同志为核心的党中央全面加强对生态文明建设和生态环境保护的领导，开展了一系列根本性、开创性、长远性工作，污染防治攻坚战阶段性目标任务圆满完成，生态环境明显改善，人民群众获得感显著增强，厚植了全面建成小康社会的绿色底色和质量成色。2020 年，习近平总书记在第 75 届联合国大会上提出了我国的“双碳”目标：“中国力争 2030 年前二氧化碳排放达到峰值，努力争取 2060 年前实现碳中和。”

中国地质大学(武汉)经过 70 年的探索与发展，秉持“谋求人与自然和谐发展”的价值及追求，致力为解决国家和人类社会面临的资源环境问题提供高水平的人才和科技支撑，深入开展了我国生态文明与绿色发展领域的教育教学、科学研究、人才培养、社会服务与文化传承工作，取得了显著的办学成效。2021 年初，学校就启动碳中和规划编制。

2)与学校发展战略同向

2019 年 12 月，学校印发《美丽中国 宜居地球：迈向 2030——地球科学领域国际知名研究型大学建设战略规划》，文件明确提出：把服务美丽中国建设作为提升核心竞争力的主攻方向，主动对接宜居地球建设，为推动人与自然和谐共生做出关键贡献。

5G+生态文明教育示范建设项目托 5G 网络高速率、低时延、大连接和高可靠等特点，综合运用人工智能、大数据、云计算、互联网、虚拟仿真等信息技术，面向高校师生开展 5G 场景下的生态文明专业知识教学，面向中小学生和社会大众开展 5G 场景下的生态文明科普教育，构造符合时代发展前沿的生态文明教育理念、资源、平台、技术与模式创新体系，对探索建设美丽中国、营造宜居环境、造福人类的教育创新路径具有重大意义。

3)促进学校学科交叉与创新

生态文明教育涉及理、工、文、管等多学科方向,利于文理科的学科融合与创新发展。人工智能技术和机器人技术可以与计算机学院、自动化学院、未来学院等学科专业进行融合,发挥学科优势推动学校在人工智能和智能机器人技术研究和落地应用;云博物馆、时空体验馆可以与传媒学院学科、马克思主义学院、融媒体中心功能融合,突破时空和场地规模限制,讲好地球故事,传播习近平生态文明思想,逐步建成国家级生态文明云博物馆和科普中心;实景引擎技术可以与地球科学学院、资源学院、环境学院、工程学院、地球物理与空间信息学院、地理与信息工程学院、公共管理学院的学科相融合,充分利用现有的基础数据,推动互动教学和虚拟实验室建设,彻底改变生态文明教学与实践形式,创新教学和研究模式。

8.3.3 项目建设的主要目标任务

“5G+生态文明教育示范建设”项目以习近平生态文明思想为指导,遵循信息技术传播发展和高等教育创新演化的一般规律,基于5G、大数据、云计算、人工智能、数据孪生等信息技术,建设5G实景智慧教学云平台、5G虚拟仿真体验平台、视景仿真可视化引擎和生态文明智能大脑,开展5G场景下面向高校师生的生态文明专业知识教学,以及面向中小学生和社会大众的科普教育宣传。解决传统生态文明教育中实景数据量大、网络延时卡顿、实时交互性不足、成本高和操作难,以及突发事件等对教育教学的影响。

1. 建设满足青年学生和社会大众的生态文明教育5G网络环境

支持高校师生开展5G沉浸式实景课堂教学、野外实践教学、5G虚拟仿真实验和互动直播讲座等生态文明专业知识教育的5G校园网络环境。高校师生可利用5G终端设备,不受时空局限和网络卡顿延时影响,随时随地开展实时实景专业互动教学。与此同时,支持中小学生或社会大众开展云上地质博物馆、时空地球体验和人与自然云讲堂等生态文明科普教育。中小学生或社会大众可利用智能手机及智能眼镜、数字手套等可穿戴设备,身临其境地体验生态文明科普教育。

2. 建设生态文明教育技术支撑与信息安全保障平台

利用5G先进技术,基于云计算、大数据、人工智能、数字孪生等信息技术,建设满足生态文明教育需求和发展需要的视景仿真可视化引擎、生态文明教育智能大脑、5G实景智慧教学云平台和5G虚拟仿真体验平台等技术系统和平台。研究和建设满足我国生态文明教育的5G网络安全、数据安全、信息安全等安全保障的长效机制,培养高水平人员队伍和增强技术措施保障。

3. 开展生态文明专业教育与科普教育应用示范

在生态文明专业教育领域,探索5G环境下高校师生生态文明教育应用场景,建设5G沉浸式实景课堂、野外实践数字孪生教学中心、震旦云讲坛、智能学伴等专业知识教育示范应用;在生态文明科普教育领域,依托中国地质大学(武汉)优势教学资源,积极服务社会生态文明教育,建设面向中小学生或社会大众的云地质博物馆、时空地球体验馆、人与自然云讲堂、智能讲师、智能导游等科普教育示范应用。

4. 构建我国生态文明教育高质量发展的标准规范体系

面向我国生态文明教育纵深推进和高质量发展的目标导向,探索和建设满足生态文明教育的5G网络环境、技术支撑平台、示范应用等技术标准、数据规范和课程教学体系,助力我国其他高校和教育、研究、科普等机构提供挖掘优势资源、高标准推进5G时代我国生态文明教育研究的工作体系、决策计划、资源配置、实施方案与成效评估等关键环节提供参考借鉴与经验启示,为实现全社会生态文明建设同轴共转、同向同行提供智慧支持。

5. 深化互联网+背景下我国生态文明教育理论创新

结合我国生态文明建设和高校生态文明教育研究实际,围绕高校立德树人根本目标开展5G时代我国生态文明教育的深化拓展的理论与实践逻辑的规律研究,发掘现代信息技术支撑下我国高校生态文明教育具体开展过程中"知""情""意""行"协调统一的跃迁逻辑与基本原理。以新时代生态文明教育的内在规定为基准,通过关照多维度、多层次互促的生态文明教育活动的开展,推动受教育对象牢固确立生态价值观,并担负起生态环境保护和社会可持续发展的责任,创新新时代我国生态文明教育理论。

8.3.4 项目的总体框架与技术路线

项目围绕生态文明教育示范,利用5G网络、生态文明知识大脑、视景仿真可视化引擎、岩矿化石实时智能识别等技术,分别开展面向高校师生的震旦云讲坛、野外实习教学、沉浸式课题等专业知识教学,以及面向中小学生和社会大众的人与自然云讲堂、时光地球体验馆及云地质博物馆等科普知识宣传,项目总体技术架构分为用户层、示范应用层、技术平台层和基础设施层(图8-2)。

用户层:面向高校师生开展5G场景下的高等生态专项知识教学,面向中小学生和社会大众开展5G场景下的科普教育宣传。

示范应用层:项目开展智能学伴、5G沉浸式实景课堂、野外实践孪生教学中心、震旦云讲坛等高等生态专项知识教学应用示范;开展智能讲师、智能导游、云地质博物馆、时光地球体验馆、人与自然云讲堂等科普教育宣传应用示范。

技术平台层:为了支撑以上应用示范,项目在技术上以视景仿真可视化引擎为展示驱动,以生态文明智能大脑为教学逻辑驱动,构建5G实景智慧教学云平台和5G虚拟仿真体验平台,形成生态文明教育示范应用系统。

基础设施层:主要包括5G承载网络,以及用户端所需的各类5G网络终端。项目建设将构建生态文明教学体系、岩矿化石智能识别标准、生态文明教育知识库、野外实习孪生教学中心等标准规范,并建立系统运行的安全保障措施。

项目在学校现有教学基础设施(如智慧教室、野外实践基地等)和科普基础设施(博物馆)的基础上,以5G网络、人工智能、大数据、虚拟仿真等技术为支撑,遵循二三维一体的二次开

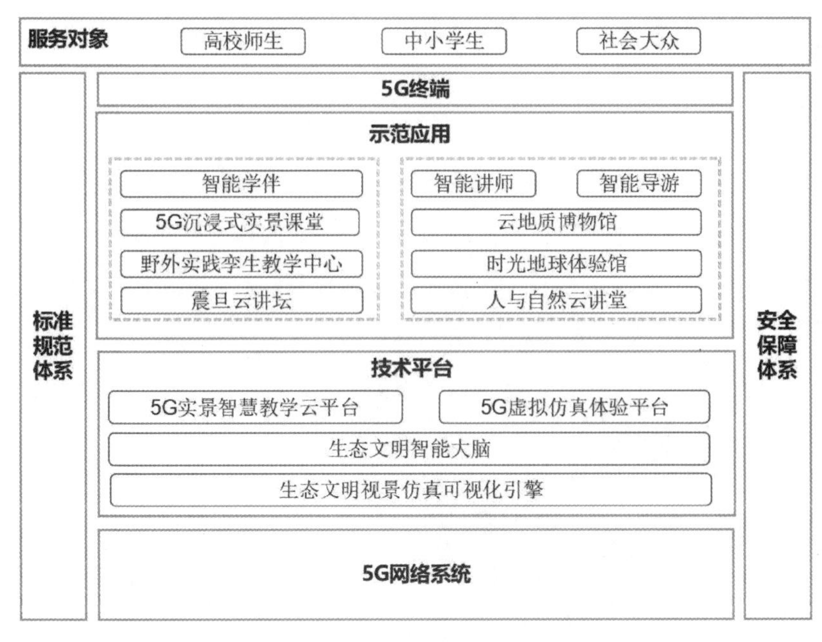

图 8-2　项目总体框架图

发接口标准、支持国产自主可控环境下的B/S、C/S两种技术架构，实现在线访问和本地离线自动加载相结合的应用模式，分别构建面向生态专业知识教学的野外实践孪生教学中心、5G沉浸式实景讲堂等应用场景以及智能学伴工具，构建面向科普宣传教育的云地质博物馆、时光地球体验馆、人与自然云讲堂等应用场景以及智能讲师、智能导游等工具，项目建设成果将充分考虑可推广性和示范性。技术路线如图8-3所示。

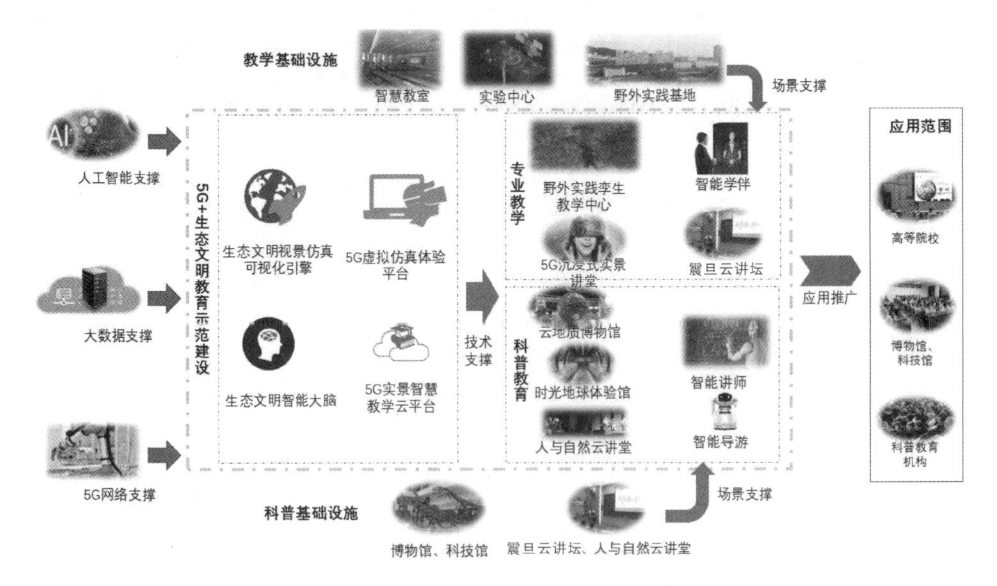

图 8-3　项目技术路线

8.3.5 关键技术及系统

1.5G 组网方案和 5G 技术利用

1)5G 组网方案

5G NR 宏站采用 2.6GHz 频段,参照现网移动 4G 站点利旧资源进行 1∶1 规划,结合目标弱覆盖区域,在南望山校区规划 19 个 5G 宏站进行覆盖,移动原 4G 站址进行全面整改,为 5G 腾出平台(图 8-4)。

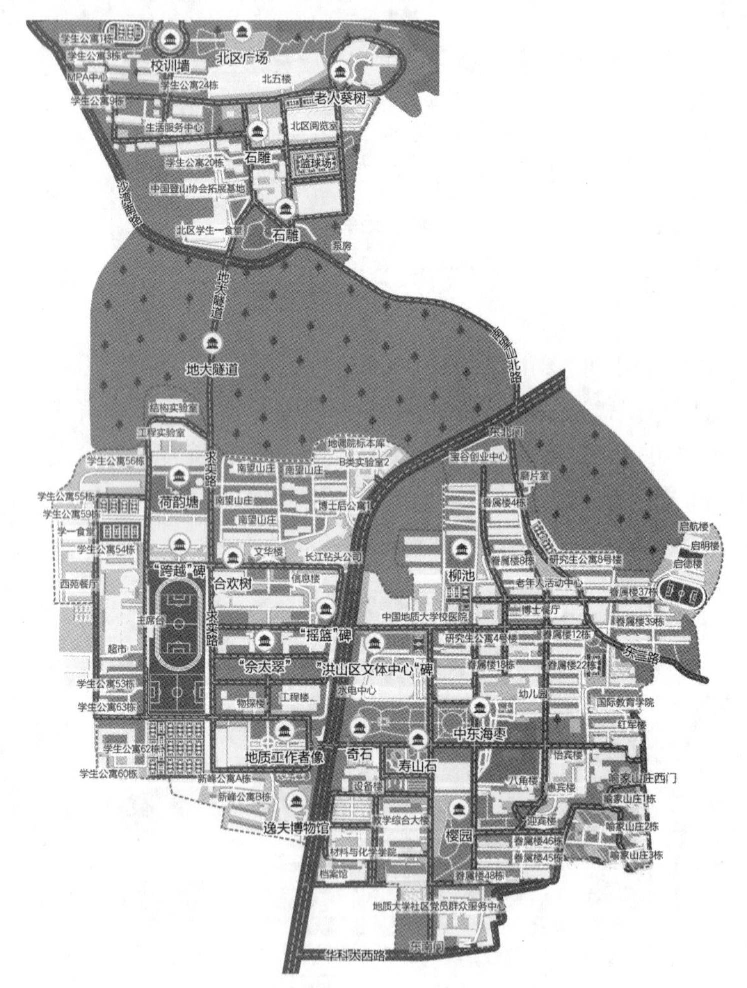

图 8-4 南望山校区校园地图

2)5G 专网分流及认证机制

根据校园用户特点,分别制定无访问区域限制和有访问区域限制两套 5G 数据分流方案。无访问区域限制主要针对学校教职工以及校方认定的 VIP 人员,可在全国范围内通过 4G 或 5G 网络直接访问校园内网;有访问区域限制方案主要针对学生和外来临时访客,可根据校方要求,在指定的校区内或校外特定区进行专网访问。

5G专网规划专用地址池，对每个用户赋权固定IP，用于网络行为的IP追踪或溯源，利于网络安全管控，具体分流业务如图8-5所示，业务流代表用户根据不同制式访问校园内网的流向，黑白印刷流代表用户根据不同制式访问公网的流向。

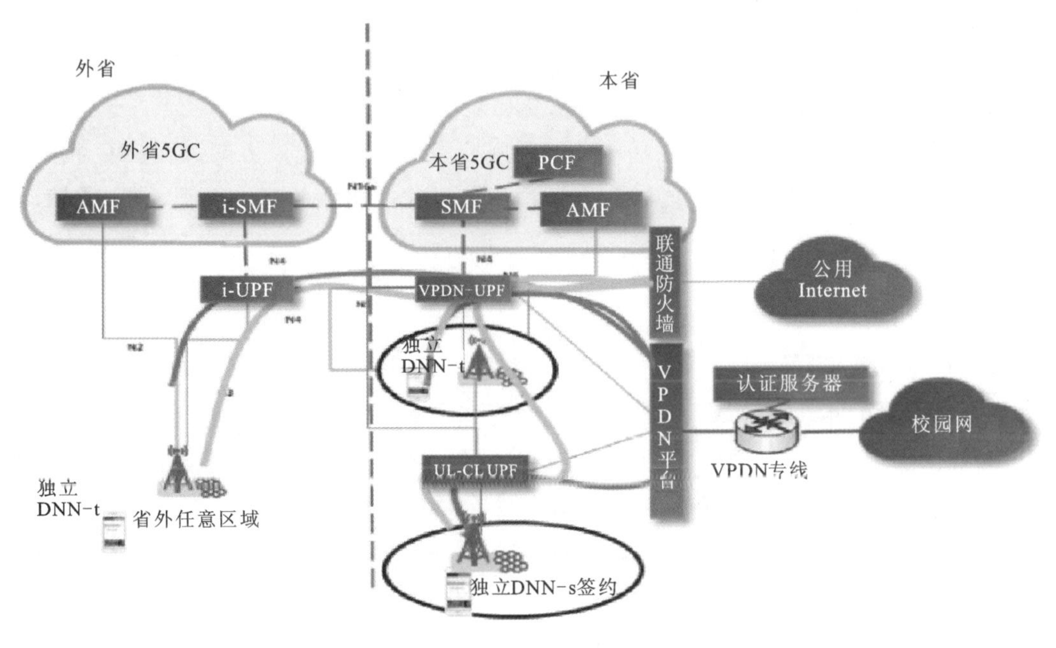

图8-5 数据分流方案

校园专网采用AAA认证模式，通过部署在校园内的AAA认证服务器对校园网用户的首次访问行为进行认证，仅有认证通过的用户才能进行访问，且用户在访问校园内网期间无需重复认证。当用户离线一定时间后，再次进行专网访问请求才会重新进行AAA认证。本认证模式可减少重复认证造成的服务器处理压力，同时认证过程无需人为干预，对用户属于无感认证。

3)5G技术利用方案

师生身处实习现场可以和在校园中一样随时使用校园网中丰富的电子学习资源。师生在教室宿舍开展理论学习的同时，可以随时查看野外现场的实践情况(图8-6)。

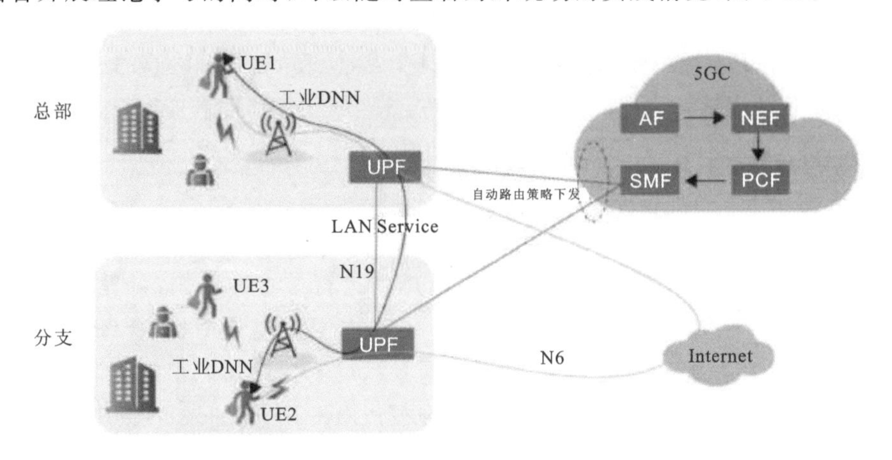

图8-6 多校区、多基地5G网络数据流

一是智慧教室。5G智慧教室充分结合了5G、AI、大数据技术,并搭载先进的智慧教室系统以及高科技的配套硬件设施,其最大的特色在于利用5G网络高宽带低时延特性,摆脱时空限制实现异地无感知的教学,让学生足不出户就可以享受到学校的优质教学资源。

二是时空地球体验馆。充分利用5G技术"超大带宽、超低时延、超多链接"的特性,实现多路高清视频同时播放,感受5G极速网络带来的震撼。参观者体验5G VR全景高清视频,仿佛置身其中,以上帝视角查看周围的动态,犹如"身临其境"。

三是野外实习基地。野外实习基地可以采用校园5G专网建设方案,通过5G技术实现两校区、三实习基地内部网络互联互通,做到内部信息化应用业务统一管理、统一监控、统一处置。

2. 实景仿真可视化引擎

视景仿真可视化引擎是基于二三维GIS技术与游戏级引擎深度集成的可编程、可扩展、可定制的数字孪生开发平台,对上层应用提供二次开发接口。平台的可视化界面设计简单易用,支持高清影像、地形、倾斜摄影、人工模型、BIM等多种海量GIS空间数据的本地及在线浏览、查询,支持空间分析、态势标绘、场景构建等多种功能,同时结合游戏级引擎渲染能力,将提供炫酷、逼真可视化效果与沉浸式交互体验,平台可实时引接并播放监控视频、无人机采集的图片影像数据、激光点云数据等,满足各类数字孪生应用所需的虚实对接需求,可视化引擎可广泛用于智慧城市、科研教育、模拟仿真、应急保障、太空态势等多个行业。

视景仿真可视化引擎建设,涉及的三维GIS技术、实景三维技术和虚拟仿真技术,可与5G技术、AI技术、大数据技术、BIM(building information modeling)技术、移动互联网技术等进行深度融合,结合野外教学实习基地、化石标本数据库、数字地质博物馆、地质灾害、生态环境、3S数据等现有数据基础,可协助实现教学模拟仿真,助力教学工作,实现5G+生态文明教育示范建设。

视景仿真可视化引擎实现地理信息与游戏级引擎的紧密结合,二者优势互补,游戏级引擎接入大规模真实地理数据、支持GIS分析、查询和定位能力,为制作真实的场景提供支撑,助力国防模拟仿真、数字孪生等行业;地理信息利用游戏级引擎在可视化表现和三维渲染方面的超强能力,制作大屏炫酷的效果,改善用户体验,借助虚幻引擎特性将真实地理数据与智慧城市、模拟仿真、VR/AR等大规模场景有效结合,通过实体和虚体之间的映射,实现真实与虚景数据双驱动,为更多用户带来身临其境,更具交互性、真实感、沉浸感的三维体验。

视景仿真可视化引擎架构主要包括内核引擎层、资源层、接口层和应用层,如图8-7所示。

3. 生态文明教育智慧大脑

近年来,深度学习和知识图谱已成为人工智能的两大技术驱动力。相对于深度学习知识图谱技术具有可广泛应用于不同任务,从海量数据中进行学习和挖掘,可理解、可解释,类似人类的思考方式等特性优势,知识图谱中的知识可沉淀、可重复使用,结合深度学习的计算能力,必将成为未来人工智能发展的趋势。在教育领域,对于教育知识图谱的认知,应从知识建模、资源管理、知识导航、学习认知、知识库等多维视角出发,当前的教育知识图谱可分为静态

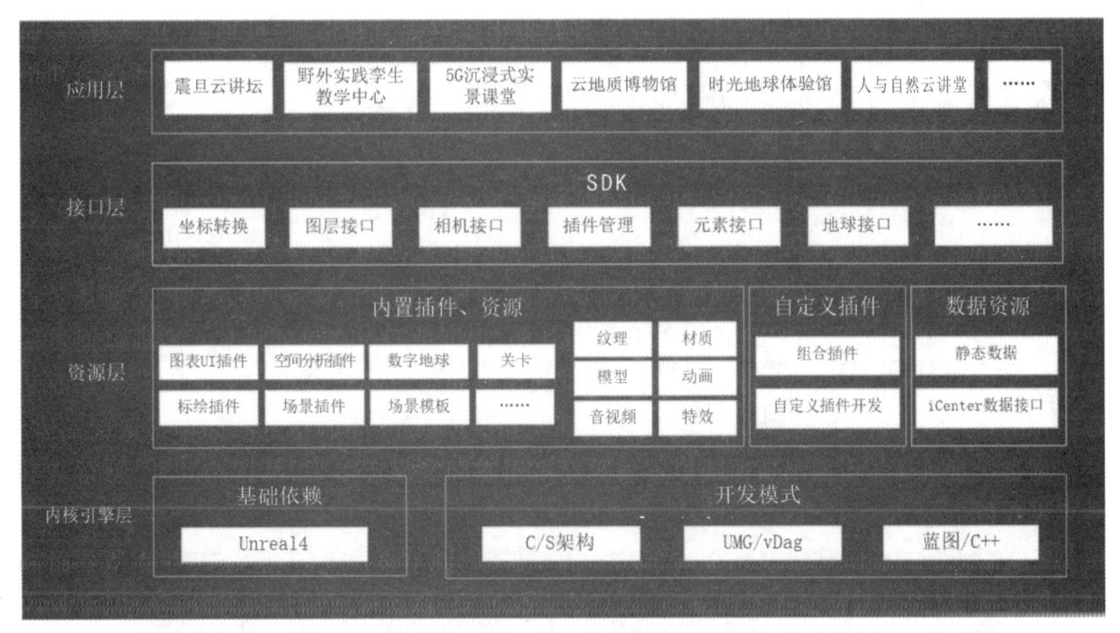

图 8-7　视景仿真可视化引擎架构图

知识图谱、动态事理图谱两大类。构建教育知识图谱的关键技术，主要有知识本体构建技术、命名实体识别技术、实体关系挖掘技术、知识融合技术等方面。因此，从“人工智能＋”视域来看，教育知识图谱在教育大数据智能化处理、教学资源语义化聚合、智慧教学优化、学习者画像模型构建、适应性学习诊断、个性化学习推荐、智能教育机器人等方面具有广阔的应用前景（图 8-8）。

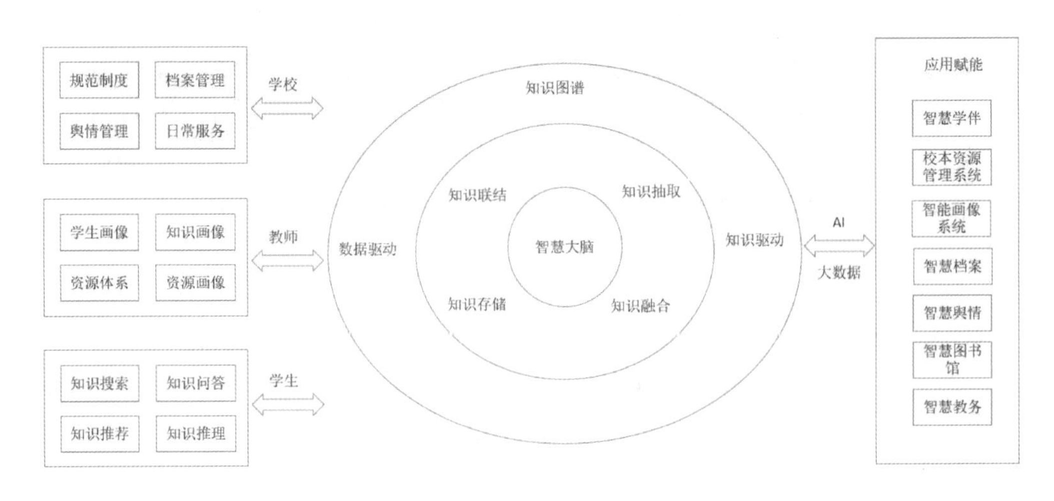

图 8-8　基于知识图谱的教育智慧大脑

知识大脑的构建主要服务于学生、老师及学校管理人员，基于智慧大脑，结合人工智能大数据相关技术可以孵化出如智慧学伴侣、校本资源管理系统、智慧画像、智慧档案等支持多个场景的应用，面向学生通过智慧学伴等应用可以帮助学生进行学科技能、岗位技能学习，进行知识搜索、知识问答、知识推荐。促进知识精准学习,创建个性化学习路径。面向老师通过资源管理系统,画像系统等应用可以帮助老师有效地管理授课所需的资源,形成资源体系。通过学生对资源的学习产生的学习记录可以生成学生画像,资源的画像,促进精准教学。面向学校管埋者可通过智慧舆情、智慧教务、智慧图书馆等应用提升学校的服务能力,提高服务质量。

4. 5G 智慧教学云平台

5G 智慧教学云平台是面向教学与科普宣传的互动平台,支撑 5G 沉浸式实景讲堂、野外实习孪生教学中心、震旦云讲坛、5G 智慧地质博物馆、时光地球体验馆、人与自然云讲堂等教学场景等应用平台的搭建,除了传统教学内容外,重点建设沉浸式教学内容。平台的主要建设内容包括 5G 全息远程互动课堂和 5G 虚拟沉浸式课堂。

5G 全息远程互动课堂的典型特点是:教师在远程通过全息投影方式真实地展示在学生的现实课堂之中,与学生形成虚与实的互动互通,达到沉浸式现场教学的目的,场景见图 8-9。

图 8-9　5G 全息远程互动课堂场景

5G 虚拟沉浸式课堂教学的典型特点是:教师在现场,但由于知识体系较为复杂,教师需要借助于头盔或者眼镜等穿戴设备,与现场学生一起共同浏览虚拟场景或现场野外的 5G 视频信号(虚拟场景或现场场景内容师生是共享的,并保持同步),通过场景同步,教师可以直观深入地教授学生知识,场景见图 8-10。

场景建成后其内容的扩展是开放式的,不同的教育机构可根据自身特点和需求进行个性化定制,有利于后续快速推广应用。

5G 智慧教学云平台采用 B/S 架构构建,是一种高并发的互联网分布式架构系统,共分为引擎层、功能层和应用层(图 8-11)。引擎层包括多源数据接入引擎、二三维 GIS 引擎以及游戏级引擎。通过 5G 网络的配合,在互联网高并发架构的支撑下,可实现面向万人教育的流畅授课,通过多源数据接入引擎,实现视频数据、音频数据、文字数据等信息的快速规范接入并

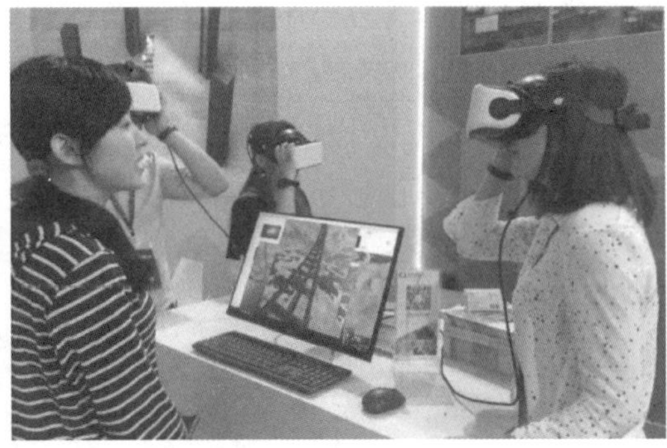

图 8-10　5G 虚拟沉浸式课堂场景

播放存储，为上层的功能实现提供数据基础，二三维 GIS 引擎和游戏级引擎的功能源于视景仿真可视化引擎，为上层各类数据多形式的可视化功能实现提供基础支撑。功能层是 5G 实景智慧教学云平台的核心能力实现层，提供包括典型场景的创建及管理，多媒体课件信息的加载与播放，BIM 信息互动展示，以及师生交流所需的基本互动教学展现形式(UI)及网络通信相关内容，为应用层的实现提供构建功能及工具。

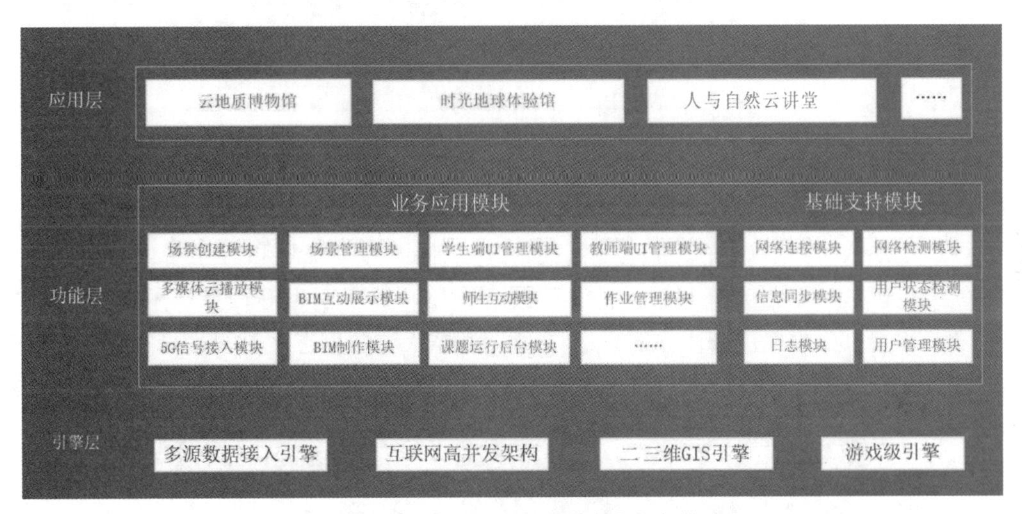

图 8-11　实景教学互动平台技术架构

5. 5G 虚拟仿真体验平台

5G 虚拟仿真体验平台是面向实验教学提供虚拟仿真功能，面向实践教学提供数字孪生互动体验的虚拟技术平台，支撑 5G 沉浸式实景讲堂、野外实习孪生教学中心、震旦云讲坛、5G 智慧地质博物馆、时光地球体验馆、人与自然云讲堂等教学场景等应用平台的搭建，除了传统教学内容外，重点建设虚拟仿真与数字孪生相关的教学内容。平台的主要建设内容包括 5G＋超远程虚拟仿真实验和 5G＋4K 远程互动教学。

5G＋超远程虚拟仿真实验，对于某些生涩难懂的知识，利用 BIM 技术构建专业的三维模型(图 8-12)进行说明，或者利用 BIM 技术构建虚拟博物馆或科技馆，支持虚拟仿真互动体验式教学。

针对野外实践教学,5G虚拟仿真体验平台提供BIM虚拟场景与野外现场实践教学的数字孪生体验,通过BIM虚拟场景主要让学生了解生态地质相关的专业知识原理与特征,通过野外现场视频主要让学生了解实物的真实形状、纹理等特征,做到内外教学结合、虚实结合,达到更好的教学目的。

通过5G虚拟仿真体验平台的创建与设置,以及内容的加载,可分别打造不同的应用场景,如野外实习孪生教学中心、5G沉浸式实景讲堂、震旦云讲坛等,场景的扩展是开放式的,不同的教育机构可根据自身特点和需求进行个性化定制,有利于后续快速推广应用。

图8-12 BIM技术构建下的三维地质体

6.5G沉浸式实景课堂

以中国地质大学(武汉)智慧教室为依托,在广泛调研高等院校和行业培训互动教学应用需求、平台系统等基础上,充分利用5G、大数据、云计算、数字孪生等信息技术,基于5G实景智慧教学云平台、5G虚拟仿真体验平台、生态文明智慧大脑和生态文明视景可视化引擎等技术支撑环境,建立生态文明教育5G沉浸式实景课堂,实现跨越空间的沉浸式课堂教学(图8-13)。

图8-13 实体课堂沉浸式教学

智慧教学环境建设：以中国地质大学（武汉）智慧教室为依托，利用5G技术，通过对智慧教室升级改造，建设沉静式实景课堂教学环境。

智慧教学资源建设：在学校已有教学资源基础上，利用VR/AR等虚拟现实技术，将传统的图形、文字、音频、视频等教学资源改造成具有沉浸感的教学内容；同时，利用生态文明实景可视化引擎，实时接入远程全息教学场景内容。

基于5G实景智慧教学云平台和5G智慧学习终端，高校师生或培训人员开展5G网络环境下的课堂教学。

7. 野外实践孪生教学中心

以中国地质大学（武汉）周口店、北戴河、秭归三大野外实习基地为依托，在广泛收集涉及实习区域的地理、地质、人文等资料的基础上，充分利用5G、大数据、云计算、数字孪生等信息技术，建立三大野外实习基地的全信息三维数字孪生模型，辅以VR/AR技术，实现跨越空间的沉浸式野外实践教学；以上述数字孪生架构为基础，在实习区对教学路线、教学点采用5G＋VR全景的5G赋能体系，为野外实践教学云端化、实时化提供技术与平台支撑。

进行数字孪生实习基地建设以及5G赋能体系构建时，应遵循可行的技术路线，具体如下：①收集实习区域内的相关地理、地质、基础设施等数据，进行数据体系构建，设计相应分布式数据存储体系，存储遥感、水文、地质、环境、实习路线、摄影测量等数据，建立云端的数据储存中心；②基于地理数据、地质数据、实习区遥感数据等，建立多尺度的地上地下一体化三维模型，作为数字孪生物质空间的基础数据框架；③逐步开展相关专业实习需求的虚拟现实技术、图像智能识别技术、人工智能技术、全景展示技术等相关应用研究，形成对应的技术实体容纳入云计算体系中，为上层应用提供技术支撑；④结合实际应用场景，进行VR/AR支持下的体系认知，模拟实习路线、实习点教学，进行地质灾害仿真模拟等应用。

巴东野外综合试验场（图8-14）数字孪生模型采用虚实结合的构建体系进行建模，非关键场景采用人工建模或720°全景技术（图8-15），具体的采集点、观测点、实习点采用三维实景技术（图8-16）。

图8-14　巴东野外综合试验场

图8-15　巴东野外综合试验场720°全景建模

图 8-16　观测点三维实景建模

8. 5G 智慧地质博物馆

依托中国地质大学(武汉)地质博物馆,充分利用 5G、大数据、云计算、数字孪生等信息技术,基于中国移动 5G 智慧博物馆信息化平台,建立云上智慧地质博物馆,为学校师生、中小学生和社会大众提供沉浸式地球、资源、生态、环境等生态文明专业知识和科普教育服务,助力地质博物馆大发展。

(1)通过三维扫描技术,对博物馆现有的 4 万余件各类岩矿石、化石标本分阶段进行数字化,建立分类三维标本数据库,实现对博物馆地质、化石、宝玉石等标本的再生与复原。

(2)利用 VR/AR 技术,模拟重现化石、矿物晶体和珠宝玉石的形成过程,解剖、组合和复原古生物化石的内部构造和本来面目,实现对标本信息的深度挖掘。

(3)利用高动态影调 HDR 拍摄 360°全景技术和裸眼 3D 技术,对现有数字展厅系统进行改造提升,通过 5G 网络和 5G 移动设备体验身临其境般的虚拟场景游览。

(4)利用计算机虚拟仿真技术模拟重现地球演变、气候演化、地质变迁、生态环境变化、生物进化、地质标本形成时期的地质过程场景等。

(5)利用生态文明教育智慧大脑构建的智能导游和智能讲师,远程游览云上地质博物馆,现场游览真实地质博物馆。

9. 时空地球体验馆

依托中国地质大学(武汉)地质博物馆的数字化资源,以时空演变为主线,为学校师生、中小学生和社会大众提供沉浸式体验场馆,营造交互式、身临其境的虚拟场景,再现地球演变、气候演化、地质变迁、生态环境变化、生物进化、地质标本形成时期的地质过程场景。

(1)以生态文明教育和地球时空演变为主线,结合学校地质博物馆的馆藏标本库,规划和设计地球演变、气候演化、地质变迁、生态环境变化、生物进化、地质标本形成时期的地质过程场景。

(2)采用 VR/AR、AI 及大数据等技术以及 5G＋全息投影、互动投影、5G 终端等设备，建设实体体验馆。

(3)利用生态文明教育智慧大脑构建的智能导游，构建身临其境的交互式现场＋虚拟体验馆。

10. 智慧地大人——“嘀达”

基于生态文明智慧大脑，构建一个虚拟智慧地大人形象——“嘀达”，虚拟成三个形象，分别承担“智慧学伴”“智慧讲师”和“智慧导游”工作，为生态文明教育的接收者提供全方位的智能服务。平台是智能教育公共服务应用，可以直接对教学过程进行智能服务，服务的对象包括老师和学生，对于老师可以作为助手给学生提供优秀的教学资源、个性化的学习路径，以及针对性的教学反馈；对于学生可以作为学习伙伴参与到学习者的学习过程中，开展学习互动，协助知识点学习，协助情绪管理等。

“嘀达”平台分两大基本模块，教学交互模块和基于“知识图谱”平台的数据与资源模块(图 8-17)。两大基本模块通过校园网进行信息传输和共享。其中，服务器端的数据与资源模块通过“嘀达”服务平台提供基础数据和教学资源，客户端依托智慧硬件系统集成“嘀达”APP 完成教学交互功能。

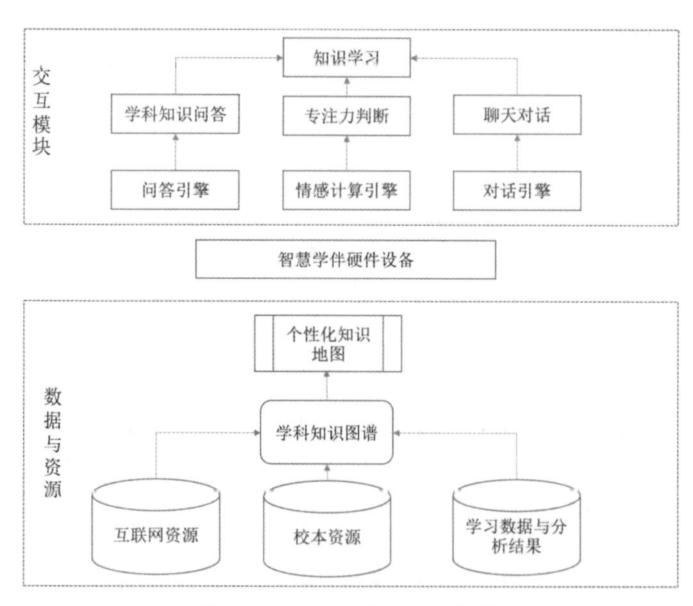

图 8-17 智慧地大人技术架构

9　高校信息化评价体系探索

2021年3月,《高等学校数字校园建设规范(试行)》指出,数字校园建设是一个持续的过程,制定适当的评价体系,对数字校园建设工作和应用效果进行评价,有助于促进高等学校数字校园建设;2021年4月,《行政事业性国有资产管理条例》第二十八条强调各部门及其所属单位应当按照国家规定建立国有资产绩效管理制度,建立健全绩效指标和标准,有序开展国有资产绩效管理工作;2021年7月,教育部等六部门发布《关于推进教育新型基础设施建设构建高质量教育支撑体系的指导意见》,指出提高资源监管效率,提升数字资源供给监管能力,实现资源备案、流动、评价的全链条管理,强化过程管理和绩效管理;2021年5月,《中共中国地质大学(武汉)委员会关于进一步深化改革的意见》中也指出要加大监督检查和考核评价力度,加强资源配置绩效考核。

9.1　高校信息化评价体系建设

国内高校教育教学信息化评价研究从2001年左右开始起步,相关的研究较多,但仍处于初级阶段。

2005年2月,在中国高等教育学会教育信息化分会的牵头下,由复旦大学主导,联合北京大学、清华大学、南京大学、中山大学等17所高校共同参加了“中国高校信息化指标体系研究”项目(谢松山等,2021),并于2007年12月提出了中国高校信息化评价指标体系,确定了5个一级指标、18个二级指标和71个三级指标,该指标体系较全面和系统地归纳了我国高校目前信息化的各项内容,在业内具有一定的权威性,其中5个一级指标分别为信息化基础设施、信息化基础应用、教学科研信息化、管理信息化和信息化保障体系,目前仍作为高校信息化建设水平评价的主要参考指标,见表9-1。

表9-1　中国高校信息化指标体系

一级指标	二级指标	三级指标
信息化基础设施	信息化设备拥有水平	服务器的拥有量
		个人电脑拥有率
		多媒体教室比率

续表 9-1

一级指标	二级指标	三级指标
信息化基础设施	校园网建设与应用水平	校园网覆盖率(总体上)
		主干网络稳定性
		校园建筑接入校园网的比例
		校园网主干宽带及其利用率
		校园网出口宽带及其利用率
	网络与信息安全建设水平	病毒防治
		网络运行故障监测系统
		信息过滤
		入侵检测
		通过的信息安全测评或认证(附加项)
信息化基础应用	基本应用情况(E-mail/网络存储空间/BBS/一卡通/视频会议/搜索工具/虚拟社区)	电子邮件系统
		网络存储空间(用于师生存储资料和个人信息发布)
		校园公告系统
		校园一卡通
		校内信息资源的搜索工具
		视频会议
		虚拟社区(如虚拟班级,社团)
	学校网站应用水平	校级网站日访问量
		各部门/院/系/研究机构网站情况
	图书馆电子资源建设与应用水平	图书馆电子资源总量
		是否加入国家或地区的网络图书馆
		图书馆电子资源浏览情况(频度)
		图书馆电子资源下载情况(频度)
	应用集成环境(共享数据平台/统一身份认证/信息门户)	数据共享平台
		统一的身份认证系统
		校内信息门户
教学科研信息化	教学资源的建设与应用	教学资源制作工具
		教学资源库和专题学习网站(附加项)
		网络课程
	教学过程的信息化支持应用	多媒体教学情况
		网络教学情况
		网络(辅助)教学平台

续表 9-1

一级指标	二级指标	三级指标
教学科研信息化	科研信息网上发布共享水平	网上科研信息发布与更新
		科研项目专题网站
		学科资源库
		科研项目交流和协作平台
	科研项目的信息化支持环境	工具软件应用水平
		高性能计算机应用水平(实验室)
		大型仪器设备信息共享水平
管理信息化	管理系统建设与应用水平	行政办公自动化
		人事管理
		财务管理
		学生管理
		教务管理
		研究生管理
		资产管理
		图书馆管理
		后勤管理
		科技管理
		档案管理
		综合数据处理与决策支持
		全校范围的办公自动化
	信息共享水平	业务部门内部业务之间的信息共享水平
		业务部门之间信息共享水平
		对外信息发布

续表 9-1

一级指标	二级指标	三级指标
信息化保障体系	信息化制度保障	中长期信息化战略规划与发展策略制定情况
		信息化水平纳入学校内部的考评制度的情况
		对教职工信息化的激励机制
	信息化资金保障	信息化的财政预算
		近三年信息化资金投入
	人员信息化技能保证	定期对人员进行信息化培训
		对人员聘任的信息化技能要求
信息化保障体系	信息化组织保障	信息化领导小组的组长
		信息化建设部门的组成
		技术支持与服务队伍
	信息化标准与管理规范	信息化技术标准的应用程度
		应用系统运行与管埋规范
		信息化安全措施

9.2 高校信息化发展水平评估指标体系

为深入落实教育部关于教育信息化 2.0 的部署要求，以教育信息化推动高校内涵建设和转型发展，部分省市教育厅均制定了高校信息化评价体系，如浙江省、安徽省，其中河南省教育厅印发了《河南省高校信息化发展水平评估指标体系（试行）》，见表 9-2，从基础设施、基础支撑平台、数字资源、智慧教育、治理体系、网络信息安全等 6 个方面引导高校创新信息化发展理念，转变信息化建设与应用方式，以评促建、以评促用，推进各高校在“摸底子、堵短板”基础上，“强应用、创特色”，推进教育信息化转段升级。评估指标体系包括 6 个一级指标、17 个二级指标、51 个观测点、200 项观测点描述，其中观测点描述中带“△”的为引导性参考指标。区别于上一节高校信息化评价体系的是，它更加具体、更加面向智慧应用、更加面向当前发展方向，对信息化资产质量评价具有一定的参考意义。

表 9-2 河南省高校信息化发展水平评估指标体系

一级指标	二级指标	主要观测点	观测点分项描述
基础设施(80)	网络设施(27)	网络通信(21)	校园网建设情况:有线固网达到教学、办公区楼宇覆盖率 100%,无线网络达到校园楼宇内部无线全覆盖,室外覆盖公共区域,多校区统一到一张校园网实现互联互通,具备提供满足学校国际化服务的能力
			校园网出口带宽:达到人均 0.7Mbps 以上(师生规模 3 万及以上学校总带宽不低于 20Gbps)
			校园主干网建设:万兆,网络通信主干光缆线路具有冗余或备份结构,且满足视频会议及网络直播需要,满足 40%学生同时访问校内学习空间资源需求
			业务子网建设:保障校内业务畅通和安全,设置有财务业务通信、多媒体教学通信等专用子网或者专用虚拟子网
			接入中国教育和科研网:接入且带宽不低于 100M,且满足一定冗余(按峰值达到总带宽 60%应需扩容),官方网站域名采用教育行业域名(x. edu. cn 或 x. edu)
			IPv6 推广:接入 IPv6,且部署业务应用或实验室应用至少 1 项
			物理通信设施:室内、外弱电管网(线、井)规划合理,管理有序,标识清晰,由统一信息化主管部门统一管理,共建共享
		智能感知(6)	智能感知应用:至少有 2 项应用(如:人员、车辆、危险品等位置轨迹感知、大型设备以及水电气等基础设施运行状况)
			智能感知接入:卡片、人脸、指纹、手势、蓝牙、图像智能识别等感知能力,有 2 项以上实际应用场景接入
			智能感知性能:识别率高(99%以上)延时低,传输能力满足实时应用场景的感知要求
	云模式(16)	云计算(6)	建设模式:统筹规划,集中式或(逻辑上)分布式数据中心,开放建设,共建共享,公有云、私有云混合模式
			计算能力:计算能力能很好支撑学校信息化业务发展需求,有良好的可扩展性(兼容性),且有 30%以上冗余,传输时延小
			安全能力:具有冗余备份,安全回滚,日志追踪等基本能力

续表 9-2

一级指标	二级指标	主要观测点	观测点分项描述
基础设施(80)	云模式(16)	云管理(4)	管理能力:统一规划,集约式建设,具备远程管理和维护功能,虚拟化管理涵盖面占总计算资源的 80%以上,共享灵活、安全可控
			服务模式:计算资源管理实现线上审批,满足师生科研按需申请、资源弹性分配
			安全管理:统一互联网出口管理,链路负载调度,安全防护管控全面、有效
		云应用(6)	场景案例:有实现办公或者实验室机房等可体验的云桌面,云(盘)存储、云数据备份,云镜像等应用案例
			服务案例:有云服务(Paas,Iaas,Saas)部署服务案例
			防护案例:有云安全防护应用(云 WAF 等),且有云防护日志数据
	智能环境(21)	智能教学设备数量(8)	普通终端:教学用计算机不低于每人 1 台
			普通电子教室,普通"多媒体教室"(至少配置投影仪、计算机或云桌面终端、幕布或电子大屏)、计算机教室、电子阅览室、语言教室等可满足实际教学需求
			"智慧教室":建有"智慧教室",数量可满足创新教学方式的实际需求("智慧教室"基本认定条件暂按"附:智慧教室基本功能")
		附:智慧教室基本功能	附:实现常态化录播功能,支持高清视频编辑(1080P),并接入学校在线学习平台
			附:实现师生智能终端便捷接入,支持互动教学,稳定性高
			附:实现教室各类设备的智能感知和远程(自助)控制及故障自检
			附:Wi-Fi 接入冗余 20%
			附:支持全息三维投影或 VR 虚拟现实等交互式授课△
		智慧图书馆(6)	基本功能:图书馆自助应用良好,具有图书自助查询、自助预约、自助借还、资料自助打印等至少 2 项应用;能提供对海量电子图书信息进行智能选择、辅助分析、同行订正、成果分享等智能服务
			稳定性:业务在线稳定,故障率低,使用率高
			便捷性:提供阅览室选座及座位预约服务;支持生物识别进出控制
		智慧能源管控(3)	基本应用:实现楼宇、房间、楼道、道路灯光等智能管控
			可选应用:水、电、气终端配套传感器具备组网可网控能力、远程采集能力,传感器数量配套比不低于 30%,实现建筑物内空调系统、新风系统、照明系统、绿地灌溉系统的智能管控△
			扩展应用:危险品和特种仪器状态监测传感器,覆盖率 50%,实现供水供电供暖系统的状态综合监测△

续表 9-2

一级指标	二级指标	主要观测点	观测点分项描述
基础设施(80)	智能环境(21)	智慧安防(4)	覆盖区域:视频监控覆盖全校园公共区域,重点区域实现多角度覆盖
			功能要求:有全天24小时集中监控中心;有校园广播等形式的应急呼叫功能;具备夜视功能;系统分级控制接入与回放;有互动报警装置(1个/10 000m^2);实现门禁管理,具备卡片识别、无卡扫码识别、面部、指纹等其中两类识别控制应用
			性能要求:支持3个月视频数据存储回放;远程传输通畅
			创新性:人群密集度、火情、警情等环境安全巡查感知监测△
	基础运维(16)	运维平台(10)	网络状态控制:具有网络设备运行状态实时监控,优化与应急响应能力
			数据中心环境:具有机房环境实时监测、提醒与智能控制
			虚拟化平台管理:具有服务器、数据库、虚拟主机等实时监控管理与应急响应
			业务系统:具有信息系统运行状态实时监控与应急响应
			综合管理:建有统一运维监控中心和统一呼叫中心,实现以上运维监控的集中屏显、故障自动告警、故障分析与应急响应
		运维质量(6)	运维质量:故障响应速度快,维修维护速度快,建有服务评价机制,师生满意度高
			运维效率:建有实体(或虚拟)信息化业务办理综合服务大厅,师生信息化业务办理效率高
基础支撑平台(90)	基础服务平台(50)	统一身份认证(18)	基本要求:实现统一身份认证,全部系统集成到统一身份认证平台(国家规定或特殊类型院校的上级部门规定的涉密及敏感信息系统除外)
			功能要求:实现多种认证方式,实现用户和组织机构的统一权限管理,支持跨区域(多校区)
			性能要求:校内外并发登录访问承载人数比例(同时在线用户数/师生用户数)不低于30%
			创新性:支持生物信息识别认证登录△
		“一站式”信息门户(16)	多终端覆盖:实现“一站式”信息门户,有适合移动智能终端的信息(服务)门户,且严格控制移动端业务系统应用程序(APP)数量应不多于3个,“一站式”信息(服务)门户的APP数量不多于2个
			性能要求:校内外并发访问承载人数比例(同时在线用户数/系统总用户数)不低于30%
			功能要求:提供公共信息服务、业务信息服务,业务系统需涵盖办公、教学、科研、图书、人事、财务、学工、后勤、资产、招生就业等所有涉及到信息化应用的校内业务
			扩展功能:提供综合数据查询、综合数据分析以及综合应用信息服务
			创新性:能提供学校自主研发、自主对接扩展应用,提供服务师生的其他(非办公管理类、教学类等学校日常核心业务)服务性应用创新

续表 9-2

一级指标	二级指标	主要观测点	观测点分项描述
基础支撑平台(90)	基础服务平台(50)	一卡通集成(12)	宏观设计:有顶层设计,集成标准统一,业务协同,功能兼容
			功能性:应用集成(如图书证、学生证、工作证,餐饮、医疗、上机、考勤、门禁、乘车、洗衣、洗浴、热水、购电卡等)集成项数不低于8项,能够与互联网支付平台进行数据交换,且多种功能项目必须使用同一资金账户
			覆盖广度:覆盖全体教职工和学生,覆盖所有校区
			可扩展性:可利用人脸识别等多种形式的虚拟卡进行消费及身份认证,支持或实现与公交(地铁)、银行业务的扩展性便捷应用△
		位置信息服务(4)	基本建设:建立位置信息服务平台
			基本应用:开展至少1项位置信息公共服务
	基础数据平台(40)	数据标准(6)	基于标准化规范:《教育管理信息化 高等学校管理信息标准的数据》(JY/T 1006—2012)
			技术要求:实现身份认证统一编码、业务数据统一编码、共享交换数据统一编码
		数据交换(6)	功能要求:实现各类信息系统间数据交换,非结构化数据交换,可按需构建主题数据库,提供实际案例
			业务覆盖:数据共享交换覆盖面全,非涉密数据交换覆盖率100%
			性能要求:实现同构与异构、结构化与非结构化、本地与远程数据的定时、定期、实时交换
		数据容灾(8)	基本要求:建有数据容灾系统,可以支持10年以上的重要数据存储需求
			扩展要求:实现业务数据异地容灾、业务系统不间断灾备
		流程引擎(4)	基本要求:实现跨系统业务流程协同,具备对各项业务工作流的多维报表分析能力
			应用水平:业务流程组装操作简便,流程成熟应用5条以上
		大数据(8)	数据总线传输速率:数据库记录传输可达10万条/s或50M/s,文件传输可达100M/s(非基于总线结构,提供同等条件证明)
			支持大并发海量数据传输,满足数据交换无延时要求(非基于总线结构,提供同等条件证明)
			实现统一调用和共享信息的接口标准化(非基于总线结构,提供同等条件证明)
			实现服务的多种方式接入,如注册、导入、代理 Web 等(非基于总线结构,提供同等条件证明)
		数据仓库(8)	建有通过数据总线集成各信息系统的共享数据,且共享数据及时(按策略)分发到相应信息系统
			具备对非标准数据的格式转换和清洗功能
			具备数据运维管理功能,统计分析功能
			具备抽取、清洗、集成校内核心信息系统数据,按不同的主题组织数据能力

续表 9-2

一级指标	二级指标	主要观测点	观测点分项描述
数字资源(80)	数字资源建设(60)	教学资源(30)	平台建设:具备面向学科专业的教学资源库(含音视频点播系统)及其管理平台
			容量指标:教学课件、文档、图片及校内外视频公开课的资源容量生均比例:5T/万人或达到音视频时长生均0.5小时/人
			教学课件资源:教学资源完整的课程比例不低于开课总门数的10%
			试题库资源:试题/试卷库资源的课程数不低于开课总门数的20%
			虚拟仿真实验资源:有理工类专业的院校,有应用于实际教学的虚拟仿真实验资源或利用VR、AR技术开发的校本虚拟仿真实验课程资源(能完成至少10项独立实验)
			扩展资源:建有包括创新创业、安全教育、通识教育等素质拓展类网络教学资源
		数字图书资源(18)	提供有中英文电子期刊、电子图书、中文数据库等数字资源,种类不低于学校学科总量的80%
			数字资源(图书类)生均30册(参照本科合格评估生均纸质图书根据学校类别不同,生均60~100册不等)
			数字资源(学位论文)生均40册
		科研资源(12)	供科研调研使用的数据资源
			供科研运算使用的计算资源
			有中英文科研论文资源,满足检索国际科研论文资源的网络环境(条件)资源
	数字资源应用(20)	资源的综合应用情况(20)	有调动学生在线学习数字资源的措施(如素质拓展学分考核,实现方法可采用无人值守计算机考场预约考试,通过后获得学分等,尽可能避免靠借阅记录积累点击率)
			教学课件资源利用率较高,满足日常移动教学(学习)需要
			数字图书资源生均借阅量(借阅时长)达每学期3册,数字视频资源每学期生均学习时长30小时
			科研数字资源(条件)满足学校科研需要
智慧教育(150)	智慧教学(48)	在线学习(20)	具有应用于实际教学的在线学习平台/系统,提供资源智能推送服务
			平台/系统具备在线测验、师生互动、答疑、学习分析功能,支持移动智能终端访问
			开通在线课程辅助教学的课程门数占开课总门数不低于10%
			线上教学为主的在线教学的课程门数占开课总门数不低于2%
			建有在线考试平台,在线考试课程门数占开课总门数2%
			虚拟仿真实验教学(非文科学生在校学习期间至少有一门课程通过虚拟仿真手段进行学习)

续表 9-2

一级指标	二级指标	主要观测点	观测点分项描述
智慧教育(150)	智慧教学(48)	课堂教学(16)	运用多媒体教学的课程数占开课总门数的比例不低于60%
			有多维度课堂教学过程性评价系统,应用于实际教学
			信息技术与教育教学融合促进教改效果明显(获得教育部、厅组织的信息技术应用于教育教学创新竞赛奖项以及有关信息技术与教育教学融合的SCI、EI研究论文等)
			服务于课堂教学的信息化应用项目,切实提高到课率,提高课堂教学时间利用率,提高课堂教与学的效果
		课堂质量监控(12)	建有远程巡视、听课功能的教学场景监控系统
			实现在线课堂教学评价、教学质量评价系统化管理
			建有教学诊改系统平台,提高教学大数据对教学诊改的辅助作用,对教师教学效果科学诊断,辅助教师教学改进提高
			能提供对合格评估、审核评估、年度质量报告、专业评估、课程评估等业务的数据支持,能进行影响教学质量的主因素分析
	智慧服务(52)	学习服务(8)	提供空闲教室查询、空闲体育设施、开放实验室、实验设备等查询,预约及定位等服务
			能面向学生个体或集体提供学习效果评价和预测服务,能提供学业预警、课程预警服务
		生活服务(27)	提供水、电、家具等项目的实时在线报修服务,校园餐饮、购物、邮寄等生活服务智慧化应用(如:自动派单和服务跟踪、统计等功能)
			建有系统化统一消息发布机制,为师生之间、管理部门和师生之间交流建立畅通渠道
			建有公共区域多媒体信息发布设施,提供以文字、图片、视频、音频等形式展示服务
			提供办事指南电子手册(学校各类手册、各类办事流程、规章制度汇编的网络版,实现便捷检索)
			建设自助打印终端,提供可自助打印不少于5种证明材料服务
			提供在线自助心理健康测评、在线匿名咨询服务
			提供基于无人值守的自助体能测试服务
			车辆进出服务的智能化自助服务
			提供宿舍智能化便捷出入安全管理服务,监控,统计与报表分析

续表 9-2

一级指标	二级指标	主要观测点	观测点分项描述
智慧教育(150)	智慧服务(52)	科研服务(5)	实现校内科研仪器设备的在线管理和使用调配
			提供教师科研成长档案记录服务,能为教师提供便捷的数据引用服务(如教师个人主页、职称评聘、教师考核等数据引用服务)
			提供快捷的科研数据采集服务(如学生学习行为研究、学生就业质量与学生学业成绩关联度研究等数据采集;以及不同学科类型专项研究数据采集,例如医学类高校在临床医学科研数据智能终端采集方面应用)
			提供满足协同科研要求的服务(如校内协同科研、校际科研合作等也可以大规模、跨行业类科研协同)
			提供师生科研需求的数据挖掘服务(如能提供校内师生科研用数据模型分析报表等)
		财务服务(12)	建有统一支付平台,提供多渠道(银联卡、微信、支付宝)支付服务
			实现教职员工自助预约在线报账,实现学生奖助贷等无现金化
			可进行在线计算机等级、英语四六级等考试报名及在线支付
	智慧分析(50)	校务管理(30)	按照《高等学校信息公开办法》落实《高等学校信息公开事项清单》50条要求,依法信息公开
			建有行政办公、党建、人事、教务、科研、财务、资产、学工、后勤等管理信息系统并投入实际应用
			建有毕业生质量跟踪与服务管理信息系统,实现与教务、学工系统的跨系统流程应用,开放第三方评价机构的数据接口
			支持柔性流程功能,开展跨部门的综合服务(如迎新系统、离校系统、校友系统、绩效考核系统、职称评定系统等)
			可进行学生安全预警管理(基于位置、活动、餐饮、心理健康、出勤、上网行为等数据支撑给出参考预警)
			实现校园可视化管理,建立空间数据库,实现人财物一张图管理
		分析决策(20)	为学校发展,学科布局,专业建设提供综合性、多维度主因素统计分析
			为科室业务决策提供数据统计、主因素分析支持
			提供基于特定决策的预测分析或关联分析支持服务,列出应用实例
			提供基于学校各业务系统的数据挖掘服务
		科研支持(12)	主动推送学科专业、兴趣相关科研资源
			开展基于个体或团队的科研评价
			支持师生进行科研问卷支持、提供数据挖掘服务于师生科研
		学习支持(12)	开展面向学生个体或集体的学习效果评价和预测
			提供学业预警与学习建议支持
			智能推送相关学科专业、兴趣学习资源

续表 9-2

一级指标	二级指标	主要观测点	观测点分项描述
治理体系(100)	领导力(51)	管理决策(15)	领导机构:成立网络安全和信息化领导小组,统筹全校信息化工作,明确网络安全和信息化责任分工明确
			主管领导:落实校领导担任首席信息官(CIO)制度,由校级领导主要负责信息化工作
			工作目标:信息化发展规划与学校战略目标的一致性
		规划决策(12)	机构设置:有独立设置、具备行政管理职能的教育信息化专门机构
			职能权责:需包含学校信息化顶层设计、统筹规划、管理协调、建设运维、技术支撑等
			管理能力:具有对全校数据按权限实施共享交换等总体调配能力
			工作机制:校内所有信息化项目的申报、建设、实施须在职能管理机构指导下进行,并建有信息化备选项目库
		智库建设(9)	成立教育信息化专家委员会
			按需组织开展学校信息化中长期发展规划的咨询工作
			按需对信息化建设项目必要性、可行性和经费合理性进行论证
		人才队伍(15)	人员配备:信息化专门机构人员配比(师生数与专门机构人员数)至少按 700:1(若含多媒体电化教育、公共机房管理其一职能,至少按 600:1 配备;均含按至少 600:1 配备);至少有 1 名网络安全专业技术人员
			人员要求:信息化专门机构人员要求专业、学历、能力条件与岗位匹配度较高,重要职能部门设立的信息化科室或专职专岗,人员匹配度参照以上要求
			激励制度:建立适应高校信息化人才需求特点的人事、薪酬、职称评审配套政策及措施
			发展能力:有对信息化发展的前瞻性研究和创新能力,有理论与实践研究成果,有专项人才引进政策
			借力机制:有丰富的校外技术支持、服务支持体系;结合信息化服务岗位特点,制定顶岗实习、人事代理、服务外包等多种形式的用人机制,以辅助扩充学校信息化管理和服务队伍
	执行力(49)	协调机制(9)	学校定期召开网络安全和信息化工作会议,对学校信息化建设中的重大事项等进行审议
			学校中长期规划明显体现信息化建设的目标和举措,强化信息化建设促进教育教学改革的关键推动作用
			制定有科学合理的信息化发展专项规划(须经学校专家委员会和经过省信息化专家论证)

续表 9-2

一级指标	二级指标	主要观测点	观测点分项描述
治理体系(100)	执行力(49)	制度建设(12)	有信息化校园建设与管理规范(办法)
			有信息系统集成标准规范(办法)
			有学校数据标准规范、数据共享规范
			信息化校园建设项目归口管理规范,实现运营商合作业务统一归口管理
			有校园网(包括运营商合作共建)管理办法
			有信息化项目实施规范性制度(流程)
			网络信息安全相关制度(此处列出仅为保持完整性,该项在网络信息安全单列,此处不考核)
		资金支持(8)	经费支持:将教育信息化经费纳入学校年度预算,有信息化专项预算
			经费比例:每年信息化建设经费(不含聘用人员工资、软硬件系统维护维修费和数据线路费)投入占学校同期教育总经费支出比例(%),指标区间5%~8%
		考核激励(6)	将二级部门/单位的教育信息化建设应用工作纳入学校年度考核
			建立有效的信息化应用(项目)/教学能力考核激励机制,鼓励信息技术服务于教育教学改革、尝试
			有信息化应用创新实践奖励激励机制(论文研究成果或应用成果)
		信息素养提高(10)	面向55岁及以下专任教师,每百名专任教师接受信息技术相关培训的次数0.5次/百人或每人每学期参加次数不低于1次
			有提升学生信息素养的必要措施(包含计算机、网络基础认知,文稿、文字、图形图像、音视频信息检索、鉴别、整理、编辑等知识学习)或不少于32学时的培训(也可扩充计算机文化基础课程总学时数,增加实践环节学时不少于32学时,内容至少涵盖文稿、文字、图形图像、音视频采集编辑等)
			面向校领导、信息化管理者开展信息化应用或信息化技术专家讲座,每年至少1次
			对新聘任教师有信息化技能要求,并有上岗培训制度
			学校积极参加上级部门以及行业、协会组织的技术年会和业务技能大赛,每年至少参加1次
		合作共建机制(2)	合作共建(校企合作开发等)机制
			服务外包的机制体现
		评价反馈机制(2)	有师生对信息化应用满意度及意见建议的实时反馈渠道
			有家长、校友、企业等参与治理主体意见、建议反馈渠道
			有利益相关者反馈意见和建议的论证采纳机制

续表 9-2

一级指标	二级指标	主要观测点	观测点分项描述
网络信息安全(100)	网络基础安全(40)	安全措施(12)	管理制度健全(至少有网络信息安全管理制度、数据安全管理制度、信息发布与审核制度、信息系统备案制度、信息安全通报制度、电信运营商及第三方合作运营商归口管理制度等)
			应急预案可行,有(多方参与)应急响应的能力及应急演练
			有效落实信息系统定级和等级保护,全面落实《网络安全法》要求
			网络安全责任体系明确,有分级式确认安全责任体系
			有单独的年度"网络安全工作"预算
			有有效的措施不断增强师生的网络与信息安全意识,加强网络信息安全宣传教育活动
		物理安全(6)	核心(中心)机房总体设计符合《计算机场地通用规范》(GB/T 2887—2011)、《计算机场地安全要求》(GB/T 9361—2011),具有配套电力保障和不间断电源保障系统,有环境监测系统(恒温恒湿空调系统,烟雾报警等)
			机房及网络设备间具有消防灭火措施、监控及门禁保障,建有人员出入记录台账
		技术安全(18)	统筹规划网络安全集中管理,一般应控制二级部门建设私有云机房,确需建设的,应纳入统一管理,采用集中安全管控
			统筹管理 DNS 备案,二级域名集中备案,分级发布管理
			有功能完整的软硬件防火墙、入侵防御、漏洞扫描、恶意代码防范系统等网络安全防御体系,有内外网有效隔离措施,对于建有远程访问系统的,需对校内关键业务系统采用加密方式远程访问(如 VPN 等)
			有完善的数据中心运行防护措施,可实现南北(内外纵向)、东西(内部横向)流量过滤与防护,有单独的数据中心链路出口,且冗余,可实现一键断网隔离,数据中心业务操作可管、可控、可追溯,对涉密数据按国家保密要求有数据安全保障
			对核心机房所有系统(包括不限于操作系统、数据库、网络管理等)进行的操作、配置,有通过设备或技术手段进行记录和审计措施
			有统一的日志管理平台,对操作系统、数据库、网络等日志进行集中管理,并能分析、报警、查询等

续表 9-2

一级指标	二级指标	主要观测点	观测点分项描述
网络信息安全(100)	数据安全(24)	数据安全(24)	建有网站群,一表通等公共信息平台,加强公共服务安全的宏观统筹建设能力
			建有网站与信息系统安全管理、监控平台,对校内网站与信息系统能进行统一管理,支持一键关停
			对核心数据及二级以上业务系统数据要有本地、异地容灾数据备份措施,且有定期演练确保可用性
			严格规范信息使用条款,对学校保密数据、师生员工个人隐私有保护措施,有数据保密协议
			有信息系统安全评测机制及退出机制(退出机制是指对于信息系统多次整改不达标的要有暂缓部署或者撤销下架的机制)
			有网站内容安全防篡改及内容文字(错误)监测机制(对政治性错误、易炒作文字错误、国家领导人名字错误、涉黄涉毒涉暴涉毒等信息有效监测)
	网络隐患及事件处置(20)	网络隐患及事件处置(20)	网络安全应急联络体系健全、安全预警与问题整改快速上传下达
			快速处置网络安全隐患(未按时限要求处置、整改并上报,每次扣该二级指标 1 分)
			快速处置一般性网络安全事件(发生一起未造成较大影响的扣 1 分,未按时整改并上报整改情况的每次扣该二级指标 10 分)
			快速处置造成较大负面影响的网络安全事件(发生一起扣 25 分,未按时整改并上报整改情况每次扣一级指标大项 50 分)
			发生造成恶劣影响的网络安全事件,本项目实行一项否决(一级指标大项扣 100 分)
	网络安全舆情(20)	网络安全舆情追溯(20)	有上网行为管理技术措施,数据存储天数 180d 以上
			有网络舆情监测与分析系统化管理机制,对网络安全舆情有监测、引导、处理及修复工作机制
			实现实名制认证,且认证登陆信息可查阅天数 180d 以上
			有用户日志分析中心,用户行为数据记录天数 180d 以上
			能实现学校网络用户可追溯、可定位

上述评价指标体系主要评价的是信息化建设水平和发展水平,目前国内高校对信息化基础设施运行状态、系统的运行质量、师生使用效果和信息化综合绩效等效率效益方面的评价研究仍然极少。据了解,近年来,清华大学信息化技术中心在开展学校信息化重要设备和系

统评测与分析的基础上，进一步开展信息化设备、系统质量、使用效果和使用效益研究（包括信息化涉及的主要设备和系统的功能、性能、安全等方面的评测指标和评测方法的研究，信息化设备、系统运行状态、运行效果评价指标和评测方法的研究，信息化设备和系统的质量管理流程规范，信息化设备和系统运行状态的评测分析，信息化设备和系统的使用情况、使用满意度和使用效益等的评估分析）。

随着高校信息化的发展，师生对信息化的期望越来越高，对建设质量、运行效果、使用满意度和使用效益等方面提出了更高的目标和要求。近年来，习近平总书记在不同场合反复强调“高质量发展”，作出一系列重要指示，他曾简明扼要地指出，高质量发展就是从“有没有”转向“好不好”。《中共中央关于制定国民经济和社会发展第十四个五年规划和二〇三五年远景目标的建议》指出，“以推动高质量发展为主题，必须坚定不移贯彻新发展理念”。新理念引领新发展，新时代孕育新机遇，贯彻新发展理念，推动高质量发展，是关系我国发展全局的一场深刻变革，也是加快信息化建设的必然要求。“网信事业代表着新的生产力和新的发展方向，应该在践行新发展理念上先行一步。”党的十八大以来，习近平总书记多次就网信事业发展作出重要论述。《“十四五”国家信息化规划》也指出，加快数字化发展、建设数字中国是贯彻新发展理念、推动高质量发展的战略举措。贯彻新发展理念，将创新、协调、绿色、开放、共享的具体内涵贯穿于信息化发展的全过程，推进核心技术突破，不断创新，协调制定信息化发展规划和推动信息化建设，构建绿色校园，提高资源高效利用、合理配置，强化业务融合、数据开放，共享信息化建设成果，提升师生获得感、幸福感（中华人民共和国国家互联网信息办公室，2021）。因此，推动高校信息化高水平、高质量发展，推进高校绩效管理深化改革，开展深入的信息化质量监测和绩效评价工作势在必行。但长期以来，大多高校信息化工作呈现出“重预算、轻管理，重建设、轻运维”的状态，从而导致设施和系统建设越多，故障越来越多，维护越来越累，使用效果越来越差，用户满意度越来越低的现象。当前高校信息化评价体系存在以下问题。

（1）信息化建设的统筹不够。高校各部门的信息化建设热火朝天，但信息化程度不一，各自为政的现象突出，缺乏统一规划和整合利用。

（2）信息化运行的监管不够。大部分学校的信息化基础设施能统筹建设，但信息化系统基本上是业务部门自建自管，系统分散，管理水平不一，由于缺乏统一的运行监管，无法监督学校各设施、系统的运行状态和运行质量。信息化的建设者和管理人员将注意力放在系统的功能上，主要是保证系统能运行起来，对师生的使用满意度关注较少。

（3）信息化效益的分析不够。信息化运行机制还不成熟，评价体系停留在信息化普及初级阶段，还难以对质量、效果、效益、绩效等开展评价。

因此，推进高校信息化高水平发展，推进高校绩效管理深化改革，开展深入的信息化质量监测和绩效评价工作势在必行。

9.3　中国地质大学（武汉）信息化评价体系探索

根据学校《提高信息化建设水平专项改革方案》提出的探索能力全方位的智慧评价要求，逐步建立学科专业数据库、基础数据库和发展数据库，实现对学科质量监测、学科发展评估、院校发展分析与评价,为学院、学校事业发展提供对照检查和科学决策依据;探索并构建分类评价体系,对设备、能耗、人力资源、财务状况、房产及后勤服务等方面进行效果评估和绩效考核;构建以用户为中心、师生共同参与的用户评价和反馈机制,积极探索质量监测与效果评估的常态化、实时化、数据化,不断促进和完善学校信息化工作。在信息化评价体系探索方面,着重于公共资源的量化管理,学科决策数据库建立以及信息化资产的分类评价、质量监测、效果评估和绩效考核等,逐步开展学科评价和信息化设备、系统质量、使用效果和使用效益分析。

9.3.1 部门职责

经学校批准,信息化工作办公室于2021年底设立质量监测部,专门负责信息化质量监测和绩效评价探索工作,部门主要职责定位为:①负责建立网络与信息化工作的质量监测和用户评价体系;②负责校园网络工程方案审核和建设质量监督管理;③负责校园网络工程验收和质量评价;④负责网络设备运行质量监测和评价;⑤负责学校信息化项目运行质量监测与评价;⑥负责用户服务和技术保障质量监测与评价。

9.3.2 信息化资产管理

信息化资产主要指高校信息化基础设备设施和软件系统等,包含校园网络、数据中心、校园卡、教学设施、基础应用软件、公共服务系统、业务应用系统、运维系统平台、网络安全设备系统等。

1. 信息化资产登记备案与登记备案服务

1)信息化资产登记备案

学校历来重视信息化资产的管理工作,对系统和网站进行备案登记。2019年,信息化工作办公室联合校长办公室发文关于做好学校管理信息系统和网站备案登记工作的通知,并且建立“系统/网站备案登记”和“校园网IT设备报备”等服务,要求全校各单位办理信息资产备案登记。2022年组织对备案登记信息资产进行集中核查,落实和更新信息资产清单。学校登记备案的信息系统为223个,硬件设施精准到楼到房间。

2)信息化资产登记备案服务

学校目前在线备案登记服务于2019年启用,初步实现了备案登记工作的线上化。服务采用微服务架构,支持表单内各类字段的使用以及字段类型或名称的修改、支持个人信息的自动录入、支持信息提醒、线上审批等,实现了备案流程信息的可追溯和查询,大大提高了工作效率和管理水平。

服务流程如下:登录“网上厅”,选择“系统网站备案登记”,填写系统/网站备案登记表,其中申报人信息自动获取,填写系统/网站主管单位、人员的基本信息和系统/网站基本信息,如IP地址、端口号等,填写完成后提交即可进入审批流程,完成备案登记。

2. 信息化资产的分类管理

1)信息化资产分类

根据学校信息化项目管理类型,结合实际情况,将信息化资产分为基础硬件类、应用软件类和信息系统类。

基础硬件类资产是指学校信息化发展运行所必须的硬件设施，按照基础硬件的资产类型、所在空间和服务功能等进行四级分类，主要包括机房环境设施、弱电间设施、管网设施等基础设施以及服务器、存储、网络设备、安全设备和终端设备等，详细分类见表 9-3。

表 9-3 基础硬件类资产分类

一级分类	二级分类	三级分类	四级分类
基础硬件类	基础设施	机房环境设施	机柜
			机房空调
			配电设备
			门禁
			监控
		弱电间设施	弱电间设备
		管网设施	管网设备
	服务器	机架式服务器	云平台服务器
			网络服务器
			HPC 服务器
			大数据服务器
			应用服务器
			数据库服务器
			代理服务器
			云盘服务器
		刀片式服务器	云平台服务器
			网络服务器
			HPC 服务器
			大数据服务器
			应用服务器
			数据库服务器
			代理服务器
			云盘服务器
	存储	统一(集成)存储	数据中心存储
			安防监控存储
			云盘存储
			备份存储

续表 9-3

一级分类	二级分类	三级分类	四级分类
基础硬件类	存储	分布式存储	数据中心存储
			安防监控存储
			云盘存储
			备份存储
	网络设备	交换机	接入交换机
			汇聚交换机
			核心交换机
			存储交换机
			TAP 交换机
			数据中心交换机
		路由器	核心路由器
			BAS 路由器
		无线接入点	无线 AP
			无线控制器
		其他网络设备	波分设备
	安全设备	网络安全设备	防火墙
			WAF
			VPN 设备
			网络流量控制器
			入侵检测系统 IDS
		主机安全设备	漏洞扫描
			补丁服务器
			堡垒机
			日志审计
		内容安全设备	上网行为管理
			数据泄露防护
		数据安全设备	数据库防火墙
			数据脱敏设备
		负载均衡设备	负载均衡设备

续表 9-3

一级分类	二级分类	三级分类	四级分类
基础硬件类	终端设备	自助一体机	自助打印机
		一卡通设备	读卡器
			补卡机
			圈存机
			消费 POS 机
		个人办公电脑	台式机
			笔记本电脑

应用软件类是指在日常教学和管理中所使用的较为成熟的商业软件，包括操作系统、中间件、科研教学专用软件和办公软件等工具类软件以及数据库、云虚拟主机软件等，详细分类见表 9-4。

表 9-4 应用软件类资产分类

一级分类	二级分类	三级分类
应用软件类	云虚拟主机	云虚拟主机
	基础数据库	MYSQL
		Oracle
		MongoDB
		MSSQL
		PostgreSQL
	工具软件	工具软件

信息系统类是指需要高度定制开发以满足日常业务需要的软件系统，参照教育部《教育行业信息系统安全等级保护定级工作指南》信息系统的类型划分方案，包含各部门业务管理系统、全校公共服务系统和站群网站系统三类，详细分类见表 9-5。

表 9-5 信息系统类资产分类

一级分类	二级分类	三级分类
信息系统类	站群网站系统	站群网站
	公共服务系统	综合服务系统
	业务管理系统	校务管理系统
		教学科研系统
		招生就业系统
		运维系统

其中业务系统是指以本单位业务为主体的业务管理与服务的信息系统。公共服务系统是指支持多单位业务管理、面向多部门业务管理或全校师生服务的信息系统。业务系统详细分类见表 9-6。

表 9-6　业务系统细分标准分类参考表

分类	信息系统	业务描述
(01) 校务管理类	(01)办公与事务处理	公文流转与日常办公事务处理等
	(02)公文与信息交换	上下级教育行政部门和学校之间的文件传输、信息报送等
	(03)人事管理	人力资源管理,如人员招聘、合同管理、工资管理、培训管理、绩效考核、奖惩管理等
	(04)财务管理	会计核算、项目经费管理、财务信息发布等
	(05)资产管理	固定资产、仪器设备、公房管理等
	(06)后勤管理	后勤工作管理、后勤服务项目管理、后勤咨询投诉处理、能源使用管理等
	(07)学生教育工作管理	各类学生迎新、学生评估、奖惩管理、助学贷款申请审核、离校管理等
	(08)学生体质健康数据管理	各类学生体质健康数据采集、处理、查询等
	(09)档案管理	档案采集、立卷、组卷、统计、查询等
	(10)党务管理	党员个人基本信息管理、发展党员信息管理、党员进出情况信息管理、党员奖惩信息管理、党组织活动信息发布等
(02) 教学科研类	(01)教学改革管理	教改项目申报、政策与标准发布、教学状态数据库管理等
	(02)学科、专业管理	学科和专业的申报、建设、评估等
	(03)教务教学管理	各类学生教育管理、学生学籍管理、教学计划管理、选课管理、成绩管理、学分转移与互认、教学实践管理、实训管理、教室管理、毕业管理、学位管理等
	(04)教学资源管理	互动教学平台、教育教学资源制作、发布、共享及教学活动组织管理等
	(05)教学质量评估与保障	学校教学能力、教学水平、教学过程、教学效果评测与保障等
	(06)科研项目管理	科研项目申报、过程管理、经费管理、结果评估,科研与实验的协同、资源共享管理等
	(07)科研情报管理	各种科研情报获取、共享与管理等
(03) 招生就业类	(01)招生录取管理	招生信息发布、网上报名、招生、录取管理等
	(02)学生就业管理	学生就业信息发布、就业管理、就业数据分析、就业指导等

根据信息化资产分类，学校部分信息系统参考分类见表 9-7。

表 9-7　部分信息系统参考分类

系统名称	系统分类
校园一卡通平台	软件资产—公共服务—综合服务系统
数据治理与服务平台	软件资产—公共服务—综合服务系统
地大云平台	软件资产—云虚拟主机—云虚拟主机
教务系统	软件资产—业务系统—教学科研系统
信息化项目管理系统	软件资产—业务系统—校务管理系统
校园出入系统	软件资产—公共服务—综合服务系统
站群系统	软件资产—公共服务—综合服务系统
网上厅	软件资产—公共服务—综合服务系统
信息门户	软件资产—公共服务—综合服务系统
高性能计算公共服务平台	软件资产—公共服务—综合服务系统
微服务平台	软件资产—公共服务—综合服务系统
数字驾驶舱	软件资产—公共服务—综合服务系统
网络与 IT 资产管理系统	软件资产—运维系统—运维系统

2)信息化资产编号

信息化资产编号主要面向公共服务系统/网站(统一运行系统)和业务系统/网站(内部系统)，对备案的系统网站进行编号管理，编号可作为系统网站识别的唯一标识。

经过在线调研部分高校，可查询到有 5 所高校系统备案服务中具有备案编号功能，其中江南大学给予备案系统 5 位自动编号；西南交通大学系统备案编号为蜀交 ICP－20＊＊(年份)-＊＊＊＊(四位序号)，如蜀交 ICP-2017-0002；北京交通大学信息系统登记备案管理办法(修订)第三章中对信息系统备案编号的效力、有效期及使用进行了规定，信息系统备案申请表中应载明相应信息系统的备案编号，其格式为：BJTUICP 备第××××××××号；长安大学系统备案号格式为 12 位的数字编号，其中前四位为年份；中国人民大学系统备案编号格式为 8 位的数字编号，其中前四位为年份。

目前学校信息化项目管理系统建立了信息化项目编号规则，备案编号格式为：XXH＊＊＊＊＊＊＊＊，其中前三位字母代表信息化，前四位数字为年份，第五位为 1 或 2，1 代表招标，2 代表非招标，最后三位为顺序数字编号。该规则可适用于信息化资产编号，同时信息化项目对应的信息化资产可同步此编号作为资产编号。

9.3.3　常态化运行巡检

校园网络和信息系统安全稳定运行成为疫情常态化条件下保障教学、科研秩序和正常管理办公的必备条件，传统的“报修—查找故障—排除故障”的校园网络运行保障方式已经不能满足爆发式增长的用网需求，需要采取主动运维、有质量运维、预判式运维和应急运维等方式相结合，建立常态化运行巡检机制就是推行这些运维方式的基础。全面了解校园信息化基础设备设施和信息系统等信息化资产的运行状态，才能做到有效预防、及早发现和快速排除隐患、异常及故障，从而减少突发故障、降低运维难度、节省运维费用，保证信息化资产安全稳定运行，提高资产运转正常率和使用效率，提升师生满意度。开展定期巡检、例行巡检和特殊时期巡检等工作，做到日常巡检和监督检查相结合，状态巡检与质量巡检相结合，逐步达到电信级运营效果和运营质量。

1. 巡检类型和原则

结合学校工作实际，确保各类信息化资产稳定运行，将常态化运行巡检工作分为日常巡检、定期巡检、例行巡检和特殊时期巡检四类。

按照"谁主管、谁负责，谁使用、谁负责，谁运维、谁负责"的原则，争取早发现、早报告、早控制、早解决。

2. 巡检要求

(1)明确巡检人员及其职责。巡检人员需掌握所管理的信息化资产详细信息，并定期进行预防性巡视检查，严格遵守巡检流程，认真填写巡检记录表，做好详细的记录，包括巡检时间、巡检情况和责任人等，并在巡检纪录上签字。发现问题及时整改、汇报，判定为故障的要立即进入故障处理流程，按《系统故障分级处理实施细则》执行。

(2)巡检可分为线上巡检和现场巡检，日常巡检要求每日不少于3次巡查；定期巡检每月巡检一次，重要设备或系统可提高巡检频率，部分资产可适当降低巡检频率；例行巡检一般在寒暑假开学前执行；重要事件前需专门组织特殊时期巡检，特别重要事件前可实行日巡检和日报告制度。

(3)推动运行巡检管理信息化，巡检结果在线提交、查看，巡检结果形成报告并适度公开等。

3. 运行巡检内容

常态化巡检内容包括教学基础设施、数据中心机房、弱电间、校园网络及网络设备、信息系统、办公室环境、应急保障预案等；定期巡检是督促性和分析性巡检，是对常规巡检的督查，以及对日常操作、应急预案的检验。其中定期巡检以设备设施或系统的资源性、功能性、服务性检查为主，定量记录；日常巡检和例行巡检以设备设施或系统的可用性检查为主，定性记录；特殊时期巡检根据特定要求处理。

1)日常巡检

(1)数据中心机房巡检：①电力系统运行情况，包括电源供电状况，机房UPS工作情况、指示状态等；②环境状况，包括机房制冷系统工作状态，环境温湿度、告警状态，是否有漏水断电等情况，以及消防系统及公共基础设施(照明、通风、监控、门禁等)是否正常等；③服务器、虚拟机、存储、数据库一体机和交换机等各类设备总体运行状态，包括服务器、虚拟机、数据库等是否宕机，指示灯是否正常等。

(2)网络及网络设备巡检：①核心网络和设备运行情况，包括核心路由、交换机、安全设备、网关等是否宕机，指示灯是否正常，告警情况等；②核心网络流量情况，如流量数据是否正常等；③校园无线网络信息点在线监控，设备是否存在掉线等。

(3)信息系统巡检：重要系统网站登录和访问是否正常，是否可以正常使用。

2)定期巡检

(1)数据中心机房、弱电间巡检：①电力系统运行状态及参数，如电压、电流、频率、功率、后备时间、温度、告警次数等；②环境状态及参数，温湿度数据、告警次数等；③各类设备运行状态及参数，包含设备总数、在用数量、故障次数、故障设备总数、备份数量、空置数量、可在线监控数量等；④各类设备资源空间和使用状态及参数，如空间空闲率、CPU 使用率、内存使用率、磁盘使用率、设备运行时间、缓存占用内存比例、系统进程数等；⑤各类设备服务咨询次数、报修次数等。

(2)网络及网络设备巡检：①核心网络和设备运行状态及参数，如各类设备总数、在用数量、故障次数、故障设备总数、备份数量、空置数量、可在线监控数量、用户数量等；②核心网络和设备资源运行状态及参数，如 CPU 使用率、内存使用率、磁盘使用率、设备运行时间、缓存占用内存比例、系统进程数、告警状态、接口状态等；③校园有线网络和无线网络信息点运行状态及参数，包含信息点总数、在用数量、故障次数、故障设备总数、备份数量、空置数量、可在线监控数量、用户数量(同时在线人数)等；④校园自助服务设备运行状态及参数，如各类设备总数、在用数量、故障次数、故障设备总数、备份数量、空置数量、可在线监控数量、用户数量等；⑤各类设备服务咨询次数、报修次数等。

(3)信息系统巡检：①系统所属服务器/存储/数据库等资源运行状态及参数，如 CPU 使用率、内存使用率、磁盘使用率、磁盘 IO 使用率、设备运行时间、系统进程数、应用程序进程存活量、缓存占用内存比例等；②系统使用状态及参数，如系统访问与登录次数、咨询次数等；③系统运维状态及参数，如日志保存时间、故障次数、系统管理员数量、系统更新时间、数据库登录数、系统告警数、堡垒机访问次数、系统接口数量等；④系统安全状态及参数，如管理员账号数量、管理员密码复杂度、数据备份次数、漏洞通报次数、漏洞整改次数等。

(4)应急保障流程巡检：各部门自行制定各类信息资产应急保障预案和巡检流程，并提交给信息化工作办公室，由信息化工作办公室定期统一组织应急保障演练检查。

3)例行巡检

(1)教学基础设施巡检：联合学校办公室、本科生院、研究生院、后勤保障部、未来城校区管理办、安全保卫部等相关单位组成联合巡检组，于寒暑假开学前开展教学基础设施例行巡检，对校园网主干、重要信息系统、楼栋弱电间、所有教室和食堂等设备设施进行巡检，并针对巡检中出现的问题，列出问题清单，有关部门立即进行整改。信息化工作办公室主要巡检内容包括：①教室有线网络信息点是否正常，网速是否优良；②教室无线网络终端设备是否正常，信号是否优良；③教室教学多媒体器械、教育教学软件运行是否正常；④食堂等一卡通设备运行是否正常。

(2)数据中心机房、弱电间巡检：①相关规范和标识等文件公示情况；②出入登记管理执行情况,出入登记数据等;③电力系统运行情况,包括电源供电状况,机房UPS工作情况、指示状态等;④环境状况,包括机房制冷系统工作状态,环境温湿度、告警状态,是否有漏水断电等情况,以及消防系统及公共基础设施(照明、通风、监控、门禁等)是否正常等;⑤服务器、虚拟机、存储、数据库一体机和交换机等各类设备总体运行状态,包括服务器、虚拟机、数据库等是否宕机,指示灯是否正常等。

(3)网络及网络设备巡检:①核心网络和设备运行情况,包括核心路由、交换机、安全设备、网关等是否宕机,指示灯是否正常,告警情况等;②核心网络流量情况,如流量数据是否正常等;③校园有线和无线网络信息点运行情况,设备是否存在故障,信号和网速是否优良;④校园自助服务设备运行情况,设备是否存在故障。

(4)信息系统巡检:①系统所属服务器/存储/数据库等运行是否正常,操作系统是否更新升级,资源使用情况是否正常,是否有告警等;②系统登录和访问是否正常,是否可以正常使用;③系统运维情况是否正常,后台管理是否正常,日志记录是否正常,堡垒机、系统监控是否正常等;④系统安全是否符合要求,用户密码和管理员密码设置是否安全,是否及时备份,是否存在系统漏洞,漏洞是否及时整改,系统是否及时升级等;⑤系统平台是否按规范完成与信息门户、数据中台、统一认证或统一通信等平台对接,系统对接是否正常,系统是否按要求完成备案等相关工作。

4. 巡检流程

根据巡检类型制定不同的巡检流程。日常巡检以管理员日常检查为主,由管理员发起并实施,同时做详细的巡检记录并定期提交相关巡检报告或故障报告,见图9-1;定期巡检是督促性和分析性巡检,由各科室主任发起,对常规巡检进行督查,对日常操作、应急预案进行检验,并组织管理员对设备设施或系统的资源性、功能性、服务性进行检查,记录相关指标数据,提交相关巡检报告或故障报告,见图9-2;例行巡检以集中检查校园网主干、重要信息系统、楼栋弱电间、所有教室和食堂等设备设施为主,由信息化工作办公室发起,各部门主任安排相关管理员实施,并提交相关巡检报告或故障报告,见图9-3。

5. 巡检报告

定期巡检、例行巡检或特殊时期巡检工作结束后,须在一周之内撰写并上交巡检记录表和巡检报告至信息化工作办公室质量监测部,巡检报告内容应包含巡检范围、巡检时间、巡检地点、巡检人员、巡检详细内容、存在的问题或故障、故障数量、处理措施、处理进度或结果、相关运行参数(质量监测指标数据)、注意事项、巡检结论等。

质量监测部负责巡检数据的收集汇总和分析评价,并适时公开和发布。

9.3.4 学科发展状态监测与分析

建设世界一流大学和一流学科,是党中央、国务院作出的重大战略决策,对于提升我国教育发展水平、增强国家核心竞争力、奠定长远发展基础,具有十分重要的意义。学科作为高校的基本单元,集师资队伍、人才培养、科学研究、社会服务于一体,是高校承担大学功能的基本载体,是实现高等教育内涵式发展的基本支撑。2021年3月,教育部、财政部、国家发展改革

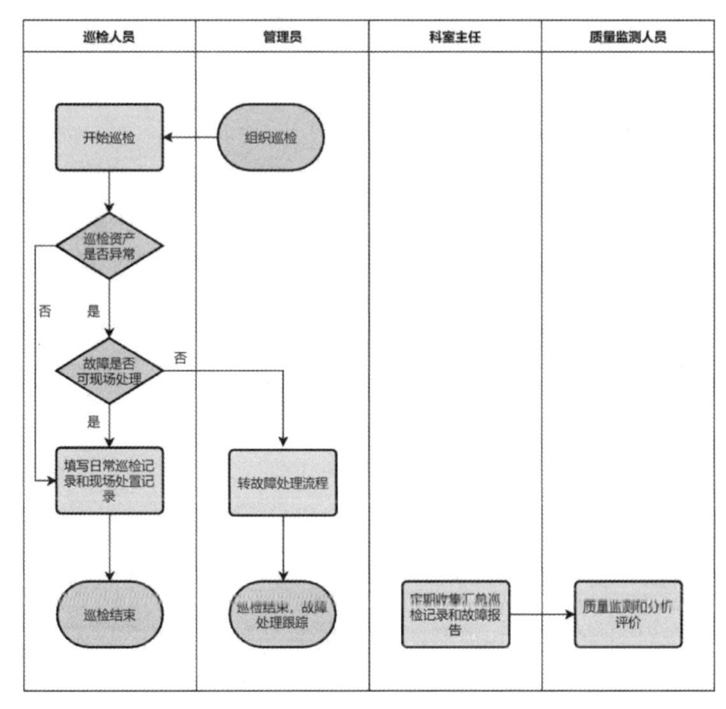

图 9-1　日常巡检流程图

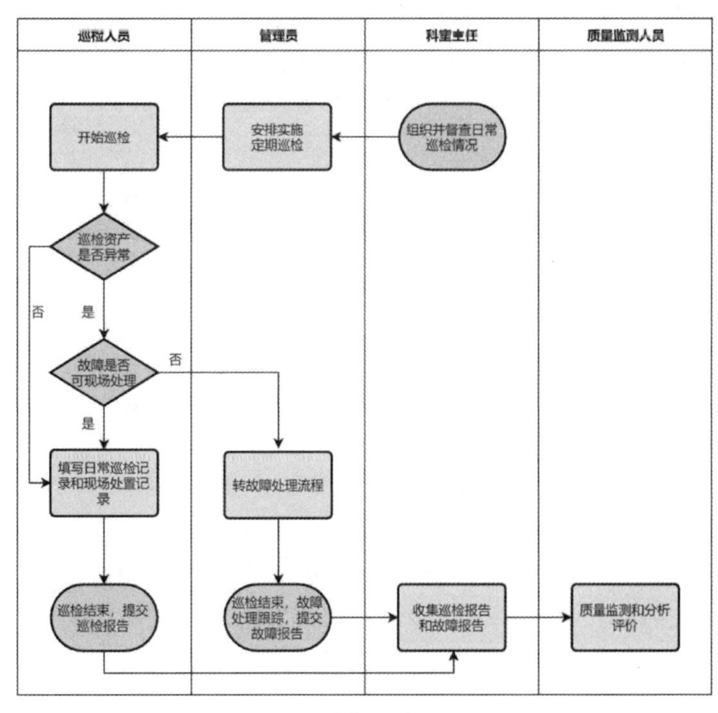

图 9-2　定期巡检流程图

委印发了《“双一流”建设成效评价办法(试行)》，是对高校及其学科建设实现大学功能、内涵发展及特色发展成效的多元多维评价，中期、期末分别开展自我评估、周期成效评价等，成效

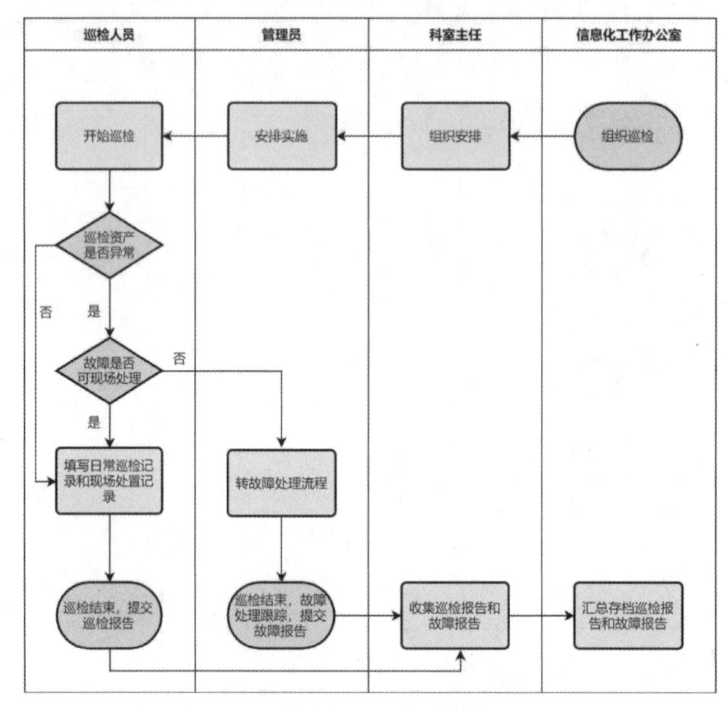

图 9-3　例行巡检流程图

评价实行日常动态监测与周期评价相结合。随着教育体系的不断改革，学科内涵式发展、学科多元评价、学科动态监测分析，对学科的信息化建设均提出了更高的要求，为此学校建立了学科发展状态监测与分析信息平台，支撑学科发展状态监测与分析。

1. 学科基础数据汇聚

通过学科数据整合，解决学科数据孤岛的问题。基础数据中心保证了学校内学科指标数据的统一性和一致性，为数据分析提供基础的软环境。把数据科学合理地组织在一起，实现数据的整合；并对数据治理权限进行项目管理式建设，形成多级别、细粒度、可流转的管理，实现数据资源多角色分级授权管理。

数据采集任务将实现数据的多渠道多种方式的灵活获取。平台支持数据校内外数据的采集，提供机器采集、批量导入、单篇导入等方式。数据采集人员可按照平台预置数据模板进行数据导入也可以自定义数据模板进行数据的采集。多途径收集各类型不同格式的教育数据，形成教育数据仓储。

基础数据中心可以帮助从全校、一级学科、教学科研单位三个不同层级动态监测学科现状，利用可视化图表直观呈现学校在师资队伍、人才培养、科学研究、社会服务、学科声誉、国际合作等方面的情况为学校管理者提供学科建设"一站式"决策支持。

2. 绩效考核评价

绩效考核评价按照学校绩效管理文件，对各教学科研单位、各一级学科的工作成效进行定量与定性评价。主要包括学院发展绩效评价和学科绩效评价两类，监测指标体系见表 9-8。

表 9-8 监测指标体系

一级指标	二级指标	指标项
校情	学校规模	校园面积
		学生规模
		馆藏资源
		仪器设备
		学科建设
		师资规模
		收入支出
		校内经费分配
	基本办学条件	基本办学条件指标
培养拔尖创新人才	思想政治教育	思想政治队伍情况
		心理健康教师情况
		学生就业指导情况
		思想政治教育建设工作情况
		思想政治教育专项建设投入情况
		法治教育培训情况
		参加法制教育等活动情况
		思政课程清单
		课程思政示范项目清单
		基层党组织清单
		思政教育主要成效
		思想政治理论课教师、辅导员人数
	在校生情况	博士生
		硕士生
		本科生
		招生情况
	课程与教学	本科专业建设情况
		国家级教学成果奖数
		硕士导师数和博士导师数
		正教授给本科生上课人数及课时
		学生国内外竞赛获奖项目清单
		出版教材质量

续表 9-8

一级指标	二级指标	指标项
培养拔尖创新人才	课程与教学	课程清单
		面向艺术、体育类学生进行人文素养和科学素养教育情况
		校内教学评价情况
	在校生代表性成果	党建思政获奖
		学术成果与获奖
		优秀学位论文
		学科竞赛获奖
		体育比赛获奖
		实践与创业成果
		美育与劳动教育成果
		其他
	毕业就业情况	各行各业突出贡献者清单
		毕业质量
		就业情况
		签约单位类型分布
		签约单位地域分布
	人才培养改革	协同育人、实践育人项目
		国家急需人才培养项目清单
建设一流师资队伍	师德师风建设	全国优秀教师先进典范
		师德师风负面清单
	专任教师队伍水平	国家自然科学基金创新研究群体清单
		省部级以上创新团队清单
		省部级以上教学团队清单
		杰出人才清单
		专任教师数量及结构
		学科主要方向、学科带头人及中青年学术骨干清单
		代表性教师基本情况
		博士后与科研助理数量
		教师担任国内外重要期刊负责人清单
		教师在国内外重要学术组织任职主要负责人清单
		教师参加本领域重要学术会议并作报告人员清单

续表 9-8

一级指标	二级指标	指标项
建设一流师资队伍	专任教师队伍水平	教师担任国际重大比赛评委、裁判人员清单
		外籍专任教师数
		入选地大学者情况
		获得校内荣誉情况
提升科学研究水平	科学研究成果	公开出版的专著清单
		学术著作质量
		论文质量
		入选国家哲学社会科学文库、高校科学研究优秀成果奖
		教师获得的三大奖
		教师获得国内外重要奖项清单
		承担国内外重大设计与展演任务清单
	科研项目与平台	国家重大科技创新平台和基地清单、绩效评估情况
		部省级重点研究基地清单、绩效评估情况(省部级、教育部)
		科研项目情况
		重大仪器设备
		艺术实践成果
		艺术实践项目
		艺术实践获奖
		纵向、横向到校科研经费
		高校智库代表性成果清单
		专利转化情况
		重大学科基础设施建设情况
国际交流合作	境外交流	师生参加本领域国内外重要学术会议并作报告人员清单
		非国家公派赴境外交流学生人次
		赴境外交流学生情况
		赴境外办学机构或项目情况
	国际合作	来本学科攻读学位的留学生和交流学者人数
		学生参加本领域国内外重要学术会议并作报告人员清单
		牵头或参与国际科研平台建设、大科学计划和大科学工程清单
		师生到政府间国际组织实习、任职人员清单

续表 9-8

一级指标	二级指标	指标项
国际交流合作	国际影响力	主办的国际学术期刊清单
		参与国内外标准制定项目清单
		教师在国内外专业性组织任职情况
		学校发起成立或加入的国际学术组织与联盟清单
经费投入使用	经费投入情况	"双一流"建设经费数额
		高校获得的社会捐赠金额
	经费使用情况	建设经费使用情况
社会声誉	文化传承与建设	高校中华优秀传统文化传承基地清单
		博物馆、艺术馆的情况
	成果转化与社会服务	企事业单位委托经费
		编写中小学教材清单
		成果转化和咨询服务到校金额
	与行业企业合作机制	高校与企业合作设立市场化运作的实体性产教融合新型研发机构情况
	国内排行榜情况	武书连排名
	国外排行榜情况	ARWU 排名情况
		Usnews 排名情况
		THE 排名情况

1)学院发展绩效评价

学院发展绩效评价主要是对各院系投入指标(如专任教师数、仪器设备金额、工资绩效金额、学科建设经费金额、科研经费等)进行采集、统计和排名分析。其中数据采集通过学校业务系统对接或者手工填报的方式进行,数据统计与分析可对统计周期内各学科投入情况进行横向比较,也可对各学科在连续多个统计周期内的投入进行纵向趋势分析。评价指标包括人才头衔、奖项、课题、成果、学历、职称等。

通过建立多个不同的院系评价体系,针对不同院系设置不同的关键指标和分值、权重,根据获取的数据和评价系统,可自动计算各院系绩效评价结果,给出量化的得分,同时对考核周期内各院系建设成果进行分析,从师资队伍、人才培养、科研项目、科研论文、奖励奖项、专利概况、国际合作等多维度,展示院系建设成果统计数据与指标明细,可根据不同指标维度选择各院系进行横向对比,也可以对单一院系连续多年的建设成果进行纵向统计分析。

2)学科绩效评价

学科绩效评价主要是对各一级学科投入指标(例如:专任教师数、仪器设备金额、工资绩效金额、学科建设经费金额、科研经费等)进行采集、统计和排名分析。其中数据采集通过学校业务系统对接或者手工填报的方式进行,数据统计与分析可对统计周期内各学科投入情况进行横向比较,也可对各学科在连续多个统计周期内的投入进行纵向趋势分析。评价指标包括人才头衔、奖项、课题、成果、学历、职称等。

通过建立多个不同的学科评价体系,针对不同学科设置不同的关键指标和分值、权重,根据获取的数据和评价系统,可自动计算各学科绩效评价结果,给出量化的得分,同时对考核周期内各学科建设成果进行分析,从师资队伍、人才培养、科研项目、科研论文、奖励奖项、专利概况、国际合作等多维度,展示学科建设成果统计数据与指标明细,可根据不同指标维度选择各学科进行横向对比,也可以对单一学科连续多年的建设成果进行纵向统计分析。

3. 学科投入产出分析

学科投入产出分析主要是根据投入产出分析模型,从底层数据库搜集学科投入指标数据及学科产出指标数据,以可视化形式对学科投入情况及学科产出情况进行分析,最后根据投入产出分析模型,得出学科投入产出分析结果,可对单个学科不同年份投入产出情况进行分析,也可对不同学科同一年份进行投入产出对分析。

目前学校学科发展状态监测与分析平台建设、学科基础数据采集和绩效评价工作正在按既定计划逐步开展。

9.3.5 质量监督评价

2022 年是学校绩效管理年,信息化质量监督评价是推进信息化绩效评价的基础。根据学校绩效管理改革和信息化"十四五"规划要求,在质量监督评价方面推动对信息化设备设施、系统进行"量化监测""绩效评价""运行公开"和"全生命周期管理",探索建立信息化资产监督评价机制,构建分类绩效评价指标体系。

1. 评价指标选取和说明

学校采取定量为主、定性和定量评价相结合的评价方式,评价指标充分考虑客观性、整体性、指导性、科学性、发展性原则,结合专家的经验和智慧,确定各项指标体系。学校开始启动探索开展信息化项目、基础设施、网络安全、业务系统的建设质量和运行质量监测评价。

1)信息化项目建设质量监测评价指标

参照《信息化项目综合绩效评估规范》和《信息化类项目绩效评价指标体系》,着重建立有形资产的信息化项目评价指标体系,根据学校信息化建设项目划分为基础硬件类、应用软件类、信息系统类和实施工程类项目四类,共选取 5 个一级指标和 18 个二级指标,从财务资金、目标设定、目标实现、组织管理和综合效益五个方面进行信息化项目的监督评价,见表 9-9。

表 9-9 信息化项目监督评价指标

一级指标	二级指标	监测点描述
财务资金情况	资金到位率	资金拨付和投入情况。资金拨付金额;资金投入金额
	合规性	支出符合国家法规及相关管理制度
	相符性	实际支出与合同相符
	项目资金变化率	项目资金变化率主要评估项目预算资金与验收决算资金的变化程度。竣工验收项目决算资金额;项目预算资金额
目标设定情况	依据的充分性/合理性	立项是否充分,是否有依据,是否合理
	目标的明确度	是否明确要实现的功能,要解决的问题
目标实现情况	预期目标完成率	预期目标完成率主要评估信息化项目绩效目标实现比率。预期实现功能;实际实现功能
	项目完成及时性	项目是否如期完成
	项目完成质量	利用项目提升管理和解决问题的程度
	自主可控性	自主可控率主要评估信息化项目建设过程中基础软硬件和应用软件的国产化比率,包括基础硬件国产化比率、应用软件国产化比率、信息系统国产化比率。国产硬件设备金额;硬件设备总金额;国产基础应用软件数量;基础应用软件总数量;国产信息系统数量;信息系统总数量
	资源利用率	资源利用率主要评估信息化项目建设过程中对资源利用的经济性,包括系统 CPU 负载情况、专用存储设备使用率、云资源共享等方面。业务高峰期 CPU 负载率峰值是否小于 50%;专用存储设备使用率等是否小于 50%;是否未按照国家政策要求将应用系统部署在云平台上
	技术先进性	技术先进性主要评估信息化项目建设过程中使用的新方法、新技术情况,包括取得授权的专利、发布的标准、拥有的软件著作权、获得的先进或评优项目等方面。发明专利数量;实用新型专利数量;国家标准数量;国际标准数量;软件著作权数量;有国家级(或省部级)表彰证书的先进或优秀项目数量
	可持续性	能否满足在可预见的未来满足系统不断增加的数据量的要求,以及是否满足对业务进展扩展
组织管理水平	项目管理规范性	项目管理规范性主要评估项目建设周期全过程的管理规范性,包括立项/规划方案/管理计划/执行规范/测评/监管/验收等
	支撑条件保障	是否有专人和团队组织负责,职责是否明确
	招投标合规性	依据招投标规范开展招投标工作
综合绩效	社会效益	改善师生学习工作生活条件
	生态效益	绿色校园建设贡献

2)基础硬件运行质量评价指标

根据信息化资产分类，建立基础硬件评价指标体系，适用于基础设施类资产和服务器/存储类资产，共选取 3 个一级指标和 18 个二级指标，从资源利用、运行维护和运行管理三个方面进行监督评价，见表 9-10。

表 9-10 基础硬件监督评价指标

一级指标	二级指标	监测点描述
资源利用	CPU 使用率	CPU 使用率
	内存使用率	内存使用率
	磁盘使用率	磁盘使用率
	缓存占用内存比例	缓存占用内存比例
	进程数	进程数
	可靠性	运行时长
运行维护	故障率	各类故障等级发生次数
	平均故障响应时间	累计故障响应时间
	平均故障修复时间	累计故障修复时间
	日常维护次数	日常维护次数
	日常维护费用	日常维护费用
运行管理	总数量	评价资产总数量
	在用数量	评价资产在用数量
	资产管理规范度	资产管理规范文件数量
	资产管理人员	资产管理人员数量
	资产监管率	可在线监控数量，具有网络设备运行状态实时监控能力；具有机房环境实时监测能力；具有服务器、数据库、虚拟主机等实时监控能力；建有统一运维监控中心，实现以上运维监控的集中屏显、故障告警、故障分析
	备案登记率	备案登记数量
	资产在线率	在线资产数量

3)网络运行质量评价指标

根据信息化资产分类，建立网络运行评价指标体系，适用于网络设备资产，共选取 4 个一级指标和 22 个二级指标，从网络应用、运行维护、运行管理和师生使用效果 4 个方面进行监督评价，见表 9-11。

表 9-11　网络运行监督评价指标

一级指标	二级指标	监测点描述
网络应用	校园网覆盖率	教学、办公区覆盖率 100%
	主干网络稳定性	主干网络速度
	校园建筑接入校园网的比例	校园建筑数量及接入校园网数量
	校园网主干宽带及其利用率	万兆,同时满足视频会议、网络直播和 40%学生同时访问校内学习空间资源需求
	校园网出口宽带及其利用率	总带宽达到人均 1Mbps
运行维护	故障率	各类故障等级发生次数
	平均故障响应时间	累计故障响应时间
	平均故障修复时间	累计故障修复时间
	日常维护次数	日常维护次数
	日常维护费用	日常维护费用
运行管理	总数量	评价资产总数量
	在用数量	评价资产在用数量
	资产管理规范度	资产管理规范文件数量
	资产管理人员	资产管理人员数量
	资产监管率	可在线监控数量,具有网络设备运行状态实时监控能力;具有机房环境实时监测能力;具有服务器、数据库、虚拟主机等实时监控能力;建有统一运维监控中心,实现以上运维监控的集中屏显、故障告警、故障分析
	备案登记率	备案登记数量
	资产在线率	在线资产数量
师生使用效果	师生活跃度	师生使用次数
	师生满意度	师生满意情况
	服务咨询比例	咨询次数
	师生报修比例	报修次数
	师生投诉率	投诉次数

4)网络安全质量评价指标

根据信息化资产分类,建立网络安全评价指标体系,适用于网络安全设备资产,共选取 3 个一级指标和 22 个二级指标,从运行维护、运行管理和安全监测效果 3 个方面进行监督评价,见表 9-12。

表 9-12 网络安全监督评价指标

一级指标	二级指标	监测点描述
运行维护	故障率	各类故障等级发生次数
	平均故障响应时间	累计故障响应时间
	平均故障修复时间	累计故障修复时间
	日常维护次数	日常维护次数
	日常维护费用	日常维护费用
	日志存储	日志存储时长及周期
运行管理	总数量	评价资产总数量
	在用数量	评价资产在用数量
	资产管理规范度	资产管理规范文件数量
	资产管理人员	资产管理人员数量
	资产监管率	可在线监控数量,具有网络设备运行状态实时监控能力;具有机房环境实时监测能力;具有服务器、数据库、虚拟主机等实时监控能力;建有统一运维监控中心,实现以上运维监控的集中屏显、故障告警、故障分析
	备案登记率	备案登记数量
	资产在线率	在线资产数量
	应急演练次数	网络安全应急演练次数
	集中检查次数	网络安全集中检查次数
	重大网络安全事故及处置	发生全校性重大网络安全事故及处置次数
	安全事件通报次数	接到上级安全事件通报次数
	安全事件处置效率	安全事件平均处置时长
安全监测效果	预警	预警次数和预警时间
	入侵检测	检测率和虚警率
	防御	通过率和过滤率
	网络运行故障监测	监测并修复网络运行故障次数

5)应用系统平台评价指标

根据信息化资产分类,建立应用系统平台评价指标体系,适用于应用软件类和信息系统类资产,共选取 7 个一级指标和 38 个二级指标,从资源利用、运行维护、运行管理、运行公开、运行安全、功能满足效果和师生使用效果 7 个方面进行监督评价,见表 9-13。

表 9-13 应用系统平台监督评价指标

一级指标	二级指标	监测点描述
资源利用	CPU 使用率	CPU 使用率
	内存使用率	内存使用率
	磁盘使用率	磁盘使用率
	缓存占用内存比例	缓存占用内存比例
	进程数	进程数
	可靠性	运行时长
运行维护	故障率	各类故障等级发生次数
	平均故障响应时间	累计故障响应时间
	平均故障修复时间	累计故障修复时间
	日常维护次数	日常维护次数
	日常维护费用	日常维护费用
运行管理	总数量	评价资产总数量
	在用数量	评价资产在用数量
	资产管理规范度	资产管理规范文件数量
	资产管理人员	资产管理人员数量
	资产监管率	可在线监控数量,具有网络设备运行状态实时监控能力;具有机房环境实时监测能力;具有服务器、数据库、虚拟主机等实时监控能力;建有统一运维监控中心,实现以上运维监控的集中屏显、故障告警、故障分析
	备案登记率	备案登记数量
	资产在线率	在线资产数量
	对接统一身份认证	是否实现与统一身份认证对接
	对接统一通信平台	是否实现与统一通信平台对接
	对接数据中心	是否实现与数据中台对接,实现数据共享
运行公开	互联互通数	互联互通情况,与其他系统对接情况
	数据公开程度	数据公开数量
	数据共享质量	数据共享质量
运行安全	安全漏洞通报次数	系统安全漏洞通报次数
	安全漏洞整改比例	系统安全漏洞整改次数
	备份次数	备份次数
	备份保存时长	备份保存时长

续表 9-13

一级指标	二级指标	监测点描述
功能满足效果	功能目标匹配度	满足需求的情况
	可扩展性	满足需求的能力
	系统应用率	系统功能的使用情况
	推进网上办事程度	推进网上办事程度
	提升办事效率情况	提升办事效率情况
师生使用效果	师生活跃度	师生使用次数
	师生满意度	师生满意情况
	服务咨询比例	咨询次数
	师生报修比例	报修次数
	师生投诉率	投诉次数

2. 评价指标数据获取

对于评价体系中的定量指标，通过常态化运行巡检机制可获取质量监测点数据；对于定性指标，如数据共享质量、功能目标匹配度、可扩展性、系统应用率、推进网上办事程度、提升办事效率情况、师生满意度、改善师生学习工作生活条件和绿色校园建设贡献等指标；通过专项检查或问卷调研的方式，对各类信息化资产进行评价，按优、良、中、差进行评判，从而获取评价指标数据。数据的质量保证是数据获取的重点，因此数据获取不是简单的从数据源头导入数据，必须对数据的语义、格式、合规性、合理性等进行预处理和评测。

9.3.6　系统故障定级与处理

随着学校信息化建设的不断推进，信息资产日积月累，数量巨大，信息资产的运行稳定性与师生服务关系密切，因此启动信息资产运行考核激励机制建设，以期提高信息资产的运行稳定性，确保运行效果，保障师生服务。但是，信息资产运行中经常会出现各种故障，一般通过两种途径发现故障：日常巡检或监控报警发现故障、师生使用时发现故障。为了提高应对系统在运行过程中出现的各类故障的能力，有效预防和最大程度地降低系统故障造成的影响，保障系统安全、稳定运行，依据《国家突发公共事件总体应急预案》和《中国地质大学（武汉）网络安全事件应急预案》等文件规范，结合实际，制定系统故障分级处理实施细则，旨在提供一个规范化的流程，让运维人员做到有章可循，按相应的处置流程，尽快处理相应的系统故障，提升信息化工作办公室的工作效率，提高师生满意度。

1. 系统故障的概念

系统故障是指系统包含计算机系统、数据库、网络系统、机房配套系统、各类公共服务系统和业务系统等在内的软硬件系统，所指故障为系统发生包含主机宕机、网络中断、机房配套系统停止工作、系统瘫痪、数据丢失等，导致正常服务中断或服务质量严重下降或用户反馈大面积线上体验差问题等。

2. 故障分级

按照系统故障对业务连续性的影响程度进行分级，参照《国家突发公共事件总体应急预案》社会安全事件分级方式，结合实际业务影响情况，分为四级，即一级故障（特别重大）、二级故障（重大）、三级故障（较大）和四级故障（一般）。

（1）一级故障。一级故障一般是指特别重大的故障，导致全校性业务中断，几乎所有网站无法正常使用，师生各项业务无法办理。如全校网络集中中断，数据中心机房服务器整体瘫痪，云平台、数据中台、统一认证平台、校园网认证管理系统等公共服务系统故障。

（2）二级故障。二级故障是重大的故障，导致区域性业务中断，或部分核心系统无法使用，师生部分业务无法办理。如区域性网络集中中断，数据中心机房服务器部分瘫痪，站群系统、信息门户、学生预约系统等公共服务系统故障。

（3）三级故障。三级故障是较大的故障，导致个别楼栋业务中断，或部分重要系统无法使用。如楼栋网络中断，部分服务器断开，研究生管理系统、教务系统等公共服务系统故障。

（4）四级故障。四级故障属于一般故障，部分网络不通，部分业务系统无法使用，部分业务无法办理，或师生反映或巡检发现的网络/系统故障等。

信息系统故障级别可参照故障分级方式判断该系统发生故障时的影响程度进行定级。学校主要信息系统故障等级见表 9-14。

表 9-14　主要信息系统故障等级

系统名称	故障等级
校园一卡通平台	一级故障
数据治理与服务平台	一级故障
地大云平台	一级故障
教务系统	三级故障
信息化项目管理系统	四级故障
校园出入系统	二级故障，特殊时期升为一级故障
站群系统	二级故障
网上厅	二级故障
信息门户	二级故障
高性能计算公共服务平台	二级故障
微服务平台	二级故障
数字驾驶舱	特殊时期可定为二级或一级故障
网络与 IT 资产管理系统	四级故障

3. 故障响应时间

系统故障原因一般包括软件故障和硬件故障两方面，根据故障原因制定不同的故障响应时间。

对于软件故障，网络或系统管理员及相关运维人员应第一时间响应，并尽可能在短时间内完成处理，降低故障影响。

对于硬件故障，网络或系统管理员及相关运维人员应第一时间响应，并尽可能在短时间内联系配件供应商，尽快完成配货和更换工作，降低故障影响。

故障响应和处理参考时间见表 9-15。

表 9-15 故障响应和处理参考时间表

故障等级	软件故障		硬件故障	
	响应时间	解决时间	响应时间	解决时间
一级故障	15 分钟	2 小时	15 分钟	24 小时
二级故障	30 分钟	4 小时	30 分钟	48 小时
三级故障	60 分钟	6 小时	60 分钟	72 小时
四级故障	90 分钟	8 小时	90 分钟	96 小时

4. 故障处理

故障处理包括故障发现、定级、维护及事后分析、总结、记录归档等。

1)故障定级

参照故障分级标准，确定故障等级，执行相应的故障处理流程。但是在故障定级过程中，如果发现多个故障累积出现、运维人员处理能力不足或者师生关注和反馈程度较高，甚至是校领导及以上人员反馈或高度重视，可对相应的故障等级进行调整，按较高级别故障等级流程执行。

2)故障响应人员及职责

根据故障等级，确定相应的故障响应人员，并逐级上报至故障处置责任人，见表 9-16。

表 9-16 故障响应人员和处置责任人

故障等级	故障响应人员	故障处置责任人
一级故障	以服务器管理员或网络管理员为主，系统管理员配合，信息化办全体人员协助，逐级汇报至处室领导	处室主要领导
二级故障	服务器管理员/相关网络或系统管理员，逐级汇报至部门分管领导	分管领导
三级故障	服务器管理员/相关网络或系统管理员，汇报部门主任	部门主任
四级故障	服务器管理员/相关网络或系统管理员	管理员

故障响应人员应遵守以下职责:①遵守各项管理规范,及时、耐心、细心、全心处理相关故障,以师生体验为出发点,提升工作效率,提高师生满意度;②重视并加强沟通,及时与相关人员和责任人沟通交流、汇报问题及处理进度;③提高技术服务能力,避免低级错误导致的系统故障,并且及时做好系统备份,做到修改前先备份、修改后再检查;④重视质量意识,加强代码自查、日常巡检等,按照流程规范行事,尽可能地减少安全隐患;⑤明确职责,了解其他故障响应人员的职务和职责,及时沟通和反馈。

5. 故障处理流程与时间要求

根据故障等级,设置相应的处理流程。

(1)一级故障。一级故障是特别重大的故障,要求故障响应人员在故障发生的 15 分钟之内进行故障的现象及后果等的描述,并逐级汇报至处室主要领导统一指挥。在 2 小时之内,以最快速度组织人员处理,避免教学科研事故的发生。如果是硬件故障,在 24 小时内完成配件的备件和更换,如果现场问题严重,可请求上级领导进行沟通协调。

(2)二级故障。二级故障是重大的故障,要求故障响应人员在故障发生的 30 分钟之内进行故障的现象及后果等的描述,并逐级汇报至分管领导统一指挥,并报处室领导知晓。在 4 小时之内,以最快速度组织人员处理,避免教学科研事故的发生。如果是硬件故障,在 48 小时内完成配件的备件和更换,如果现场问题严重,可请求上级领导进行沟通协调。

(3)三级故障。三级故障是较大的故障,要求故障响应人员在故障发生的 1 小时之内进行故障的现象及后果等的描述,并汇报至部门主任统一指挥,并报分管领导知晓。在 6 小时之内,以最快速度组织人员处理,提高工作效率,提升师生满意度。如果是硬件故障,在 72 小时内完成配件的备件和更换,如果现场问题严重,可请求上级领导进行沟通协调。三级故障要在 72 小时之内解决。

(4)四级故障。四级故障是一般的故障,要求故障响应人员在故障发生的 90 分钟之内进行故障的现象及后果等的描述,并报部门主任知晓。在 8 小时之内,以最快速度组织人员一并处理,提高工作效率,提升师生满意度。如果是硬件故障,在 96 小时内完成配件的备件和更换,如果现场问题严重,可请求上级领导进行沟通协调。

6. 故障处置总结

在故障发生并解决后,及时总结问题,相关管理员和负责人需在一周之内撰写并上交故障处置总结报告,至信息化工作办公室质量监测部备案,重大故障处置应开总结大会进行学习和总结经验教训,避免类似事件的再次发生。故障报告内容应包含故障名称、故障描述(故障出现的时间、发现方式、表现形式等)、故障等级、故障影响(影响范围、影响时间等)、故障原因(根本原因、触发原因、延长原因等)、故障总结(事件过程,解决方案、措施,后期改进措施,相关质量监测指标数据等)、注意事项、故障参与人和解决人等。

质量监测部负责故障报告的收集汇总和分析评价,并适时公开和发布,为故障定责和处罚提供参考。

7. 责任追究

根据系统故障等级、故障处置报告分析以及故障调查情况，对事故相关管理员或责任人进行责任划分和追究，故障等级对应事故等级，对事故责任人处理分为通报批评（部门发文）、严重警告（会议公开警告）、警告（谈话警告）和约谈（谈话提醒）四种形式。

如果是由于人为工作疏忽/失误导致，或延报、瞒报导致的故障，一级事故对分管领导进行警告处罚，对相关部门、主任进行严重警告处罚，对管理员进行通报批评处罚；二级事故对分管领导进行约谈，对相关部门、主任进行警告处罚，对管理员进行严重警告处罚；三级事故对部门主任约谈，对管理员进行警告处罚；四级事故对管理员进行约谈处罚。

如果调查发现分管领导、部门主任或管理员在系统故障中未存在重大失误，或在处理过程中满足以下条件，可作为降低事故等级的参考：①第一时间响应，包括故障的通知、处理、善后等事宜；②完全符合响应流程，顺利完成故障处理；③对故障发生的原因已有充分的预防机制，故障前按要求完成巡检工作；④在最短的时间内处理故障，并积极配合其他相关人员的故障处理工作；遇到技术问题积极寻求解决办法和资源支持；⑤系统在最短时间内完全恢复正常运行，故障影响降到最低；⑥对故障发生的原因及时进行总结，提交故障报告，并制定同类故障的预防规避措施。

处罚结果将直接影响年终考核结果。处罚类型和处罚次数均对年终考核评优和年终绩效系数产生影响。事故处理与年终考核参考关系见表 9-17。

表 9-17　故障处罚考核关系表

处理方式	年终考核绩效系数	年终评优
通报批评	−10%/次	≥1 次，取消评优资格
严重警告	−5%/次	≥2 次，取消评优资格
警告	−2%/次	
谈话提醒	−1%/次	

9.3.7　考核激励机制

为了加快推进学校数字化转型，发挥信息化在建设高质量教育体系中重要的支撑引领作用，提升信息化管理水平和服务质量，学校积极探索信息化管理与服务考核激励机制，以提高各单位信息化建设质量和运行管理的积极性，提升信息化岗位的成就感和获得感，已建立如下的考核机制。

（1）将信息化建设和网络安全纳入各单位的年度工作要点，列入年度重要工作任务，与年度工作同计划、同考核，实行网络安全责任一票否决。

（2）二级单位中英文网站建设考评。考评细则见表 9-18。

表 9-18　二级单位中英文网站建设考评细则

评分指标项	要求	评分等级	评分说明
网站整体情况（占 20%）	网站首页结构布局合理，逻辑清晰，栏目设置层次分明。页面设计整齐、美观、清晰，图片运用恰当，突出部门职能定位。在页面显著位置放置统一字体的学校名称和校标，放置部门名称，要醒目、美观、大方	16～20 分（优）	版面结构合理，逻辑清晰，页面设计规范、美观，图文并茂，兼容性很好
		12～15 分（良）	版面结构较合理，栏目层次较为清晰，页面设计较为规范、较为美观。兼容性好
		9～11 分（一般）	版面结构不够合理，栏目层次混乱，页面设计不够规范、不够美观，兼容性一般
		9 分以下（较差）	版面结构不合理，不美观，不满足网页设计的基本要求
美观效果情况（占 5%）		5 分	界面布局合理，色彩效果好
		4 分	界面布局一般
		3 分	界面布局差
信息发布情况（占 20%）	各部门网站应包括但不仅限于以下内容：包括单位简介、组织机构、规章制度、新闻报道、相关办事流程、联系方式等信息。 教学科研单位的网站应包括但不仅限于以下内容：单位简介、组织结构、师资介绍（包含所有教师名单和教师主页）、学科建设、专业建设、实验室建设、科研成果、学生工作、最新消息	17～20 分（优）	栏目齐全，所有栏目下内容丰富，新闻信息量大，教学办公内容全面、用户能方便快捷地获取所需信息。教学、科研单位英文版建设规范、内容全面
		12～16 分（良）	栏目齐全，所有栏目下内容较丰富，新闻信息量较大，教学办公内容较全面、用户能较方便快捷地获取所需信息。教学、科研单位英文版建设较规范、内容较全面
		9～11 分（一般）	所设栏目基本齐全，所有栏目下有内容，二级栏目下内容无空白。有新闻信息，有教学办公内容、基本能满足用户信息需求。教学、科研单位英文版建设一般
		9 分以下（较差）	所设栏目不齐全，所有栏目下空白较多。无新闻信息，教学办公内容很少、不能满足用户信息需求。教学、科研单位英文版建设较差

续表 9-18

评分指标项	要求	评分等级	评分说明
服务宣传情况（占 20%）	单位领导重视思想教育宣传工作，注重发挥网站政治引领作用，能够将国家和学校的重要会议精神在网站上及时传达。有本单位网站建设的规划和思路、规章制度和奖励考评制度的制定和执行情况。无信息泄露风险，对信息有安全管理措施。动态信息更新及时，信息内容真实、准确并无欺骗性，贴近校园生活，无不健康内容。网络信息员对网站日常维护和管理到位，出现问题时能快速联系并及时处理	16～20 分（优）	领导非常重视，能够发挥网站政治引领作用。网络信息员对网站日常维护和管理非常认真负责。信息丰富，更新频繁。内容健康安全，非常贴近校园生活
		10～15 分（良）	领导比较重视，在网站上及时传达国家和学校的重要会议精神。网络信息员对网站日常维护和管理比较认真负责。信息较丰富、更新较频繁。内容健康安全，非常贴近校园生活
		5～9 分（一般）	领导重视，在网站上能够传达国家和学校的重要会议内容。网络信息员对网站的日常维护和管理基本到位。信息有更新。内容健康安全，基本贴近校园生活
		5 分以下（较差）	领导不重视，没有将国家和学校的重要会议精神发布到网站。网络信息员没有对网站进行日常维护和管理。单位情况变化未更新，内容长期未更新
访问量情况（占 20%）	由信息化工作办公室根据迁入到学校站群系统的网站文章发布和访问量数据计算此项得分，评委不打分	0～20 分	每月文章发布的数量达到或超过 20 篇或者每月访问量达到或超过 2 万人次得 5 分，得满 20 分为止
英文网站情况（占 15%）	教学科研单位的英文网站应包括但不限于以下内容：单位简介、学科建设、课程设置、师资队伍、新闻报道、联系方式等信息。信息发布应有审核程序。其他单位根据工作需要建设英文网站或英文介绍专栏，应包括但不限于以下内容：单位简介、主要职责、联系方式等信息	11～15 分（优）	有英文网站且做到版块合理、内容翔实、更新及时
		6～10 分（良）	有英文网站，板块相对合理，内容更新频率在 3 个月及以上
		1～5 分（一般）	英文网站正在建设中，可以打开主页，但无内容或内容不完整
		0 分（差）	无英文网站
负面清单	网站中如出现以下情况之一者，网站考核结果为不合格：①国家机关、学校及本单位中英文名称、缩写使用错误或违反学校视觉形象识别系统规范要求的；②网站内容错误或与学校中文官网信息不一致的；③网站出现打不开、网页被篡改等情况的；④出现违反国家法律法规的内容；⑤出现涉密信息、内部资料、不宜公开事宜的		

(3)常态化网络安全专项治理工作评优。评优参考内容见表9-19。

表9-19 网络安全评优参考内容

责任人	工作项目	检查点
主要领导	组织领导	落实党管安全的情况
		参与网络安全工作的情况
		组织开展网络安全教育的情况
	工作保障	明确信息化分管领导
		网信员岗位设立及职责
		信息化日常维护经费
		单位员工参加网络安全和信息化相关培训情况
	网络安全风险管控	单位联网的信息基础设施(网站、信息系统、机房、实验室等)情况
		信息化基础设施的管理制度
		信息基础设施的责任人
		系统和数据的保护措施
		主页信息发布的审核机制
		信息基础设施发生安全事件的应急预案
信息化分管领导	网络安全与信息化规划	本单位自筹经费建立的业务系统情况
		本单位建立的计算机机房和设立的服务器情况
		自建机房和服务器的管理制度
		业务系统与学校统一身份认证对接情况
		本单位业务系统提供的师生服务进入学校网上厅情况
		本单位的业务系统不通过学校统一认证的独立运行情况
		本单位业务系统的数据与学校数据中心对接情况
	网络安全日常管理	业务系统日常运行管理制度
		信息基础设施的督促检查情况
		参与网络和信息化知识与专业技能培训情况
		组织开展应急演练和重要时期网络安全保障情况
	自查工作落实	系统备案和自查工作开展
		本单位网络安全工作难点
		对网络安全工作的建议
网信员	日常管理	对学校、单位安全的网络安全和信息化工作任务的落实情况
		参与本单位信息化工作情况
		参加网络安全和信息化知识和专业技能培训情况

续表 9-19

责任人	工作项目	检查点
网信员	日常管理	网络信息员职责落实情况
		对学校的信息化工作的意见建议
	自查工作落实	参与本次信息系统登记备案工作情况
		参与本次网络安全自查工作情况
		参与系统漏洞整改情况
系统管理员	日常管理	各业务系统日常运行和安全检查记录
		业务系统部署(学校云平台、学校主机托管、自建机房或校外公有云)情况
		主机日志、数据库日志保存情况(保存地址、方式、时间)
		系统备份情况(保存地址、方式、时间、版本管理)
		数据库备份情况(保存地址、方式)
		系统漏洞整改情况
		系统管理和日常维护方式(堡垒机、统一身份认证、独立登录界面)
		参与学校或单位组织的与系统管理员业务有关的培训情况
		对相关工作的意见建议
	自查工作落实	本次系统登记备案核查工作完成情况(详见《信息系统网站核查信息表》)
		本次安全自查工作完成情况(详见《网络安全自查手册》)
		本次安全漏洞整改情况

10 高校信息化保障体系建设

教育信息化的目的可以概括为四个方面：一是促进信息技术在教育领域的广泛应用；二是推动教育的改革和发展；三是培养适应信息社会要求的创新人才；四是促进教育现代化。

教育信息化是实现教育现代化的基础和条件，是教育现代化的重要内容和主要标志，以教育信息化带动教育现代化是当今世界教育改革与发展的共同趋势。高校作为教育信息化的主体，做好学校信息化支撑和保障是义务也是使命。

10.1 信息化在国家治理现代化进程中的作用

2014年2月27日，中国共产党中央网络安全和信息化领导小组召开第一次会议宣告成立，习近平总书记在会议讲话中明确指出：没有网络安全，就没有国家安全；没有信息化，就没有现代化。深刻揭示出信息化与现代化的紧密内在联系。

1. 信息化在国家治理现代化进程中发挥重要作用

在坚持和完善中国特色社会主义制度、推进国家治理体系和治理能力现代化进程中，网信工作发挥着重要作用，国家制度体系的完善和国家治理能力的现代化离不开信息化大环境，也离不开信息技术的支撑和保障(张新红，2019)。

首先，信息化是国家治理体系和治理能力现代化的基本要求和重要标志。在信息化加速发展的大背景下，数字化、网络化、智能化、平台化、生态化等已经成为时代标志。信息化已经成为现代化的内在要求和本质特征。从这个意义上说，没有信息化，就没有国家治理能力的现代化。

其次，网信工作是国家治理能力现代化的重要支撑和保障。新一代信息技术正日益广泛应用到政治、经济、社会、文化、生态等各个领域，国家治理的对象、内容都已经信息化了，治理的环境和手段也必须随之而变。改革发展稳定、内政外交国防、治党治国治军都离不开信息技术的支撑和保障。

充分发挥网信工作对坚持和完善中国特色社会主义制度、推进国家治理体系和治理能力现代化的重要作用，需要全党全国全民共同努力，在各领域、各方面、各环节应用好互联网、大数据、人工智能等新一代信息技术，促进各项制度体系的不断完善，持续提升各方面治理能力和治理成效。

一是要把新媒体作为十九届四中全会精神宣传的重要阵地，重视发挥重点新闻网站和主要商业网站的作用，创新宣传产品和模式，在网上唱响学习贯彻十九届四中全会精神的“大合唱”。

二是切实加强和改进网络内容建设和管理工作，确保网络空间正能量充沛、主旋律高昂，着力提升网络综合治理能力，切实把网络安全工作落到实处。

三是各领域在完善制度体系、提升治理能力的过程中要充分理解《中共中央关于坚持和完善中国特色社会主义制度、推进国家治理体系和治理能力现代化若干重大问题的决定》的时代精神，用互联网思维、互联网技术、互联网模式发现问题、解决问题，确保各项制度的研究制定符合时代要求和发展趋势，争取各项工作都能顺应时代潮流，走在时代的前列。

四是打铁还需自身硬，要实现治理体系和治理能力现代化，各治理主体尤其是政府部门必须不断提升自身信息化水平，在决策科学化、资源共享化、管理精准化、服务高效化等方面取得突破性进展，同时学会在新时代与其他治理主体共享和联动，最终实现协同治理。

2. 信息化变革对推进国家治理能力现代化提出新要求

信息革命对推进国家治理体系和治理能力现代化提出的新要求集中体现在四个方面。

一是理念创新。人类已经进入信息社会，经济社会生活各个方面的信息化进程都在加速，需要用信息化的眼光看世界，治理理念也需要进行相应创新，互联网思维、复杂系统、迭代创新、包容审慎、底线思维、协同治理等新治理理念将贯穿始终。

二是制度创新。新产业、新业态、新模式层出不穷，原有产业也在加速转型，需要新的制度体系来保障。

三是技术创新。信息化为解决新问题提供了有力的工具和手段，信息时代的问题也只有依靠信息技术才能更好地得到解决。

四是模式创新。当治理对象的运行模式发生重大变化时，治理模式也需要相应的创新。

10.2 《高等学校数字校园建设规范》对保障体系的界定

《高等学校数字校园建设规范（试行）》中明确指出：为了规范高等学校数字校园建设、管理、运维工作，保障信息化建设有序开展，维护网络与信息系统的安全、稳定和可靠，发挥网络与信息系统作为数字校园公共服务体系在教学、科研和管理服务中的重要作用，高等学校应结合实际情况，从组织机构、人员队伍、规章制度（管理）、标准规范（技术）、经费保障、运维服务、综合评价等方面对数字校园保障体系进行规范，通过保障体系的建设，为高等学校信息化工作创造良好的环境。保障体系建设的总体要求如下：①应有明确的组织机构及运行机制；②应制定学校统一、完备的规章制度；③应有稳定、专业的技术队伍；④应有统一、规范、科学，具有强制性的技术标准；⑤应有稳定的经费投入，有规范的经费管理办法；⑥应有持续、稳定的运维服务；⑦应有科学完善的评价标准与体系。

10.2.1 组织机构

高等学校要健全校院两级信息化发展与建设组织机构设置。

一是设立校级网络安全和信息化工作领导小组，作为学校网络安全和信息化工作、数字校园建设的最高管理与决策机构；二是明确信息化建设主责二级机构，负责数字校园、网络安全和信息化发展战略、专项规划、项目建设、管理、运维等相关工作，致力于运用信息技术促进学校教育改革和发展，推动数字校园建设，为师生的学习、科研、管理和生活提供信息化公共服务。

10.2.2 人员队伍

高等学校应建立一支梯队合理、责任心强、稳定可靠的数字校园信息化专业队伍，设立校院两级信息化管理和专业技术岗位，设定明确的岗位职责，支撑开展信息化各项工作，并结合信息化发展和工作需求，不断提高信息化工作人员的专业知识和业务技能水平，保障信息化工作有效推进。

一是高等学校应建立校院两级网络安全和信息化第一责任人制度，学校网络安全和信息化领导小组组长作为学校网络安全和信息化第一责任人，一般应由学校领导班子主要负责人担任，主要负责学校的网络安全和信息化的规划、决策等工作；二是信息化建设主责二级机构人员负责完成高等学校信息化发展的规划、建设、运行、维护、服务等工作；三是各高等学校二级机构信息化人员构成应包括二级机构网络安全和信息化第一责任人、网络安全和信息化分管领导、信息化工作联络人、系统管理员等，管理本部门网络安全和信息化工作。

10.2.3 规章制度

高等学校应全面规范数字校园建设与管理工作，建立健全的规章制度，推动信息化工作合理有序实施和可持续发展。应加强数字校园建设与管理各方面的管理办法的制定，包括但不限于网络与信息安全管理、数据管理、校园网建设与运行管理、校园卡管理、信息化建设项目管理、网站及信息系统管理等方面。

10.2.4 标准规范

高等学校应制定数字校园建设相关技术标准规范，以保障数字校园建设运行的顺利开展和可持续发展。

一是数据标准建设应符合《信息技术　学习、教育和培训　高等学校管理信息》(GB/T 29808—2013)的要求，并参照规范第6章信息资源的内容，结合高等学校自身实际需求制定标准。规范定义数据元标准结构，保证数据的一致性，方便数据交换与共享，提高信息处理效率。

二是网络与信息安全技术规范建设应符合本书第9章网络安全的要求，结合高等学校自身的需求，制定学校网络与信息安全技术规范。

三是数字校园中心机房建设应符合《数据中心设计规范》(GB/T 50174—2017)的规定，并参照规范第5章基础设施——5.3数据中心的内容，结合高等学校自身的需求，制定标准规范。

四是网络工程建设应参照《数据中心设计规范》(GB/T 50174—2017)第5章基础设施的内容，结合高等学校自身的需求，制定网络工程规划与设计、设备与材料、施工与布线、安全管理标准规范。

五是信息化建设项目应在学校信息化整体技术规划框架下，制定信息化建设项目需求分析、设计开发、测试评估、部署实施、验收全流程标准规范。

10.2.5 经费保障

持续的经费投入是数字校园可持续发展的基本保障，高等学校应保证数字校园建设和运维经费在学校年度经费中的比例，并适度增长。

一是应明确由信息化建设主责二级机构负责学校数字校园建设经费统一的归口管理，按照统筹、集约、共享原则，避免多头建设、重复建设，提高数字校园建设经费使用效率；二是各部门应建立健全信息化工作协调机制，凡涉及数字校园信息化项目建设，均应经过信息化建设主责二级机构的项目前置评审；三是应统筹安排数字校园建设与运维经费，并保证运维经费与建设经费按适当比例投入。

10.2.6 运维服务

运维服务是数字校园建设成果能顺利支撑学校业务、服务师生用户的重要保障。运维服务采取相关的管理办法和技术手段，对运行环境和业务系统等进行维护管理，并面向师生等用户提供技术支持和 IT 服务。

一是应对数字校园相关基础设施、信息系统等进行有效维护，保证各系统和设备的稳定运行；二是应建立从用户报修、现场处理到事后反馈全流程服务体系，建立稳定的运维服务团队，制订统一的服务规范与服务流程，给用户提供优质、及时的服务；三是建设全网络服务信息交互平台，提供多终端、多应用服务，提供运维服务热线电话服务；四是提供便捷的线下服务，设立数字校园“一站式”服务大厅和分布式的自助服务设备，服务场所应统一设置规范标志；五是应为数字校园用户提供各类相关培训，培训要具有持续性；六是为了给数字校园用户提供更加优质高效的信息化服务，有条件的高等学校应申请 ISO、ITIL 等标准化运维、服务认证。

10.2.7 评价体系

数字校园建设是一个持续的过程，制定适当的评价体系，对数字校园建设工作和应用效果进行评价，有助于促进高等学校数字校园建设。

一是数字校园评价体系设计应遵循客观性、整体性、指导性、科学性、发展性原则，评价和反馈应当贯穿于数字校园的各个阶段，对阶段性建设与应用效果进行有针对性的分析诊断，并提出改进的意见和建议，做到“以评促建，评建结合”；二是数字校园评价内容应包括规划、建设、运维服务、用户素养等方面所达到的水平和程度，保障体系的完备性与科学性等；三是数字校园评价方式可选择具有先进性、智能性、及时性的方式，可借助人工智能、大数据分析等新的技术手段来辅助实施。

10.3 高校信息化支撑保障体系建设的关键要素

构建一套涉及组织机构、人员队伍、规章制度、标准规范、经费保障、运维服务、综合评价等较为全面的支撑保障体系,是一项十分艰巨的任务,涉及面广、人多、事杂,综合各高校的经验教训,归根结底,"一把手"的认识水平、责权相符的组织架构、踏实无私的技术队伍、持续充裕的经费投入是建立完善的信息化保障体系最重要的因素。

10.3.1 "一把手"的认识水平

高校各级部门党政"一把手"是信息化建设的关键,行政管理部门的"一把手"尤为重要,高校信息化首先是管理信息化,要不要将部门业务与信息化融合以及融合的深度,取决于部门"一把手";要不要将学校管理、教学、科研全面信息化以及信息化的重点、方向、目标,取决于学校党政"一把手"的决心和力度。没有"一把手"统一共识,就无法形成信息化的推进合力;没有"一把手"的持续关注,就无法打破传统的思维模式和工作习惯;没有"一把手"的躬亲践行和保驾护航,信息化难以推广和深入。

10.3.2 责权相符的组织架构

大部分高校的信息化建设单位是一个直属部门或技术部门,希望这样一个直属部门或技术部门统筹和推进全校的信息化建设。在管理上,权责不符,部门协同难,跨部门流程打通难,破除各自为政、本位主义更难;在技术上,统筹无力,"一数一源"落实难,师生办事服务推进难,消除数据孤岛更难。理顺信息化工作的管理体制,需要从组织机构、职能定位上出发,赋予信息化部门相应的行政权力、明确职能职责十分重要。

10.3.3 踏实无私的技术队伍

高校信息化建设普遍存在"重事不重人"的倾向,大家只关心新建了多少信息化项目,很少关心有几个技术人员,这些人员能否支撑得了新建信息化项目持续稳定运行。硬件设施的建设与运行维护、软件系统的规划与建设、信息化平台的运行与监管需要一支负责建设的高水平技术队伍,更需要一支强有力的运维保障队伍。

同时,信息化是一个辛苦的工作,学校工资水平偏低,特别是在当前高校信息化进入深水区,师生需求旺盛,学校治理能力不断提高,信息化的重要性和迫切性凸显,需要不断学习、全身心投入、无私奉献和具有信息化情怀,要坚守下来不容易。

10.3.4 持续充裕的经费投入

当前大部分高校的信息化建设的资金靠临时性专项支持,普遍没有纳入学校财政的日常预算。同时,这些临时性专项主要支持硬件环境建设,软件系统建设经费相对较少。高校信息化建设普遍存在"重硬件轻软件"的倾向。软件的正版化费用、设备运维服务费和系统的技术服务费等筹措艰难。

10.4 中国地质大学(武汉)信息化工作采取的保障措施

中国地质大学(武汉)采取的主要保障措施如下。

1. 组织保障

成立了网络安全和信息化工作领导小组(简称网信领导小组)、网络安全和信息化工作专家组(简称网信专家组)、信息化工作办公室。信息化工作办公室纳入职能部门管理，对学校网络安全、信息化工作和经费实行统一归口管理。

建立了四级网络安全和信息化工作运行体系。二级单位“一把手”是网络安全和信息化建设第一责任人，单位信息化分管领导具体负责本单位网络安全和信息化工作。网信员，负责单位各类新媒体平台及网站的规划建设、升级改造、日常维护，保障系统安全稳定运行；系统管理员做好系统维护、漏洞整改、运行管理等工作。

学校办公室与信息化工作办公室共同推进网络与信息化建设，主事的职能部门负责业务部分的需求，信息化工作办公室技术把关、指导。

2. 人员队伍

学校信息化工作办公室现有在编人员 18 人，劳务派遣人员 7 人。信息化工作人员严重不足，特别是信息化应用推进和运维人员奇缺。

安全保障队伍：保密安全员 1 名，保密安全审计员 1 名，网络安全员 2 人；资源保障队伍：云资源管理 3 人，一卡通与技防设施保障 3 人；信息化保障队伍：项目管理 2 人，数据与服务管理 2 人，运行管理 3 人；用户服务保障：24 小时咨询服务 6 人，技术支持 8 人；二级部门常态化日常保障：网信管理队伍 108 人，业务系统管理队伍 138 人；信息化素养：干部培训纳入党委组织部年度计划，专业技术分类培训与应用培训纳入本科生院、研究生院、信息化工作办公室等部门和信息化项目建设方培训计划。

3. 制度规范

学校制定并发布 6 个校级文件，建立了 16 个部门级文件和 19 个内控制度。根据信息化工作的需要，其他相应制度规范也在不断推出。

4. 标准规范

2019 年学校发布了《中国地质大学(武汉)信息化数据标准 V1.0》版数据标准规范；2020 年发布了《中国地质大学(武汉)信息化数据标准 V2.0》版数据标准规范；2021 年发布了《中国地质大学(武汉)信息化数据标准 V3.0》版，明确了 12 个数据子集、400 个标准模型、9 千余项数据；随后，发布了《中国地质大学人员编号编码方案》《“三库三中心”管理规范》《数据共享使用规范》等。

5. 经费保障

日常运行经费纳入学校年度预算，包括三公经费、外聘人员费、设备维护维修费、网络出口带宽费、外包运维服务费等。基础设施建设采用中央改善基本办学条件经费专项与银校合作经费。信息化建设采用年度学校信息化专项和银校合作经费。信息化项目和经费实行统一归口管理,避免多头建设、重复建设,提高经费使用效率,保障信息化软硬件有序更新和安全平稳运行,确保资金使用效益最大化。

6. 运维服务

运行管理:对信息化资源实行登记备案和年度审核,对主要基础设施设备和信息化系统实行“一日三巡”,对网络信息实行“月扫季巡年演”和“三查一行动”,大部分设施设备和公共平台建立了应急预案,开展定期不定期的应急演练。

服务保障:建立有一支快速反应的“110”现场服务团队和学生“网信员”团队,24 小时在线服务、咨询。

7. 质量保障

自 2020 年开始,启动全生命周期的信息化项目管理探索,对项目的立项、论证、采购、验收、运行至退出,进行全程监管。

在 2021—2022 年学校机构改革和“三定”工作中,信息化工作办公室内设质量监测部,开展信息化项目的质量评价、信息化系统的质量监测、信息化工作的用户评价探索,尝试构建一套适合中国地质大学(武汉)信息化工作的评价体系。

11 校园信息化基础设施建设实践

《高等学校数字校园建设规范(试行)》将数字校园体系架构中的基础设施明确为:承载数字校园的基础和物理形式,一般包括校园网络、数据中心、校园卡、信息化教学环境、信息化育人环境、虚拟空间环境等,基础设施为各类信息化应用提供技术、设备和物理环境支持。中国地质大学(武汉)在智慧校园建设中,将校园网络、数据中心、校园感知网络、公共服务平台纳入智慧校园信息化基础设施建设内容。

11.1 高校校园网络设施

11.1.1 高校校园网络建设现状

高校校园网络经过20多年的建设,网络设施普遍达到较大规模,基本上实现了校园覆盖,能提供较好的网络服务质量。

校园网络建设模式大部分为学校筹资自建,少数学校采取校企共建委托运维模式。

骨干网络采用大对数光缆链路,大部分学校实现了南北向冗余链路联接;大部分学校完成了校园网络扁平化改造,采用大二层网络结构,实现了基础设施的集中管理;楼宇链路普遍采用万兆汇聚;主干网络设备采取双冗余架构。

接入网络普遍采用千兆接入,大部分高校教学、科研、办公等楼宇有线无线全覆盖,学生宿舍普遍采用无线覆盖。部分学校开始进行全光网络改造。

物联网络普遍采用独立组网模式,支撑校园安防监控、能源计量、门禁管理等,进行全光网改造的部分高校实现了多网合一,5G技术开始在校园物联网应用场景中发挥作用。

网络出口是高校日常运行经费压力最大的部分,出口带宽难以满足师生迅猛增长的应用需求,目前高校出口带宽普遍在10G以上,少数高校达到50G以上。

网络安全是高校校园网络运行中的最重要内容之一。在适逢世界百年未有之大变局的背景下,国内外网络安全形势尤为严峻,教育行业成为网络攻击的重要对象。高校网络安全普遍存在四个主要短板:缺乏网络安全意识和责任意识,弱口令和漏洞问题严重、缺乏安全审计概念、缺少管理制度和应急处置流程。

网络运维普遍采用自维+部分服务外包方式,个别高校采取运维服务整体外包。

11.1.2 高校校园网络运行存在的主要问题

高校校园网络基础设施较为健全,存在的问题主要是在网络运行方面。

一是网络信息安全方面的安全意识不够,安全防护水平不高。随着高校信息化的不断深入,各类信息系统不断启用,师生需求越来越旺盛,一码认证、默认登录等不安全习惯被一些公司不负责宣传,并得到了较多师生的接受,系统的安全漏洞、弱口令、钓鱼邮件、数据泄露等事故时有发生。

二是网络质量堪忧。首先,校园网络采用的是以太网接入技术,网络本身的质量控制是薄弱环节;其次,校园网络设备达不到电信运营级别,受网络设备本身质量影响,网络的丢包率较高,网络阻塞时有发生;最后,校园网络不是按照运营模式建立的,网络故障的发生得不到及时发现、及时维护。

三是出口带宽较窄。网络带宽还属于控制资源,教育科研网络带宽太贵,运营商可采取资源置换方式得到较为优惠的带宽,但整体上的带宽还不足以支持高校急速增长的带宽需求,带宽的使用费成为各高校日常运行费中的最大开支,普遍占到40%以上,甚至60%以上。

四是用户体验较差,师生满意度不高。校园网络建设的技术架构、设备类型和运营模式决定了用户体验不可能出色;同时校园人员密集、应用种类繁多,相互干扰概率更大;此外,校园信息化首先考虑的是管理和科研需求,对用户体验的考虑排在较后的位置;带宽不足也是一个重要问题。

11.1.3 中国地质大学(武汉)校园网络建设成效

建立了技术先进、架构合理、全校覆盖、有线和无线有机融合的校园网络。两校区所有教学、实验、科研、办公楼群有线无线网络全覆盖,万兆主干到楼、100/1000M到桌面,所有楼栋学生宿舍无线全覆盖,两校区采用三主一备高速互联,自有校园出口带宽12Gbps。

11.2 高校数据中心建设

11.2.1 高校数据中心的发展与建设现状

数据中心一般是指集中在一个物理空间内的服务器、网络、安全等设备以及相关配套设施的集合,但数据中心不仅仅是硬件设备的集成和集中,同时也是数据信息流通的中心、存储的中心和各类应用及服务的中心,实现信息的交换、传输、存储、计算等多种功能。对于高校来说,数据中心是校园信息化建设的基础性项目,也是信息化建设的核心载体。

1. 数据中心的发展阶段

高校数据中心的发展从以网络设备为主到计算、存储、网络设备并重,从以提供网络数据交换为主逐步向为学校教学、科研、学工、人事等各类应用系统提供数据存储、处理等服务转变。数据中心的发展大致可以分为三个阶段:

(1)基础数据中心。学校各单位自行建设所需的服务器、存储等IT设施;数据中心通过托管服务方式部署学校各单位的服务器、存储系统等物理设施;托管IT设备由各单位负责运行和维护,学校网络与信息部门只负责数据中心机房及公共网络系统的安全运行;数据中心很少或根本不使用虚拟化服务器,严重依赖物理硬件。表面上看实现了资源集中管理,实际上资源和数据的运行管理还是各自为政,还是无法实现资源和数据有效共享,数据中心运行成本高。2014年中国地质大学(武汉)南望山校区数据中心机房投入运行,提供学校基本网络系统及公共业务系统(如一卡通系统)的运行服务,尽管部分业务系统(如OA、财务、设备、图书馆等)托管在数据中心,但缺乏统一的数据中心系统,数据分散在各个业务系统,数据无法共享。

(2)综合数据中心。随着虚拟化技术快速发展和深入应用,越来越多的业务和数据都集中到数据中心。虚拟化数据中心(virtual data center,VDC)通过虚拟化技术将物理资源抽象整合,实现了资源和数据的大集中,增强了资源和数据的服务能力;通过动态资源分配和智能调度,提高资源利用能力和服务可靠性;通过网络融合,降低运行成本。

(3)云数据中心。多校区办学是国家高等教育发展政策和高校自身发展需要的必然趋势。多校区办学对数据中心提出了更高的要求,利用云计算技术,打破校区空间限制,将分布在城市不同区域的多个校区数据中心融合成一个学校云数据中心,统一向师生提供资源和数据服务。

2.数据中心的建设现状与业务需求

数据中心是高校教学、科研和日常管理等关键业务运行的主要平台和进一步发展的基石。各高校高度重视数据中心建设,每所高校都建立起了学校数据中心。数据中心机房面积从200m^{2}到近2000m^{2}规模,每所高校都建立起了学校私有云平台,计算能力、存储能力、容灾能力都达到了一定规模,基本满足各高校现阶段校园信息化的应用需求。

随着学校的不断发展,数据中心承载的关键业务和核心应用越来越多,对于业务数据的完整性和安全性、业务运行的稳定性和可靠性、网络的可用性和传输速率要求也越来越高。综合来看,高校数据中心业务需求主要包括以下几方面内容。

(1)信息化管理与服务方面的需求,如财务系统、一卡通系统、学校门户网站、部门及学院的各类二级网站、电子邮件、云盘等业务。此类业务应用需要适应系统快速迭代的需求,尤其是财务系统、一卡通系统、数据治理平台等架构复杂的系统,需要频繁更新维护。

(2)教育教学科研等方面的需求,如教务系统、科研系统、在线选课、在线课堂、在线考试等。此类业务应用需求往往还会呈现季节性变化,如在线选课应用。

(3)信息系统纳管方面的需求,如一些科研项目、仿真教学实验系统、学校各单位服务器纳管等。此类业务应用需求呈现不确定性,并有快速部署上线的需求。

(4)未来校园信息化建设方面的需求,如智慧校园、物联网、大数据等。此类IT业务需求对数据中心的计算、存储、高可用性提出了更高的要求。

11.2.2 数据中心建设存在的主要问题

随着高校信息化建设的高速发展,网络规模日益扩大,应用服务不断增多,对业务连续性要求越来越高,基础数据中心在信息化建设快速发展的过程中已经不能满足稳定、健壮、灵活、高效、绿色、经济的建设要求,基础数据中心主要存在的问题如下。

(1)建设成本高。一方面,高校各部门都在建设相应的业务系统,在进行信息化建设时一般单独采购硬件设备,并将服务器托管数据中心机房,几乎每一个业务都要多台服务器,这就需要高校不断投入大量人力、物力、财力新建或扩建数据中心机房。另一方面,数据中心机房对环境(温度、湿度等)要求较高,设备能耗和空调能耗过高,并不能达到集中管理节能减排的经济环保建设目标。

(2)管理复杂度高。高校数据中心提供的每一个服务通常采用单台服务器部署,大量服务器、存储、交换机、安全等硬件设备,来自不同厂商,依靠人工监控服务器运行状态耗时费力,维护难度较高。

(3)资源利用率低。有些关键业务系统,如招生系统进行招生时才使用,其他时间利用率非常低。绝大多数系统应用日常访问量较低,CPU 使用率不到 10%,一直在低效运行。教务系统平时使用较均衡,但遇到选课时,服务器并发连接倍增,服务器资源需求激增,选课系统瘫痪造成学生选课服务中断,是每个高校都遇见过的难题。而承载这些业务的服务器相对独立,软硬件资源无法共享,很多资源平时用不上,高峰期又不够用且难扩展,导致了大量资源的冗余和浪费。

(4)系统可靠性低。业务系统建设时,由于欠缺整体架构规划以及考虑建设成本,无法考虑系统应用的灾备建设。一旦出现意外宕机等问题,由于没有备份恢复,需要重新安装操作系统和重新部署相应业务系统软件才能恢复,短时间无法恢复正常运行,这对一卡通等连续性要求高的业务系统是无法容忍的。

针对基础数据中心部署建设成本高、管理运维难度大、资源利用率低、单点故障风险高、资源利用率低、异构环境难以整合等痛点问题。私有云技术是解决这些问题的有效方法,已成为当前数据中心规划和建设的必然趋势。利用虚拟化技术整合现有的服务器、网络设备、存储等硬件资源,为用户提供一个统一的云平台,在云平台上部署各个业务系统,实现统一管理和软硬件资源的共享分配。

11.2.3 中国地质大学(武汉)数据中心建设

1.数据中心总体架构

中国地质大学(武汉)数据中心基于云计算、大数据、人工智能等技术,构建了一朵云、两校区、三中心的云数据中心架构。目前已经建设完成了基于虚拟化技术的私有云数据中心云平台和两地三中心的容灾备份机制,云平台已部署了 800 余台虚拟机,承载了学校信息门户、站群系统、教务系统、人事系统、科研系统、一卡通系统等 200 多个业务系统和应用。

云数据中心总体规划分为六大部分(图 11-1),底层依托于两校区的三个数据中心机房;

第二层是信息化基础设施，硬件主要包括物理服务器、存储系统、网络系统、安全设施、oda一体机、超融合等，软件主要包括操作系统、数据库、中间件、应用系统；第三层是云，主要包括虚拟化平台和云管平台；第四层是虚拟主机和容器；同时，基于整套云数据中心架构制定了相关的标准规范管理以及安全运维保障体系。

图 11-1 云数据中心体系架构

2. 数据中心机房

数据中心机房是云数据中心基础设施，是一个专业的，具有恒温、恒湿等多项配套设施的空间，它由土建结构基础、暖通设备、电气设备、弱电设备、安防设备、网络带宽、专用变电站等部分组成。

中国地质大学（武汉）数据中心机房整体规划两地三中心、异地容灾备份架构，建设有南望山校区数据中心机房、未来城校区通信中心机房、未来城校区数据中心机房。各机房的建设及使用现状如下。

1）南望山校区数据中心机房

南望山校区数据中心机房（简称南望山数据中心）承载着学校关键网络设备（核心交换机、防火墙等）、公共服务平台（数据中心、信息门户、云资源服务平台、高性能计算平台等）和学校300＋业务系统，南望山数据中心安全运行直接关系到学校正常的教学、科研和生活秩序。南望山数据中心位于南望山校区信息楼附楼109，2014年开始投入运行，建筑面积约260m²。南望山数据中心采用微模块解决方案，共建有2个阿尔法特微模块，机柜容量16×2×2个柜位，已上架IT资产586台套，目前柜位占用率达到92%。

2）未来城校区通信中心机房

未来城校区通信中心机房（简称未来城通信中心）是未来城校区的网络通信枢纽，承担着未来城校区关键网络设备、平安校园数据存储、数据中心异地容灾备份等关键基础设施和业务。未来城通信中心位于未来城校区教学服务中心112,2019年投入运行,建筑面积约120m²。未来城通信中心采用微模块解决方案,共有一个华为微模块,机柜容量14×2个柜位,已上架IT资产86台套,目前柜位占用率达到60%。

3)未来城校区数据中心机房

未来城校区数据中心机房(简称未来城数据中心)是学校两校区一体化办学的关键信息基础设施,承载着学校教学、科研、管理、生活等重要基础支撑平台、公共服务平台、业务应用系统等信息设施。未来城数据中心位于未来城教辅楼负一楼,建筑面积约1834m²,采用微模块解决方案,规划建设10个微模块。未来城数据中心主要分为核心设备区、配电间、电池间、水泵房、制冷配电间、综合控制室,核心设备区分为A、B两个区域,目前启用设备A区;已经完成5个微模块的安装和部署,共计150个柜位,其中IT设备可用机柜为120个。未来城数据中心建设工作基本完成,机房内基础配套设施、冷通道已建设完成,网格桥架、光纤桥架已敷设到位,通信中心网络288芯单模光纤已接入到数据中心,未来城数据中心启用指日可待。

3. 私有云设施

云设施是承载高校教学、科研、生活等信息系统建设的前提和基础,主要包括硬件设施和软件系统,硬件主要包括物理服务器、存储系统、网络系统、安全设施、oda一体机、超融合等,软件主要包括操作系统、数据库、中间件、应用系统等。从体系架构上分为存储层、计算层、网络层,对应存储系统、计算系统和网络系统,如图11-2所示。

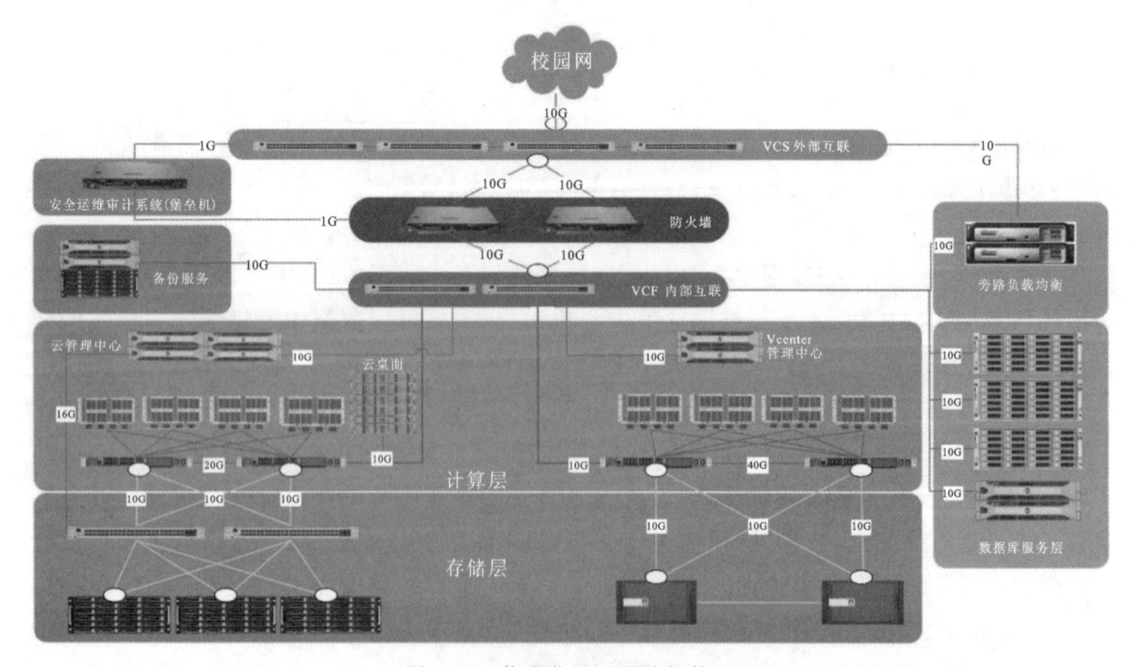

图11-2　信息化基础设施架构图

1)存储系统

存储的总体架构主要分为IPSAN、FCSAN、NAS和存储虚拟化四种;云数据中心支持主流存储(EMC/NetApp/HDS/浪潮等),支持存储虚拟化,实现存储的统一管理。

集中存储的硬件架构采用“控制器+硬盘柜”方式。中高端存储支持多个控制器,以保障高可用并提高性能。多控制器为紧耦合,通过PCIE总线或Infiniband网络互连,共享磁盘阵列,共享缓存。集中存储的系统架构具有I/O路径短,访问延迟小的优势。传统存储通过内置BBU电池或外置的UPS来实现掉电保护,保障缓存中的数据在掉电后不丢失,结合双活、容灾、CDP等技术保障业务系统的连续性和数据安全性。但它的系统架构决定了其扩展能力有限,无法很好地支撑高并发访问性能。随着我们进入大数据时代,集中式存储增长空间越来越有限。

分布式存储是新兴的存储技术,采用“标准的x86服务器硬件+存储软件”的架构,将标准X86/ARM服务器通过高速以太网或Infiniband互连,通过分布式存储软件将服务器本地的HDD、SSD等存储介质组织成统一的大规模存储资源池。分布式存储实现了存储的硬件与软件解耦,数据中心能够以标准化硬件搭建存储平台,提升IT敏捷性,降低运维成本,符合软件定义数据中心的发展趋势。分布式存储有效解决了传统集中式存储的可扩展性问题,规模可扩展至上千个节点,容量扩展到上百PB甚至EB级,性能随容量线性提升。按需在线扩容后,自动实现数据再均衡。分布式存储的多个存储节点能够同时提供读写服务,因此具有很高的吞吐率,可达到每秒几十GB。分布式存储使用多副本和纠删码技术实现数据保护。多副本方式(业界常用的多副本方式一般为2副本或3副本),其优点是可靠性高,性能高;缺点是存储容量有效利用率低(2副本为50%,3副本为33%)。业界常用的纠删码配置方式一般为8+4(8个数据块,4个校验块,容量利用率为66%)。纠删码的优点是可靠性高,容量利用率高,缺点是性能低。

集中式存储和分布式存储的特性对比如表11-1所示。

表11-1 集中式存储和分布式存储的特性对比

对比项目	集中式存储	分布式存储
系统架构	控制器+磁盘柜,紧耦合	标准X86服务器+分布式存储软件
扩展性	控制器:2~16	存储节点:1~1024
功能	块、文件	块、文件、对象
可管理文件数	亿级	10亿级
数据保护	RAID+电池保护	多副本、纠删码
I/O延迟	低	高
吞吐率	低	高
TCO成本	专用硬件,成本高	标准化硬件,硬件采购和维护成本较低
适用场景	核心数据库	海量非结构化数据

学校云数据中心根据不同的业务场景，采用了集中式存储和分布式存储(图 11-3)。集中式存储以光纤通道 FC-SAN 方式连接虚拟主机，主要用于存储结构化数据，包括文件系统、日志等；分布式存储以以太网方式连接云主机，主要用于存储非结构化数据，包括教学数据、云盘数据等。

为满足学校数据日益增长的需求，集中式存储经过 2017 年、2019 年、2021 年三次采购，共计购买了 3 套 NetApp 存储，存储容量 1PB，分布式存储于 2021 年购买一套，存储容量 1.2PB。

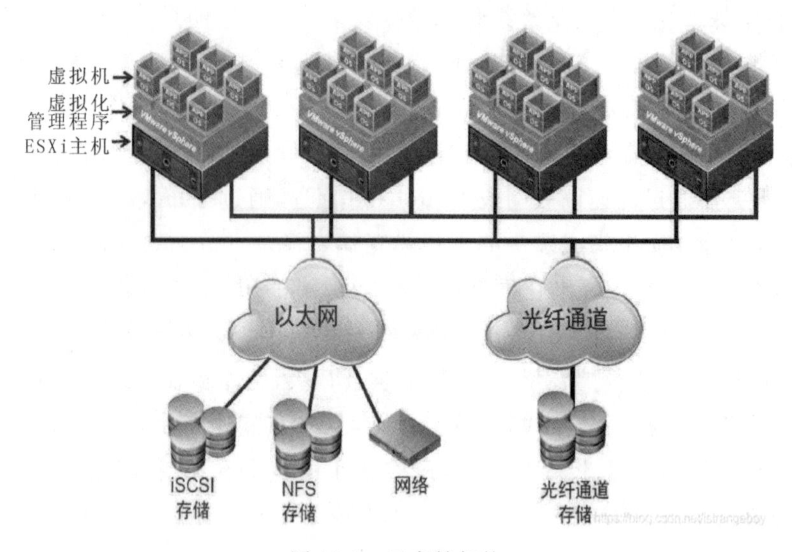

图 11-3　云存储架构

2)计算系统

计算系统包括云计算服务器、云管理服务器和数据库服务器。云计算服务器作为云平台计算节点，为虚拟机提供资源并运行虚拟机，一般将许多配置相似的服务器组合在一起，并与相同的网络和存储子系统连接，以便提供虚拟环境中的资源集合。云管理服务器作为云平台管理节点，将云计算服务器中的资源统一在一起，形成统一的虚拟计算池，为云平台提供基于 Web 的访问控制和管理，提供基本的云平台管理服务。数据库服务器用于提供数据库服务，如提供数据库表查询、创建、插入、删除等计算能力。

计算服务器根据设计外观可以分为 3 种，刀片式、机架式、塔式，数据中心常用的有刀片式和机架式。

刀片式服务器是指在标准高度的机架式机箱内可插装多个卡式的服务器单元，实现高可用和高密度。每一块“刀片”实际上就是一块系统主板。它们可以通过“板载”硬盘启动自己的操作系统，如 Windows NT/2000、Linux 等，类似于一个个独立的服务器，在这种模式下，每一块母板运行自己的系统，服务于指定的不同用户群，相互之间没有关联，因此相较于机架式或机柜式服务器，单片母板的性能较低。不过，管理员可以使用系统软件将这些母板集合成一个服务器集群。在集群模式下，所有的母板可以连接起来提供高速的网络环境，并同时共享资源，为相同的用户群服务。在集群中插入新的“刀片”，就可以提高整体性能。由于每块

“刀片”都是热插拔的，所以，系统可以轻松地进行替换，并且将维护时间减少到最小。

机架式服务器的外形看来不像计算机，而像交换机，有1U(1U=1.75英寸=4.445cm)、2U、4U等规格，机架式服务器安装在标准的19英寸(1英寸=2.54cm)机柜里面，这种结构的多为功能型服务器。通常1U的机架式服务器最节省空间，但性能和可扩展性较差，适合一些业务相对固定的使用领域。4U以上的产品性能较高，可扩展性好，一般支持4个以上的高性能处理器和大量的标准热插拔部件。管理也十分方便，但体积较大，空间利用率不高。

为满足学校业务系统日益增长的需求，经过2017年、2021年两次采购扩容，学校云数据中心目前在用计算服务器有34台思科刀片式服务器、4台浪潮机架式服务器、3台oda数据库一体机、1台超融合数据库服务器。

4. 网络系统

数据中心网络系统包括接入交换机、核心交换机和SAN交换机。接入交换机主要负责业务、存储和管理3个网络的接入，一般业务、存储采用万兆网络，保障流量带宽，管理网可采用千兆网络。核心交换机主要提供数据中心云平台网络汇聚，通过防火墙上联到校园网核心交换机，在跨校区的情况下，每个校区核心交换机之间两两堆叠，两校区之间的核心交换机通过裸光纤链接，实现大二层互联，支撑构建主备模式的校园私有云平台。SAN交换机主要提供数据库服务器和SAN存储之间高速通信。

网络架构设计采用“分区+分层+分平面”的设计思路：①根据云数据中心不同业务功能区域之间的隔离要求，将数据中心的核心网络按照功能的不同分成多个业务区域，各业务区域之间实现网络的逻辑隔离；②根据云数据中心的网络系统动态扩展和高效交换的需求，将数据中心的核心网络分为核心层与接入层，实现扁平化的二层网络架构；③根据云数据中心网络高效交换的需求，将数据中心网络分为管理平面、业务平面和存储平面，不同平面间进行逻辑隔离，单个平面故障不会影响其他网络平面的正常工作。

传统数据中心网络架构采用核心层、汇聚层和接入层三层网络架构，存在以下几个方面的问题：①网络的层次较多，导致数据处理效率低，增加了处理延时和线路时延，同时也增加了部署成本和设备故障的概率；②由于汇聚面设备一般存在处理性能和上行带宽的收敛比，在数据中心规模不断扩大的情况下，汇聚设备会成为整个网络的瓶颈，导致拥塞、丢包等问题发生；③网络设备之间的STP、LAG、路由处理、安全等相互之间的交互信息，随着设备数量的增加，会成几何级数剧增；④随着数据中心虚拟化的部署，新的数据中心流量模型中，大多数的流量是内部服务器之间通信的“东-西”向流量，甚至能达到整体流量的75%，这种部署架构会导致服务器之间流量需要通过汇聚层甚至核心层设备转发，效率低下，且性能较差。

为了解决上述存在的问题，数据中心核心网络采用核心层和接入层的二层扁平化网络架构，二层扁平化的网络架构可以实现：①简化网络管理，降低建设成本，降低运行维护管理成本；②简化网络拓扑，降低网络复杂度，提高网络的性能，支撑高性能的服务器流量；③提高网络利用率，支撑云计算技术的资源池动态调度；④提高网络可靠性，二层网络结构，结合虚拟机群和堆叠技术，解决链路环路问题，减少网络的故障收敛时间，从而提高网络可靠性；⑤绿色环保，简化二层网络还能降低电力和冷却需求。

云数据中心的二层网络结构如图 11-4 所示。

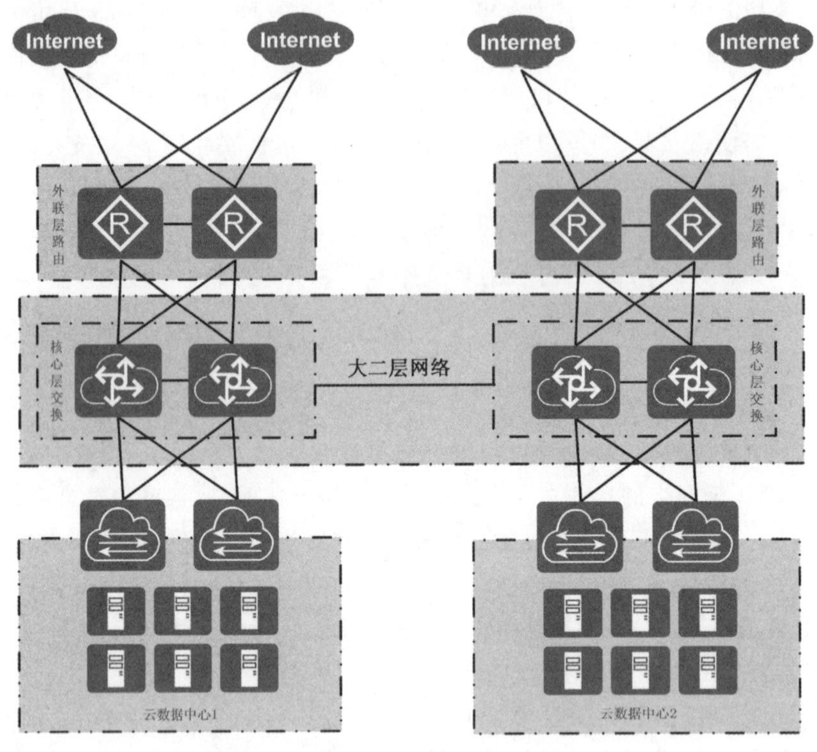

图 11-4　两地云数据中心的二层网络架构

数据中心网络核心层采用核心层、接入层扁平化的二层网络架构(图 11-5)。

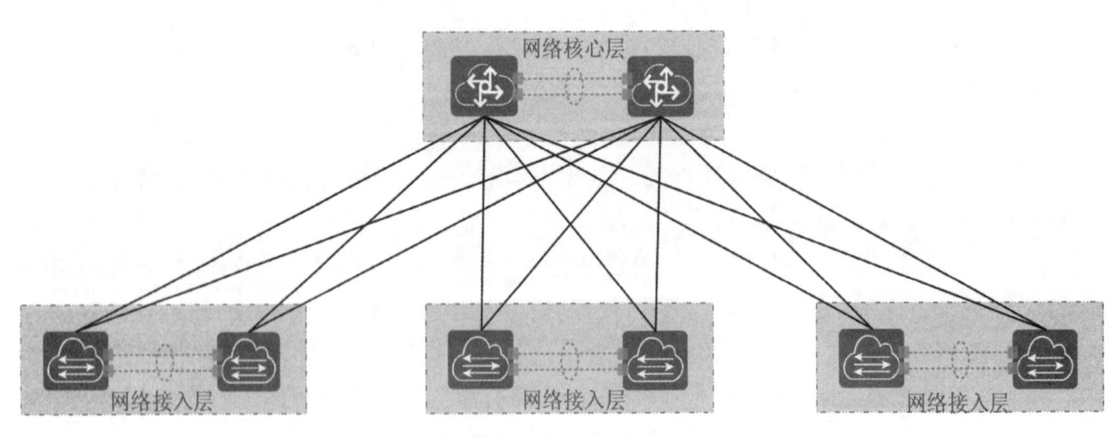

图 11-5　二层网络架构

(1)核心层通过 2 台核心交换机采用虚拟集群技术,下行链路选择 40G/100G 链路捆绑技术与接入交换机互联,增加带宽的同时也提高了网络链路的可靠性。

(2)接入层通过 2 台接入交换机采用堆叠技术,下行链路根据服务器的物理端口选择 1GE 或 10GE 链路,上行链路选择 40G/100G 链路捆绑技术,上联到 2 台核心交换机,增加带宽的同时也提高了网络链路的可靠性。

(3)核心交换机和接入交换机之间的四条跨框链路捆绑为一个端口聚合组,网络架构变成树形模式,不需要启用 STP 协议,从根本上解决环路和 spanning-tree 收敛问题。

数据中心存储网络包括服务器存储网和业务网。服务器存储网络主要包括 IP SAN 存储网和 FC SAN 存储网。服务器存储网和业务网物理隔离,服务器的业务网卡和存储网卡是分别上联到业务网络和存储网络对应 TOR 接入交换机上。由于虚拟化的需求,极大地增加了服务器与存储的数据交换,对于 IP SAN 存储网络,至少要保证接入交换机采用 10G 的链路接入。当采用 IP SAN 存储网络时,业务服务区服务器和 IP SAN 存储的存储网卡一般采用 GE 端口上联到 TOR 接入交换机,各 TOR 接入交换机通过 10GE 链路捆绑上联到 IP SAN 存储汇聚交换机。当采用 FC SAN 存储网络时,业务服务区服务器的 HBA 卡和 FC SAN 存储的 FC 接口通过光纤链路上联到 FC 交换机。

5. 统一管理的云资源

中国地质大学(武汉)的数据中心云资源采用虚拟化方式进行统一管理,主要基于硬件来构建池化的虚拟云资源,包括计算虚拟化、存储虚拟化、网络虚拟化和监控/运维系统等。

1)存储虚拟化

存储虚拟化是采用分布式存储技术将集群内的存储节点虚拟化为一个统一的存储资源,为各个应用提供存储空间。采用超融合架构的云平台当中,云计算服务器可同时作为计算节点和存储节点,采用逻辑方式从虚拟机中抽象物理存储器层,虚拟机使用虚拟磁盘来存储其操作系统、程序文件以及与其活动相关联的其他数据。分布式存储不仅为虚拟主机提供块存储也为对象存储提供存储能力,同时提供快照、克隆等机制,借助两份以上冗余数据机制,提供存储可靠性,保证数据安全。此外,通过高性能存储介质(如 SSD)作为存储节点高速缓存,可以加速本地虚拟机 IO 的读写操作,解决传统机械盘读写操作慢的痛点问题。其中,所有服务器的 SSD 硬盘组建独立的 SSD 存储池,所有服务器 HDD 硬盘组建为独立的 HDD 存储池。在该场景下,同一个集群里存在传统机械盘组成的存储池以及 SSD 组成的高速存储池,可把对读写性能要求高的数据存放在 SSD 存储池,而把其他备份数据等一些对读写性能要求低的数据存放在普通存储池,提高分布式存储读写效率。

目前学校云平台存储总容量为 2.2PB,为了保障虚拟机数据和数据库数据的安全,采用了集中备份措施,备份的数据包括平台所有虚拟机、3 套 Oracle 数据库和 1 套超融合数据库。

2)计算虚拟化

计算虚拟化是云数据中心最基本的服务之一,主要用于提供一种简单高效、处理能力可弹性伸缩的计算服务,表现形式是服务器虚拟机实例。通过服务器虚拟化服务,可以快速生成满足业务应用计算需求且可弹性扩展的构建 Windows 或者 Linux 服务器虚拟机实例,提升运维效率,降低成本。同时可以根据现有的实例,创建有相同配置环境的实例,操作系统、已经安装的应用程序和数据,都会自动复制到新实例中。

地大云平台(一期)建设搭建了以 VMware 和 OpenStack 虚拟化技术为主的两套虚拟化平台,通过云管理平台统一管理、统一运维、统一运营,极大地提升了 IT 资源的使用率和管理运维的便捷性,用户可以方便快速地获取所需资源,并对其进行管理和运维。

云平台生产环境服务器数量 38 台,CPU 总核数 1008 核,总内存 9892GB,云平台测试环境服务器数量 11 台,CPU 总核数 220 核,总内存 1408G;云平台将生产环境和测试环境进行了物理隔离,互不影响。目前以 VMware 虚拟化技术搭建的生成环境,已将 38 台服务器进行了虚拟化部署,并结合 VMware NSX SDN 网络技术和集中式存储创建了统一的 IT 资源池,实现了内外网隔离,虚拟机网络东西向隔离,并通过存储双活技术实现所有虚拟机的双活数据存储,有效地保证了虚拟机的网络和存储安全稳定。以 OpenStack 虚拟化技术采用分布式部署,整合 SDN 网络和分布式存储,搭建了测试私有云平台,用于数据门户及数据中台等业务的测试开发,运行高效稳定。

3)网络虚拟化

网络虚拟化主要为学校各部门提供各种网络服务,学校各部门管理员可以使用云平台提供的网络服务,根据自己的需求特点搭建相应的虚拟网络,实现业务间的互通、隔离及对外部网络的互联互通等。分布式存储不依赖于二层网络或者三层网络,并不强制网络的选择,使用二层网络还是三层网络是由具体的业务应用需求决定的。使用二层网络将有利于业务切换,而三层网络解决的是支持 VLAN 的问题,显然使用二层网络的好处在于简化业务主备模式的网络设计,但是对组网提出了更高的要求。

在跨校区主备数据中心当中,可通过二层网络实现跨校区的网络连接,这样可以保障两个校区都在同一个二层网络中,主校区数据中心通过三层网络实现和校园网互联,当主校区业务受到影响时,将业务应用快速切换至其他校区数据中心即可实现应用切换。

4)云管理平台

云管理平台是一个辅助管理多云环境,自动化部署包括虚拟机、容器集群、中间件、数据库等软件在内的云资源和整体应用环境。

2019 年学校采购了骞云云管理平台,该平台深度支持 VMware 全线产品,具有"将任意资源"组件化的高度扩展能力,在此基础上通过蓝图建模、标准化的服务配置、自服务申请的服务目录,为用户提供从自动化部署、精细化分析、监控运维、费用优化的全生命周期管控体验(图 11-6、图 11-7)。

图 11-6　云管理平台功能架构

蓝图编排工具提供了标准化和自动化部署。在测试、开发和生产等不同环境中，一次建模，可重复多次申请和部署，实现自动交付标准化、规范化的资源和应用，极大地提升了效率，可以支持多云资源和应用编排。

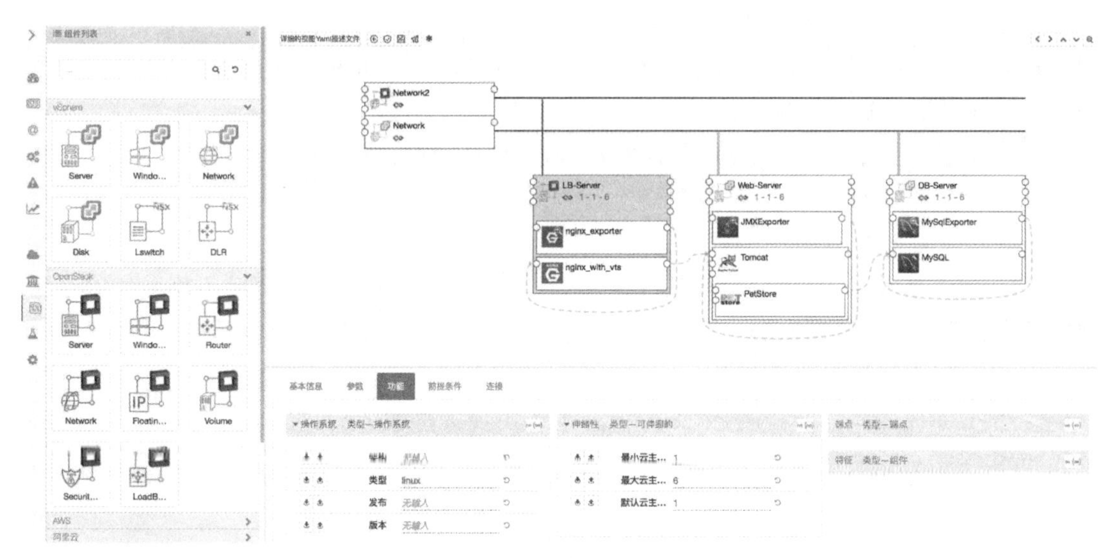

图 11-7　云管理平台蓝图构建示例图

业务部门在服务大厅填写资源申请表单后，云管理平台收到资源申请表单后通过已编排的服务蓝图，自动完成资源的创建与分配。目前云管理平台已完成 15 项服务编排，并与 VMware、OpenStack、F5、容器云完成了对接，可实现统一的管理和运维，实现服务的发布和申请等功能。堡垒机对接和“一站式”服务大厅申请流程也正在进行中。

截至 2022 年 8 月，云数据中心生产资源池已承载了 837 台虚拟机，其中在运行 629 台，测试资源池已承载了 31 台虚拟机，其中在运行 31 台。地大云平台目前服务于全校 21 个二级学院及 30 个管理服务机构，云服务覆盖率分别达到 91.3%和 93.7%，有效的助力学校信息化建设。

11.2.4　数据中心的管理与运维

1. 数据中心的管理制度

1)机房管理

数据中心机房安全运行直接影响到学校正常的教学、科研和生活秩序。数据中心机房管理制度为数据中心安全运行提供了制度保障。数据中心机房管理制度主要包括数据中心机房日常运行管理办法、数据中心应急处置办法和数据中心机房供配电系统应急预案等内容。

(1)数据中心机房日常管理办法：主要从机房的出入管理、机房内作业管理、机房运行管理几个方面对机房科学、有效管理制定了标准。保障学校信息基础设施和信息系统的安全、稳定、高效运行。

(2)数据中心机房应急处置预案：主要从供配电系统应急预案、网络和服务器系统应急预案、消防和防雷应急预案、自然灾害和盗抢应急预案几个方面对机房安全保障体系制定了标准。建立一个统一指挥、职责明确、运转有序、反应迅速、处置有力的机房安全保障体系。

2)云资源平台管理

为避免数据中心IT资源的重复建设、资源分散、资源浪费等问题,实现IT资源集中化管理和分配,充分发挥云资源服务平台的作用,依据国家相关技术规范和标准,结合学校现状,制定了云资源服务平台管理办法。

云平台管理办法主要从云平台使用管理、运行维护管理、安全管理、监督考核几个方面制定了云平台管理制度。

3)信息系统安全管理

(1)信息系统安全管理:为规范备份管理工作,合理存储历史数据及保证数据的安全性,制定了信息系统安全管理办法。信息系统灾备管理办法主要从备份策略、备份操作管理、备份介质的存放和管理、备份恢复几个方面制定了灾备管理制度。

(2)信息系统灾备恢复预案:为保障信息系统出现灾难事件后,能迅速、科学地恢复系统服务,制定了信息系统灾备恢复预案。信息系统灾备恢复预案主要从各类故障场景来制定恢复策略方案。

2. 安全运维

结合云数据中心开放的、可扩展的、松耦合的管理架构的设计思路,根据学校数据中心业务需求实际出发,我们的目标是建设一体化校级数据中心运行、运维管理中心,实现多校区多数据中心的基础设施、云资源统一集中监控管理,提高数据中心自动化运维能力,构建可视化、智能化的运维管理体系,降低数据中心运行维护成本。

1)机房设施运维管理

为了保证校级数据中心的稳定运行、实现多校区多数据中心的基础设施统一集中运维管理,提高数据中心自动化运维能力,构建可视化、智能化的运维管理体系,降低数据中心运行维护成本,搭建了中国地质大学(武汉)数据中心综合运维监管中心。实现两地机房基础设施集中运维、统一管理,实现从应急型维护到预防型维护的转变,提高数据中心运行能力,更好地为学校信息化提供强有力支撑。

通过部署分布式采集单元、节点服务器、集中监控系统平台DCIM(data center infrastructure management)(图11-8、图11-9),实现对数据中心所有关键机房进行一体化监控管理。在满足海量测点数据接入及性能指标基础上,实现告警、权限、报表、联动控制等功能的统一管理、统一展示,并具备在线升级及扩展能力。

(1)运维可视化:实现三维可视化全面转变管理模式,减轻管理人员的工作负担。

(2)运维管理体系:建立标准化、流程化的设施运维管理体系,实现故障、问题、事件等统一管理目标。

2)机房设备管理

搭建一套完整数据中心一体化管理监控运维平台(图11-10、图11-11)主要用于数据中心服务器、存储、网络等IT设备以及各种应用系统的监控管理和数据可视化展示,实现多校区,

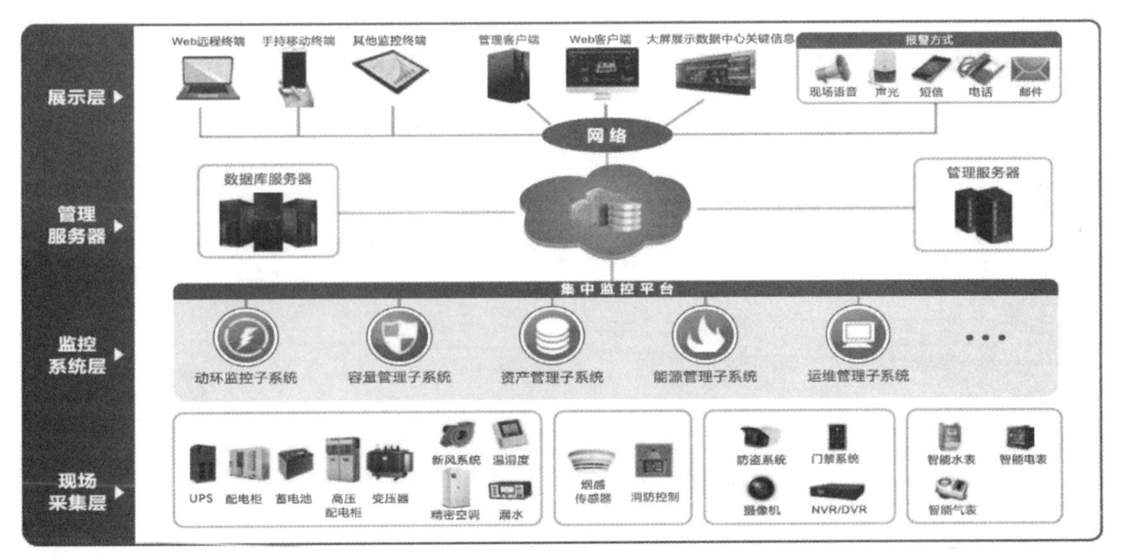

图 11-8　数据中心 DCIM 平台架构图

图 11-9　数据中心 DCIM 平台动环实时监控图

多数据中心所有 IT 资源的可视化管理、设备监控、实时告警、消息推送等，实现对运维工作、运维流程、运维人员等的统一管理。

整套平台包括数据中心运维监管基础软件、网络及安全设备监控模块、网络链路监控模块、主机系统监控模块、虚拟化云监控模块、数据库监控模块、中间件监控模块、存储和备份监控模块、计算设备监控模块、业务服务监控(图 11-13)模块。

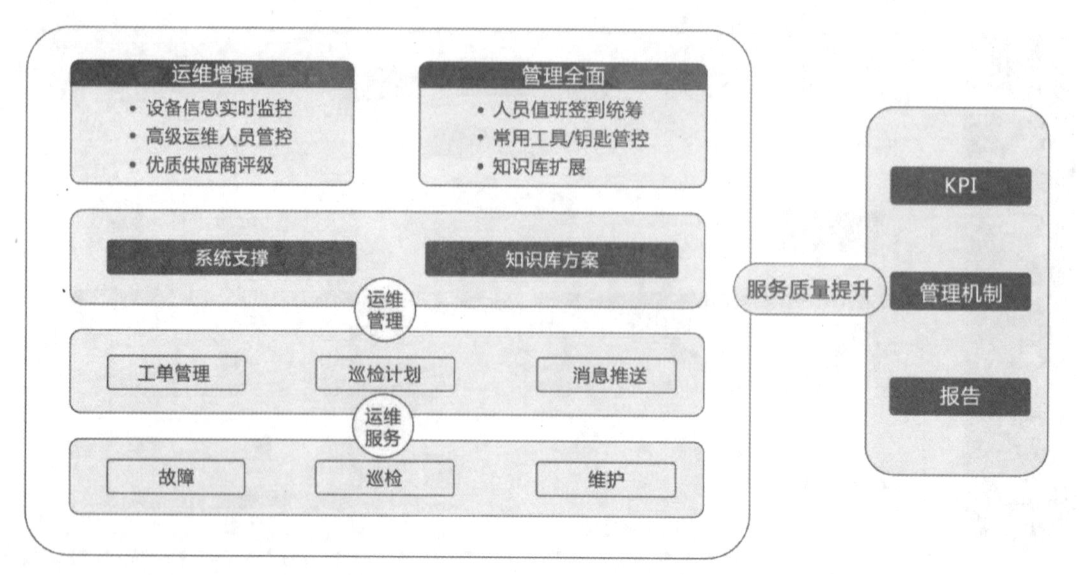

图 11-10　数据中心运维管理架构图

图 11-11　数据中心一体化管理监控运维平台

(1)IT 资产状态监控:实现了数据中心的物理主机、存储设备、网络设备、虚拟机、数据库、中间件等软硬件资源监测数据采集,支持主流软件硬件设施的监控,提供了 snmp、agent 及 ssh 等多种监控数据采集方式。

(2)拓扑管理:可以按需自定义业务逻辑,对“状态监控”模块下的单个资产进行逻辑关联,形成以业务系统为最小单位的 IT 资源监控,方便从繁多的 IT 资产中找到关联数据,便于评估业务整体状态、性能瓶颈及快速定位故障。

(3)资产管理:实现了数据中心的各类资产的资产属性管理和统计,可结合“状态监控”模块,进行资产的自动统计;同时提供资产分类自定义功能,可以按需添加各类离线 IT 资产。根据资产类型,资产归属部门,归属人分类,实现各业务部门,业务负责人分级分类管理各自业务资产以及业务应用系统(图 11-14、图 11-15)。

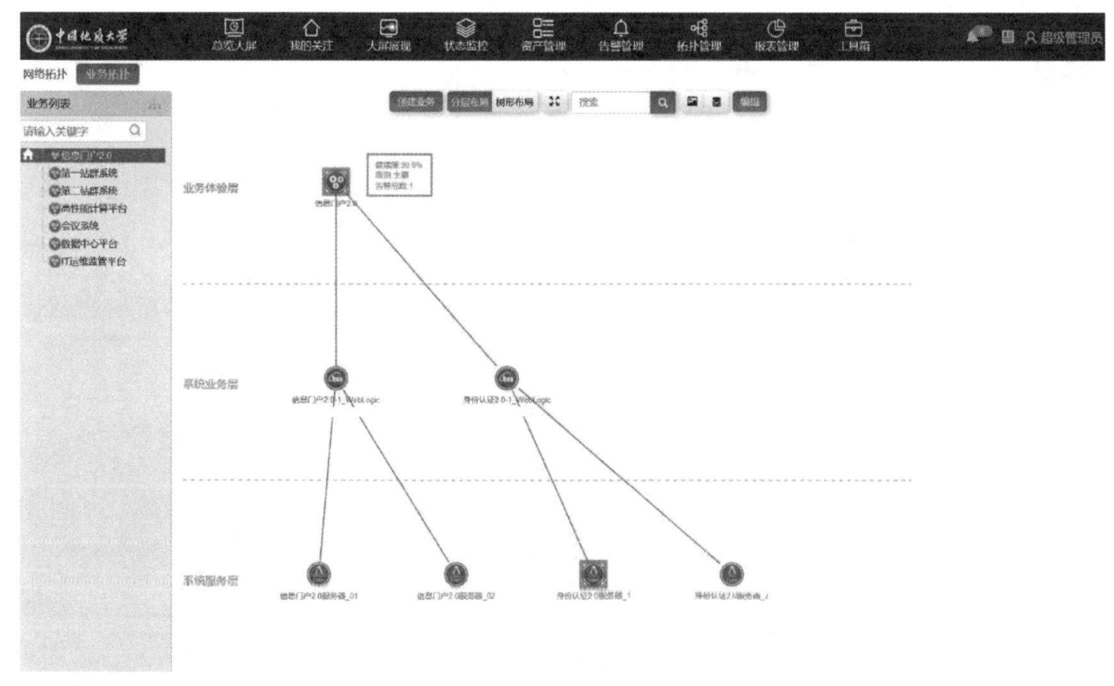

图 11-13 业务链监控示例图

图 11-14 数据中心资产状态监控示例图

(4)告警及报表管理:与校园信息门户、统一通信平台完成对接,向平台提供集中的监控告警管理及详细信息,实现资产运行情况的自动化报表,并及时推送给 IT 资产归属部门以及负责人员。

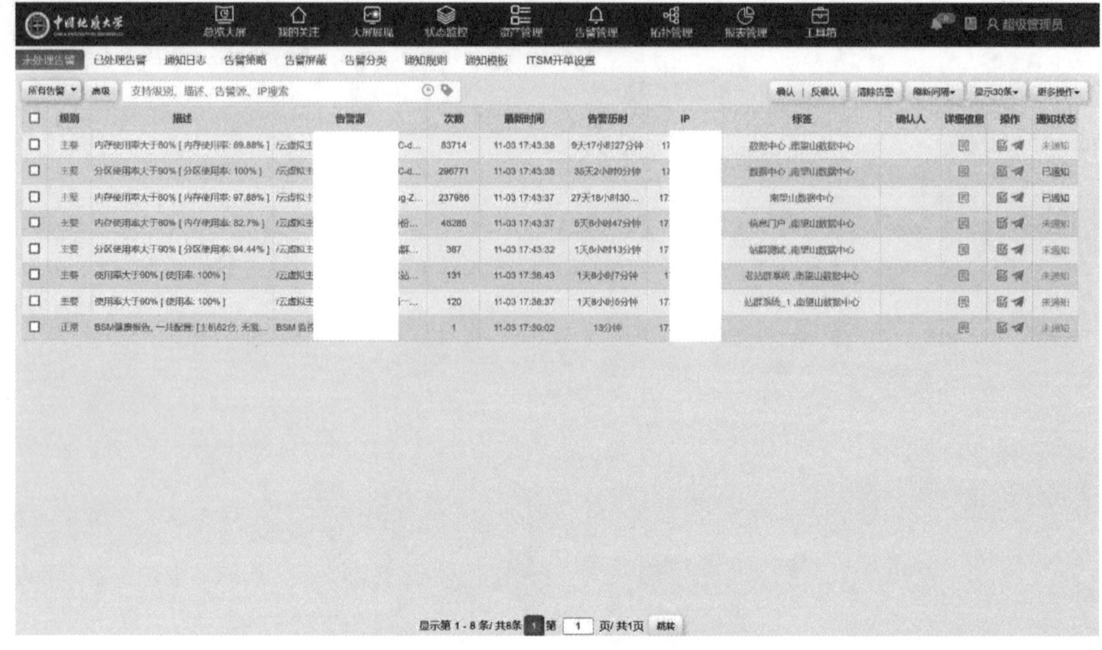

图 11-15　数据中心资产状态告警示例图

3)云主机安全与管理

目前南望山数据中心是学校唯一运行的数据中心，承载着学校关键业务系统和公共数据。南望山数据中心现有各类 IT 设备 418 台、云虚拟机 629 台(仅统计生产环境公共服务资源)以及大量核心业务系统、数据库及其他重要信息资产。尽管在南望山数据中心建设的过程中，已采取了本地数据备份手段，但在面对严重的外部灾害(自然灾害、人为原因、电力故障以及通信中断等)时还存在巨大的数据安全风险，因此须构建同城异地数据灾备中心，实现对数据中心虚拟主机、数据库、文件系统等数据的异地容灾备份。

南望山数据中心虚拟机、数据库等数据通过专线线路远程备份至未来城数据灾备中心的数据灾备存储系统，如图 11-16 所示。

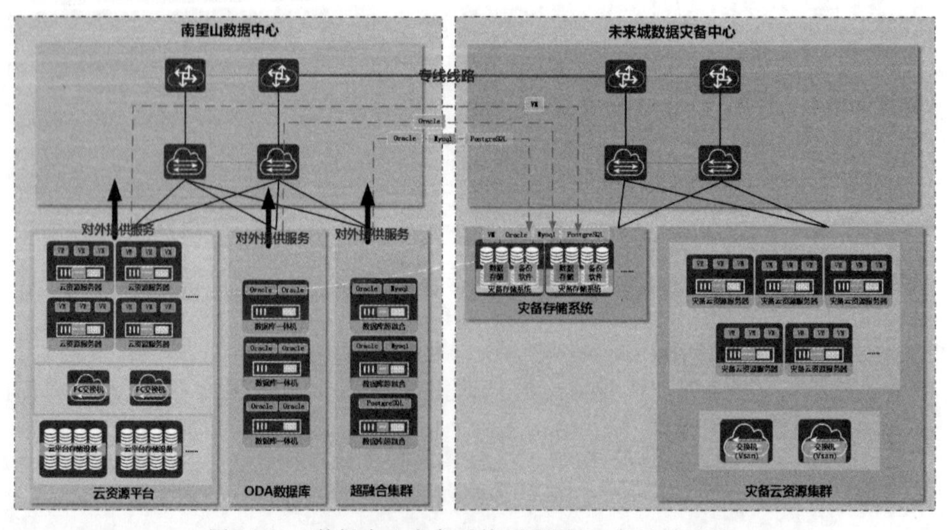

图 11-16　数据中心灾备系统原理图(正常运行过程)

未来城数据灾备中心具有业务接管能力，基于云平台具备 5 级的灾备能力，即 RPO 小于 30min，RTO 小于 2d。利用灾备模块的复制能力对需要保护的云主机进行最快 6min 一次的同城复制保护，当主中心无法快速恢复时，由同城中心进行业务接管，从而保证正常的对外服务能力。

当南望山数据中心发生故障时，可在未来城数据灾备中心进行业务恢复重建，从灾备数据存储系统恢复数据至灾备云资源集群，如图 11-17 所示。

通过人工干预导入数据，实现业务的恢复，如图 11-18 所示。

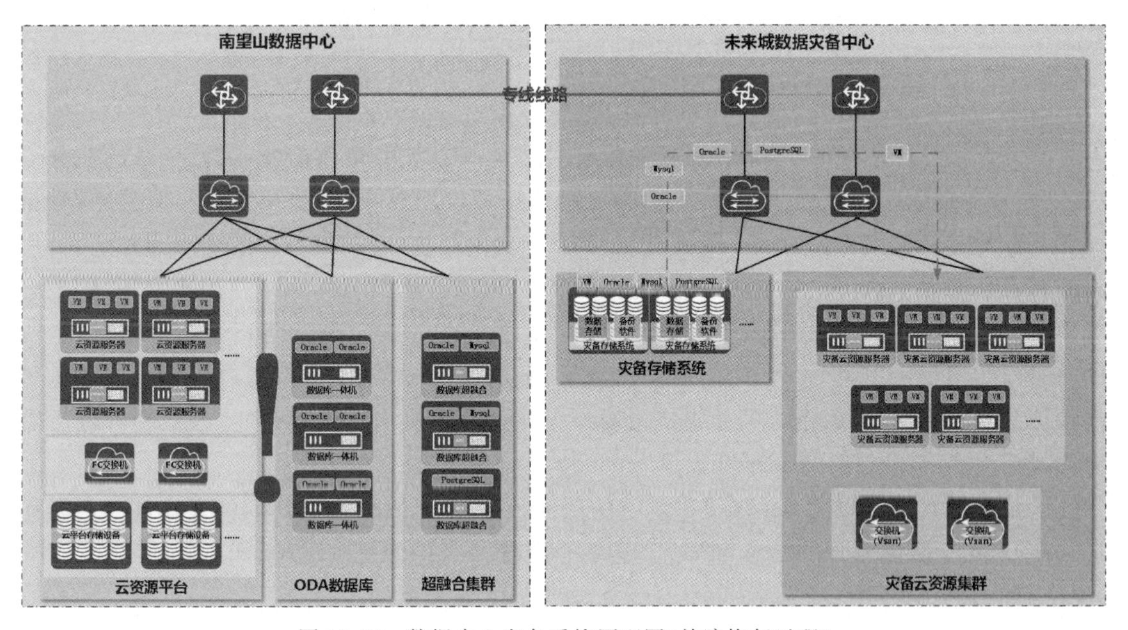

图 11-17　数据中心灾备系统原理图(故障恢复过程)

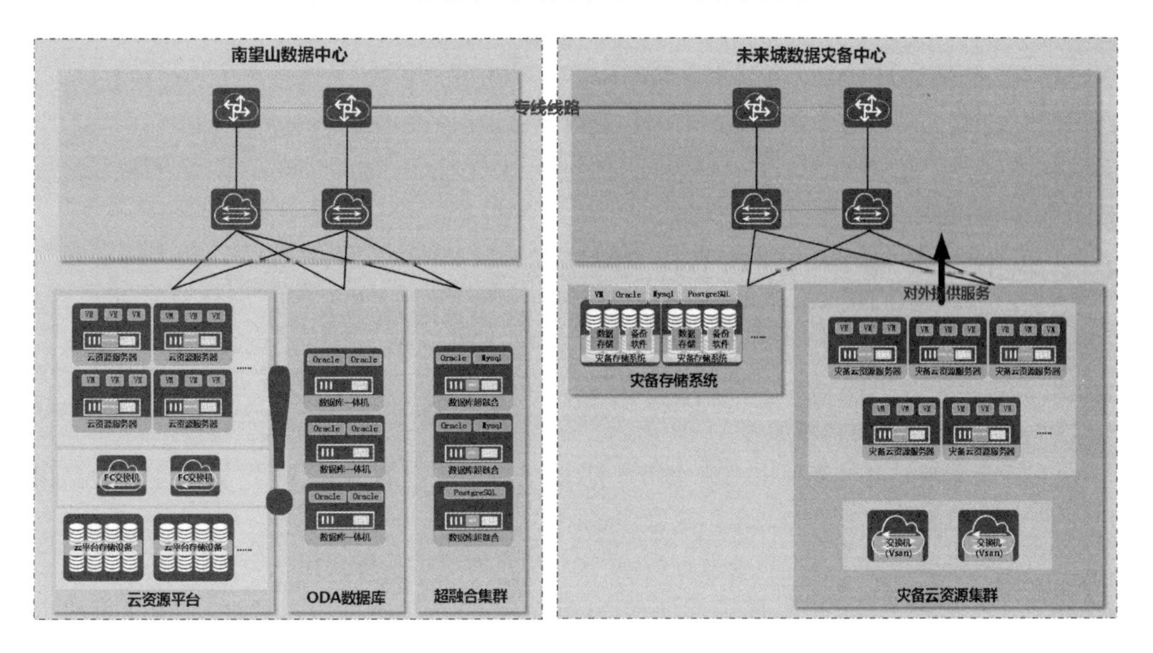

图 11-18　数据中心灾备系统原理图(业务接管运行)

11.3 公共服务平台建设

统一身份认证平台、数据共享平台和统一门户平台,是信息化建设的重要三大支撑平台,是实现智慧校园建设的重要基础。三大平台的成功建设,将解决各个业务系统“信息孤岛”问题,推进学校公共数据共享,解决数据的一致性和规范性,提高信息化服务能力和水平,满足师生员工对信息化应用的迫切需要,更好地为学校教学、科研和管理提供高效服务。建有数据中心的高校都有类似的三大平台,部分高校正在进行三大平台的升级优化。

11.3.1 统一身份认证平台

在高校信息化建设的初期,各业务部门从自身业务需求的角度出发,建设自己的业务系统,实现业务的数字化管理,每个系统都有自己的用户管理模块,各业务系统相对独立,数据不共享。随着高校信息化进程不断推进,业务系统越来越多,对数据共享的需求愈加迫切,用户登录各系统需要的用户名和密码也越多,用户名和密码经常记混,系统使用不方便,师生意见极大。这些问题具体表现在:①一个用户在不同的系统中有不同的用户名和密码(即不同的账号);②用户使用多个系统时需要多次登录,来回切换麻烦;③许多用户为避免记忆账号出现混乱或图简便,采用相同账号或使用弱口令;④人员、机构发生变化时,各系统管理员需要维护用户账号和权限,协调难度大。

为多个具有互信的应用系统提供统一的认证服务接口,提高系统访问的便捷性和可操作性,并确保用户数据信息的隐私和安全,建立一套统一身份认证 CAS(central authentication service)系统至关重要。

1. 建设思路

在有效解决校园网络应用中登录信息不统一、身份管理分散、系统使用不方便的基础上,实现用户的统一认证、有效授权、安全审计,提升资源访问的便捷性和安全性。

2. 建设方案

1)系统架构

CAS 是时下最成熟的开源单点登录方案,包含 CAS Server 和 CAS Client 两部分。

统一身份认证的系统架构如图 11-19 所示。统一身份认证的逻辑架构如图 11-20 所示。

2)主要功能

统一身份认证系统功能如图 11-21 所示。

(1)身份管理。身份管理用来建立用户目录,管理用户基本信息(图 11-22),主要包括用户管理、组织机构管理、岗位管理、标签管理、角色管理。

(2)权限控制。用户身份认证通过后,必须对用户的应用系统使用权限进行统一控制,主要功能包括权限项管理、权限授权、用户权限视图、应用系统基础信息管理、应用系统权限管理。

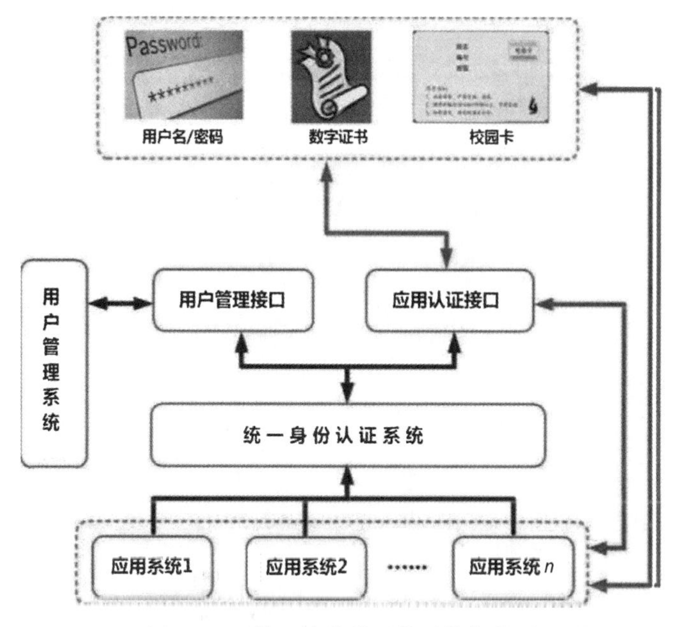

图 11-19　统一身份认证的系统架构图

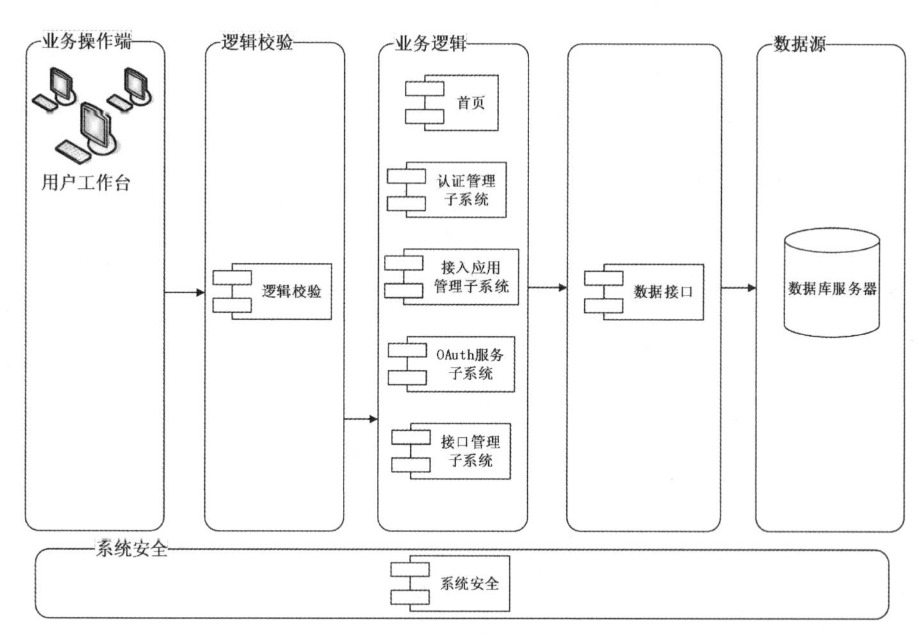

图 11-20　统一身份认证的逻辑架构图

(3)身份认证。身份认证服务是用户身份认证系统的重要组成部分，是本系统与其他应用系统的桥梁。它为应用系统提供一致的安全程序接口，从而实现统一的用户身份认证。

(4)应用集成。应用系统与统一身份认证平台进行无缝衔接，实现对门户用户的身份认证和权限控制。

(5)监控管理。通过统一的监控管理，实现对门户平台的系统操作和运行的监控，包括权

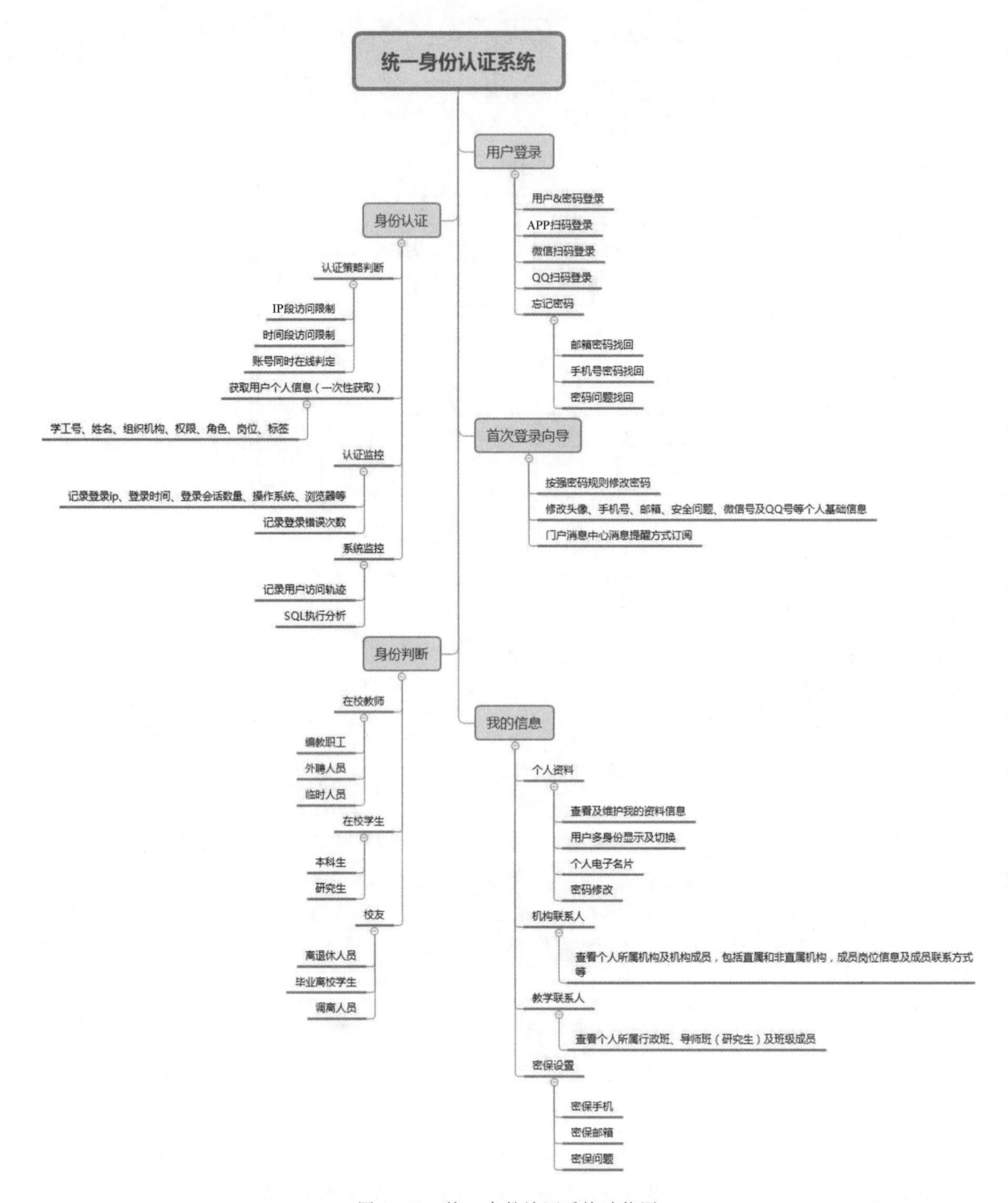

图 11-21　统一身份认证系统功能图

限分配详细操作监控、用户管理详细操作监控、信息点击详细信息监控等。监控管理不仅仅记录操作人的账号、IP、操作时间等信息，还提供查询和统计页面，以便管理员监控和审计。

图 11-22　用户身份管理结构

审计管理是一个关键的应用，本模块可以将所有用户所做的权限变化过程都记录在日志中，并提供相应的查询功能，作为以后审计的依据。

3. 建设成效

中国地质大学（武汉）在 2017 年校园信息化建设方案中提出“全校一码制”建设规划，主要解决用户账号不统一、多次登录、多账号、弱密码等突出问题。同年开始筹建统一身份认证系统作为智慧校园唯一的认证中心，建设目标是实现用户登录一个账号能够安全访问学校全部的业务系统。系统要求能够满足 10 万人同时在线，提供了多样的登录方式包括账号登录（图 11-23）、企业号扫码登录（图 11-24）、手机号登录、QQ 登录和微信登录。

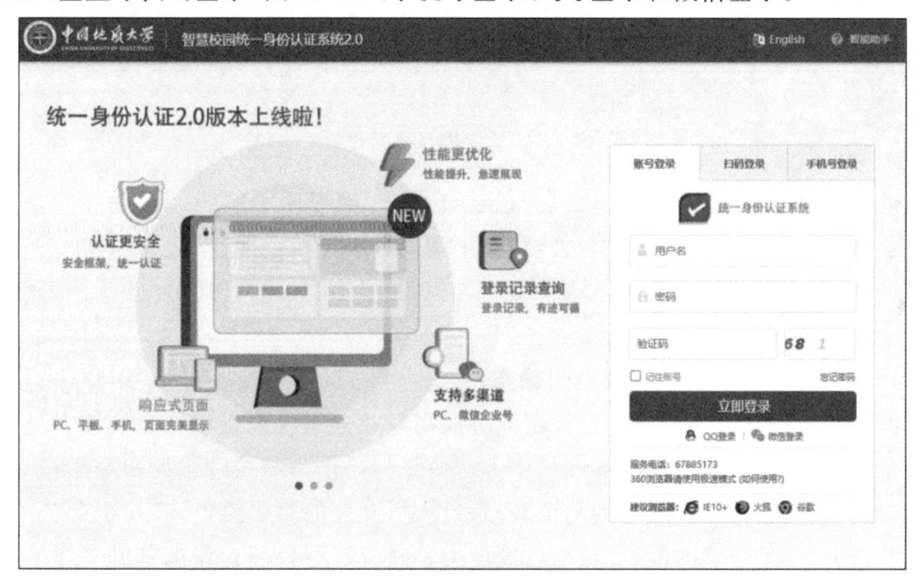

图 11-23　账号登录

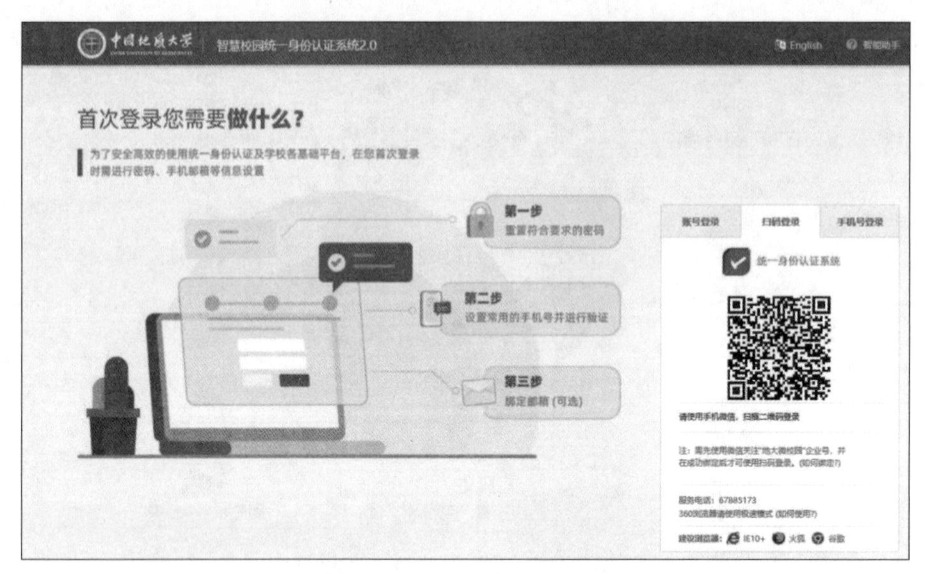

图 11-24　企业号扫码登录

截至 2021 年，统一身份认证系统已集成学校师生用户共 13.9 万余人，年访问量达 1024 万人次（图 11-25），日均访问量达 28 075 人次。

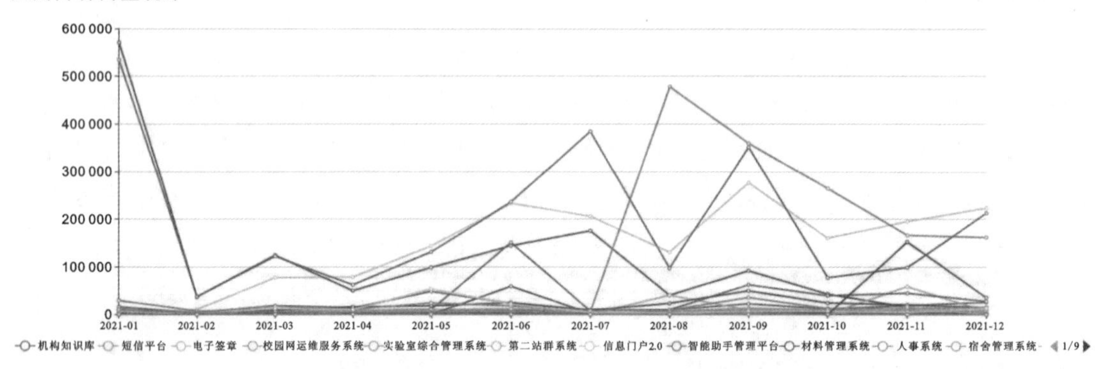

图 11-25　应用月访问量

学校近 100 个应用系统进行了统一身份认证集成，实现用户的统一认证和安全管理，实现了学校公共服务平台的统一授权和管理，逐步实现分级授权功能。

11.3.2　融合门户建设

《高等学校数字校园建设规范》中明确指出“数字校园应用建设应注重用户体验，重视人机交互界面设计与建设。人机交互设计将业务应用及业务系统提供的信息和服务进行集成、组织和融合，为各类用户提供简洁友好的服务。”信息门户作为高校师生用户与学校信息化链接的枢纽，是学校信息化建设成果的示范高地，是人机交互的重要窗口。

近年来基于 CAS 协议的信息门户，已经成为各高校智慧校园建设的基础支撑平台，师生可通过服务门户进行信息化服务应用的统一访问。但随着信息技术和用户需求的不断提升，传统信息门户也逐渐无法满足用户需求。

1. 传统信息门户面临的挑战

1)服务体验有待优化

业务办理不方便:面向管理,而不是面向服务,很多事务分散在不同的系统中,用户需要在不同的系统之间来回切换,办理起来非常繁琐。

界面不统一:随着学校信息化建设的不断深入,越来越多的应用和平台上线,但传统的门户并没有与时俱进,再加上没有太多黏性的服务,使得传统门户的地位显得尴尬。而移动互联网和网上办事大厅的崛起更是加剧了门户入口的衰落。不同的终端、不同的部门、不同的应用,存在着不一致的入口,让师生用户无所适从。

消息来源多:学校消息平台整合不够,没有形成统一的消息发布平台。各系统建立有自己的消息发布机制(通知、办事提醒等),不统一、不互通,发布渠道多种多样(微信企业号、微信公众号、邮件、短信、系统内部消息)。

2)顶层设计有待升级

阶段性信息需求不一,以致建设参差不齐,缺少新基建建设成果。

学校系统的建设规范标准缺乏,除了数据标准外,各个参与建设的公司技术差异比较大,增加了后面融合的难度。PC 和移动端管理割裂,存在重复进行独立维护,独立管理,建设应用不对等,应用板块无对应关系等问题。对大数据,人工智能、区块链、推荐系统等新兴技术的拥抱不够,比如说缺少智能的校级搜索引擎,让师生能够便捷地获取服务。

3)业务系统有待融合

各类业务系统相互独立,信息孤岛难免,需要整理整合,产生"一站式"服务效应。

学校缺乏校级移动服务门户作为访问校园应用的平台级入口,导致移动端基础服务能力不足,如新闻通知公告归集与便捷查看、通讯录、日程。加强不同业务系统的功能拆解,基于流程重塑,进一步简化方便师生的服务。建设自助服务的统一入口,整理师生迫切的自助式服务的统一供应。整理现有的业务服务,建设还没有全域覆盖的二级单位业务。

4)数据流动有待加强

经过长时间的业务积累,已经产生大量的数据,流动的数据才是有效的数据,而数据服务亟待有效开发与使用,以促进指导决策与教学发展。

加强门户跨部门的服务建设,让数据有效的流动起来,加强了门户的黏性;加强灵活全面的第三方接口的建设,方便新的服务建设通过接口的方式传入传出数据;加强个人数据记录及分析,以便能够进行个性化精准服务;加强按需统计,例如,满足学校不同角色(教职工、管理者、领导等)维度的可视化统计。

为更好地整合学校现有数字化软硬件资源,建设先进、全面、深入、稳定、安全的智慧校园平台,加强无线终端在日常教学、办公管理、交流互动、资源共享、数据统计等多个方面的应用与拓展,满足学校管理应用的持续发展,为师生带来个性化、智能化的优质服务体验。迫切需要建立校级的智能化统一融合门户管理平台,同时构建一个开放、整合、可控的融合服务运营环境,为师生提供统一服务入口、安全可信的校内融合服务门户平台也是教育行业在新基建、新技术、新业务催化下的大势所趋。

2. 建设思路

将校内各类资源按角色、层级、场景智能化分类,利用融合门户的特性,提供多终端入口(PC端+移动端+大屏)以满足全员教学活动、行政办公、科研活动个性化需求,建设的主要目标如下。

(1)个性化定制,专属设计。拥有角色定制的功能,不同的角色登录后拥有不同的界面设计,更是通过四大服务、十项能力推送相应契合角色场景的系列专属服务,真正做到不同角色服务类型的区分,实现千人千面的个性化服务。

(2)入口、服务、资讯、界面融合。向师生提供统一入口、统一界面、统一展示、统一服务、统一信息等。方便师生和其他用户便捷地使用校内各类应用系统,平台通过统一身份认证平台实现单点登录,保护用户身份安全,用户"一个账号、一个口令"。

(3)"一站式"获取,主动服务。通过融合门户平台对接统一身份认证系统,对业务系统进行整合,用户可享受"一次登录获取'一站式'服务",融合门户将大大提升用户使用体验、提高用户的使用效率。

(4)一框式搜索,想你所想。提供海量数据下的高并发检索能力,提供多种检索运算符,包括简单检索及各种组合检索,支持使用内容中的任意字、词、句和片段进行检索,提供基于标题、关键字、全文及附件内容的模糊查询功能;具备智能猜测检索意图能力,为用户提供更加便捷的智能查询。

(5)带动建设校级数字化服务标准规范,整合师生个性化服务。建设面向学校业务的校级平台服务,牵引通用能力供给中心实现服务的统一管控、分发:融合形成校级赋能平台,加速校园数字化建设和实现校园服务的统一管控,确保服务的安全性与稳定性;整合师生个性化服务,提供应用的统一访问入口,整合各个角色不同的业务场景,提供定制化、个性化、智能化的校内服务体系。

(6)全校信息整合,资源权限管控。通过融合门户平台整合学院内所有相关的新闻资讯、通知公告等有价值的信息会第一时间推送到各个相关角色,并且老师、管理者可自主订阅感兴趣的资讯,从而解决传统门户网站资讯不全面、各类信息与角色契合度不高造成的体验问题。整合的资讯根据来源、内容区分不同的栏目类别,根据学院内人员权限区分资讯栏目的获取权限。

(7)通过"一站式"融合门户的建设,整合相关资源,在统一服务标准的建立下,不断融合第三方系统,并提升门户自身的智能化水平,通过AI智能客户机器人来承担人机沟通的桥梁,使得门户平台能不断地完善自己的功能和数据,为全校师生及其他用户提供精准、有效、快速的数字化服务。

从数字化的角度去看,融合门户主要实现三端一体化的呈现,提供四项类型的师生服务,融合十大智慧校园基础能力,建立一个学校数字化的生态。

三端合一:服务一次发布需能同时满足PC端、移动端以及大屏的显示,多端平台前台页面内容一致,H5样式,能够使移动端浏览器自适应访问;同时支持多渠道业务的移动化,以促进移动业务推广，满足师生多渠道、多入口业务的一致性体验。

四大类服务：一是基于资讯类的服务，可以个性化的发布与订阅。二是业务类的服务，可以集成现有的智慧校园系统，也可新建新的校园业务服务。三是数据类的服务，将集成智慧校园里的数据中心，根据权限提供数据服务。四是日程类的服务，与传统的消息、通知的区别在于它更强调时效性和连贯性。

十大能力：具备身份管理能力、流程能力、音视频管理能力、支付能力、消息能力、服务编排能力、日程能力、数据能力、位置能力、智能检索能力等，随着新技术和智慧校园的发展，融合门户的能力池也会进一步地扩充。

3. 建设方案

1)技术框架

融合门户总体架构如图 11-26 所示。

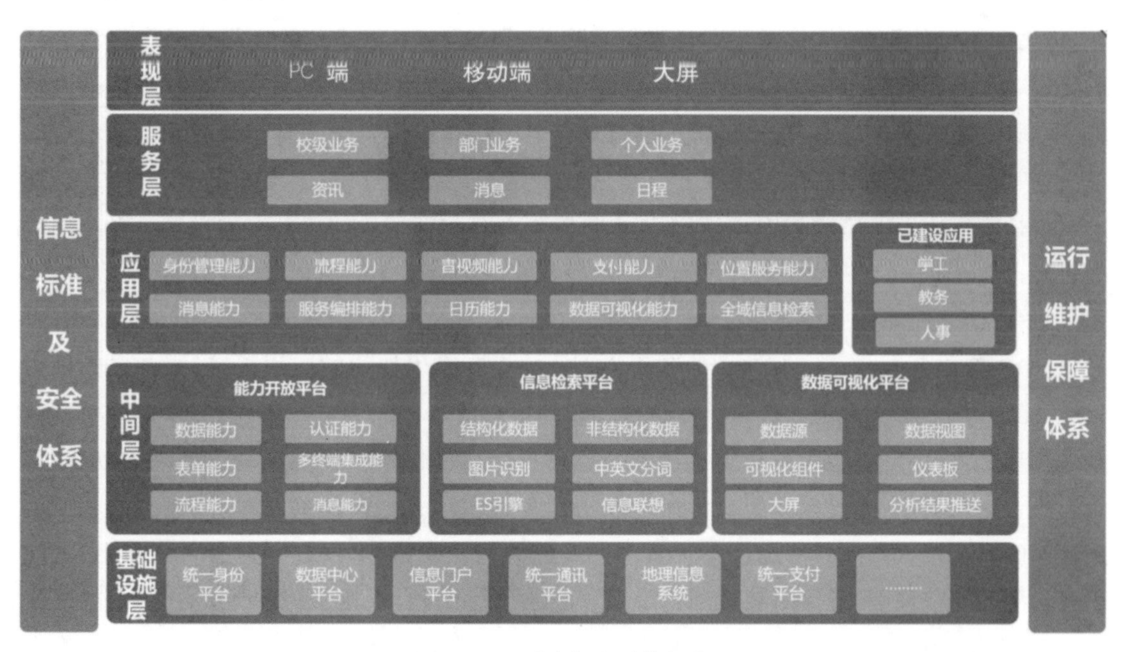

图 11-26 融合门户总体架构

平台总体架构遵循“开放、融合”的设计总设计原则。遵循标准与规范的体系与安全标准，在智慧环境基础上，基于开放性平台，融合业务数据、应用、服务，而最终打造面向全用户，全终端覆盖，全场景支持的碎片化服务生态。“一站式”服务平台整体架构主要由以下部分组成。

(1)基础设施层：校园内的网络、存储、计算等信息技术硬件资源和校方 Paas 平台的总称。在“一站式”服务平台整体建设中，这些硬件资源将被尽量整合成一个整体，作为支撑智慧校园整体框架的重要组成部分，对外提供统一服务。

(2)中间层：整个架构的核心，包括能力开放平台、信息搜索平台和数据可视化平台，它们具备完善的数据规范性。

(3)应用层:在中间层的支撑下具备对外提供应用能力,包括已经建设的各个业务应用系统。融合门户对这一层的定义更多是作为向用户提供最终服务能力的一个适配层,能将中间层抽象的各种能力结合各种场景进行封装,让上面的服务层能更好地、更快地进行开发和迭代,从而为用户提供各种服务能力。

(4)服务层:处理应用程序业务层和表现层之间的应用程序边界,边界可能是很薄的一层镭射机或者是分布式服务网跃点。由表现层直接调用、契约、执行命令或者查询返回。对业务逻辑层接口很清楚,组织业务逻辑为服务形成宏服务,适配表现层。

(5)表现层:“一站式”服务平台整体规划中直接面向用户的一层,是校内各类服务和应用的主要入口。

2)门户特点

(1)支持管理融合。学校信息门户1.0和2.0版本的PC端和移动端差异大,师生体验差,应用和服务的发布、授权需要通过多平台完成,要求高,易出错。融合门户后台提供应用的创建、授权、配置、开放策略设定、上下线等功能,不同端口“一站式”完成。授权服务通过接口主动获取需要授权的用户分组信息,通过调整分组信息或用户状态来实现对业务系统中的权限的管理。用于管理前台对应服务事项内容的维护,支持用户自主维护事项字段内容;用户可维护不同服务对象的配置,实现不同人员看到与其类型相关的服务事项内容。融合门户提供服务事项的所有内容数据,支持提供从事项信息设置、事项创建/编辑、关联用户组、启用/停用的全生命周期管理过程。

(2)支持服务融合。建设较早的基于MVC的垂直应用架构的应用系统,服务之间耦合性大,无法拆分,整个系统通过超链接直接挂载到信息门户;基于微服务架构开发的系统各项服务相对分离,可将各个服务独立挂接到信息门户,导致服务口径不统一。对于已有应用系统与融合门户集成,通过数据交换将用户数据同步到用户管理表的临时表,点对点的基于应用之间的直接接口调用并落地保存。基于微服务架构开发服务,通过开放平台集成,设置应用可访问的用户范围,通过审核机制获得用户服务API文档,根据文档进行服务定制。

(3)支持消息融合。业务系统经常需要向师生发布各类通知、提醒、代办、催办信息,发布途径有设计系统内部、电子邮件、手机短信、企业微信等,师生缺少统一的信息获取渠道。构建统一的公共消息通信平台服务,打通与包括钉钉、微信、短信网关等在内的第三方平台的消息渠道,为校内各应用提供无感知的第三方消息通信服务,并制定消息集成和对接统一规范,降低各应用消息集成和使用难度,实现消息发送的统一调度和管控。

(4)支持数据融合。传统信息门户缺少数据获取权威渠道,学校、部门、个人的数据只能到各个业务系统查询,数据类型和质量难以保证。融合门户要从校级、部门及个人层面综合展示学校数据情况。既要对门户内用户、服务、功能等使用等情况进行详细的报表分析,同时要提供教学、科研、行政管理以及日常生活等多维度数据统计,为学校领导决策提供有力的数据支撑,进而纳入整个学校的数字资产,为智慧校园大数据深度应用奠定基础。

3. 建设成效

融合门户由服务中心、消息中心、资讯中心、个人中心及一体化管控中心组成。

1)服务中心

服务中心是所有应用、服务的入口,支持检索、收藏、推荐、筛选、评价等操作,支持多种查询方式(图 11-27)。

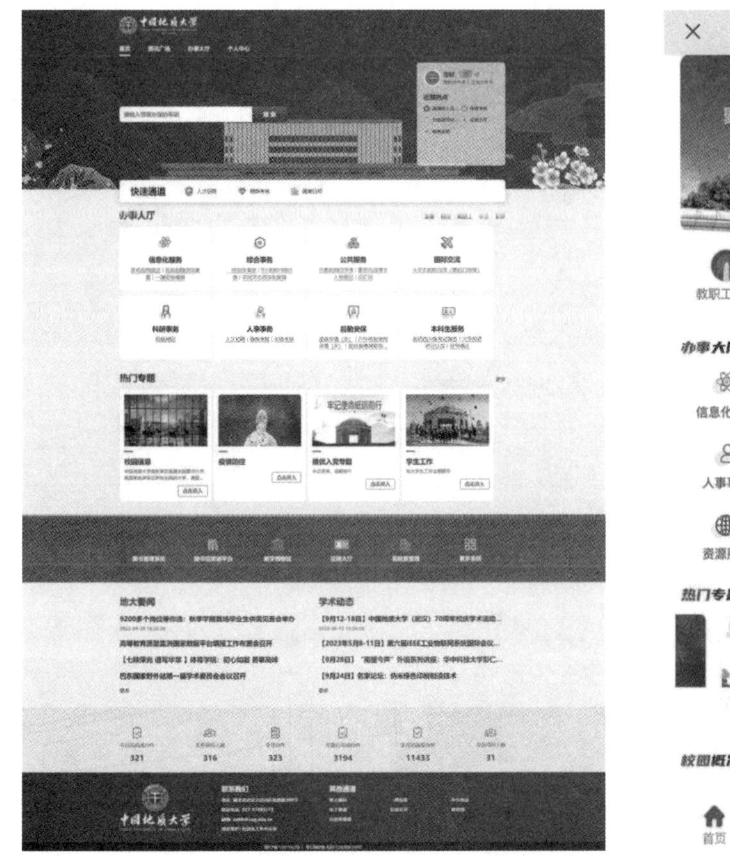

图 11-27　服务中心界面(左为 PC 端首页,右为移动端首页)

2)消息中心

开放消息推送 API 文档,供学校各业务系统或应用来调用,提供统一的消息中心,各业务系统及应用的消息由门户统一分发处理,实现各类动态信息的"一站式"查阅。消息提醒包含待办消息(图 11-28)、应用消息、通知消息等。

3)资讯中心

资讯中心是校园综合服务门户的资讯聚集地,它将校园内的各类新闻、通知公告、生活资讯最新、最快地展示给校内师生(图 11-29)。平台资讯中心按照栏目和内容进行划分,每个内容属于唯一的栏目,并且每个内容都具有发布单位,用户可以根据栏目或发布单位快速找到想看的资讯,如"地大要闻、科研资讯、通知公告、学术动态、招生就业、期刊论文榜"等,为广大师生提供"一站式"的信息获取渠道。

服务名称	开始时间	状态	当前节点	总用时	操作
疫情期间师生出行申报表	2022/10/03 23:00	待处理	秦太三	4天23时29分	查看
教师安全责任书	2022/09/21 11:15	待处理	秦太三	17天11时14分	查看
教师意识形态安全管理责任书	2022/09/21 11:15	待处理	秦太三	17天11时14分	查看
常态化疫情防控安全责任书	2022/09/21 11:15	待处理	秦太三	17天11时14分	查看
教师意识形态安全管理责任书	2022/09/21 10:31	待处理	秦太三	17天11时58分	查看
教师安全责任书	2022/09/21 10:31	待处理	秦太三	17天11时58分	查看
常态化疫情防控安全责任书	2022/09/21 10:30	待处理	秦太三	17天11时58分	查看

图 11-28　消息中心-待办事项

图 11-29　资讯中心

支持校内各渠道的资讯整合，采用数据接口对接和手工采集录入并行的模式，根据教师、研究生、本科生的身份差异区别投放不同资讯，可实现资讯栏目分类定制与自定义扩展。支持教师/学生选择自己感兴趣的资讯栏目进行个性化订阅。

4)个人中心

融合门户支持用户根据身份进行自我调整，常用的有学生界面、教师界面、访客界面。个人信息界面，登录后展示当前用户的个性相关信息、消息条数提示、待办提醒(图 11-30)。用户收藏里，包括收藏的应用、服务和新闻资讯等内容，对不需要的内容可进行删除。个人数据查询可对接数据中心，依照学校、学院、个人层级实现数据展示，从基础数据、教育教学、科研、

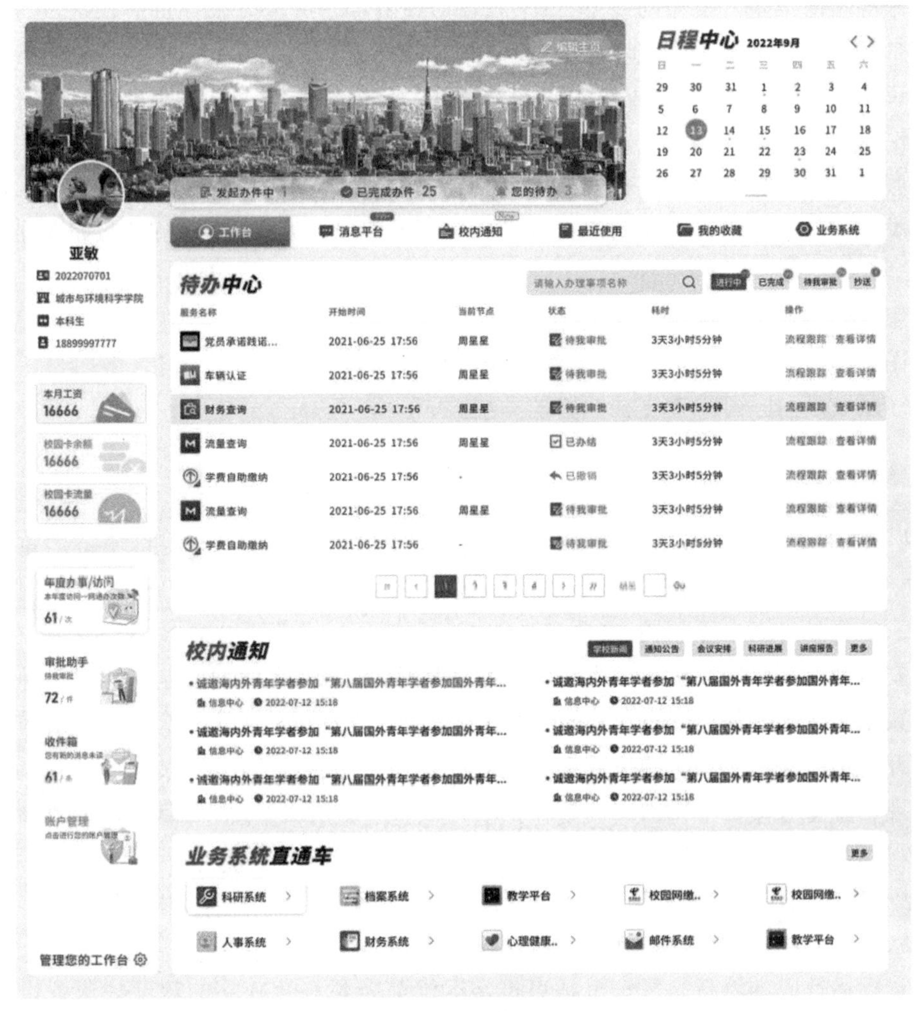

图 11-30　个人信息界面

资产、学生管理、后勤保障等多维度实现个人数据的可视化展现。

5)一体化管控中心

(1)用户与架构管理。平台提供完善的用户管理模块,包括账号的新增、发放、维护、注销管理,旨在帮助管理员完成全校身份帐号数据的增加、删除、修改、过期设置、变更生命周期以及锁定/解锁等操作。需提供基于角色的访问控制技术,实现对用户集中、灵活授权和访问控制管理,从而提高系统管理效率,如可根据不同角色分配相应应用的使用权限和有效期,并进行差异化的应用推荐和功能设置。

(2)服务与内容管理。对于部门的服务提供者和部门的系统管理者,系统提供部门管理工作台。便于部门工作人员对主管服务、联办服务进行日常管理。

(3)应用服务管理。支持管理员自定义应用服务分类,包括服务主题、责任部门、应用服务标签等,应用服务支持设定多个分类模式。单一分类模式下也可设定多个不同属性值。支持各级管理者在后台按照分类进行应用服务筛选。

(4)服务指南设定。发布的线上、线下服务均可由管理员进行服务指南设定,包括服务名称、责任部门、服务对象、协作部门、业务时间、办理方式、联系人、科室电话、办理条件、流程图、服务说明、相关附件等内容。应用服务指南可由超管统一设定,也可指定责任部门的管理员进行统一维护。

(5)服务发布管理。提供多种授权维度和授权颗粒度,支持根据组织机构、角色、用户、职务、身份类别五种维度进行可见范围授权,同时,支持五种维度进行复合设定,如取交集、取并集等。

(6)服务终端管理。根据业务特点,可自主申请系统要上架的终端,并填写终端上的信息,包括图标、名称、访问地址等,由超级管理员统一审核上架。支持微信、微门户、融合门户等多端统一管理上架,可配置支持的终端类型。

11.3.3 站群系统

网站一直是学校对外形象宣传和为师生提供教学、科研、管理等咨询服务的重要工具。高校各二级部门基本上都建立了自己的二级网站,在宣传自己、提升自身形象的同时,也存在维护量大、安全隐患突出等问题,主要表现如下。

(1)安全性差。由于站点开发人员的技术水平参差不齐,有的网站制作相对简单,系统存在漏洞,数据库文件容易遭到篡改,以至于系统崩溃。同时,网站后台管理制度薄弱,密码过于简单,容易造成站点被攻击的情况发生。

(2)规范难度大。各单位网站都有独立信息发布功能模块,部署有自己的服务器,建立有自己的数据库,开发的语言以及数据库类型都存在差异,兼容性较差,相互间无法实现信息共享。信息不能共享就容易形成信息孤岛的现象,也加深了后期的更新和维护的难度。不能够统一管理、统一更新维护,维护难度高,升级效率低。

(3)建设运行成本较高。每一个站点正常运行都需要一套独立的软硬件服务设备支撑。有的购买市场上低价的产品,有的组织学生自行开发,有的采用免费产品等,导致了校内大量的低水平重复建设,严重浪费了有限的信息化建设资金。在网站开发更新上,有的部门完全依赖第三方技术开发商,需要支付给技术服务商大量的费用。

(4)建设水平低。网站运维缺乏持续性和安全保障,二级院系部门对网站安全不重视。一些二级网站交给学生来维护,容易造成管理用户的泄露,给网站安全带来潜在隐患,而且学生毕业后网站处于无人管理状态。甚至有些网站用户在带有病毒的机器上进行网站后台操作,容易造成管理账号等信息被他人掌握,有了管理权限,网站就会被任意篡改。

1. 建设思路

建立学校统一的网站管理平台,规范部门网站的建设,实现各子网站系统的统一管理、内容的分散维护、信息的审核发布和安全策略的统一部署,提高学校网站的整体服务能力和安全防护水平。

2. 建设方案

1)系统架构

网站群系统一般分三个区:Web区域对外提供前台页面访问服务,应用区域提供站点管理及内容维护服务,备份区域用于保存数据及所有文件的完整,防止网页被篡改。系统架构如图11-31所示。

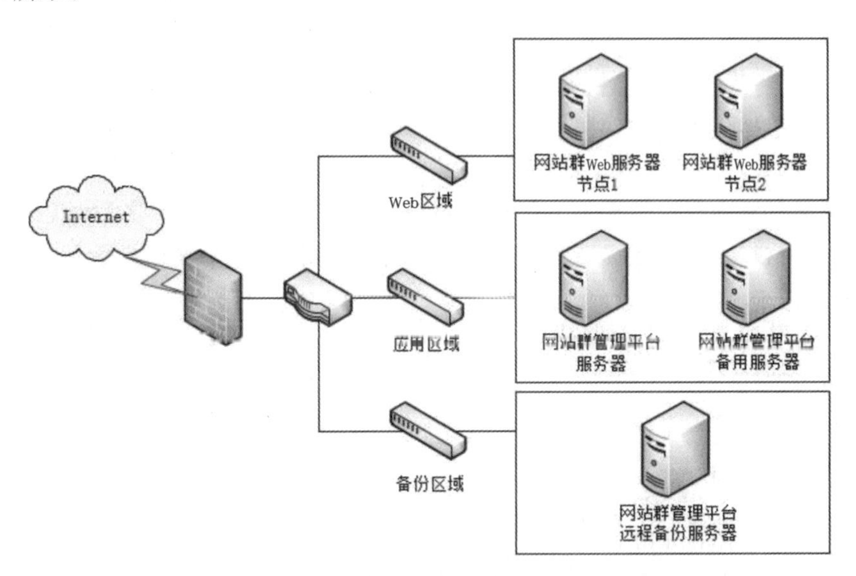

图11-31 站群系统架构

防篡改系统对所有网页元素生成唯一的、不可伪造的数字水印,浏览者请求访问任一网页元素时,系统防篡改系统会重新计算数字水印,并与之前存储的数字水印进行对比。如果不一致,自动发布子系统会重新同步页面,极大地保障了网站的数据安全。防篡改系统架构如图11-32所示。

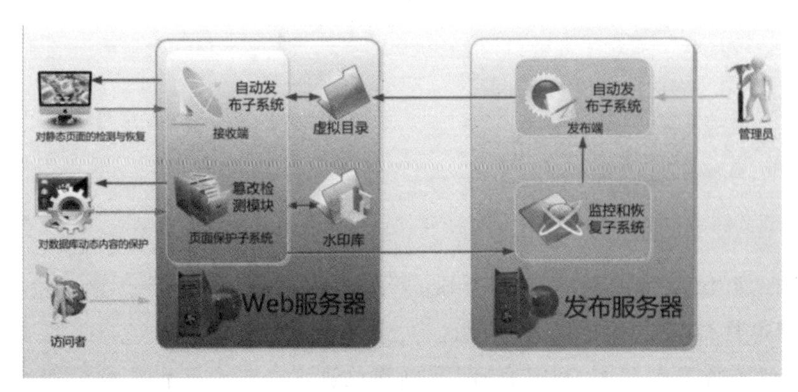

图11-32 站群防篡改系统架构

2)功能特点

(1)网站群系统部署集中。网站群统一规划,统一标准,建立在统一的技术架构基础之上。可视化网站集群管理,大大降低了网站管理与维护的技术门槛;采用前台和后台相分离的静态发布服务器和管理服务器的部署架构,集中部署校内各单位网站。

(2)网站群系统安全系数高。站群系统在网站建设和维护过程中对单位的网站进行统一管理和维护,对网站群制定防 SQL/注入、防篡改、防病毒、防黑客攻击等安全措施;进行定期体检,定期全站备份,加固安全,预防安全事故的发生;接入单点登录,实现了网站管理员的实名制管理,既减轻了二次输入密码的负担,也起到了安全登录的防护作用。

(3)网站群系统建设节约设备成本和维护成本。以往每一个站点的正常运行都需要一套独立的软硬件服务设备支撑;现在所有网站在站群服务器上都集中部署,统一建设,网站的安全管理和运行维护也由网络中心统一提供技术支持。

(4)网站群系统便于管理体制的统一。网站群系统采用基于角色的分级授权管理体制,将用户从高到低分为三个等级:第一级为超级管理员,负责修改和维护整个网站群;第二级为高级管理员;第三级为普通管理员。管理人员在登录网站群管理系统之后,以相应的角色进入各子站进行授权操作,有效提高了效率,避免了信息的误操作。在用户管理方面,高级用户可以添加权限低于其的下级用户,并且可以修改下级用户的权限。

3. 建设成效

学校于 2017 年建立了网站群系统。截至到 2021 年 8 月,网站群系统运行管理的网站有 180 个,节省了 95%的服务器资源。

2021 年网站群每月文章发布量约 2000 篇,3 月达到高峰,文章发布量高达 5000 篇。2017—2021 年网站群每月文章发布量如图 11-33 所示。

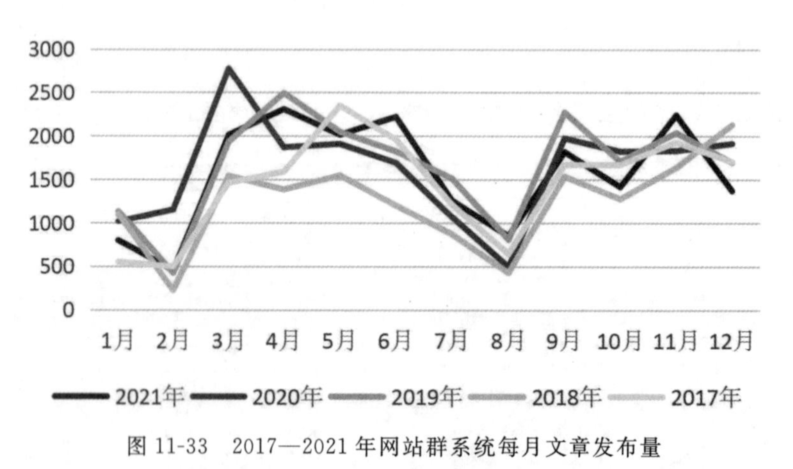

图 11-33 2017—2021 年网站群系统每月文章发布量

2021 年网站群每月访问量约 250 万次,3 月达到高峰,访问量高达 400 万次。2017—2021 年网站群每月访问量如图 11-34 所示。

学校网站群系统集中部署,制定有《网站群建设管理办法》,平台实行分级管理,信息化工作办公室负责整体运行管理和技术支持。

网站群采用准入制。网站建设需求单位向信息化工作办公室提交网站建设申请,提供建设方案和建设内容,信息化工作办公室统筹负责技术实现。

网站建设需要单位负责网站版面布局、栏目设置以及页面内容更新维护。网站建设需要

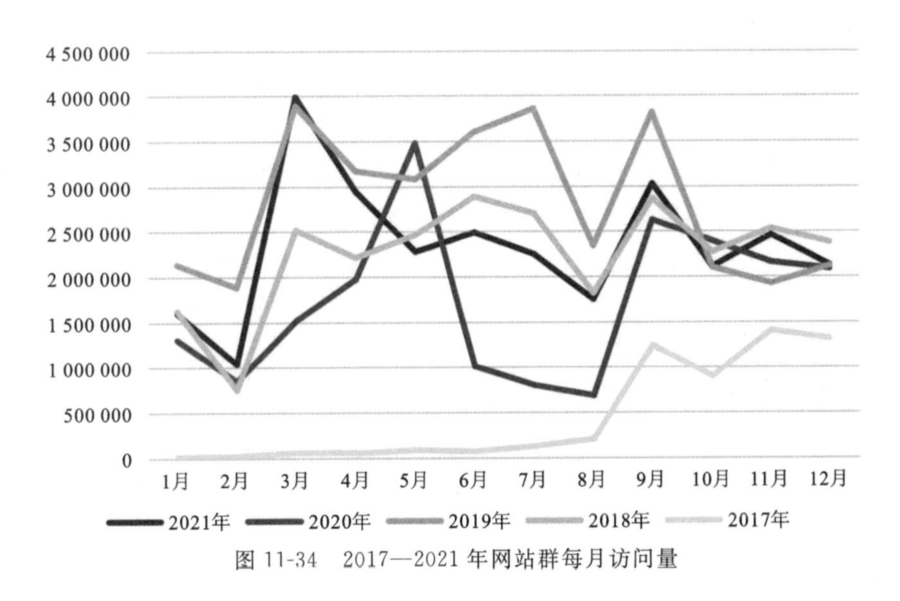

图 11-34　2017—2021 年网站群每月访问量

单位主要负责人是第一责任人，对网站内容安全负责，确保发布的内容不涉密、合法合规、真实有效、准确及时。

信息化工作办公室制订《中国地质大学（武汉）站群管理系统使用说明》和《中国地质大学（武汉）站群管理系统后台常见问题解答》，指导管理员正确地维护和管理网站。

11.3.4　数据综合管理与服务平台

1. 建设思路

构建以学校“三库三中心”数据资产体系为核心的数据综合管理与数据服务平台，开展全量数据采集和一数一源的落实工作，具体建设目标如下。

（1）形成全校统一的数据标准规范：基于学校现行的数据标准结合国标及各个业务部门实际的业务属性，梳理学校统一的元数据标准、代码标准、编码标准及数据集分类标准，并实现数据标准的工具化管理维护，实现标准的线上/线下统一化。制订标准管理制度规范并进行推广实施，规范约束学校未来的信息化建设及对当前的系统根据实际情况在不影响业务运行的情况下有条件地进行整改。

（2）明确数据归属，落实质量责任：在制订数据标准的过程中进行线下调研，对数据进行确权，实现一数一源，消除多头管理。明确数据质量的主体责权及形成对应的数据质量管理制度规范，并进行推广实施。利用工具化管理对数据归口部门进行标记，并在使用的过程中得以呈现。

（3）提升数据质量：利用学校现有建设能力、拓展质量管理范围，建立全方位的数据质量管理体系，通过数据治理在实施阶段按照标准进行必要的清洗转换、绑定质量检核规则、定期输出质量报告给归口部门定位质量问题，利用学校当前建设的师生一张表进行数据的纠错补录，实现从网络与信息中心、业务部门及师生个人全维度的质量管理能力。

(4)发布数据资产:通过数据资源门户建设,为开放数据的部门提供本部门的资源目录,使部门掌握并管理本部门的数据资产,清晰了解本部门共享的数据在学校的信息化建设过程中,提供了哪些服务、支撑了哪些应用等。同时对数据开放进行评级,设定有条件共享、无条件共享和不予共享等管理属性,通过对数据的权属关系的管理,实现分级分部门的数据安全开放机制,并配套相对应的数据开放共享管理制度规范。

(5)实现工具化数据中心管理能力:通过开发管理工具,提升数据运维及开放服务的管理效率,降低人力管理成本,提升管理效能。通过工具化的建设,实现血缘管理、数据地图、数据目录、数据标准、数据质量等管理手段。

2. 建设方案

数据综合管理平台主要包括数据集成、数据治理、数据资产服务、机器日志数据集成 4 个部分。

1)数据集成平台

业务数据集成组件让用户无需安装任何客户端,基于 Web 界面即可完成各类源系统到数据湖的数据集成抽取过程、数据的清洗转换过程和数据加载至目标库的过程。平台主要功能包括接口管理、存储过程管理、Shell 脚本管理和任务调度管理(图 11-35、图 11-36),同时可以满足对离线表格数据处理的场景需求。

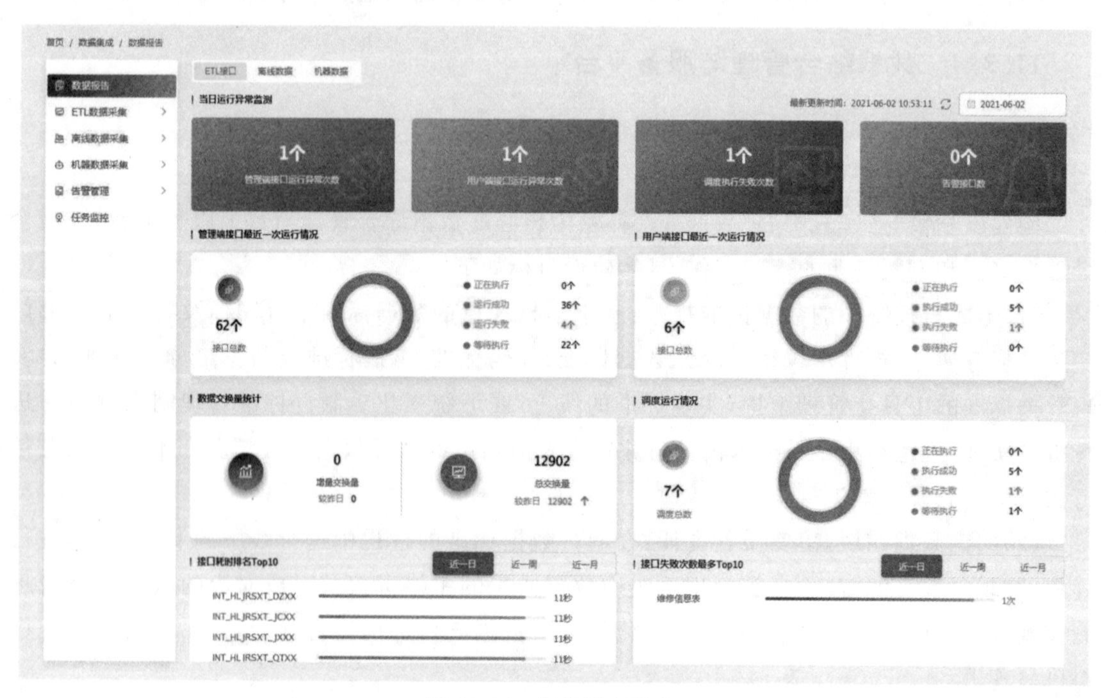

图 11-35　任务调度视窗

平台具备线下数据维护和处理的能力,通过权限的控制,让非专业的用户可对规定范围内的数据完成上传、编辑、删除、查看等操作,可视化的操作界面和友好的文字提示,帮助用户实现了离线数据上传和线上化管理的目标(图 11-37)。

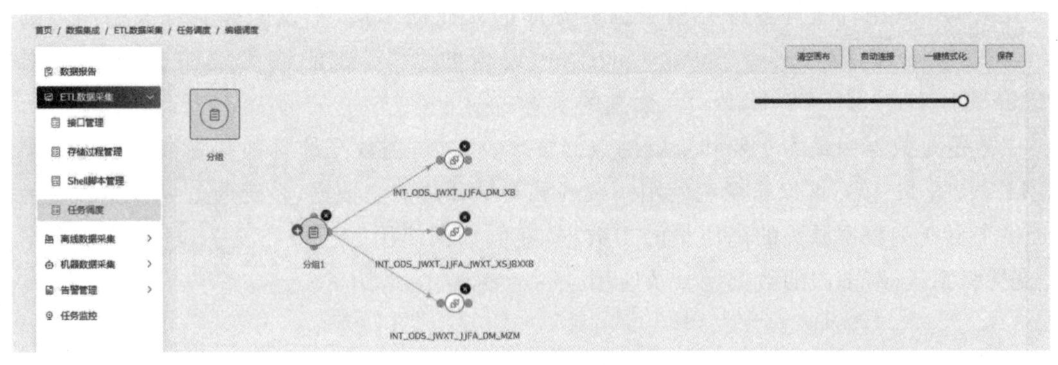

图 11-36　任务调度配置界面

图 11-37　数据查询界面

2)数据治理平台

数据治理平台包含数据标准管理、数据模型管理、元数据管理等功能。数据标准管理用以规范数据资产的结构、格式、规范,确保数据的准确性和一致性。结合高校的业务场景,将数据标准梳理为公共属性(图 11-38)、代码集和编码规则 3 个部分。

状态	公共属性名称	中文注释	数据类型	数据长度	被引用次数	来源	版本	质量检测规则	关
已上线	XSXX	学生信息	字符串	255	0	自定义	1	通用_日期正确性...	
待上线	XSFW	学生范围	字符串	100	0	自定义	1	-	
待上线	XSKSSJ	学生开始时间	字符串	100	0	自定义	1	-	
待上线	XSJSSJ	学生结束时间	字符串	100	0	自定义	1	-	
待上线	CZY	操作员	字符串	100	0	自定义	1	-	
待上线	FAID	方案ID	字符串	100	0	自定义	1	-	
待上线	FFXSZZCL	是否学生自助处理	字符串	100	0	自定义	1	-	
待上线	YXFAHJXX	迎新方案环节选项	字符串	100	0	自定义	1	-	
待上线	YXFAID	迎新方案ID	字符串	100	0	自定义	1	-	
待上线	BTMC	标题名称	字符串	100	0	自定义	1	-	

图 11-38　公共属性管理界面

元数据采集组件支持多源异构数据资源库的元数据采集，不仅能够实现关系型数据库(Oracle、Mysql、SQL Server、postgreSQL)元数据的采集，还能够实现非关系型数据库(MomgoDB、Hive、HDFS、Kafka)元数据的采集。

主数据是数据中最为主要和重要的数据资产，通过对主数据的管理和主数据内容的监控(图 11-39、图 11-40)，可以跨系统使用一致的和共享开放的主数据，系统通过主数据模块为用户提供来自权威数据源头的高质量的主数据，降低数据使用的门槛和复杂程度，节省数据成本，支持跨系统、跨部门的数据融合及应用。

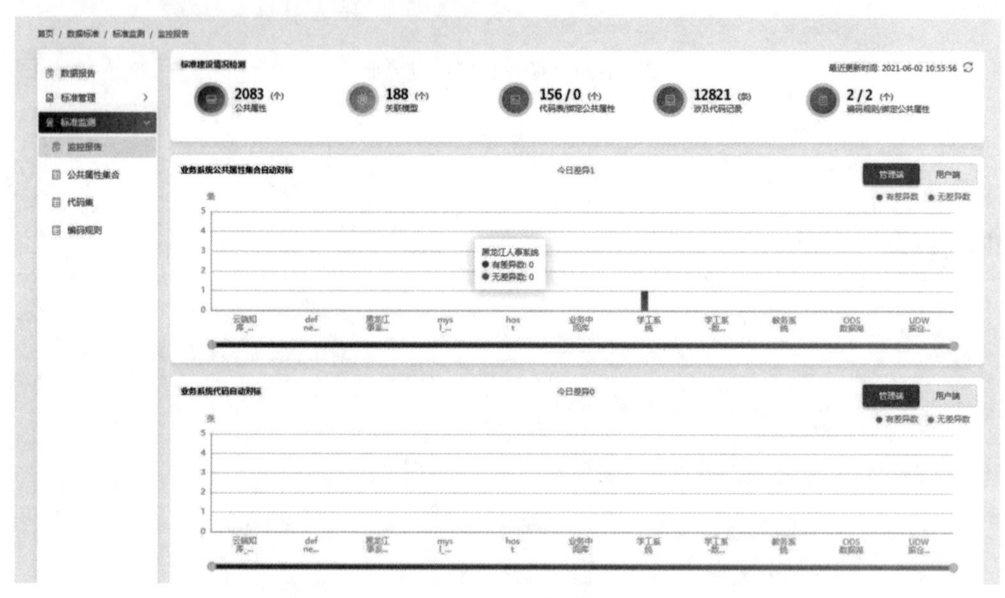

图 11-39 标准监控界面

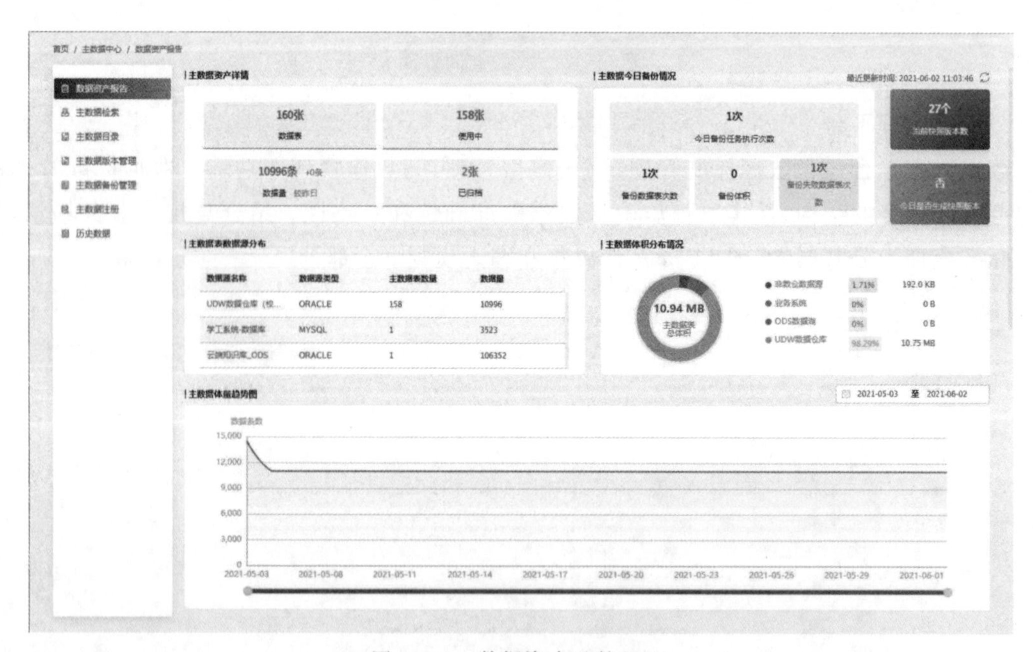

图 11-40 数据资产监控界面

3)数据资产服务平台

数据资产服务平台可向学校信息技术中心、各职能部门、校内师生和软件开发者提供数据资源查看使用、数据事务处理、状态监控、授权管理的功能,为数据使用者(包括部门、岗位、师生)和数据管理部门提供数据资源查看、申请、管理和访问入口服务(图 11-41)。

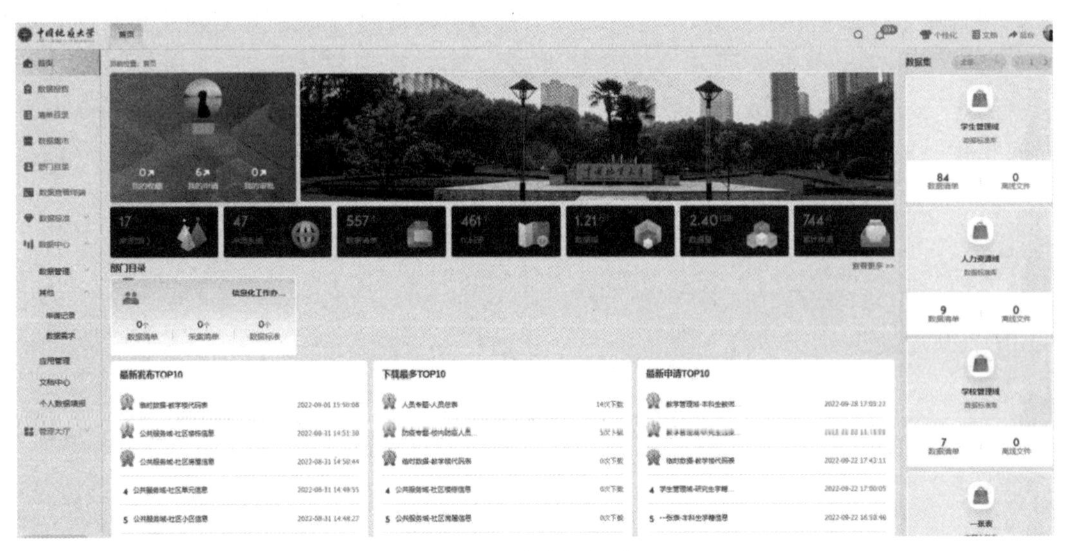

图 11-41　数据平台首页

平台系统具备数据资产目录总览、数据资产展示报告、数据标准查看、数据资源申请.部门多维度资产目录呈现和管理、数据供需管理、多维度数据管理等核心功能,同时为了增加数据供给的安全性、可靠性,平台提供了跨部门协同审批的流程,实现了资产、管理、供给、审核一体化管控,提升公共服务能力,加快业务应用的快速落地。

参考建设效果图如图 11-42 所示。

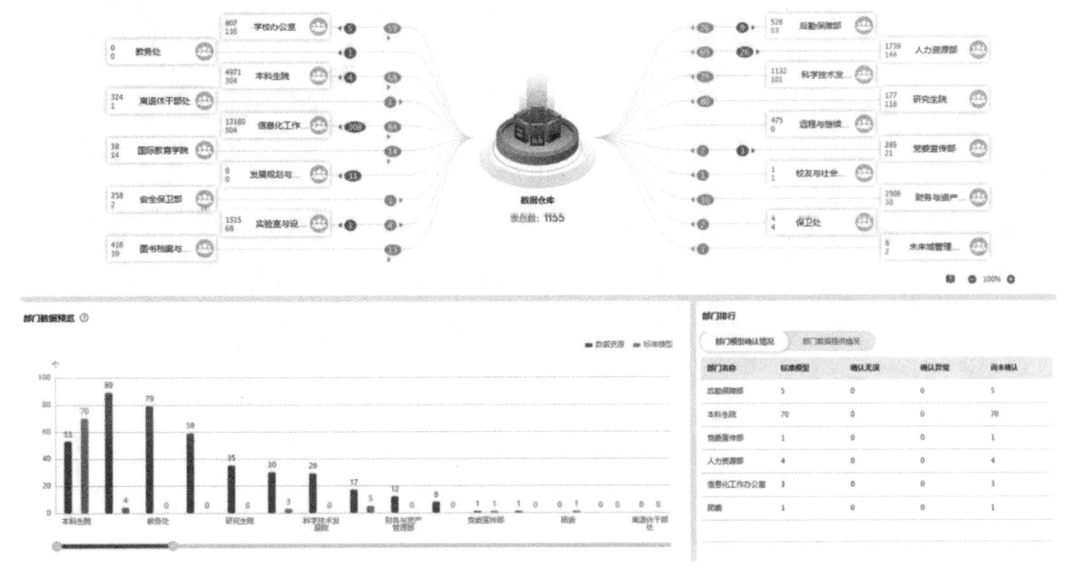

图 11-42　数据流向图

平台为学校各级数据使用部门提供申请、查看、下载使用学校的数据。申请数据前，用户在数据集市(图 11-43)功能中，通过模糊查询，获得需要的数据分类及数据样例，确定自己需要的数据内容，然后在本模块点击申请数据。数据集市可以实现一次性申请多种类型的数据格式，包括 API、文本文件、数据库连接以及 ETL 数据资源(图 11-44)。数据申请人员，可以根据需要自主选择数据申请方式，同时平台提供模糊查询功能，方便使用者快速获取数据集市资源；无法找到需要的数据资源时，数据申请者可以通过“提交数据需求”，申请需要的主题数据，后台管理人员获得申请后，利用数据集市发布功能，发布新的数据主题集，促使新业务上线。

可提供 API 接口、文本数据、数据库直连、ETL 接口等四种数据服务方式。

图 11-43　数据集市

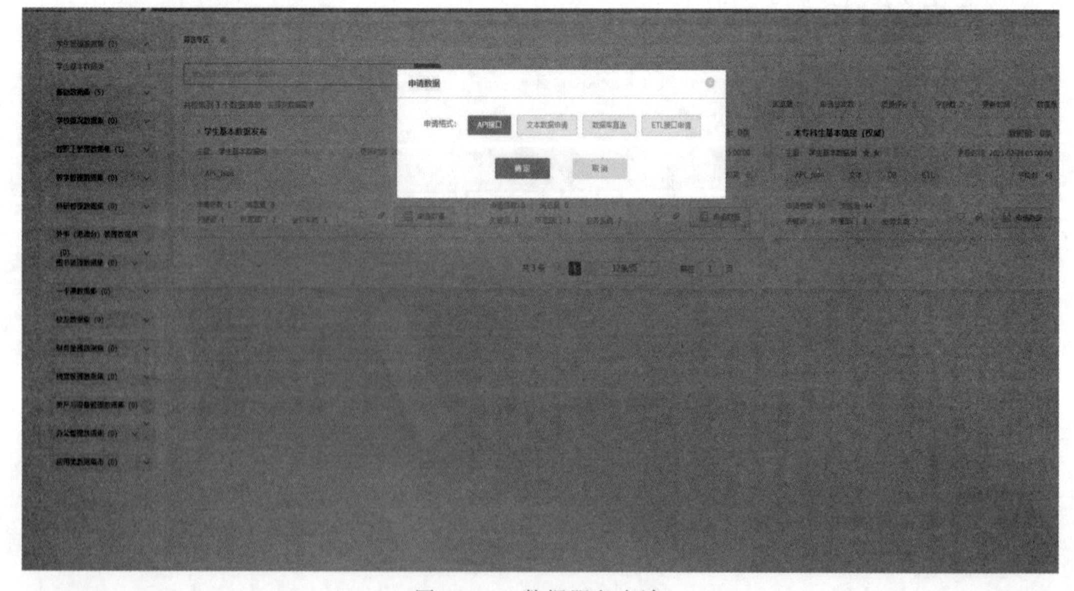

图 11-44　数据服务申请

4)机器日志数据集成

大量网络设备产生的机器(日志)数据也有分析利用的需求,因此学校需要具备日志数据的自主接入能力,机器数据集成组件就是为了满足学校对不同类型日志数据的自助集成需求(图 11-45、图 11-46)。

图 11-45　日志采集监控

图 11-46　日志文件存储

3. 建设成效

数据管理平台的第一期建设核心在于数据治理,建设内容见表 11-2。

表 11-2　数据管理平台第一期建设内容

工作内容	内容简述
校级标准制定	遵守国家强制标准、参考教育部推荐标准和其他学校数据标准、引入学校已有部分合格标准(含元数据模型和代码集),兼顾各个标准之间的兼容性、一致性以及标准的可扩展性,并匹配高校的管理业务特性,确定数据子集的分类方式,建设和完善高校校级数据标准。制定学校自定义的编码规范并给出数据分类编码规格说明书,输出一套符合学校实际的《高校数据标准》(数据子集、标准代码集、编码规范)

续表 11-2

工作内容	内容简述
数据调研	对学校的部门组织架构、管理机制、数据管理现状进行调研了解； 对各管理部门的业务内容、组织机构、管理信息系统、后台数据库信息、数据内容和形态、供需关系、交换共享要求、数据质量问题、可引入的标准资源等进行调研了解并输出数据现状报告
数据识别	根据数据调研的结果，罗列所有已知的数据来源和分布，记录访问账号和入口，查看实际的数据内容。根据上述数据治理范围目标，从数据来源中识别出目标数据所在的库、表、字段、格式等
部署软件工具	数据集成平台：针对教育行业数据治理场景优化的 ETL 工具，可以批量进行数据湖集成、降低使用门槛，提升数据转换效率； 数据资产管理平台：针对应用提供多种数据服务形式，支撑应用的建设，满足 API、数据库、文本下载等多种形式的数据开放方式； 数据治理平台：对数据进行质量管理、规则管理、输出质量分析报告、查看数据共享地图； 数据门户：通过按部门划分数据目录解决客户数据权责部门不清晰、通过数据报告解决数据工作成果无法体现，通过数据共享、标准共享，提升数据资产运营的透明度
数据采集	数据库：利用统一数据集成管道软件采集； 表格数据：利用数据填报工具软件采集和处理； 日志数据：利用日志处理工具进行处理； 数据库和表格数据存储在数据湖 ODS 中，为进一步清洗转换做准备工作
质量检查	制定数据质量规则(如非空、唯一性、长度、取值范围、枚举范围、关联一致性等)。根据每个字段应有的质量属性将正确的质量规则绑定到字段上。执行质量检查，将不符合质量规则的记录识别出来，形成数据质量报告，以便评估数据质量状况、定位有问题的数据，便于下一步修正处理
清洗转换和质量提升	结构性质量问题：如代码集定义、表达格式、数据单位不一致等问题。这类问题通过批量的、规则化的转换处理即可转换成符合标准的数据，通过统一数据集成管道的转换规则实现质量提升； 内容性质量问题：如数据缺失、内容错误等问题。一般情况下，这类问题无法通过简单的批量转换修复，因此需要将问题数据和质量报告提交到数据对应的负责部门，由部门进行核实、采集、填报后形成有效数据。数据修复后，需要记录在业务管理系统中，通过再次采集入库，直至质量检查合格
成果数据生成	将各种清洗转换完成、符合质量标准的数据导入到之前已经建模完成的表格中
数据封装发布	合格的成果数据由全量数据中心进行存储，并通过统一数据开放平台以 API 接口、数据库访问、表格文件这 3 种方式向各个应用系统、数据使用单位提供数据调用服务和数据共享交换服务

建设成果有 5 个方面。

1)建立了校级数据标准体系

通过对学校各种数据的调研梳理,以教育部行业标准为主体框架,进行数据子集分类和元数据标准定义,引用国家和行业标准代码和学校现有事实标准,根据学校实际情况制定自有代码标准、规定编码规范、命名规范等。设计数据标准的执行规范,保证数据标准切实应用到各个应用开发和数据定义过程中,使各个系统输出的数据符合标准规范的要求。

2)建立了较为完善的数据资产体系

通过对全校统一数据标准的制定和管理,全面采集治理各类数据,构建一套长期服务于全校的标准化、高质量、多维度、多用途的数据资产。

3)输出数据管理知识库体系

通过对现有数据资产、数据接口、交换关系的调研了解,以及对治理后成果数据的梳理,输出数据现状报告、数据源信息、数据 UC 矩阵表、数据资产服务、数据字典集、数据采集接口/采集任务信息、元数据库、数据质量规则库、质量规则绑定表、数据质量检核报告、成果数据资产服务、数据血缘关系等知识性文档资源,使管理人员对数据在全校的分布、业务含义、数据结构、质量状况、映射关系、调用关系、交换关系、同步周期等信息有充分的了解和掌握,从而能够以全局视角对全校数据资源进行正确、快速的数据管理。

4)形成数据管理软件工具体系

通过各种数据软件工具,建设全量数据的采集、聚合、治理、管理、发布等功能,包括:①数据标准、数据结构、数据属性、数据接口、数据质量的管理能力;②线下数据的在线采集、编辑等能力;③面向全校各部门提供数据资源服务目录的体系;④以多种方式提供安全、高效的数据开放的体系。

5)构建完善的数据管理体系

通过数据调研、采集、治理,对学校在数据管理方面需要加强、改进的环节形成清晰的认知。在此基础上设计和制定一整套与数据管理相关的规范和制度,主要包括《数据管理办法》《人员编码方案》《三库三中心管理规范》《"一数一源"数据归口》《数据标准》《数据标准管理实施细则》《数据共享管理实施细则》《数据质量管理实施细则》《数据安全管理施细则》《数据集成管理实施细则》。这些管理制度制定完成后,需要通过学校的行政管理体系进行推行和执行,从而从根本上改变之前数据操作生命周期中的漏洞、矛盾、管理缺失、不规范操作、错误操作等,使数据治理的成果能够长期持续、不断进步。

12 中国地质大学(武汉)数字驾驶舱建设实践

"用数据说话、用数据决策、用数据管理、用数据创新",是高校实现数字化转型,提升高校综合治理能力与治理水平的必然选择。学校在信息化建设过程中积累了不少数据资源,为利用好这些数据资源,赋能校园治理、教育教学,中国地质大学(武汉)开展数字驾驶舱建设,从学校领导、部门领导、业务管理员、师生四个维度建立数据服务,提供十三个主题的数据展示和统计报表。

12.1 建设背景

"十三五"期间,学校已基本完成各业务部门主要信息系统以及数据中台的建设,实现了业务流程数字化的阶段目标。随着智慧校园建设理念的不断深化发展,响应国家着力深化教育体制机制改革,加快教育治理体系和治理能力现代化建设政策,发挥数据的价值,基于大平台、大数据挖掘,实现学校精准化、智能化、精细化管理,将成为学校"十四五"期间的重要建设方向。

目前学校已完成数据管理体系顶层设计,结合学校管理模式和工作流程,制定了一系列数据活动规范和数据管理制度。数据活动规范内容涵盖数据来源确认、数据质量保证、数据标准发布更新、数据共享发布、数据安全和隐私保护等全工作流程;数据管理制度体系明确了数据从定义、生产、存储、复制、转换、调用、变更、存档直至销毁的全生命周期过程中,各部门各岗位应该如何操作、管理、协调,做到有法可依、有章可循、权责明晰,保障数据的集合完整、信息安全、质量合规,从而使数据治理的成效能够不断持续和改进。

当前学校数据尚未完全发挥价值,主要问题是定义与衡量学校发展的核心指标体系缺乏。学校的现状与发展情况可以通过各类定性或量化的核心指标去体现,而这些指标也是各级管理人员非常关心并且想要实时了解的。当前,这些状态指标分散在各业务部门,没有经过系统的梳理形成校级核心指标体系库,难以立体化、全面化地支撑学校管理者进行决策。

场景一:学校积累了很多数据,如何挖掘数据的价值?

产生原因:学校通过前期的数据平台建设,已经积累了一部分数据,如何使用这些数据去辅助教学质量提升,提高管理效率;如何让各个部门基于自己的数据需要定期获取数据分析及报告来辅助决策,是当下急迫要解决的问题。

解决方案:大数据可视化分析平台建设的最终目标就是为了让数据真正可用,通过大数据可视化分析工具,用户可以轻松的接入学校已有的数据,以自然语言引导的方式,可以快速地构建数据图表,快速使数据发挥应有的价值。学工处可以通过数据分析,发现学生的异常行为。教务处可以通过数据分析支撑教学质量的提升,校领导可以通过数据分析,清晰地制定下一步的决策。

场景二:各部门迫切需要数据分析来辅助教学、提升质量、提高管理效率,怎么实现?

学校信息化建设的数据当前还都是"死"数据,只停留在信息化建设部门手中,还没有应用到各个教学、管理部门的工作中。如学工处需要学生行为分析,需要借助数据精准扶贫;教务处需要各类维度分析支撑教学质量的提升;招就处需要关心生源质量如何,就业质量如何;人事处需要关心教师的发展;学校领导需要了解学校各个维度建设发展状况,怎样进行下一步决策?

解决方案:大数据可视化分析平台可开放给校内各部门教师使用,基于学校当前可用数据,在数据使用权限允许的情况下,可以做到各自部门老师基于各自负责业务进行相关专题分析。大数据可视化分析平台建设是整体智慧校园建设的一个公共能力,为学校信息化建设加上了数据应用能力的翅膀,可快速响应各部门日益增长的数据分析需求。

12.2 建设目标

通过与学校现有数据平台无缝对接,采用数据挖掘、融合计算、综合分析模型等技术,帮助学校更加直观、高效、实时地进行各类业务综合分析和专题数据分析,实现数据的全面监测,支持规范科学的决策预判,量化展示学校人才培养特色成果等。以数据服务大厅建设为抓手,完善和优化各类信息标准,通过对学校现有业务信息系统数据监测、清洗、治理和整合,建设基于学校发展需要的各类主题数据库,实现数据集中存储、高效交换、数据可视化管理;建设面向学校领导、部门领导、业务管理员和师生的三级四个层面的数据分析服务体系,用数据创造价值。建设具体目标如下:

(1)从数据可视化方面,采用多终端且适配性好的平台,如手机、PC以及学校相关大屏展示,同时提供了丰富的图表控件和参数控件用于调整样式。整个配置要易于上手,用户交互性要强。在数据源的支持方面要能够支持多数据源,同时提供了下钻、联动分析、筛选过滤等常用数据功能。

(2)反向进行数据治理,数据使用的同时发现质量问题,提出数据整改意见,加快学校数据建设,夯实数据质量。从数据清洗与加工方面的目标,要做到简便易用,拖拽式操作,避免重复性的SQL编写。

(3)针对学校现有的数据进行有效的整合,快速准确地提供报表并提出决策依据,帮助校领导及相关职能部门领导提供决策辅助。

(4)与学校智慧校园生态融合能力,在数据使用的权限方面,要能够结合学校现有统一身份认证体系,建立个人、部门使用权限划分。所有数据分析平台产生的主题分析能无缝对接到学校现有的信息门户、APP、企业微信等入口,让用户使用更加方便。

12.3 建设思路

数字驾驶舱需要展现三个层面的内容，学校层面的校情、校况、校貌，学院层面的院情、院况、院貌，个人层面的基本信息、教学及科研成果、成长指数等。专题或主题的展现是对具体内容的深入发掘。中国地质大学(武汉)的数字驾驶舱不再是停留在可视化展示或大屏展示层面，还要支持时间点的切换和对应的数据报表。

12.3.1 技术路线

数字驾驶舱构建技术路线如图12-1所示。

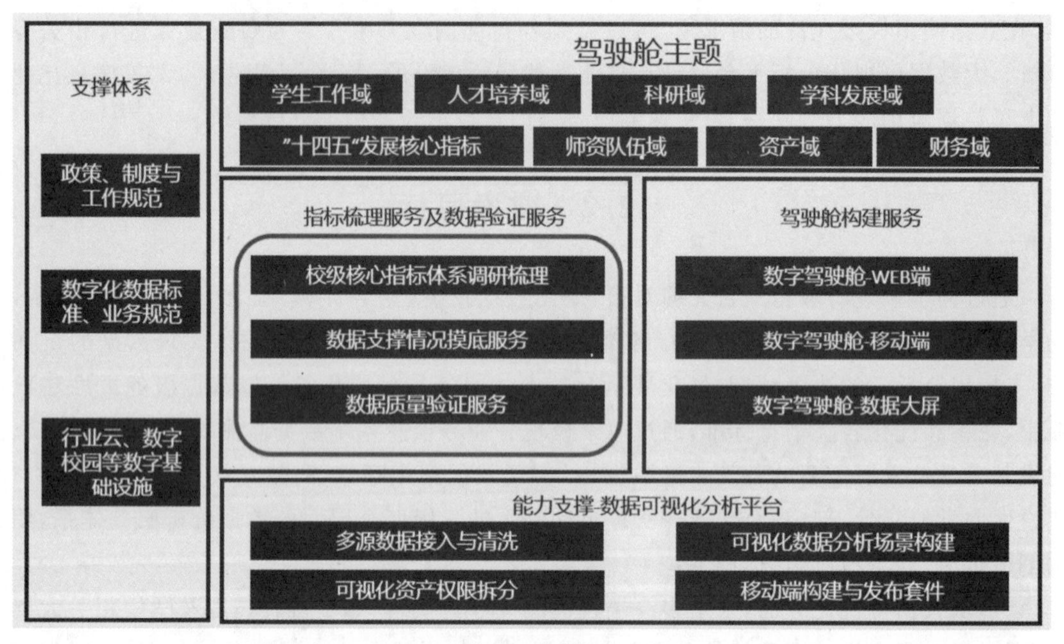

图12-1 数字驾驶舱技术路线图

1. 核心指标体系调研梳理

参考中国教育监测与评价统计指标体系、学科评估、深化新时代教育评价改革总体方案、大学排名、教学评估、国家审计、部门年度考核等指标文件要求，以学校发展过程中关注的重要业务指标为核心，经过充分调研，梳理学校核心指标，形成反映学校整体运行状态的《发展核心指标库调研报告》。同时，通过梳理核心指标体系，摸清学校信息化建设过程中的不足，对数据进行查漏补缺。

2. 数据支撑情况摸底

基于产出导向《发展核心指标库》进行逐业务域、逐项指标关联确认数据来源。数据源精确到来源表、字段。根据数据来源类型(动态-数据中台、动态-业务系统直连、静态文件)量化数字驾驶舱的目标数据支撑度，形成《数据支撑度摸底报告》。

3. 数据质量验证

数据摸底工作完成后即可明确所有可用指标项,选取可用指标进行可视化分析,汇总形成数据应用主题。数据应用设计遵循面向服务对象构建方式(使用人/部门—数据权限—重点关注指标—展现形式)。实际数据清洗加工与图表构建过程将多次向用户部门进行数据结果确认,对于所有确认过程中暴露的数据问题均会记录汇总,并及时反馈给数据源管理员,跟踪后续治理动作。在项目正式上线前,将所有数据问题、解决方式整理形成《数据质量验证反馈报告》,验证当前数据治理建设成效,助推后续数据质量的进一步提高以及数据覆盖范围的逐步完善。

12.3.2　数字驾驶舱应用 Web 版支持

数字驾驶舱应用是校内各类核心数据指标体系的最终呈现集合,能实时反映高校的整体运行状态,将采集的数据形象化、直观化、具体化。电脑端的 Web 版可以更多地展现内容,更好地展现呈现形式,便于办公和大屏呈现(图 12-2、图 12-3)。

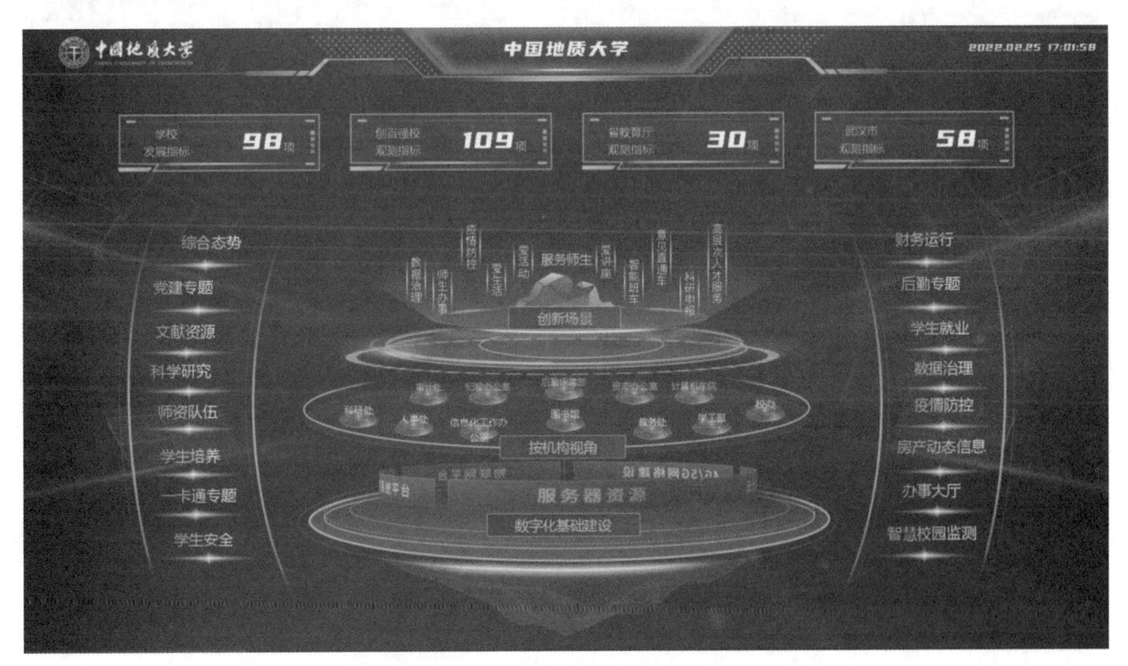

图 12-2　数字驾驶舱 Web 界面展示 1

12.3.3　数字驾驶舱应用移动版支持

按照分级授权的原则,学校教职员工可以通过移动端随时随地查看学校各业务数据的实时状态。随时可查数据、随时可溯源。移动端可以和学校各类移动 APP、企业微信、钉钉进行对接(图 12-4)。

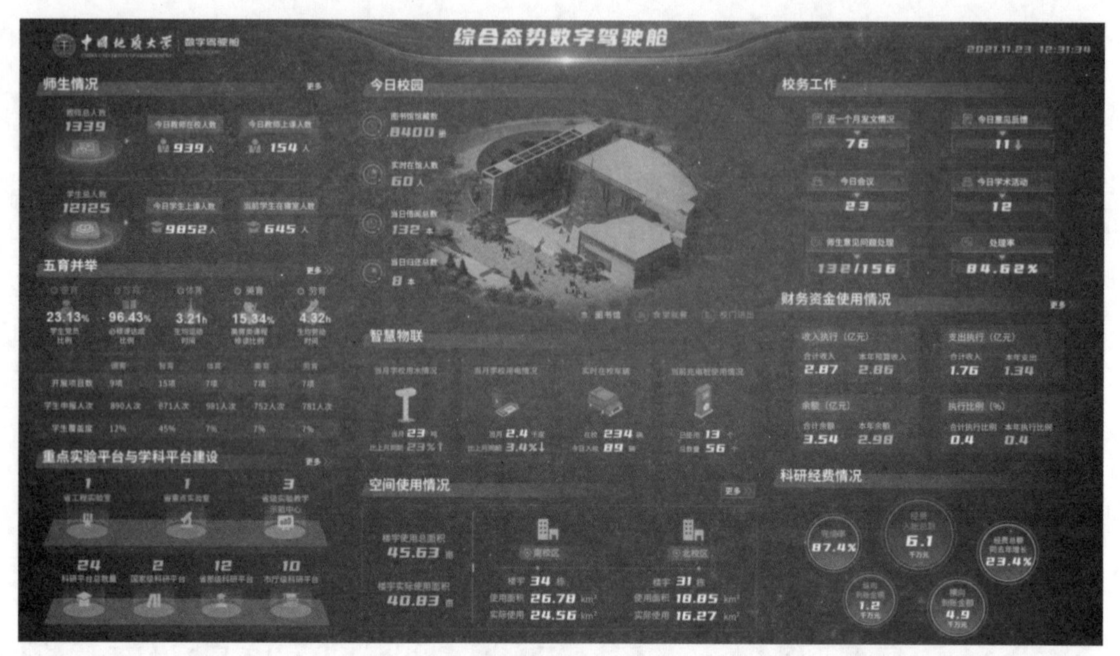

图 12-3　数字驾驶舱 Web 界面展示 2

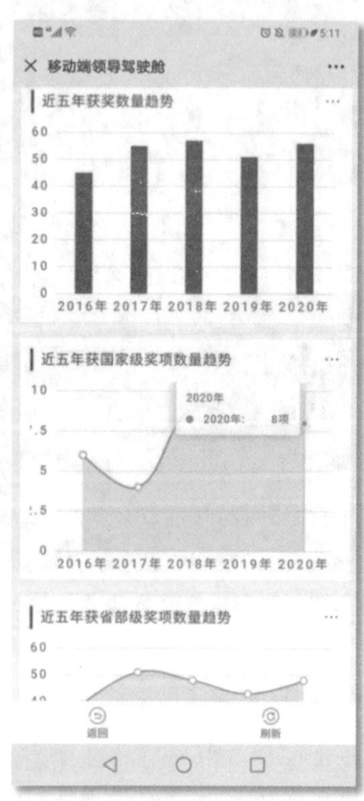

图 12-4　数字驾驶舱移动版界面实例

12.4　可视化分析平台

中国地质大学(武汉)数据驾驶舱平台基于微服务、分布式开发框架,平台由数据准备子系统、数据可视化分析子系统及大数据挖掘应用子系统三部分组成,实现与学校主数据平台无缝对接。平台具有强大的数据分析能力、灵活的组件扩展能力、丰富的数据处理手段、流畅的用户体验、一体化商业智能、自助式探索分析以及全平台数据展示能力等产品特色。平台架构如图 12-5 所示。

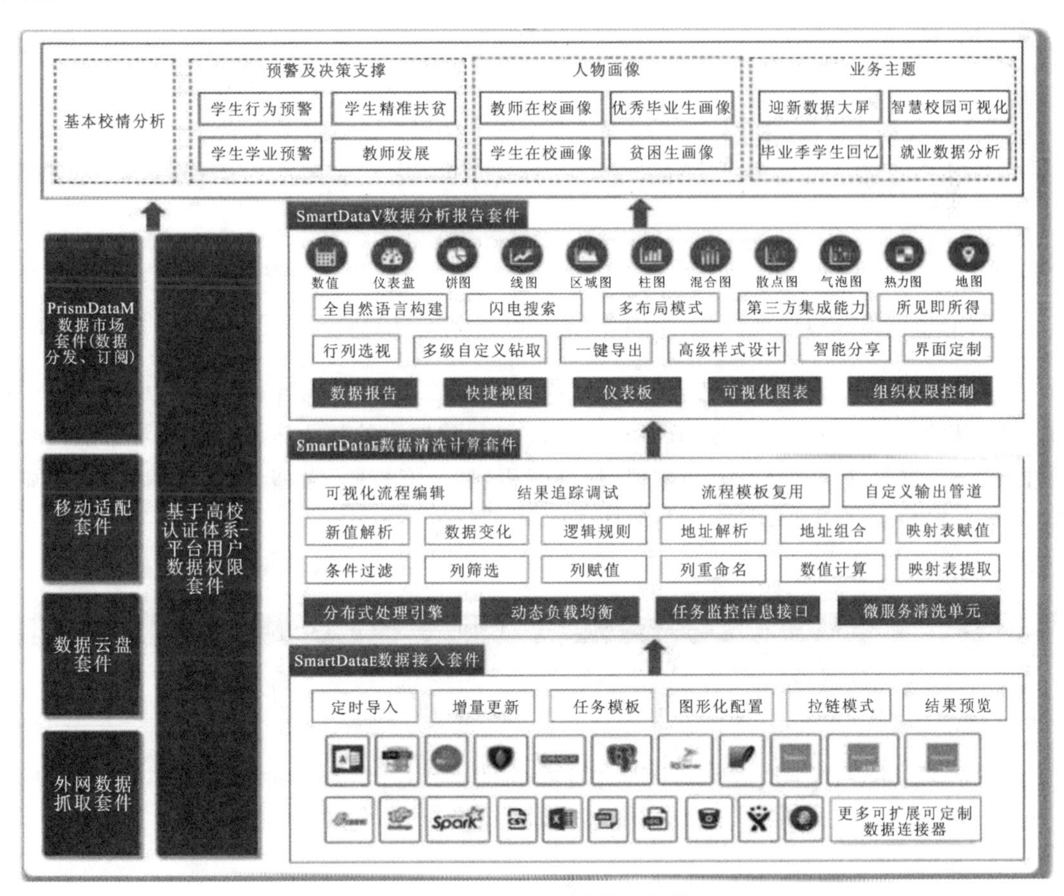

图 12-5　可视化平台体系架构

12.4.1　大数据准备子系统

1. 智能数据接入

大数据平台内置 ETL 工具,可以对校内软件系统、硬件设备、互联网等多类型数据进行采集,平台支持多种数据源的接入,包括关系型数据库、大数据库、文本、API 接口、日志等,并提供可视化的数据采集监控管理(图 12-6)。

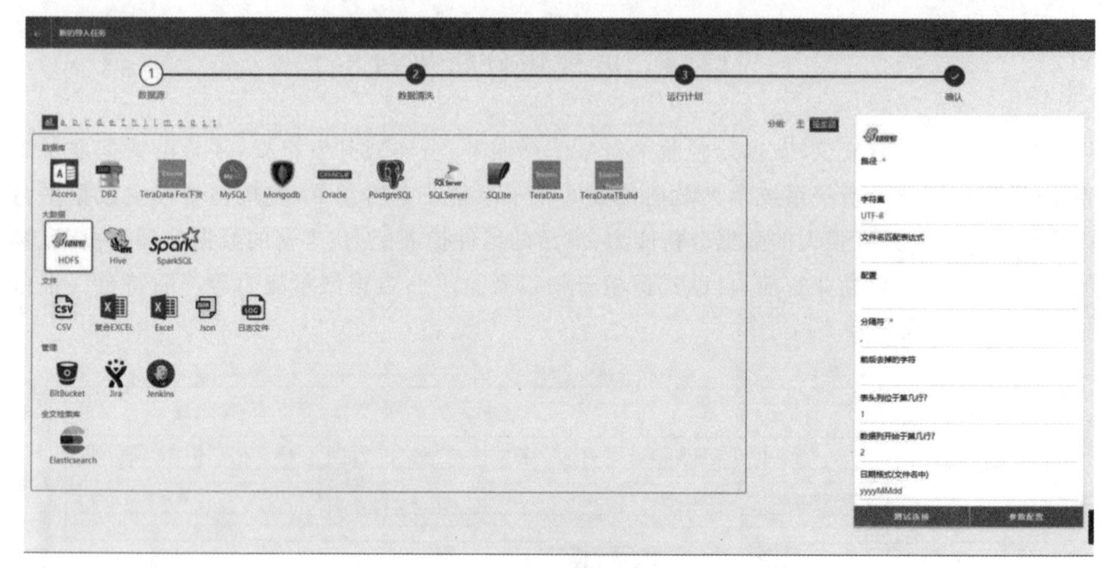

图 12-6　智能数据输入

2. 智能数据清洗与计算

针对数据接入后的数据清洗，平台提供灵活的清洗组件，可以轻松应对常见的或者代码级复杂的数据处理场景，支持对 HDFS、Hive、Spark 数据库的接入清洗。这些清洗组件包括条件表达式、数据过滤、列选择、列赋值、地址解析、唯一值校验、数值计算、逻辑规则、正则表达、Java 数据清洗等 30 多种清洗组件(图 12-7)。

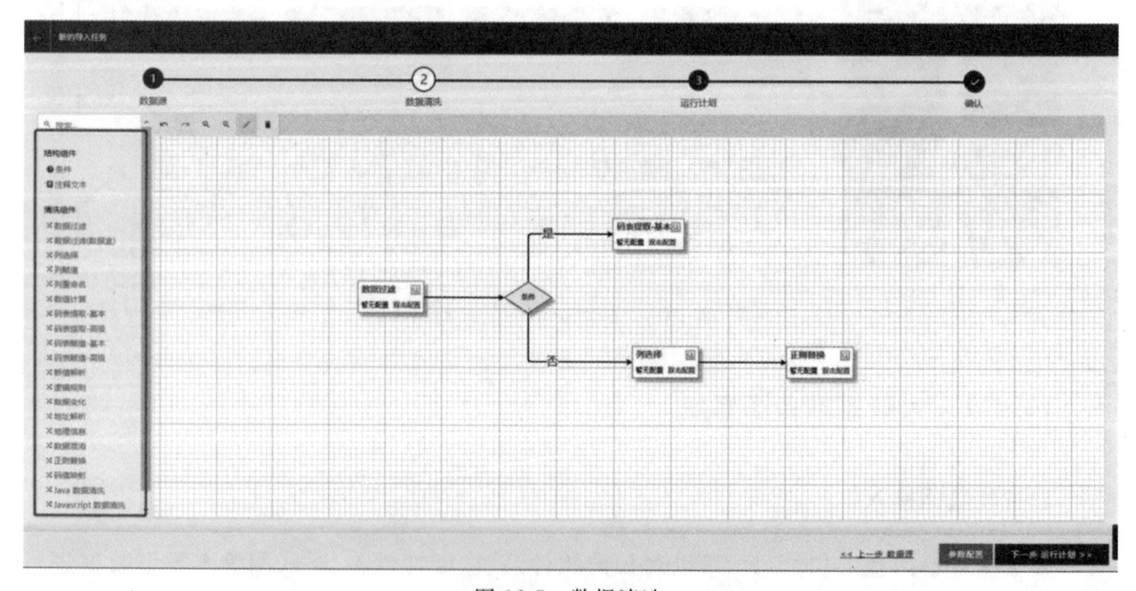

图 12-7　数据清洗

3. 数据智能存储与自然语言检索中心

数据分析产品中的数据是以索引的方式存储在 Elastic Search(简称 ES)中,ES 是一款功能强大的分布式搜索引擎,支持近实时的存储,数据搜索具有分布式、实时、稳定、可靠的特性,可保证十亿级数据的秒级查询性能表现。每一个索引使用数据盒进行管理,在数据盒中,可以实时检索抽取上来的海量数据,设置钻取路径以及复合钻取路径,设置数据归档备份,设置字段级的数据权限控制,设置接口同步任务、数据回滚等操作,保证数据的安全性和可靠性以及系统性能的稳定性(图 12-8)。

图 12-8 数据管理

当 ES 中数据量过大时,我们可以对 ES 索引中的数据进行切片管理,并对这些切片进行归档操作(图 12-9),按照日期归档进入 HDFS 中。

在查询数据时,不再需要输入复杂的 SQL 条件,也不需要定制开发很多的查询条件。系统可以使用自然语言来定义任何查询检索条件,并且可以做到亿级别的数据秒级检索响应(图 12-10、图 12-11)。

数据保留策略配置
时间范围 数量 单位
保留策略 保留间隔 保留单位
保留数量 数量
从末尾开始保留
归档数据到HDFS
确认 取消

图 12-9 数据归档

4. 计算指标构建中心

系统具备强大的复杂计算引擎,可以基于海量数据快速实时构建指标。方式包括:可输入由{统计值}、{筛选统计值}、{历史统计值},以及{当前时间}、{报告时间}、{筛选时间}、{历史时间}构成的四则运算表达式。

同时,系统支持高级图表的前端定制能力,并且完美兼容 Highcharts 和 Echarts 两种图表技术。

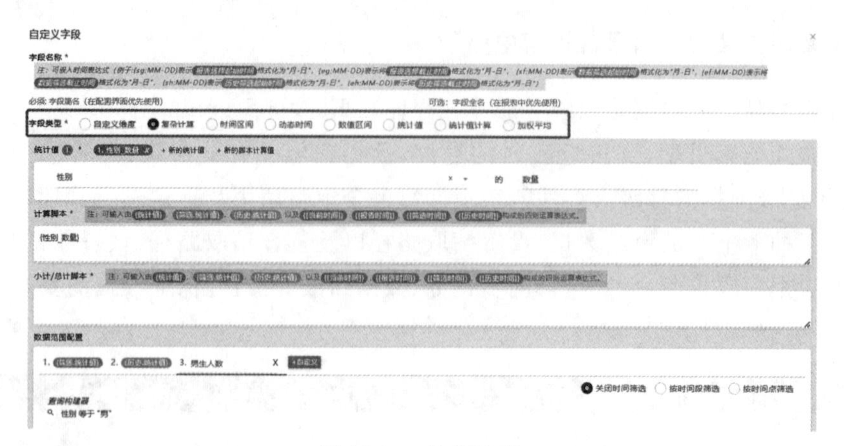

图 12-10　数据检索

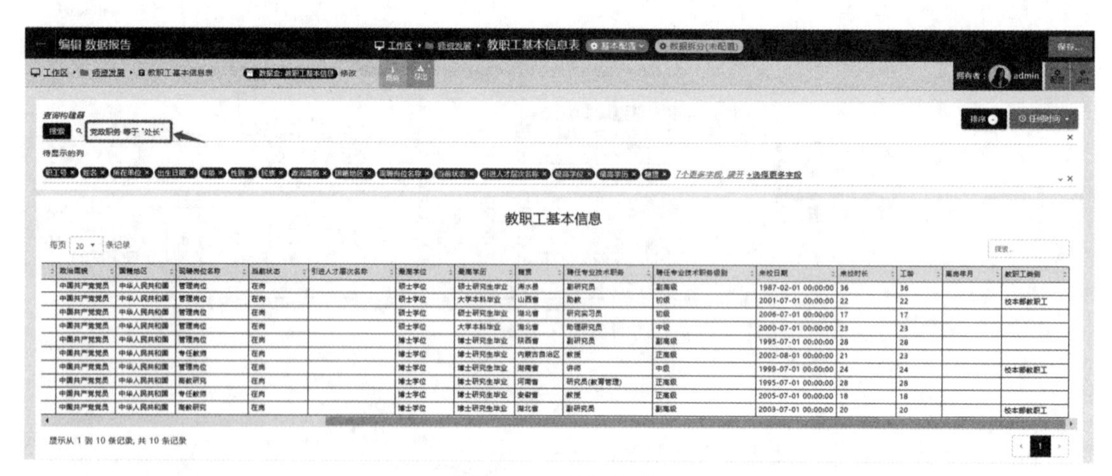

图 12-11　数据计算

12.4.2　可视化分析(BI)子系统

1. 分析图表

大数据分析平台支持丰富的分析图表类型(图 12-12),并支持以组件化的方式,以很小的开发代价定制特殊的分析图表。

图表构建的过程采用全自然语言的交互方式,完成构建描述的完形填空,即可完成一个图表的制作。图表类型中的图形可以根据数据结构自动识别可用不可用,不可用的置为灰色不可选取,同时还可以对图表的布局配置、外观模板、颜色模板等进行个性化的调整。在性能上也可以做到亿级数据,秒级响应的图表展现性能。例如构建一个饼图(图 12-13),或者一个线图(图 12-14)。

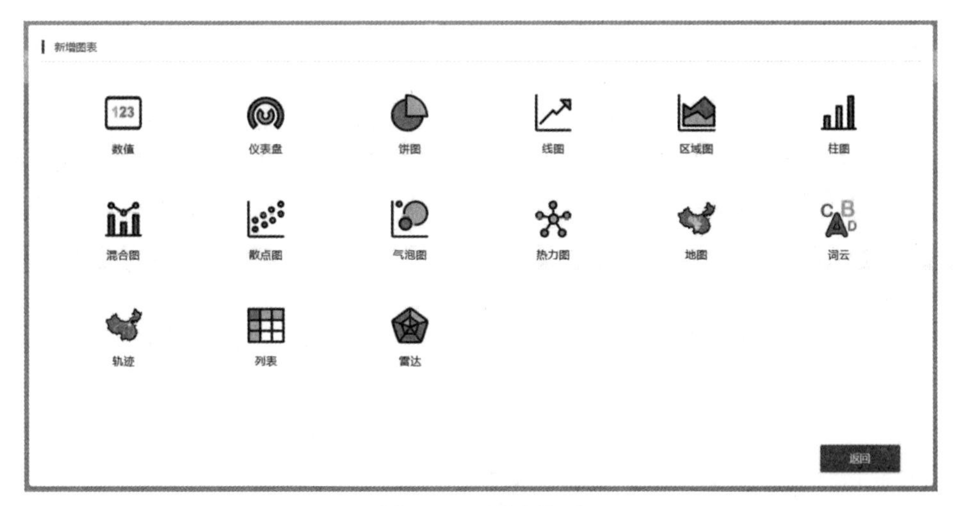

图 12-12 图表类型

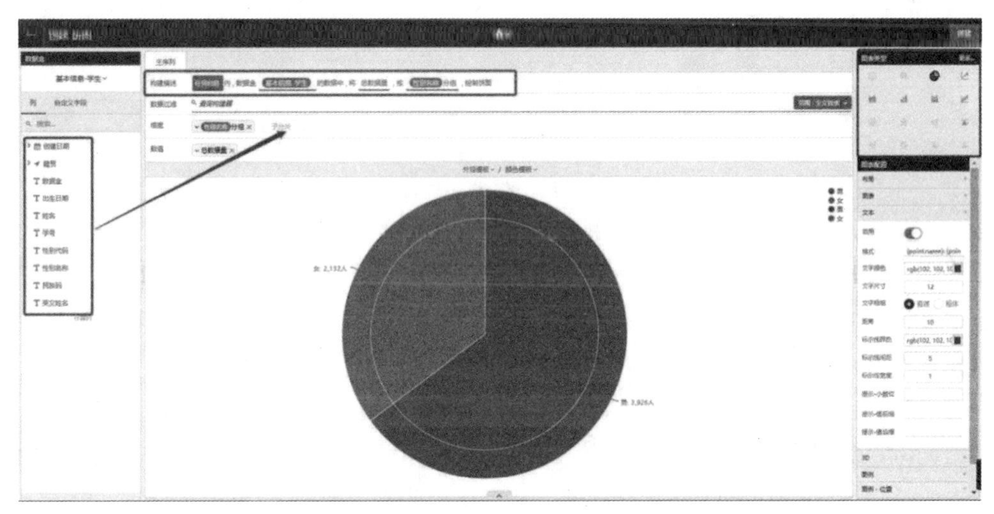

图 12-13 构建饼图

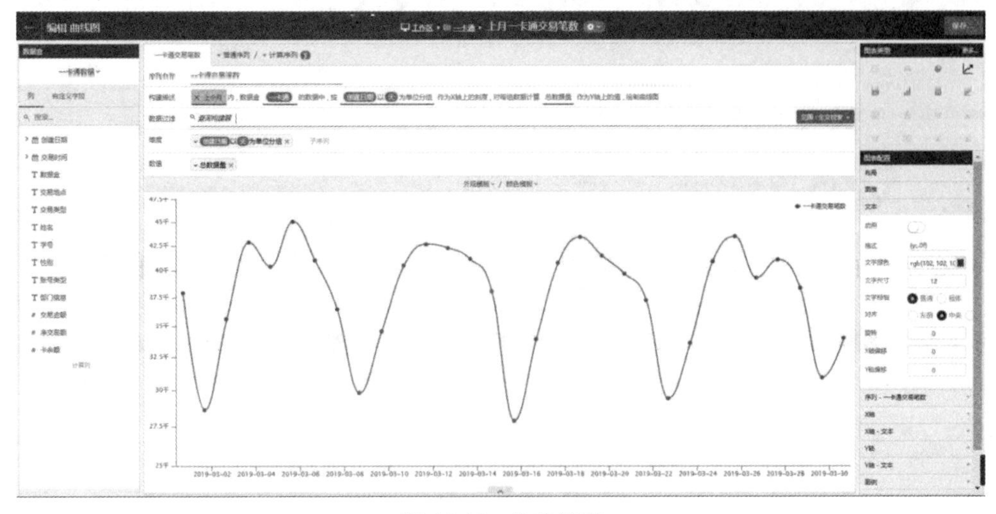

图 12-14 构建线图

2. 仪表板

仪表板作为一个分析主题，能够聚合各类图表、数据报告、图片、文本、时间、HTML 组件等，在设计模式下，可以选择自动布局，也可以选择自由布局，可以通过拖、拉、拽的方式去组合仪表板内各元素的内容(图 12-15)。

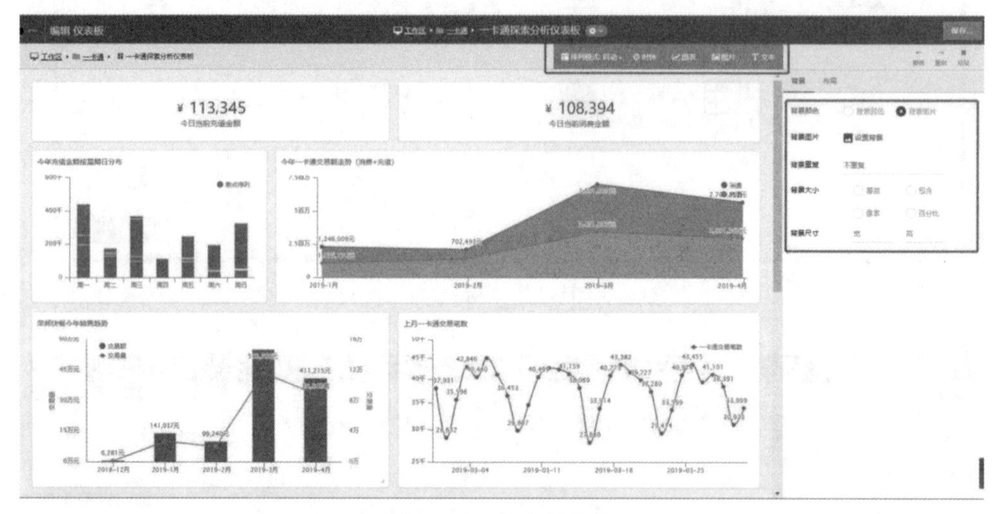

图 12-15　仪表板界面

3. 数据报告

数据报告是基于数据集创建的各类数据表格，数据报告分两类：普通报告和透视报告。

1)普通报告

数据报告界面中无“筛选 & 透视”配置的为普通报告模式，普通报告(图 12-16)主要是源数据的浏览，可以在界面上选择要显示的列/时间范围/以及使用 BQL(分析自然语言搜索)已进行数据的过滤，数据报告可以将结果保存，并导出为表格文件。

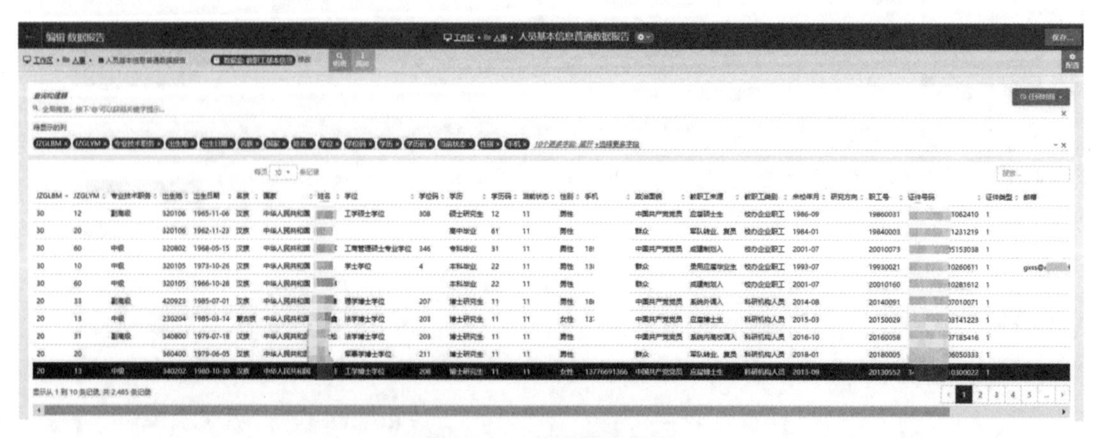

图 12-16　普通报告界面

2)透视报告

在数据报告界面点开“筛选 & 透视”界面可进行透视配置,有透视配置的数据报告为透视报告,主要应用于各类表格的上报,系统中的报告在导出后可以保留原样式(图 12-17)。

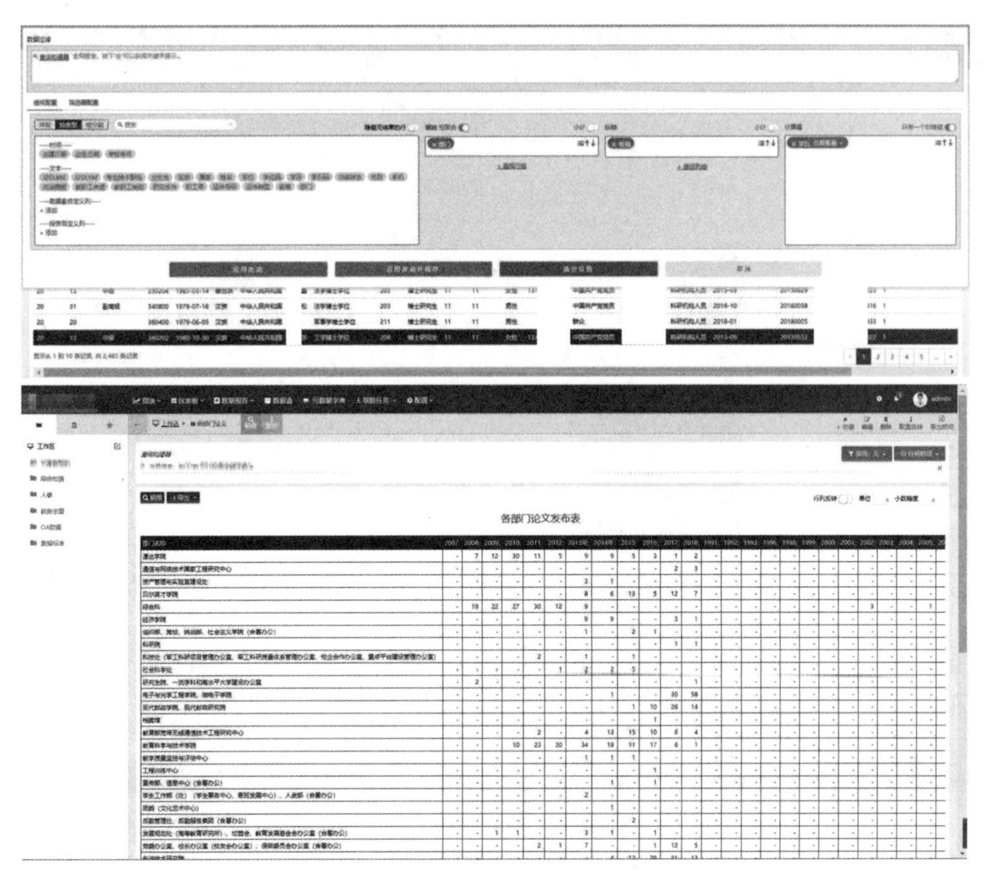

图 12-17　透视报告界面

3)数据查看/钻取/过滤

数据查看:支持在仪表板上或者图表上快速的点击查看数据并且导出(图 12-18)。

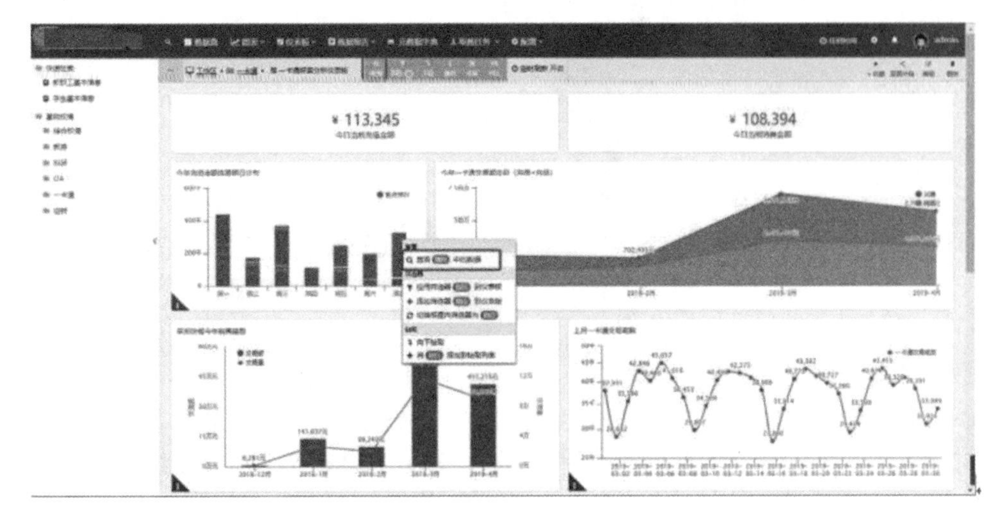

图 12-18　数据查看界面

数据钻取:仪表板或者图表中的任何部分都支持钻取工具,向当前分组字段的下一级字段进行钻取,钻取的同时还会给同一仪表板中的其他图表应用一个当前区块的数据筛选,图表即会联动变化(图 12-19)。

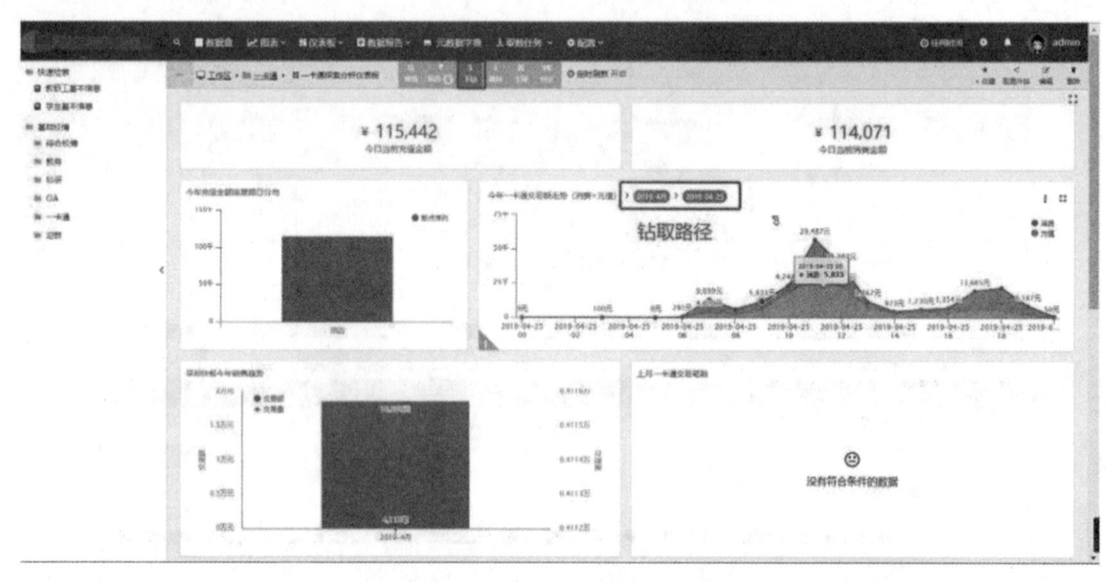

图 12-19 数据钻取界面

数据过滤:仪表板或者图表中的任何部分都可以使用过滤工具点击,向位于同一仪表板中的其他图表添加过滤条件(图 12-20)。

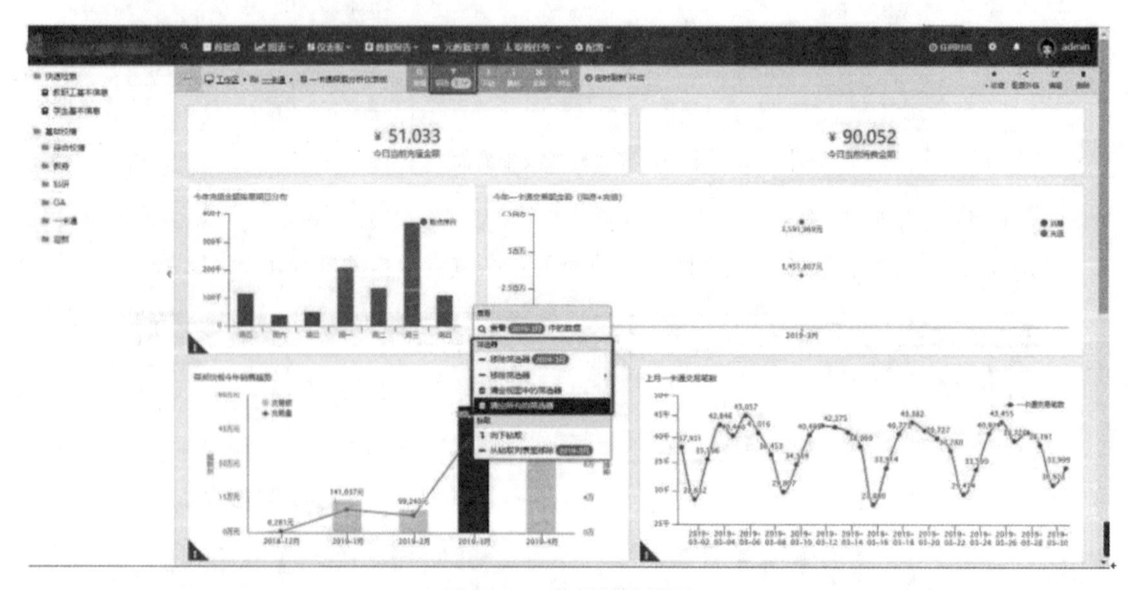

图 12-20 数据过滤界面

4)数据外链分享

数据分析平台中创建的图表/仪表板/数据报告可以公开链接的方式进行分享,公开链接可嵌入任何 Web 网站或 APP 中集成,可以快速地集成到学校的信息门户或应用系统中(图 12-21)。

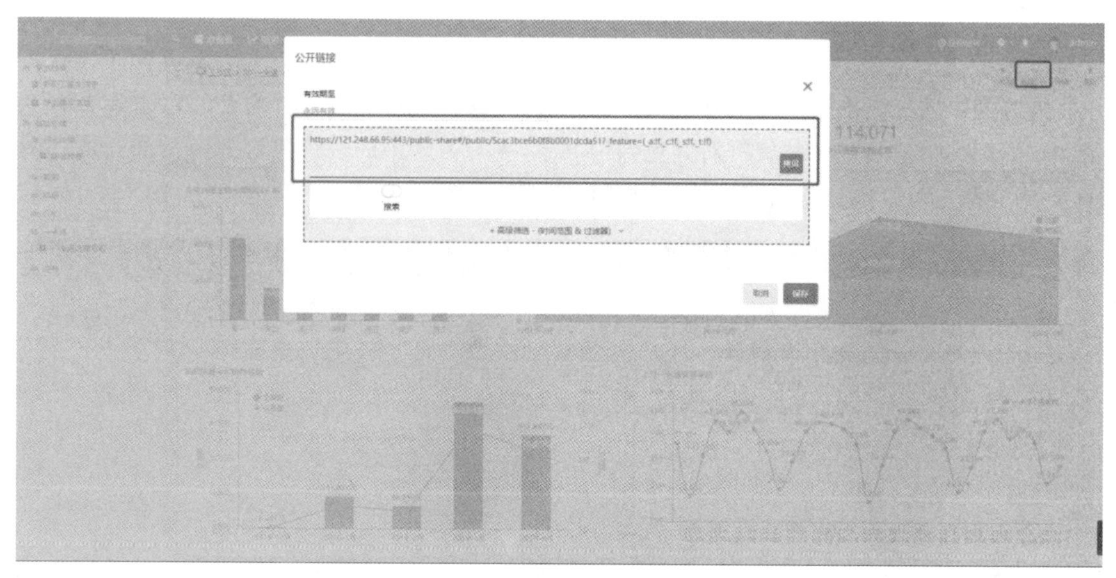

图 12-21　数据外链分享界面

12.4.3　可视化资产管理子系统

1. 个人工作区

系统支持以工作区的方式进行可视化资产的管理(图 12-22)。在工作区里面,数据盒子、仪表板、数据报告、分析图表都属于可视化的资产,这些资产可以被分享、转移、授权、复制、剪切、删除等。

图 12-22　可视化分析系统界面

2. 机构工作区

机构工作区可以按照部门来分权限管理各自部门的可视化资产,分为公开目录和私有目录(图 12-23),公开目录中的资源对其他部门共享,私有目录中的资源只对部门内部开放。同样,这些资源也可以被分享、转移、授权、复制、剪切等。

图 12-23　目录界面

3. 组织资源目录

组织资源目录作为一个虚拟的动态生成的目录可为学校各类用户提供数据看板服务。管理员通过对组织资源目录进行授权,有资源目录权限的用户,即可查看资源目录中的可视化资产(图 12-24)。

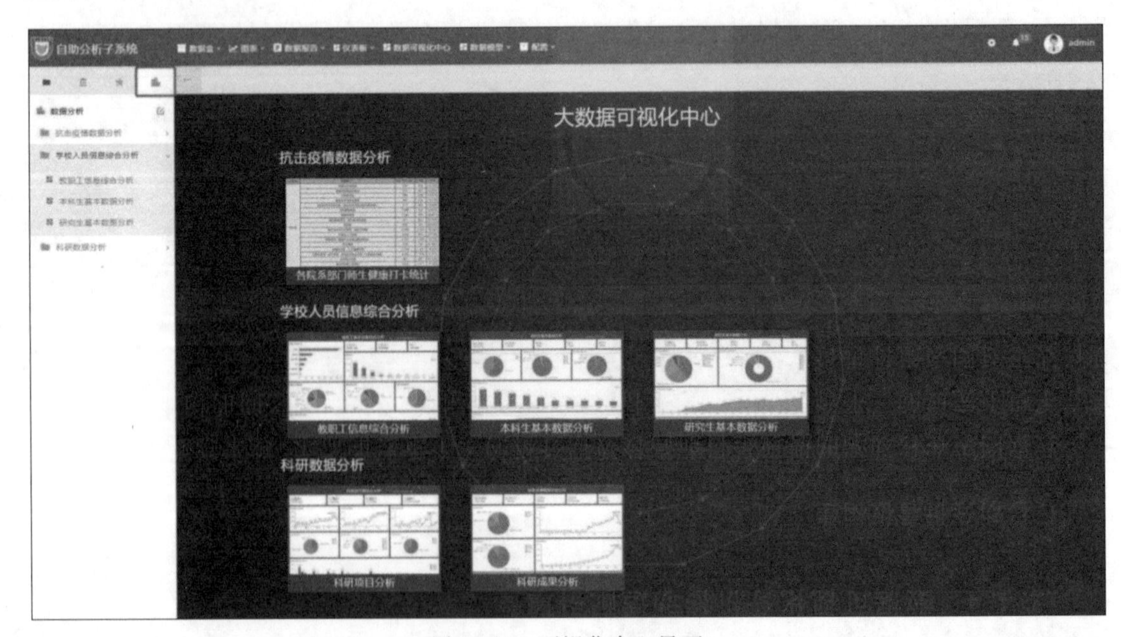

图 12-24　可视化中心界面

12.4.4 数据可视化分析移动适配引擎

1. 移动分析看板构建

数据图表在移动端的展现是目前高校数据分析的一个重要的需求,越来越多的分析场景是在手机上完成的。平台的分析看板支持 Web 仪表板和移动仪表板之间的切换,可以在移动样式下对图表组件进行布局。

图 12-25 分析看板界面

2. 移动手机在线预览功能

平台支持在各类主流手机上的效果预览,做到配置的效果所见即所得,同时,具备扫码预览功能(图 12-26)。

图 12-26 扫码预览界面

3. 移动看板发布

系统可以通过公开访问和身份登录验证两种方式进行移动看板的发布(图 12-27),系统会自动生成访问链接。此链接可以集成进微信、钉钉、移动校园 APP 等移动平台。

图 12-27　看板发布界面

12.5　数字驾驶舱建设方案

12.5.1　整体架构

数据驾驶舱建设 13 大主题,1000 余指标项,从多个维度分析详细的数据指标,展示学校各方面的发展情况(图 12-28)。

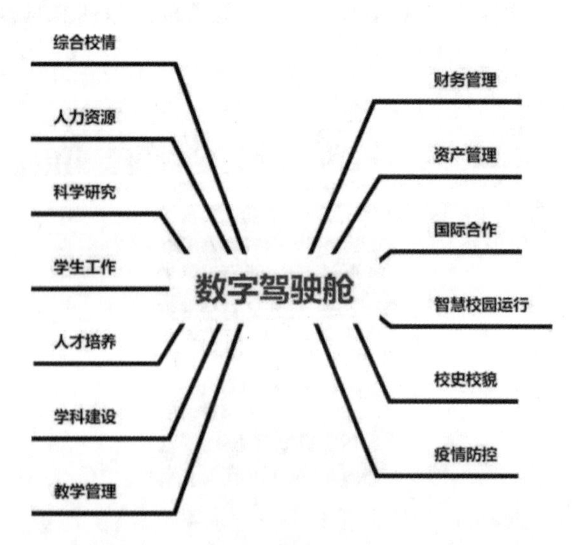

图 12-28　数据驾驶舱 13 大主题

12.5.2　综合校情专题

此专题从学校教学、科研、财务、人力资源、学生、学科建设等维度，展示学校综合运行情况，实时全面了解各业务专题的整体情况及态势(表12-1)。

表12-1　综合校情专题一览表

主题	维度	指标
财务情况	预算执行	根据学校各部门的预算金额降序展示学校各部门的部门名称、项目数量(个)、预警金额(万)、预算执行金额(万)、预算使用百分比。管理人员可以通过预算执行查看学校各部门的预算金额和预算执行金额了解该部门的经费使用百分比。在部门名称上点击对应部门可以查看该部门的项目明细、预警金额、预算执行金额明细。管理人员可以通过该处了解各部门的项目明细及金额明细
学生情况	在校生人数	在校学生人数展示了学校当前学生总人数及各类学生的人数占比、在校留学生明细及各类在校留学生的占比。鼠标悬浮在对应图表上可以查看人数详情。管理人员可以通过在校学生人数详细地了解当前学校的学生人数、各学历层次的学生人数，以及留学生总人数、各学历层次的留学生总人数
教学情况	教学详情	教学详情根据院系老师的上课情况进行统计，按上课情况的次数降序展示院系名称，图表根据年度进行统计，分别展示上学年教师上课情况和下学年教师上课情况。鼠标悬浮在图表上可以展示该学院教师上课情况的明细。管理人员可以通过教学详情了解到学校各院系教师教学的排行以及教学次数的明细
教师情况	全校教师比例	全校教师比例按教师的类型进行划分，分别展示正式在职人员、正式退休人员和临时人员的总人数。管理人员可以通过全校教师比例了解到全校教师的总人数及各类型教师的占比
	全校职称比例	全校职称比例根据学校教师的职称进行统计，展示各类职称教师的占比。鼠标悬浮在对应的图表上可以显示该类职称教师的总人数。管理人员可以通过全校职称比例了解到学校各类型的教师占比及总人数，方便进行数据汇报
	全校学位比例	全校学位比例根据学校教师的学位情况进行统计，展示各类学位的教师占比，鼠标悬浮在对应图表上可以查看该类型学位的教师总人数。管理人员可以通过全校学位比例了解到学校各类学位的教师占比及总人数
	全校年龄比例	全校年龄比例按学校教师的年龄进行统计，展示各年龄段的教师比例，鼠标悬浮在对应图表上可以展示该年龄段的教师总人数。管理人员可以通过全校年龄比例了解到学校各年龄段的教师人数占比及人数详情
科研情况	科研项目详情	可查看项目详情。管理人员可以通过项目快速了解到学校项目明细
	论文详情	可查看学校各部门发布的论文数量。管理人员可以通过论文快速了解到学校各部门发布的论文总数

续表 12-1

主题	维度	指标
科研情况	获奖详情	可查看学校各部门的获奖次数。管理人员可以通过获奖快速了解到学校各部门的获奖次数
	著作详情	可查看学校各部门的著作数量。管理人员可以通过著作快速了解到学校各部门发表的著作数量
党建情况	党员情况	可查看学校各部门的党员总数量。管理人员可通过党员总数快速了解各部门的党员总数
	党支部情况	可查看学校各部门的党支部的总数量。管理人员可通过党支部总数快速了解各部门的党支部总数
	党建活动情况	可查看学校各部门举办的活动总数、支委会数量、当日活动数量和党员大会数量。管理人员可通过活动总数快速了解各部门举办的党员活动数量详情
“十四五”建设成果展	办学条件	学校总收入(2020—2025 年历年变化)、校舍总面积(2020—2025 年历年变化)、纸质图书总量(历年对比)、电子图书总量(历年对比)、互联网出口带宽(历年对比)、校园无线网有效覆盖率(历年对比)、生均教学科研仪器设备值(历年对比)
	人才培养	全日制本科生规模(对比)、全日制硕士、非全日制硕士、全日制博士、非全日制博士、国际学生、本科生生源在各省平均位置值、国家级一流本科专业、“双万计划”本科专业比例、公开出版教材总数、国家级一流本科课程、学生对教学资源的满意度、体质测试达标率、生均周运动时长、学生参加校园艺术实践活动、参与创新创业实践活动学生比例(本/研)、国家级教学成果奖、省级教学成果奖、毕业去向落实率、本科生升学率(含出国出境)、学生获省部级以上各类竞赛奖项、学生发表高水平论文数(含专利)、用人单位对毕业生的总体满意度
	学科建设与人才队伍	教职工总数、专任教师数、专职科研人员数、管理服务人员数、学科杰出人才、学科领军人才、学科骨干人才、国家自然科学基金委创新研究群体、省部级创新团队(群体)、获省部级以上教学名师数、获省部级以上荣誉表彰教师数、获国内外重要奖项教师数、获省部级以上优秀教学团队或基层教学组织、博士学位一级学科授权点、专业博士学位授权点、交叉学科博士点、高等学校学科创新引智计划、博士后科研流动站、在站博士后人数
	科技创新与社会服务	科研到账经费总量、国家级科研项目数、国家重大重点科研项目数、重要军民融合项目数、国家级科研奖励数、省部级科研奖励数(自然科学/人文社会科学)、其他代表性科研奖励数、国家级科研平台数、省部级科研平台数、国际合作联合实验室、研究中心、出版专著数、高水平学术专著、高水平论文数、高被引论文数、国际合作论文数、重要咨询建议、专利及科研成果转化收益
	党建与文建	省级(含)以上精神文明单位、全国党建工作标杆院系、样板支部、省级党建工作先进单位、高校先进基层党组织、专兼职辅导员生师比、国内脱产培训 1 个月以上中层干部、国(境)外研修 3 个月以上中层干部、教育部校园文化建设优秀成果、高校校园文化建设优秀成果奖、校史馆、博物馆参观人数、主办或参与国内外高水平巡演、巡展、巡讲、论坛等文化交流活动

12.5.3 人力资源专题

此专题从教职工、专任教师、教师教学、教师科研等维度,全面展示学校人力资源整体情况和发展态势,为科学决策提供数据支撑,让人力资源规划更加清晰,让教师考评工作更加科学公正(表 12-2)。

表 12-2 人力资源专题一览表

主题	维度	指标
人力资源	教职工总体概况	在职在岗教职工总数量、院士数量、长江学者数量、国家杰青数量、长聘教授数量、准聘教授数量、具有博士学位的教职工比例、教职工年龄分布(35 岁以下、35～45 岁、45 岁以上)、教职工性别分布、教职工岗位类别分布(专任教师、管理、工勤技能岗等)、近五年教职工数量趋势
	专任教师分析	专任教师数量、外籍教师数量、博士生导师数量、专任教师性别分布、专任教师年龄段分布(35 岁以下、35～45 岁、45 岁以上)、专业技术职务分布(教授、副教授等)、专业技术职务级别(高级、副高级、中级等)、专任教师学位分布(博士、硕士、本科、其他)、专任教师毕业院校分布
	管理人员分析	管理人员总数(党政管理)、性别分布、各单位管理人员分布、年龄段(35 岁以下、35～45 岁、45 岁以上)、学历分布(博士研究生、硕士研究生、本科、其他)、学位分布(博士、硕士、学士、其他)、职务级别(中层正职、中层副职、主任职、其他)、职员职级分布
	在校院士	中国科学院院士数量、名单及研究方向
	杰出人才	国家“万人计划”、教育部“长江学者奖励计划”入选者、“国家杰出青年科学基金”获得者、国家优秀青年科学基金”获得者、国家“新世纪百千万人才工程”入选者、教育部“新世纪优秀人才支持计划”入选者、湖北省“高端人才引领培养计划”入选者、湖北省“新世纪高层次人才工程”入选者(第一层次、第二层次)
	非在编用工情况	劳务派遣员工人数、人才派遣员工人数

12.5.4 科学研究专题

此专题从科研项目、科研获奖、科研论文、科研专利、科研著作、成果转化、科研机构、科研团队的整体情况和变化趋势情况等维度,全面展示学校科学研究态势,为有组织的科研工作提供数据支撑,用数据说话、用数据决策,实现科研规划更加科学的目标(表 12-3)。

表 12-3 科学研究专题一览表

主题	维度	指标
科学研究	科研平台	科研平台总数量、国家级科研平台数量、部级科研平台数量、近五年科研平台成立趋势、各级别分布、国家级及省部级明细列表
	科研项目	项目总数量、纵向项目数量、横向项目数量、校级项目数量、国家级科研项目数量、省部级项目数量、近五年项目立项趋势(横、纵)、各学院立项数量 Top10(数量+金额)
	科研经费	科研经费合同总额、经费到款总额、经费到款按项目类型分布(纵向、横向)、近五年各学院经费到款趋势、近五年总经费到款趋势
	科研成果-论文	累积论文发表数量、论文类型分布(会议、期刊)、刊物级别分布、近五年发表论文趋势、各院系发表论文排行、CSSCI论文分区分布、论文引用排名
	成果获奖	获奖总数量、近五年获奖数量趋势、国家级奖项总数量、近五年获国家奖项数量趋势、省部级奖项总数量、近五年获省部级项数量趋势、获奖级别分布(国家级、省部级)、国家级奖项分布(国家最高科学技术奖、国家“三大奖”等)

12.5.5 学生工作专题

此专题从学生规模、学生成绩、学生获奖、学生资助、学生异动、学业预警、学生消费等维度,实现对学生工作的精细化的管理,提升学生管理工作质量(表 12-14)。

表 12-4 学生工作专题一览表

主题	维度	指标
学生工作	队伍建设	辅导员总人数、专职辅导员人数、兼职辅导员人数、辅导员所带学生数、各院(部)辅导员总人数、各院(部)专职辅导员人数、各院(部)兼职辅导员人数、各院(部)辅导员所带学生数、辅导员满意度(院系均值)、辅导员满意度(个人)、班主任数量、社团指导教师数量
	学生社团	学生社团数量、学生社团数量按类型分布、学生社团数量按指导单位分布、参与学生社团总人数、各学生社团人数
	资助	家庭经济困难学生数量、一般困难学生数量、特别困难学生数量、各院(部)家庭经济困难学生数量、各院(部)一般困难学生数量、各院(部)特别困难学生数量、勤工助学岗位总数、勤工助学用人单位分布、勤工助学工资发放总金额、勤工助学困难学生覆盖率、校园地贷款人数、校园地贷款金额、校园地贷款学院分布、校园地贷款学历分布
	荣誉称号	各院(部)联评及校级获奖分布
	特殊学情	三级四类学情总人数、心理学情总人数、学业学情总人数、生活学情总人数、舆情学情总人数、各院(部)三级四类学情总人数、各院(部)心理学情总人数、各院(部)学业学情总人数、各院(部)生活学情总人数、各院(部)舆情学情总人数
	就业情况	招聘单位数量、招聘单位行业分布、招聘单位性质分布、招聘单位重点领域分布、招聘信息发布数量、招聘信息受欢迎度排行、招聘会举办数量、生源数量、生源数量按学院分布、学生签约完成进度按学院分布

12.5.6　人才培养专题

此专题分为本科生人才培养和研究人才培养两大主题(表12-5)。

表12-5　人才培养专题一览表

主题	二级页面	三级指标
人才培养-本科生	学生概况	本科生总数据量、男女生比例、年龄段分布、年级分布、少数民族分布、大二及以上各学院学生人数分布、专业集群、专业类、专业人数分布、应届毕业生毕业率
	课程建设与教学质量	本学期开课课程数量、生均课程门数、国家级一流课程数量、省级一流课程数量、国家级精品课程、国家精品资源共享课、国家精品视频公开课、省级精品在线开放课程、校管核心课程建设数量、创新创业类课程数量、文化素质类课程数量、高水平学者共建课、学校在线开放课程/SPOC、线上线下混合式课程、课程思政教改、国家、省部级虚拟仿真实验教学项目情况、教授给本科生授课数量、英语四、六级通过率(毕业生累计)、获评国家级教学名师情况、获评省级教学名师情况、获评校教学贡献奖情况、专业评估认证情况、毕业生对本科教学组织安排的满意度、毕业生对授课教师的整体满意度
	国际化	国际暑期学校举办个数及参与学生数、境外联合培养学生数量、全英文授课门数、较上年新增情况
	学生创新	学生参加大学生创新创业训练计划国家和省级人数、学生获省级三等奖及以上各类竞赛获奖学生数
	本科教学运行数据	实时课表数据、实时考试课程
	专业建设	一流专业建设点数量、近五年新型辅修专业数量、近五年新专业数量、国家级高等学校特色专业建设点、教育部卓越工程师教育培养计划专业、基础学科拔尖学生人才教育培养计划、国家综合改革试点专业、国家级一流专业建设点、省级一流专业建设点、工程教育专业认证通过专业
	教材建设	“十一五”国家级规划教材、“十二五”国家级规划教材、数学课程
	项目建设	国家级教改项目(教育部、中国高等教育学会、中国建设教育协会、中国高等教育学会大学素质教育研究分会等)、省部级教改项目(湖北省高等教育教学改革研究项目、湖北省教育科学规划课题等)
	成果建设	国家级教学成果奖、省级教学成果奖
	教师教学发展	课程思政教育教学改革项目数量、省课程思政建设示范课程、教学名师及教学团队数量、国家级、省部级教学团队数量、国家级、省部级教学竞赛获奖数量

续表 12-5

主题	二级页面	三级指标
人才培养-研究生	教育基本情况	博士学位授权一级学科数量、硕士学位授权一级学科数量、当前博士生导师数量、当前硕士生导师数量、近五年博士生导师数量分布、近五年硕士生导师数量分布、专职博士生导师年龄结构分布(65 岁及以上、61～64 岁、51～60 岁、41～50 岁、40 岁及以下)、在校博士生数量、在校硕士生数量、来华留学研究生数量、各年级在校研究生数量分布、博士生课程类别数量分布(公共学位课、学科核心课、选修课)、硕士生课程类别数量分布(公共学位课、学科核心课、选修课)
	招生工作	本年招收硕士生人数、其中全日制人数、其中非全日制人数、本年全日制硕士生报录比、近五年硕士招生按培养方式分布(全日制、非全日制)、近五年硕士生招生按校区分布、近五年招收全日制硕士生数量按来源分布、近五年全日制硕士生生源质量百分比分布(全国统考、本校推免、外校推免)、本年招收博士生人数、其中全日制人数、其中非全日制人数、近五年录取博士生人数按招生方式分布(推荐攻博、硕博连读、直接攻博、申请考核)、近五年录取博士生比例按招生方式分布(推荐攻博、硕博连读、直接攻博、申请考核)、近五年录取博士生的硕士毕业学校按百分比分布、近五年录取博士生的本科毕业学校按百分比分布
	硕士研究生培养	硕士生课程总门数、其中实验课程门数、思政课程数量、研究生跨院选课人次、高水平任课教师人数、授予硕士学位总人数(分为学术学位人数、专业学位人数)、研究生课程按学院分布、思政课程按学院分布、实验课程按学院分布、培养方案按学院分布、跨院选课硕士生人次按年度分布、硕士生高水平任课教师人数按各单位分布、硕士学位授予按类型分布
	博士研究生培养	博士生综合考评黄牌比例、博士学位论文当期开题率、审核学位论文总数量、其中未通过审核数量、校优博学位论文数量、本年发表论文总数、其中 SCI 数量、其中 EI 数量、各学院综合考评黄牌分布、未通过论文按学院分布、校优博按学院分布、近五年发表学术论文及获奖情况趋势、近五年博士生毕业比例趋势
	教育国际化	本年公派研究生数量、博导短期出国交流人数、博士生短期出国访学项目资助人数、本年度留学研究生人数、其中硕士研究生人数、其中博士研究生人数、公派研究生比例按学院分布、攻读博士学位研究生人数按留学国别分布、联合培养博士研究生人数按留学国别分布、博导短期出国人数按学院分布、博士生出国访学人数按年度分布、各年度留学研究生博士硕士招生数量趋势
	教育研究工作	本年课题立项数量、本年中期验收通过数量、本年结题验收通过数量、本年获校级研究生教育成果奖数量、不同课题来源教育改革研究课题立项数量分布、校级研究生教育成果奖数量按单位分布、各学院获批研究生教改项目分布、各单位项目结题验收通过项目数量分布、近五年项目结题验收延期率按级别分布(省级教改项目、校级教改项目)

12.5.7　学科建设专题

此专题从学科概况、人才培养质量、师资队伍、高层次人才、平台资源、科研成果与转化、科研项目与获奖、社会服务、学科声誉等方面进行描述(表12-6)。

表12-6　学科建设专题一览表

主题	二级页面	三级指标
学科建设	学科概况	学科概况、第四轮学科评估档次、第四轮学科评估排名、第四轮学科评估位次百分比、ESI前1%学科、年度划拨学科建设经费、现有博士授权一级学科点、现有硕士授权一级学科点
	人才培养质量	培养过程:出版教材数量、国家线上一流课程数量、国家虚拟仿真实验教学一流课程数量、国家教学成果奖数量、研究生教育成果奖数量、教学质量满意度按学期分布、历年赴境外联合培养(攻读学位)学生数量、历年赴境外参加学术会议学生数量、历年来华留学生数量、授予博士学位人数量、授予硕士学位人数量、师均博士学位授予数量、全国百优博士论文获得者数量、全国百优博士论文提名者数量、中外合作办学项目数量、出境交换生人数、军队教学成果奖数量、省级教学成果奖数量、研究生教育成果奖数量、国家级教学成果奖数量
		在校生情况:在校生代表性成果数量、在校生代表性成果类型分布、历年国家级博士论文抽检通过率
		毕业生情况:历年学生就业率、就业形势分布、综合就业率、硕士就业率、历年用人单位满意度
	师资队伍	当前专任教师数量、具有境外经历教师数量、生师比、获得博士学位教师数量、聘请长期外籍教师数量、教授数量、副教授数量、讲师数量、助教数量、专任教师年龄分布、专任教师学历分布、专任教师职称分布、专任教师学缘分布、教师团队数量、教师团队类型
	高层次人才	两院院士数量、长江学者数量、国家杰出青年科学基金获得者数量、国家优秀青年基金获得者数量、国家中青年科技领军人才数量、国家基金委创新研究群体数量、青年长江学者数量、青年千人数量
	平台资源	支撑平台数量、支撑平台级别分布、重大仪器设备与实验装置数量
	科研成果与转化	累积论文发表数量、论文类型分布(会议、期刊)、历年发表论文趋势、收录期刊类型分布、专利总数量、专利类型分布(发明、外观、实用新型)、专利转化数、历年发明专利转化数量趋势、历年发明专利转化金额趋势
	科研项目与获奖	科研项目总数量、国家级科研项目数量、省部级项目数量、历年项目立项数量趋势(横、纵)、科研项目级别分布(国家级、省部级等)、科研项目获奖数量、历年科研项目获奖数量趋势、科研项目获奖类型分布(最高奖、"三大奖"等)、科研项目获奖级别分布(国家级、省部级等)、社会服务典型案例、受到领导批示提案数、重大场合讲授学科知识、受到领导采纳的意见数
	社会服务	社会服务和文化传承创新数量、社会服务和文化传承创新贡献学科类别分布、科研成果转换收益
	学科声誉	代表性教师数量、代表性学生数量、代表性成果数量、在国际学术组织和机构中任职数量、在国际学术组织和机构中任职人员分布

12.5.8 教学管理专题

此专题从各学科专任教师、课程、学科、生师比、学生成绩、获奖等维度,展示学校教学工作的整体态势,及时发现教学工作中的问题、及时调整,从而不断提升教学工作质量(表 12-7)。

表 12-7 教学管理专题一览表

主题	二级页面	三级指标
教学管理	教师队伍结构	专任教师数:专任教师数、各院系专任教师数分布、各学科专任教师数分布; 占比分析:生师比、各院系生师比、高级职务教师占专任教师的比例、硕士学位教师占专任教师的比例、博士学位教师占专任教师的比例、双师型教师占专任教师的比例; 组织保障:专职辅导员师生比、专职就业指导教师和专职就业工作人员与应届毕业生的比例、专职心理健康教育教师师生比
	课程分析	课程门数:课程门数、精品课程数、双语课程门数; 课程分布:各院系课程数分布、各类型课程门数分布; 平均学时数:平均学时数、各类型课程平均学时数
	学科分析	学科数、各院系学科数分布、重点学科数
	专业培养方案及学分结构	专业:专业数、国家特色专业个数、国家综合改革试点专业个数、省部级优秀专业个数; 学分及实习:专业平均总学分、专业平均实践教学学分比例、人文社科类专业实践教学学分占总学分比例、理工农医类专业实践教学学分占总学分比例、师范类专业教育实习周数
	教学基本设施	生均教学科研仪器设备值、新增教学科研仪器设备所占比例、实习实训基地数、实习实训基地中心数、百名学生配教学用计算机台数、百名学生配多媒体教室和语音实验室座位数、教学用计算机台数、多媒体教室和语音实验室座位数
	图书资料	生均图书、图书总数、生均年进书量、当年新增图书量
	校舍、运动场所、活动场所及设施建设与利用	生均占地面积、占地面积、生均教学行政用房、教学及辅助用房及行政办公用房面积、生均学生宿舍面积、学生宿舍面积、生均运动场面积、运动场面积
	经费投入	教学经费投入金额、教学经费投入历年趋势、生均年教学日常运行支出金额
	挂科/退学	挂科:挂科学生数、挂科学生数历年趋势、各院系挂科学生数分布、各专业挂科学生数分布、各年级挂科学生数分布、挂科学生数按班级排名 Top10、挂科门数按个人排名 Top10; 退学:退学学生数、退学学生数历年趋势、各院系退学学生数分布、各专业退学学生数分布、各年级退学学生数分布

续表 12-7

主题	二级页面	三级指标
教学管理	学生竞赛获奖	学生竞赛获奖数:学生竞赛获奖数、学生竞赛获奖数历年趋势; 学生竞赛获奖数分布:学生竞赛获奖数按竞赛级别分布、学生竞赛获奖数按院系分布、学生竞赛获奖数按专业分布、学生竞赛获奖数按年级分布
	学生科研成果	发明专利:学生发明专利数、学生发明专利数历年趋势; 论文:学生论文数、学生论文数历年趋势; 科研项目:学生科研项目数、学生科研项目数历年趋势
	学生证书考试	参加人次、各类型考试类型参加人数分布、通过人次、各类型考试类型通过人数分布、通过率、各类型考试通过率、参加人次历年趋势、通过人次历年趋势
	科研教材和教改课题建设	科研教材:科研教材数、科研教材数历年趋势、各院系科研教材数分布、各学科科研教材数分布; 教改课题:教改课题数、教改课题数历年趋势、各院系教改课题数分布
	教学成果	教学成果获奖数、教学成果获奖数历年趋势、各院系教学成果获奖数分布、教学成果获奖数按个人排名 Top10

12.5.9　财务管理专题

此专题从资产负债统计、收入统计、支出统计、财政预算执行、校内预算收入和支出、学费收缴等方面进行了描述(表 12-8)。

表 12-8　财务管理专题一览表

主题	二级页面	三级指标
财务管理	资产负债统计	资产总额、流动资产、非流动资产、负债总额、流动负债、非流动负债、净资产
	收入统计	收入合计、收入项分布(财政拨款收入、事业收入、上级补助收入、基建收入等)
	支出统计	支出总额、支出类别分布(工资福利、商品和服务、资本性支出等)
	财政预算执行	合计收入(上年结转+本年预算)、上年结转收入、本年预算收入、合计支出(累计支出)、其中本年支出、合计余额、其中本年余额、累计执行比例、本年执行比例、各项目类别预算执行比例(累计和本年)(基本支出、项目支出)、基本支出按预算科目执行比例(高等教育、住房公积金、购房补贴)、项目支出按预算科目执行比例(高等教育、科学技术、基本建设、其他拨款)、财政预算按各部门统计收入、支出及余额(部门 1、部门 2、部门 3 等)、财政预算按部门统计预算执行比例(累计、本年)(部门 1、部门 2、部门 3 等)

续表 12-8

主题	二级页面	三级指标
财务管理	校内预算收入	预计总收入、实际总收入、累计完成比重、各项目类别预算收入完成比重(财政拨款、教育事业收入、回收经费、其他收入等)
	校内预算支出	预计总支出、实际总支出、累计执行比例、各项目类别预算支出执行比例(公用经费、人员经费)公用经费支出执行比例(运行经费、转拨费、教学经费、科研经费等)人员经费支出执行比例(在职职工经费、离退休经费、学生经费、其他人员)
	学费收缴	本年学费应收、本年学费已收款、本年学费待收金额、本年学费当前收缴率、本年欠费学生数量、近五年学费收缴率、欠费学生数量按学生类别分布、(本科生、硕士研究生、博士研究生)、欠费学生数量按年级分布、欠费学生数量按院系分布

12.5.10 资产管理专题

此专题从国有资产、固定资产、公房信息、后勤水电、大仪设备等方面,展示学校资产使用、配置情况,提高国有资产的运行效率(图 12-9)。

表 12-9 资产管理专题一览表

主题	二级页面	三级指标
资产	资产概述	资产总额、资产总额历年趋势、固定资产额、固定资产额历年趋势、总建筑面积、建筑面积按建筑物占比分布、总建筑使用面积、使用建筑面积按建筑物占比分布、占地面积、各校区占地面积分布
	重点固定资产	各教学楼使用年限对比、各场馆使用年限对比、各图书馆使用年限对比、各食堂使用年限对比、各校舍使用年限对比、各教学楼购置金额对比、各场馆购置金额对比、各图书馆购置金额对比、各食堂购置金额对比、各校舍购置金额对比、各教学楼折旧金额对比、各场馆折旧金额对比、各图书馆折旧金额对比、各食堂折旧金额对比、各校舍折旧金额对比
	实验室发展与投入	实验室个数、实验室个数历年趋势、新增实验室个数、新增实验室个数历年趋势、实验室投入金额、实验室投入金额历年趋势
	仪器设备	仪器设备总值、各类型仪器设备总值分布、当年新增仪器设备占比、3 年内仪器设备维修次数 Top10、使用次数按科研仪器设备排名 Top10
	教室及使用情况	教室(间)、普通教室(间)、多媒体教室(间)、多媒体教室使用次数、各多媒体教室使用占比分布
	校舍	校舍(栋)、新增校舍(栋)、各类型校舍占比分布、入住率、各楼栋入住率对比
	计算机	计算机总数(当年)、教师用电脑台数(当年)、学生用电脑台数(当年)
	图书情况	图书总量(当年)、历年新进图书(册)、各类型图书分布(当年)
	其他	档案总量、标本类型分布、标本总量、各类型标本总量、家具、用具、装具情况呈现

12.5.11 国际合作专题

此专题从人才培养、科学研究等方面描述了如何进行国际合作及管理(表 12-10)。

表 12-10 国际合作专题一览表

主题	二级页面	三级指标
国际合作	人才培养的国际化指标	留学生(外籍本科生、硕士生、博士生和交流生数目)、学生出国交流(学校联合培养研究生数、长期交流学生数、短期交流学生数)、国际化课程建设(授课语言、课程内容、课程结构、课程管理、教材建设)、学生获奖情况(学生获国外奖项以及外籍学生获中国奖项)
	科学研究的国际化指标	国际(港澳台)科研合作项目(项目数与经费)、引智项目(项目数与经费)国际化平台或基地(引智平台)国际合作联合实验室、基地或研究中心(与境外科研机构联合实验室等)
	师资队伍的国际化指标	留学归国人员、外籍教师、境外学者来访、教师出境交流、国际交流人员频次
	国际影响力指标	合作协议、联合发表论文、国际会议、邀请报告、国际任职、国际合作获奖情况、参与制定国际标准

12.5.12 智慧校园运行专题

智慧校园运行专题包含内容如表 12-11 所示。

表 12-11 智慧校园运行专题一览表

主题	二级页面	三级指标
智慧校园运行	网上办事大厅	业务办理全国地图展示、今年办理地区分布、总办理量/今年办理量/今日办理量、满意率、办结率、办理时间分布、终端类型、服务数量、服务效率
	数据治理监控台	治理业务部门情况、治理业务系统情况、建设主题数据集情况、基础数据库现有表情况、建设代码集情况、表确权量、当前数据总量、当前共有数据项数量、字段注释率、当前运行入基础数据库接口总数、当前开放 API 接口数、当前支持应用运行数、当前活跃应用 Top10、近 30 天最不活跃应用 Top10、数据质量报告呈现
	网络覆盖情况	二级指标、网络覆盖地点(AP)数、网络覆盖面积、网络覆盖建筑物明细
	网络拦截	攻击源排名、攻击行为排名、攻击目的排名、实时攻击日志
	网络预警	当前在线数、历史最高在线、主要分布区域、接入方式、攻击源排名、攻击行为排名、攻击目的排名、实时攻击日志

续表 12-11

主题	二级页面	三级指标
智慧校园运行	用户上网分析	上网时长、人均上网时长、上网流量、人均上网流量、图书馆上网情况、宿舍上网情况、教学楼上网情况、上网时段分布、晚 12 点后上网情况
	当前带宽使用情况	总包数量、广播包数量、总带宽、已使用带宽
	无线网络分析	AC 数、在线 AC 数、离线 AC 数、各 AC 管理 AP 数、当月日均 AC 总流量、日均 AC 上行流量、日均 AC 下行流量、日均 AC 总流量趋势、AP 数、在线 AP 数、离线 AP 数、每日离线 AP 数趋势、当日 AP 掉线次数排名、各楼宇 AP 数分布、各楼宇放装式 AP 数分布、各楼宇面板式 AP 数分布、各楼宇有线上线人数趋势、各楼宇无线上线人数趋势
	IDC 机房监控台	资源总览、资源利用 Top5、设备状态概览、异常应用系统、应用概览、应用系统状态、操作系统比例总览,圆环图、数据库比例总览、中间件比例总览、平均繁忙度、响应时间、平均响应时间、平均可用率、系统繁忙度 Top15
	网站群监控台	今日总访问量、站点运维、内容发布、访问动态、安全趋势
	校园卡	食堂消费总量、食堂消费 Top5、食堂消费窗口 Top5、超市消费 Top5、校区消费情况,校园地图、校园卡总量,按类型分、充值渠道及数量、消费场景统计
	统一身份认证	昨日/今日用户访问量、30 日内访问量、当日登录教职工状态统计、当日登录学生状态统计、当日浏览器访问类型数量、当前在线用户数、系统总用户数、访问人次、系统总数、运行时间、历史单日最高访问量、开启状态、访问量,部门 Top10、访问量,系统 Top10、访问人数前十的省份、用户系统统计、用户类型统计、认证负载监控、登录异常监控、疑似攻击 IP 列表、当日异动监控、当日异动账号列表、接口调用监控、登录异常预警
	一张表	基础数据库对接情况呈现、离线数据采集情况呈现、离线数据采集分类等
	门禁	当前入校人员(近 10 分钟)、当天入校情况
	自助终端监控	校园地图数量展示、总用户数、总打印数、业务总数、业务部门、终端总数、打印机位置及数量、打印机位置及状态、各部门服务总量占比、累计打印量(近 12 月)、打印使用趋势、学院打印量排行、设备故障统计、消费类型占比、各部门收费次数、打印消费金额(近 7 天)

12.5.13 校史校貌专题

校史校貌专题内容见表 12-12。

表 12-12　校史校貌专题一览表

主题	二级页面	三级指标
校史校貌宣传看板	历史迁址图	地图呈现:校址变迁
	历史迁移	呈现历史校名变化及管理单位
	历史瞬间	呈现国家级领导到学校考察的资料
	历史大事件	呈现学校历史发生的大事件
	历史学校风貌变化轮播	搜集整理学校的历史照片,进行轮播呈现
	卓越贡献者	需要宣传部、组织部配合梳理对学校的发展有卓越贡献的人,并轮播呈现
	学校整体地图	呈现学校整体校貌,各个建筑下钻查看详情介绍

12.5.14　疫情防控专题

疫情防控专题内容见表 12-13。

表 12-13　疫情防控专题一览表

主题	展示维度	展示内容
防疫看板	今日出入校情况汇总	出入校总人数/人次、进校总人数/人次、出校总人数/人次、主要监控点位实时视频、校外人员入校列表(关键信息脱敏)、出入校人员单位分布
	今日人群分布	今日人群分布热力图,查询不同时间段的热力分布图
	近一周各门禁出入概况	查询不同区域的门禁出入情况
	出入高频区域统计	按人员类型统计、维度分近 1 周、近 15 天、近 30 天

12.6　建设成效

数据驾驶舱一期建设 9 个主题,其中 3 个一级首页(校况、校貌、校情),6 个二级主题页(学生、人力资源、科研、资产、教学、疫情),并对 6 个二级主题进行三级分析页和四级详情页的细粒度展示(图 12-29)。

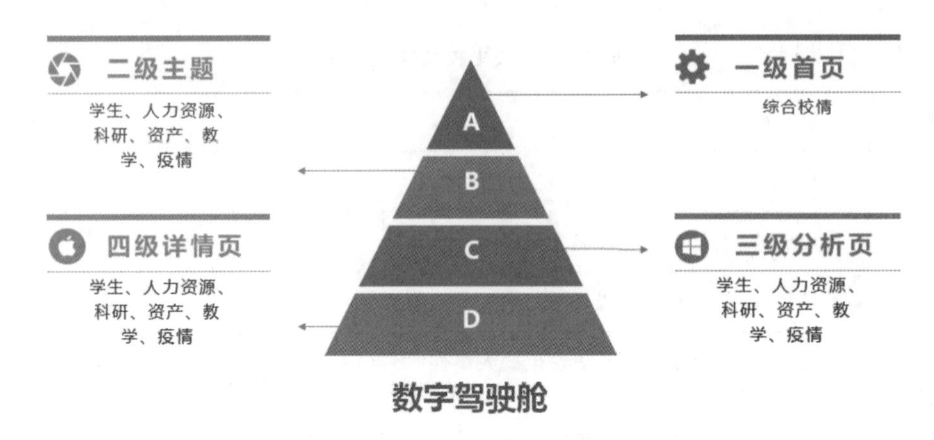

图 12-29　数字驾驶舱一期建设图

12.6.1　一级首页

数字驾驶舱首页全面呈现学校各业务主题的概况，让学校师生能实时全面了解学校各核心部门工作的情况，支持根据用户实际需求进行 UI 风格、主题及分辨率的定制。

综合校情主题全面展示学校概况的各项核心指标，包括但不限于学科及专业设置、教职工情况、学生情况、办学条件、科研情况等方面，支持根据用户实际需求自定义展示指标，支持自定义 UI 风格等内容。主题设计如图 12-30 所示。

图 12-30　校况主题设计图

12.6.2 二级主题

主题大屏展示各主题的核心业务指标,让师生能实时全面了解某个业务主题的整体情况及态势,支持根据用户实际需求进行 UI 风格、主题及分辨率的定制。

1. 学生

学生主题全面展示学生管理工作的各项核心指标,包括但不限于学生规模、学生成绩、学生获奖、学生资助、学生异动、学业预警、学生消费等方面,支持根据用户实际需求自定义展示指标,支持自定义 UI 风格等内容。主题设计如图 12-31 所示。

学生主题实时全面展示学生管理工作的各项核心指标,全量、全方位的学生数据展示辅助管理者实现科学决策和精细化的管理,提升学生管理工作质量。

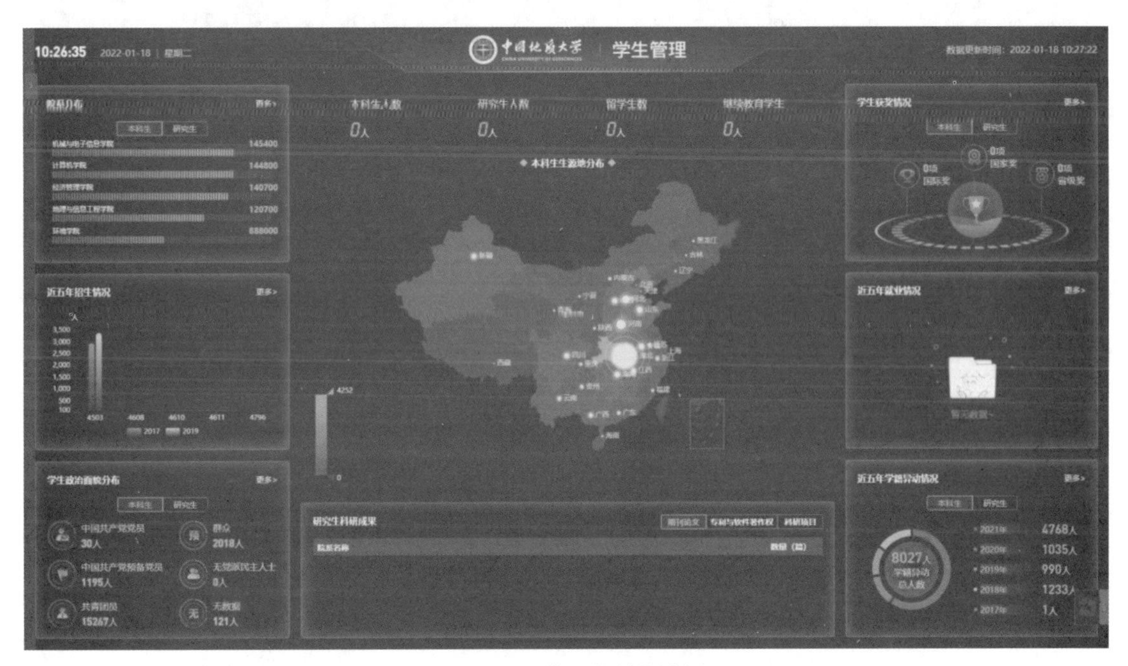

图 12-31 学生主题设计图

2. 人力资源

人力资源主题全面展示学校人事业务的各项核心指标,实时展示学校人事整体情况及变化趋势。人力资源主题分析维度包括但不限于:教职工、专任教师、教师教学、教师科研等,支持根据用户实际需求自定义展示指标,支持自定义 UI 风格等内容。主题设计如图 12-32 所示。

全面展示学校人事业务各项指标的态势,为领导的科学决策提供数据支撑,从而让高校人事建设规划更加清晰明确,让教师考评工作更加科学公正。

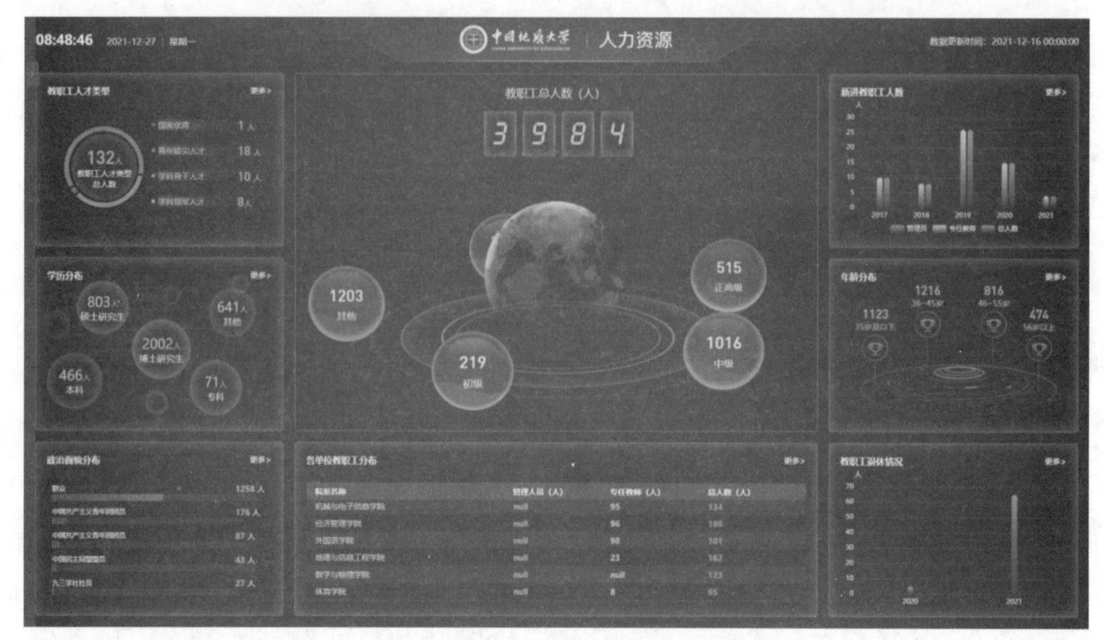

图 12-32　人力资源主题设计图

3. 科研

科研主题展示学校科研项目、科研获奖、科研论文、科研专利、科研著作、成果转化、科研机构、科研团队的整体情况和变化趋势情况，支持根据用户实际需求自定义展示指标，支持自定义 UI 风格等内容。主题设计如图 12-33 所示。

全面展示学校科研态势，为领导在重大科研计划及课题的部署规划上提供强有力的数据支撑及佐证，辅助领导用数据说话、用数据决策、实现基于数据管理。

4. 资产

资产主题展示学校资产的各项核心指标，展示学校资产的整体态势情况。资产主题分析维度包括但不限于国有资产、固定资产、公房信息、后勤水电、大仪设备等方面，支持根据用户实际需求自定义展示指标，支持自定义 UI 风格等内容。主题设计如图 12-34 所示。

资产主题展示学校资产情况及相关设备使用率。

5. 教学

教学主题展示学校教学的各项核心指标，展示学校教学的整体态势情况。教学主题分析维度包括但不限于各学科专任教师数、专业课程开设分析、优势专业分析、专业培养方案学分结构、各院系单位生师比、学生挂科情况、学生竞赛获奖等方面，支持根据用户实际需求自定义展示指标，支持自定义 UI 风格等内容。主题设计如图 12-35 所示。

教学主题全面展示学校教学工作的整体态势，实时展示学校教学工作的态势情况。便于管理者及时发现教学工作中存在的问题并进行调整，从而提升教学工作质量。

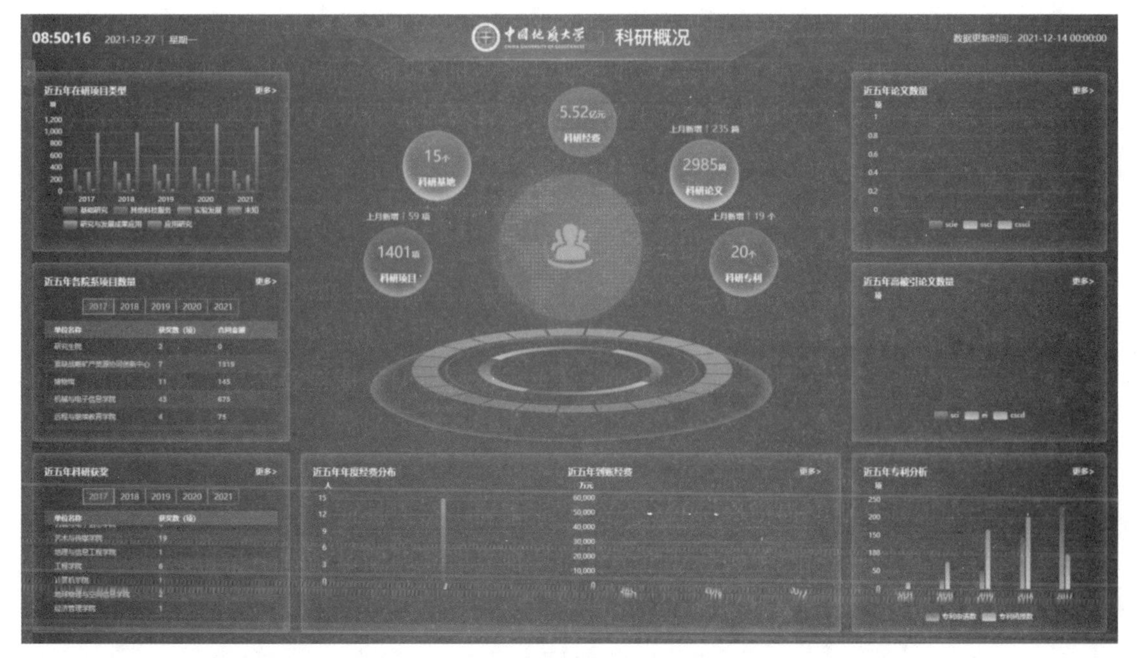

图 12-33　科研主题设计图

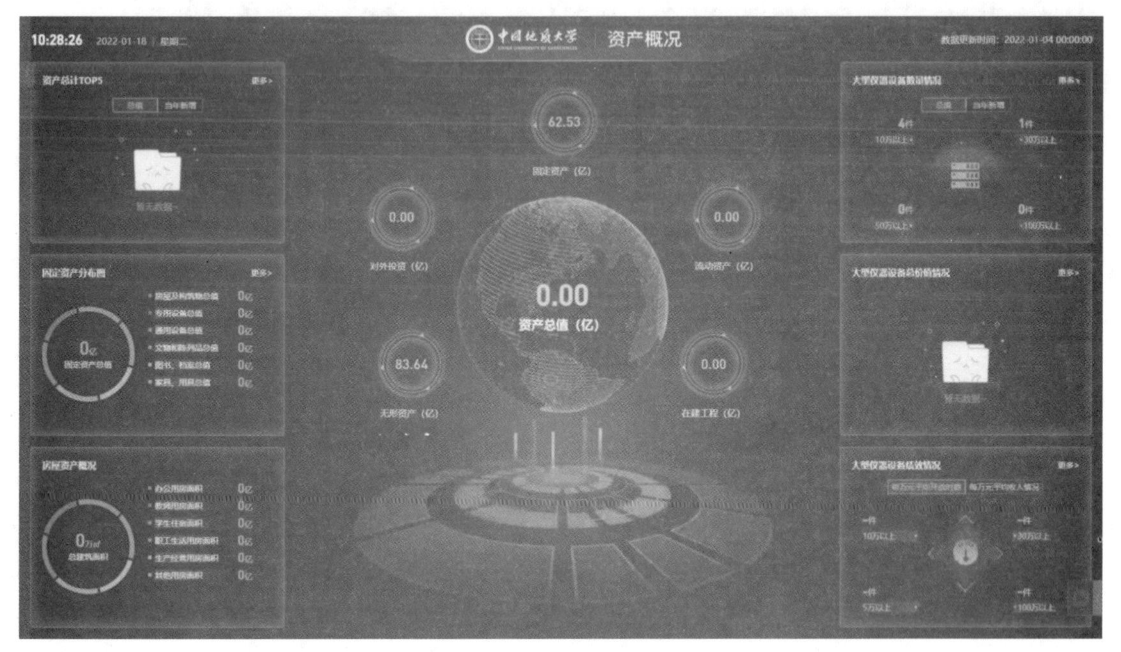

图 12-34　资产主题设计图

6. 防疫

防疫主题全面展示在校人员概况、不在校人员概况、人员留观概况、人员隔离概况、校园出入管控概况，实时展示校园主要卡口进出情况、近一周校园进出人员趋势情况。主题设计如图 12-36 所示。

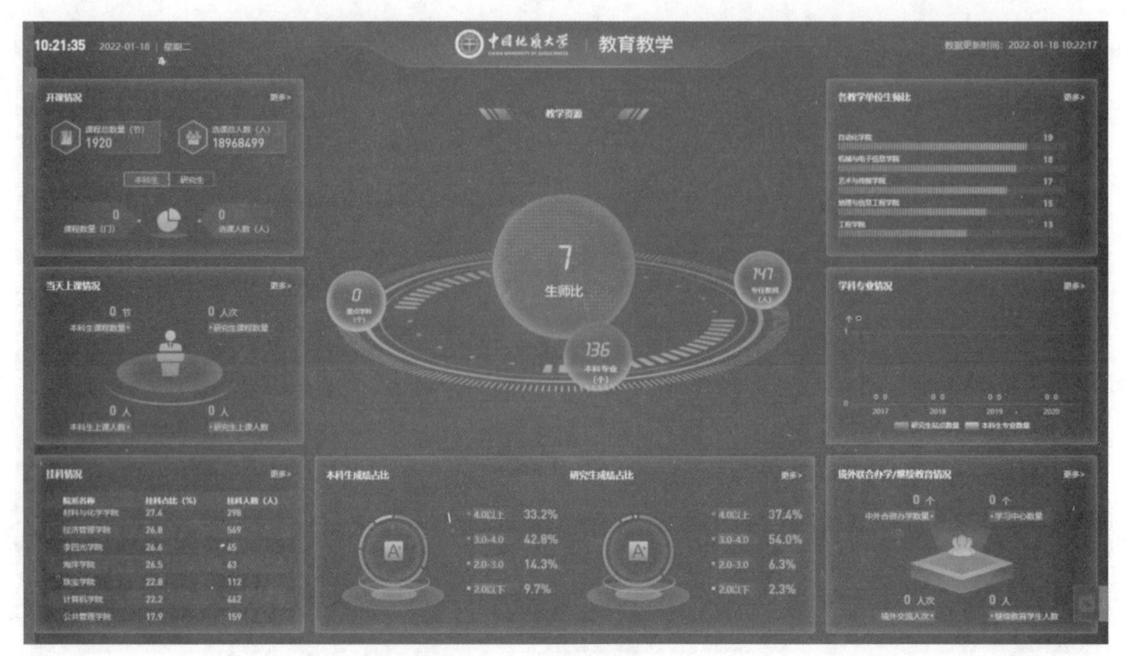

图 12-35　教学主题设计图

图 12-36　防疫主题设计图

12.6.3　三级分析、四级详情

三级分析页对某一个主题进行深入的数据挖掘分析，为领导的决策和业务部门的工作提供详细的数据支撑，支持根据用户的实际业务需求进行指标展示。数字驾驶舱所有分析指标

均支持下钻查看详情，让领导既能实时全面掌握学校各业务主题的概况，又能查看各项指标的详情。三级分析页下钻可查看具体的详细数据。

以防疫分析主题为例，分析页、详情页详细展示了学校的师生概况、在校人员概况、不在校人员概况、人员留观概况、人员隔离概况、实时人员出入、进出人员趋势、车辆出入情况。三级分析页设计图如图 12-37 所示，四级下钻详情页设计图如图 12-38 所示。该功能详细分析了学校各出入口闸机的进出情况，并且可以下钻查看具体出入人员信息，可以通过部门、出入闸机、出入大门、出入类型等条件进行筛选，从人员进出闸机到数据呈现，可以做到 1 分钟左右的近实时展示。

图 12-37　防疫三级分析页设计图

各大门实时出入情况

校区：南望山校区

所属部门：[illegible]

大门名称：东一门 东二门 东南门 北区新大门 南望山西门 未来城大门 西一门

门禁地址：196_门1 197_门1 198_门1 东一门223_门1 东一门224_门1 东一门225_门1 东一门226_门1 东一门229_门1 东一门231_门1 东一门233_门1 东二门187_门1 东二门188_门1 东二门190_门1 东二门191_门1 东二门192_门1 东二门193_门1 东南门190_门1 东南门191_门1

事件类型：[illegible]

CSV　EXCEL

序号	脱敏身份证号	姓名	用户类型	出入	门禁地址	大门名称	事件类型	事件时间
1	510722******7599	万松林	本科生	1	西一门195_门1	西一门	人脸认证通过	2022-01-12 22:48:06
2	510722******7599	万松林	本科生	1	西一门195_门1	西一门	人脸认证通过	2022-01-12 22:48:06
3	510722******7599	万松林	本科生	1	西一门195_门1	西一门	人脸认证通过	2022-01-12 22:48:06
4	510722******7599	万松林	本科生	1	西一门195_门1	西一门	人脸认证通过	2022-01-12 22:48:06
5	510722******7599	万松林	本科生	1	西一门195_门1	西一门	人脸认证通过	2022-01-12 22:48:06
6	510722******7599	万松林	本科生	1	西一门195_门1	西一门	人脸认证通过	2022-01-12 22:48:06
7	510722******7599	万松林	本科生	1	西一门195_门1	西一门	人脸认证通过	2022-01-12 22:48:06
8	510722******7599	万松林	本科生	1	西一门195_门1	西一门	人脸认证通过	2022-01-12 22:48:06
9	510722******7599	万松林	本科生	1	西一门195_门1	西一门	人脸认证通过	2022-01-12 22:48:06
10	510722******7599	万松林	本科生	1	西一门195_门1	西一门	人脸认证通过	2022-01-12 22:48:06
11	510722******7599	万松林	本科生	1	西一门195_门1	西一门	人脸认证通过	2022-01-12 22:48:06
12	510722******7599	万松林	本科生	1	西一门195_门1	西一门	人脸认证通过	2022-01-12 22:48:06
13	510722******7599	万松林	本科生	1	西一门195_门1	西一门	人脸认证通过	2022-01-12 22:48:06
14	510722******7599	万松林	本科生	1	西一门195_门1	西一门	人脸认证通过	2022-01-12 22:48:06
15	510722******7599	万松林	本科生	1	西一门195_门1	西一门	人脸认证通过	2022-01-12 22:48:06
16	510722******7599	万松林	本科生	1	西一门195_门1	西一门	人脸认证通过	2022-01-12 22:48:06
17	510722******7599	万松林	本科生	1	西一门195_门1	西一门	人脸认证通过	2022-01-12 22:48:06
18	510722******7599	万松林	本科生	1	西一门195_门1	西一门	人脸认证通过	2022-01-12 22:48:06
19	510722******7599	万松林	本科生	1	西一门195_门1	西一门	人脸认证通过	2022-01-12 22:48:06
20	[illegible]	[illegible]	[illegible]	1	[illegible]	[illegible]	[illegible]	[illegible]

图 12-38　防疫四级详情页设计图

主要参考文献

陈乐，夏荔. 智慧校园与数字校园的区别是什么？[N/OL]. 东方网：中国教育信息化，2019-10-10，http://edu.eastday.com/node2/jypd/n5/20191021/u1ai28047_K20.html.

杜婧. 高校数字校园与智慧校园的关系[J]. 中国教育网络，2021(5)：1.

高朝邦，王妤，李霞，等. 智慧教育生态体系框架构建与实践路径[J]. 现代教育管理，2022(7)：17-26.

黄荣怀，胡永斌，杨俊锋，等. 智慧教室的概念及特征[J]. 开放教育研究，2012，18(2)：6.

雷朝滋：提升智慧教育境界，引领未来教育发展[J]. 中国教育网络，2021(9)：15-16.

李广乾. 什么是数据中台？[J]. 中国信息界，2019(6)：4.

王晓明. 钟晓流：从九方面解析智慧教育体系架构[J]. 中国教育信息化，2015(1)：39-40.

魏磊，张聪，邬小亮，等. 云数据管理实战指南[M]. 北京：机械工业出版社，2021.

吴英娟. 我国高校信息化建设问题探讨[J]. 东北师大学报(哲学社会科学版)，2018(4)：195-200.

谢松山，丁浩然，赵亚萍，等. 浙江大学：探索教育信息化绩效评估方法[J]. 中国教育网络，2021(Z1)：81-83.

杨现民，余胜泉. 智慧教育体系架构与关键支撑技术[J]. 中国电化教育，2015(1)：77-84+130.

叶雅珍，朱扬勇. 数据资产[M]. 北京：人民邮电出版社，2021.

尹志国. 加强高校信息化建设的研究[J]. 教育发展研究，1999(11)：51-54.

于根元. 现代汉语新词词典[M]. 北京：北京语言学院出版社，1994.

张新红：发挥信息化支撑保障作用 推进国家治理体系和治理能力现代化[N/OL]. 中国网信网，2019-12-14. http://www.cac.gov.cn/2019—12/14/c_1577859296106459.htm.

祝智庭，贺斌. 智慧教育：教育信息化的新境界[J]. 电化教育研究，2012(12)：9.